# LED 통신시스템

김진영•서철헌 저

홍릉과학출판사

# 머리말

LED(Light Emitting Diode)는 이제 인간의 생활 속에 깊이 자리 잡기 시작하며 에너지절감 및 친환경적인 측면에서 이상적인 광원이기 때문에 21세기 차세대조명용 광원으로 평가받고 있다. 또한 유비쿼터스 네트워크에 의한 정보통신 서비스의 다양화로 최근 조명용 LED를 이용한 통신 기술 응용이 확대되어가고 있다. 특히 LED의 가시광선을 이용한 VLC(Visible Light Communication) 시스템은 RF 기술을 이용한 무선통신시스템에 비해 주파수 할당의 문제가 없고, 벽을 통과하지 못하므로 벽으로 분리된 다른 사용자의 신호를 도청하기 어려워 보안성이 우수하며, 가시광선의 주파수를 재사용할 수 있다. 또한 조명용 LED는 향후 형광등 및 자동차용 램프를 대체할 것으로 예상되고 있으며, 이를 이용한 통신용 모듈은 언제 어디서나 접속 가능한 통신망 구축의 요소기술로 발전될 수 있다. 상용화 될 경우 조명이 있는 곳엔 언제나 고속 데이터통신이 가능하게 되므로, 노트북뿐만 아니라 모든 가전제품과 연계되어 매우 큰 경제적 파급효과를 가져올 것으로 예상하므로 원천기술 확보가 매우 중요하다. LED 조명이 다양한 곳에 사용되므로 다양한 응용 영역으로 확대할 수 있다. LED조명은 자동차 후미등, 전조등, 등대등, 선박 조명, 신호등, 가로등, 실내등 등에 널리 사용되고 있다. LED 조명만 있으면 조명뿐만 아니라 통신도 가능하므로 자동차간 통신, 자동차와 신호등간의 교통안전 정보 수신, 등대와 선박 간 통신을 RFID를 대신하여 초고속 센서 서비스를 제공할 수 있다. 또한, 최근에는 LED 모니터가 출시되면서, IPTV와 함께 화면속의 영상별 특별 정보를 받아 볼 수 있는 영상객체 통신이 가능해 질 수 있다. 가시광 무선통신의 조명은 지역별로 상호 다른 정보를 가질 수 있으므로 네트워크 이동성이 중요한 이슈이며, 멀티미디어 이동 단말, 멀티미디어 플랫폼 등은 함께 발전할 기술이다. 또한, 가시광 무선통신에서 MAC과 WPAN를 빼고 설명할 수 없을 정도로 매우 중요한 연관성을 갖고 발전할 것이다. 이에 따라 이 교재는 LED 통신 시스템의 방향과 그에 따른 IT 기술의 활용방안을 연구하는데 목적이 있다. 1장에서는 LED 통신의 등장, 개념 및 기술의 특징에 대해 살펴보고, 2장에서는 가시광통신에 사용되는 LED의 구조에 대하여 살펴보겠다. 3장에서는 VLC의 표준화 동향에 대해 국내외적으로 살펴보고, 4장에서는 VLC를 위한 채널 모델링에서 가시광 채널과 전력 분포를 계산하고 5장에서 VLC에서의 변복조 기술과 전송상의 특성에 대해 알아보겠다. 6장과 7장에서는 각각 VLC의 Line coding 기술과 channel coding 기술들을 살펴보고, 8장에서는 VLC를 위한 동기화 기술의 원리와 방법을 살펴보겠다. 그리고 9장에서는 VLC를 위한 송수신기 구현 기술, 간섭광 및 잡음 제거와 LED 칩 기술을 기술하였다. 10장에서는 VLC의 실내외 응용 분야를 알아보고, 11장에서는 VLC 성능분석의 여러 가지 사례를 살펴보고 마지막으로 12장에서는 VLC의 발전 방향 및 활성화에 대하여 기술하였다.

2013년 1월
김진영, 서철헌

# 차례

## Chapter 01 서론



## Chapter 02 LED의 이해

## Chapter 03 VLC의 표준화 동향



## Chapter 04 VLC를 위한 채널 모델링

# Chapter 05 VLC를 위한 변복조 기술

## Chapter 06 VLC를 위한 Line coding 기술



## Chapter 07 VLC를 위한 Channel coding 기술

## Chapter 08 VLC를 위한 동기화



## Chapter 09 VLC를 위한 송수신기 구현 기술

## Chapter 10 VLC의 응용 분야



## Chapter 11 VLC의 성능분석

## Chapter 12 VLC의 발전방향 및 활성화

LED 통신 시스템

Chapter

# 01 서론

가시광 통신 시스템의 등장배경과 개념을 알아보고 다른 실내 무선 통신방식과의 차이점을 알아본다.

## 1.1 VLC의 등장 배경 및 필요성

그림 1.1
Photophone by Graham Bell in 1880

가시광 통신의 처음실험은 Graham Bell에 의해 1880년 Photophone이라 불리는 시스템으로 실험되었다. 그림 1.1은 Bell Laboratories의 웹사이트에서 참조하고 실험의 결과는 200m 정도의 보이스 통신을 보여준다.

가시광 통신 기술은 가정의 조명기기, 옥외광고나 신호기기의 표시기, 자동차 전구 등 LED를 사용하는 기기에서 나오는 가시광선(RGB)을 이용해서 정보를 전달하는 기술로 정보가 어디에서 출발하여 어디로 가는가를 알 수 있다. 우리는 우리들의 일상적인 행동과 판단을 위해 정보의 대부분을 시각에 의지

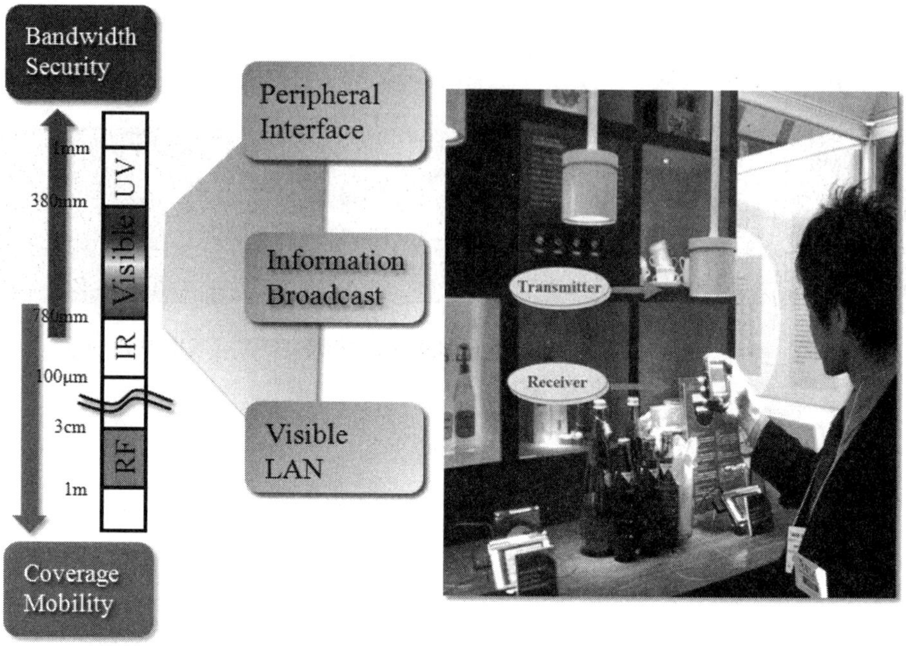


**그림 1.2**
가시광 통신의 위치 및 활용

한다. 그것을 돕기 위한 기기로서 오피스나 가정의 조명, 도로를 밝히는 조명, 교통신호기나 광고용 전광 표시판, 디스플레이, 전자기기의 표시부품 등을 들 수 있다. 가시광 통신은 이와 같은 장치에서 발생되는 빛을 통해 데이터를 다중으로 통신에 이용하는 것으로서 기존의 유선 광섬유를 통한 광통신 기술과는 응용범위가 차별화 된 것이다.

가시광 통신은 눈에 보이는 광을 이용하기 때문에 데이터의 전송 가능범위를 인식하기가 쉬우며, 전자파가 나오지 않아 인체에 악영향을 미치지 않는 것이 특징이다. 가시광 통신이 대두되는 이유는 고휘도 LED를 사용하는 기기가 비약적으로 증가하고 있고, 가시광 통신의 발신 장치로 이용할 수 있는 조명기기가 도심에 급속도로 정비되고 있기 때문이다. 가시광 통신의 보급은 발광소자의 성능에 크게 의존하며, 휘도가 높을수록 용도가 넓어질 수 있다.

LED가 발신하는 데이터를 전송하는 네트워크 중의 하나는 전력선 통신을 이용 할 수 있으며, 전력선은 조명, 유도전등, 비상 전등에 직접 연결되어 있기 때문에 조명기기가 인터넷에 접속되면 휴대전화의 전파를 이용하여 조명 측의 정보를 불러내는 것도 가능하다. 현재 휴대 단말기가 많이 보급되어 있고, 이들 기기에 고속으로 대용량 정보를 입 · 출력하기 위한 요구가 증대되고 있다. 대용량의 정보를 수초 정도에 주고 받을 수 있는 간단한 방법으로는 기존의 케이블에 의한 방법이 있고, UWB나 무선LAN 등이 있으나 기가급 전송속도를

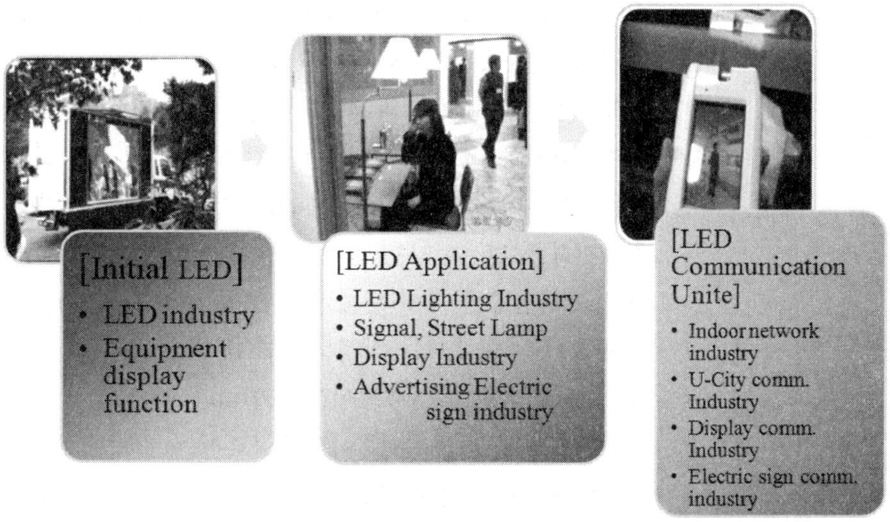


그림 1.3
가시광 통신에 따른 LED 사업의 변화

내기 위해서는 복잡한 신호처리가 요구된다. 가시광통신은 송신하고자 하는 기기와 수신하고자 하는 기기가 수 cm 정도 떨어져 있을 때 가시광을 변조시켜 조사함으로써 대용량 데이터 전송이 가능하다.

교통신호 기기나 자동차 전등에 광을 변조하여 정보를 수신한다면 ITS에도 사용할 수 있다. 현재 교통의 안전성을 높이는 ITS는 무선 기술이 중심이지만, 독일의 자동차회사에서는 LED를 사용한 자동차 테일 램프를 ITS에 이용하는 연구를 진행하고 있다. 이것은 자동차 테일 램프의 LED를 변조해서 앞차에서 뒤차로 경고를 보내는 것이다. 전파에 의한 무선통신은 단말기가 있는 장소를 정확하게 알기가 어렵고, 정보의 출처가 불분명해서 불필요한 정보도 입력되며(통신보안이 상대적으로 취약함), 장애물의 반사등으로 위치 검출 정도가 떨어진다. 반면 가시광 통신으로 특정위치를 알려고 할 때는 LED를 사용한 조명기기로부터 나온 빛을 변조하여 휴대전화기의 카메라 렌즈를 통해 위치 정보를 받아, 휴대전화기의 디스플레이에 위치를 표시하게 된다. 이때 조명기기의

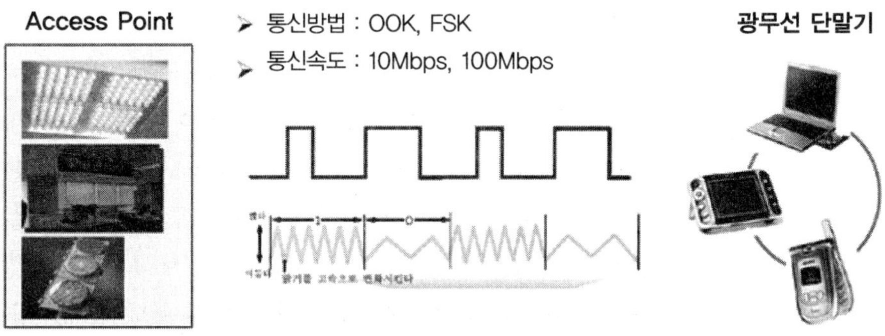


그림 1.4
가시광 통신 개념도

광이 도달하는 범위가 한정되어 있기 때문에 위치의 정밀도는 매우 높다. 예로서 유도 전등을 이용한 가시광 통신에서는 수 m 정도로 위치를 정확히 알 수 있다. 이와 같이 사건과 사고가 발생하여 경찰에 119를 구조 요청할 때 주로 휴대전화를 사용한다. 요청 받는 쪽에서 보면 본인의 설명 없이 전화번호에서 자동적으로 요청자의 위치를 좀더 정확히 알 수 있는 것이 최선이다. 그러나 휴대전화로 알 수 있는 범위는 전화한 장소에서 1Km 정도, 교외에서 수 Km 정도로 부정확한 것이 문제이다. 또한 현재 많이 사용되고 있는 GPS는 정밀도는 좋으나 실내에서는 위성의 전파가 매우 낮아 주로 실외에서만 사용된다. 무선 GPS에 비해 가시광통신은 조명이나 전기라는 실내 인프라를 이용하는 유비쿼터스 통신기술이며, 이용가치로서는 정밀도가 높은 위치 검출과 단거리 무선통신이므로, 실내 GPS 응용으로서 가장 좋은 후보 기술이 된다.

### 1.1.1 WPAN 통신 필요성의 증가

유무선 음성 통신 및 인터넷 서비스가 일반화되면서 위치 안내, 위치 방송, 부가 방송 등 보다 향상된 정보통신을 위하여 근거리 무선통신(WPAN) 기술이 다양하게 개발되고 있다. 근거리 무선통신인 IrDA, IEEE 802.11x, IEEE 802.15x Bluetooth, ZigBee UWB, 60GHz 등에 대하여 국제 표준이 진행되고 있다.

가시광 무선통신은 WPAN의 한 기술로 IEEE 802.15 VLC SG에서 국제 표준은 시작 단계에 있다. 가시광 무선통신은 LED 조명 인프라를 이용하기 때문에 WPAN 다른 기술보다는 보다 인간 중심의 서비스를 개발할 수 있다.

가시광 무선통신은 유선 광통신과 무선 광통신과의 기능을 비교함으로써 보다 명확하게 이해할 수 있다. 유선 광통신은 광 섬유 내부에 광을 송신하고 수신함으로써 빛의 속도로 통신할 수 있는 기술이다.

유선 광통신은 1,500nm 파장대를 사용하며 FTTH, 광전달망, 광가입자망, PON, WDM 등의 기술들로 발전하였다. 무선 광통신 기술은 LD를 이용하여 무선으로 통신하는 기술로서 건물간 무선통신, FSO, IR 통신 등이 있다. 이는 주파수의 특성상 장거리 고속 무선통신이 가능하며, 가시광통신 파장 780nm 에서 유선 광통신 파장 1,300nm까지의 파장을 사용한다. 가시광 무선통신은 사용하는 파장 측면에서 유선 광통신과 무선 광통신과 차이가 있다. 유선 광통신과 무선 광통신은 통신 성능 측면에서 보다 우수하지만, 보이지 않는 파장대를 사용함으로써 조명과 함께 사용할 수 없다는 특징을 갖고 있다. 가시광 무선통신은 통신 성능 측면에서는 성능이 다소 떨어지지만 조명 인프라를 이용할 수 있는 무선통신이라는 점이 특징이다.

## 1.1.2 광파의 특성

광은 기본적으로 전자파이며, 파장에 따라 구별된다. 눈에 보이는 가시광선(visible light) 역은 주파수로는 750THz에서 400THz, 파장으로는 400~750nm 영역에 위치한다. 가시광선 영역보다 높은 주파수 영역에는 자외선(Ultra Violet : UV) 대역, X-선 대역, 감마선 대역이 있으며 사람의 눈으로는 인식할 수 없다. UV 대역은 생화학 작용과 생체 피부 침투력이 높아, 피부암 등의 원인으로 작용할 수 있다. UV 대역은 가시광선 대역을 기준으로 UVA, UVB 및 UVC 대역으로 세분되며, UVB 대역은 특히 피부에 유해한 파장 대역으로 알려져 있다. 가시광선 보다 낮은 주파수 대역은 적외선(InfraRed : IR) 대역이며, 근적외선(Near-IR : NIR), 중적외선(MIR), 원적외선(FIR)으로 구분된다. NIR대역은 현재 광통신의 주 이용 대역으로 400~100THz의 주파수 대역에 위치하며, 실리카계 광섬유에서의 전파 손실이 매우 낮아 유선 광통신에 널리 사용되는 850nm, 1300nm, 1550nm 파장들이 위치하고 있는 대역이다. 그림 1.5는 광의 주파수 별 구분을 보여주고 있다. 안전성 및 전파특성 측면에서 광무선 통신이 이용할 수 있는 주파수 자원은 0.3~750THz에 이르며, 무선통신 주파수 자원에 비교하여 거의 무한함을 보여주고 있다.

**그림 1.5**
**광 스펙트럼 분포 및 주파수에 따른 분류**

| X-선 (1~10A) | 자외선 (10A~400nm) | 가시광선 (400~750nm) |
|---|---|---|
| 30EHz~30PHz | 30PHz~0.75PHz | 750THz~400THz |

| 근적외선 (750nm~3μm) | 중적외선 (3~300μm) | 원적외선 (30~1000μm) |
|---|---|---|
| 400THz~100THz | 100THz~10THz | 10THz~0.3THz |

주 1) 활용 가능 주파수 대역 : 750THz~0.3THz
2) 현재 주 이용 대역 : 400THz~100THz
3) EHz : 1018Hz, PHz : 1015Hz, THz : 1012Hz

전자파의 전파 감쇄량은 매질의 복소수 유전 상수에 기인한 열 손실에 따른 감쇄, 매질 내 유전 상수의 비균질성에 기인한 반사 및 회절 손실에 따른 감쇄들로 구성되어 있다. 일반적으로 광파의 주기와 매질의 고유 진동 주기가 일치하는 경우 열 손실 감쇄가 크며, 매질의 상대 유전율 변화가 클 경우 반사 손실이 크게 일어나고, 비 균일한 매질의 물리적 크기가 광파의 파장과 비슷한 경우 회절 및 산란에 의한 손실이 크다. 이에 따라 근적외선 대역 광파의 대기 중 손실은 산소($O_2$)의 공진 손실, 수산이온(OH)의 공진 손실, 안개 및 미세 먼지에 의한 산란 등이 주된 요인이 된다. 그림 1.6은 마이크로파에서 원적외선 대역의 해수면 높이 대기 중 손실 특성을 보여주고 있으며 OH 및 산소에 의한 손실 곡선 봉우리(peak)들을 예시하고 있다. 실내 대기 공간에서는 근적외선(NIR) 대역의 손실 원인이 상대적으로 적게 존재하여 광무선 통신은 특히 실내 환경에서 유리하다. 이외에 NIR 대역은 광무선 송수신기 광학계를 구성하는 매질인 플라스틱 혹은 유리 광학계에서의 광 투과 특성이 우수한 점, 비교적으로 싼 가격의 상용화된 반도체를 이용하여 광원과 광 검출기들을 손쉽게 구성할 수 있는 점 등의 장점이 있다.

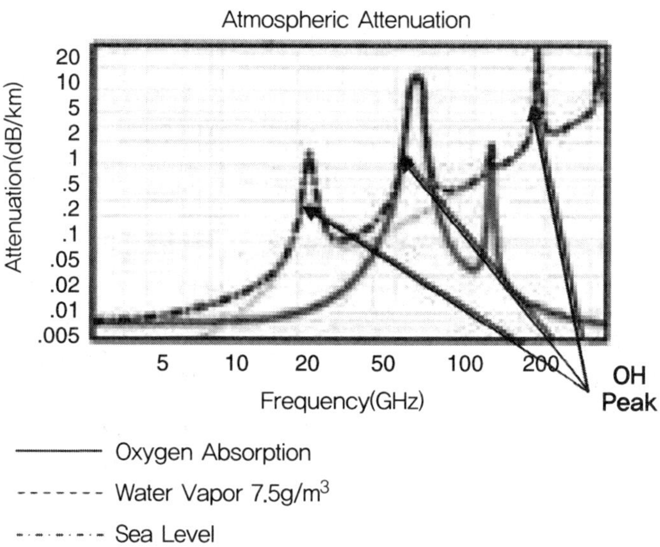


그림 1.6
광파 및 전자파의 대기 감쇄특성

광무선 통신은 광을 공간으로 방출하여 정보를 전달한다. 따라서 광무선 통신 이용자는 광파에 노출된다. 인체 및 생물들에 안전하게 노광될 수 있는 광의 전력 밀도는 광열효과 및 광화학 작용에 의하여 제한된다. 특히 눈은 순간적으로라도 강력한 광에 노출되는 경우 영구적인 손상을 입을 가능성이 있다. 인체의 눈은 수정체를 보호하는 각막(cornea), 렌즈 역할을 수행하는 수정체

(lens), 암실을 구성하는 유리체(vitreous), 영상이 맺히는 망막(retina)으로 구성되어 있다. 각막, 수정체, 유리체 그리고 망막들의 광학적 특성은 각각 다르다. 각막, 수정체, 유리체를 모두 통과하여 망막에 집속된 상을 형성하는 파는 가시광선과 NIR 대역으로 400~1400nm 대역 광파이다. 따라서, 가시광선 및 NIR 대역 광파가 특정한 전력 밀도 이상으로 눈에 입사하는 경우 망막에 손상을 입힐 수 있다. MIR, FIR 및 UVB 대역 광파는 각막을 통과하지 못하고 흡수된다. 따라서, 이들 대역 광파는 각막을 손상시킬 수 있으나, 수정체에 의한 집속 현상은 발생하지 않는 관계로 허용될 수 있는 노광 전력 밀도는 가시광선 및 NIR대역 광파에 비교하여 높다. 이러한 점에서 볼 때 MIR 및 FIR 대역은 광 인체 안정성 측면에서 광무선 통신용 파장 대역으로 매우 유망하다.

UVB 대역 광파는 인체에 유해하기 때문에 생활용 광무선 통신 대역으로는 부적절하나, GaN 등 고에너지 갭 반도체 광원 및 광검출기의 온도특성 등 동작 환경 조건이 우수하여 전장 혹은 산업 및 환경제어용 센서 네트워크용 광무선 통신 대역으로 미국 DARPA에서 활발히 연구하고 있다. UVA 대역은 각막을 통과하나, 수정체는 통과하지 못한다. 따라서 UVA 대역 광파는 안구 노광시 수정체를 손상시킬 수 있고, 인체에 유해할 가능성이 있는 관계로 UVA 대역은 생활용 광무선 통신용 파장 대역으로 부적절하다. 현재 미 국방성은 전술용 센서 네트워크를 위하여 UV 대역 광무선 통신을 개발 중이다. 인체 안정성 측면에서 광무선 통신에 적절한 파장대역은 MIR, FIR 대역이나 이들 파장에서 동작하는 양자점(quantum dot) 혹은 양자층 구조의 고성능 광원 및 광검출기의 제작은 실험실 수준인 관계로 앞으로 보다 많은 연구가 필요한 부분이다.

가시광선 및 NIR 대역 광원 및 광검출기는 널리 연구되어 상용화되어 있고 현재 기술로 양산이 가능한 점, 이들 광원의 광 집속도를 적절한 기술로 낮출 수 있는 점을 고려하면 이들 대역에서 광파 인체 안정성을 충분히 확보할 수 있으므로, 현재 시점에서 광무선 통신에 가장 적합한 대역은 가시광선 및 NIR 대역으로 볼 수 있다.

일반적인 광무선 통신용 광원인 LED/LD는 출력광의 집속도가 자연계에 존재하는 광원들에 비교하여 매우 큰 점이 특징이다. 일반적인 광원에 대한 광 안전도 규격은 국제 표준기구인 IEC/ISO에서 "IEC 60825-1:2001 General laser safety"와 "IEC 60825-2:2000 Optical Fiber Communications Systems" 규격으로 표준화 되어 있다. 이들 규격은 집속된 광원에 의하여 발생될 수 있는 위험도(hazard)를 class-1/2/3/4로 구분하며, class-1은 별다른 안전 조치가 필요하지 않은 위험 정도, class-2는 가시 대역 광원으로 직접 주시하거나 장기

간 간접 주시할 때 위험한 경우, class-3는 가시대역 광원인 경우 class-2에 비교하여 5배 위험한 정도 혹은 UV 혹은 IR 대역인 경우 class-1에 비교하여 5배 위험한 정도로 직접 주시하는 경우 안구 및 피부에 위해를 가하는 위험 정도, class-4는 직 간접적으로 광에 노출되는 경우 안구 혹은 피부에 위해를 입히는 위험 정도이며, 광열 효과에 의한 화재 위험성이 있는 경우로 분류된다. 망막은 광파에 의한 손상 가능성이 가장 높은 부분이다. 광파에 의한 망막 손상은 입사광의 전력밀도, 노광 시간, 노광 시 동공(pupil)의 열린 정도, 망막에 맺히는 광원의 크기에 관계된다.

그림 1.7은 각종 광원들에 의한 망막에서의 전력밀도, 상의 크기, 동공 크기

**그림 1.7**
**사람 눈에서 맺히는 각종 광원들의 특성**

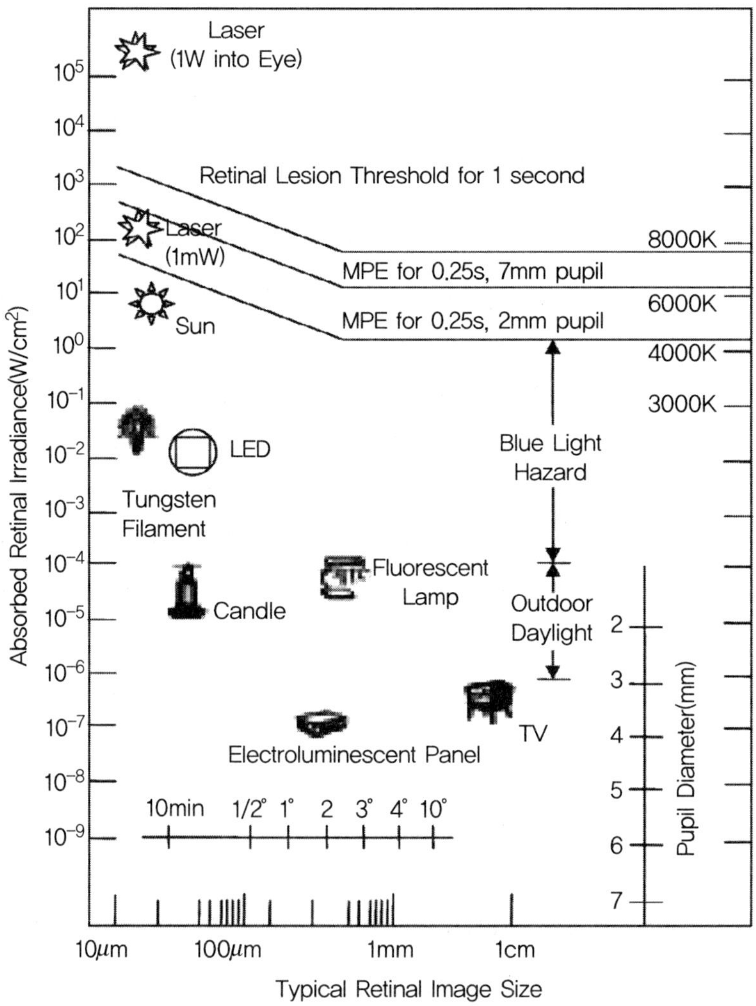


〈자료〉: David H. Sliney, "Laser and LED Eye Hazards," Optics & Photonics News, Sep. 1997.

등을 광안정성과 연관시킨 그림이며, 안전한 상태로 망막에 최대 노광될 수 있는 조도(irradiance)와 시간(MPE) 등을 표시하고 있다.

### 1.1.3 광무선 통신요소기술 및 연구 동향

#### 입출력 안테나(입출력 광학계)

광무선 통신용으로 고려되는 파장 대역은 대략 10$\mu$m~1000nm이며 주파수로는 30~300THz 대역이다. 여기서는 용도를 단거리 통신, 휴대 단말기기로 한정하여 802.11a/b, 802.15.3a 등 근거리용 초고주파 무선 통신과 광무선 통신을 비교하였다. 무선통신 시스템의 기본 성능은 출력 전력, 출력 안테나 이득 및 효율, 수신 안테나 이득 및 효율, 초단 수신기 감도(잡음 지수 및 증폭도)에 의하여 결정된다. 이들과 비교되어 대응되는 광무선 통신 시스템의 요소들은 각각 LED/LD 광원, 송신 광학계, 수신 광학계, 직접검파(direct detection) 광검출기(photo detector)이다. 비교 대상인 근거리 무선통신 시스템의 출력 안테나는 일반적으로 짧은 파장의 쌍극 안테나(short dipole antenna)를 사용한다.

무선통신 시스템용 쌍극 안테나는 중심에서 보어 사이트(boresight)로 향하는 도넛형 방사 특성을 갖는 반면에, 광무선 통신에서 광원으로 사용하는 LED/LD 등의 방사 특성은 개구면(aperture) 안테나의 방사 특성을 따른다. 즉, 혼(horn) 혹은 카세그레인형 안테나 방사 특성을 가지므로, 광무선 통신 안테나는 보어사이트 후면으로의 전력 방사가 없다. 이러한 점은 매우 작은 출력 전력에서 동작하여야 하는 근거리 무선통신 장치에서 바람직한 특성이다.

무선통신 및 광무선 통신은 넓은 서비스 제공 범위(coverage)를 위하여 수신 안테나로 가급적 무지향성 안테나를 사용하며, 한 개의 안테나로 송신 및 수신 기능을 병용한다. 이러한 조건에서 수신 안테나의 높은 지향성은 바람직하지 않은 특성이다. 이에 따라 수신 안테나의 성능은 가능한 많은 방사 전력을 수집할 수 있도록 넓은 유효 개구면(effective aperture)를 가지도록 설계되어야 한다. 짧은 쌍극 안테나의 유효 개구면은 동작 파장의 제곱에 비례한다. 구체적인 예로 802.11b/a 무선랜 동작 주파수인 2.4GHz, 5.3GHz 마이크로파용 쌍극형 안테나의 유효 개구면은 각각 ~18cm$^2$ 및 ~4cm$^2$ 정도의 면적이다. 반면에 보편적인 휴대용 광무선 통신 송수신 광학계의 유효 개구면(렌즈 유효 면적)은 ~1cm$^2$ 정도의 면적으로 제한된다. 즉 광무선 통신용 입력 광학계는 마이크로파 무선통신 수신 안테나에 비교하여 약 6~12dB 정도 수신 성능이 떨어진다.

## 1.2 VLC의 개념

가시광통신 기술은 가정의 조명기기, 옥외광고나 신호기기의 표시기, 자동차 전구등 LED를 사용하는 기기에서 나오는 가시광선(RGB)을 이용해서 정보를 전달하는 기술로 정보가 어디에서 출발하여 어디로 가는가를 알 수 있다. 우리들의 일상적인 행동과 판단을 위해 정보의 대부분을 시각에 의지한다. 그것을 돕기 위한 기기로서 오피스나 가정의 조명, 도로를 밝히는 조명, 교통신호기나 광고용 전광 표시판, 디스플레이, 전자기기의 표시부품 등을 들 수 있다. 가시광통신은 이와 같은 장치에서 발생되는 빛을 통해 데이터를 다중으로 통신에 이용하는 것으로서 기존의 유선 광섬유를 통한 광통신기술과는 응용범위가 차별화 된 것이다.

가시광통신은 눈에 보이는 광을 이용하기 때문에 데이터의 전송 가능범위를 인식하기가 쉬우며, 전자파가 나오지 않아 인체에 악영향을 미치지 않는 것이 특징이다. 가시광통신이 대두되는 이유는 고휘도 LED를 사용하는 기기가 비약적으로 증가하고 있고, 가시광통신의 발신 장치로 이용할 수 있는 조명기기가 도심에 급속도로 정비되고 있기 때문이다. 가시광통신의 보급은 발광소자의 성능에 크게 의존하며, 휘도가 높을수록 용도가 넓어질 수 있다.

LED가 발신하는 데이터를 전송하는 네트워크 중의 하나는 전력선 통신을 이용할 수 있으며, 전력선은 조명, 유도전등, 비상전등에 직접 연결되어 있기

그림 1.8
가시광 통신의 conceptual diagram

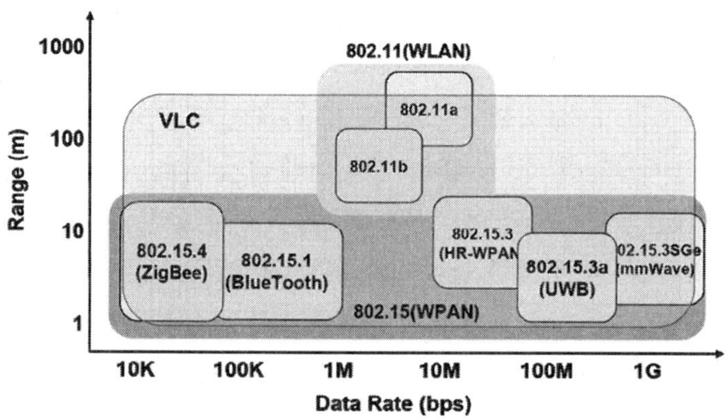

때문에 조명기기가 인터넷에 접속되면 휴대전화의 전파를 이용하여 조명측의 정보를 불러내는 것도 가능하다.

현재 휴대 단말기가 많이 보급되어 있고, 이들 기기에 고속으로 대용량 정보를 입 출력하기 위한 요구가 증대되고 있다. 대용량의 정보를 수초 정도에 주고받을 수 있는 간단한 방법으로는 기존의 케이블에 의한 방법이 있으나, 접속의 불편함이 문제이고, UWB나 무선LAN은 기가급 전송속도를 내기 위해서는 복잡한 신호처리가 요구된다. 가시광통신은 송신하고자 하는 기기와 수신하고자 하는 기기가 수 cm 정도 떨어져 있을 때 가시광을 변조시켜 조사함으로서 대용량 데이터 전송이 가능하다.

교통신호기기나 자동차 전등에 광을 변조하여 정보를 수신한다면 ITS에도 사용할 수 있다. 현재 교통의 안전성을 높이는 ITS는 무선 기술이 중심이지만, 독일의 자동차회사에서는 LED를 사용한 자동차 테일 램프를 ITS에 이용하는 연구를 진행하고 있다. 이것은 자동차 테일 램프의 LED를 변조해서 앞차에서 뒤차로 경고를 보내는 것이다. 전파에 의한 무선통신은 단말기가 있는 장소를 정확하게 알기가 어렵고, 정보의 출처가 불분명해서 불필요한 정보도 입력되며(통신보안이 상대적으로 취약함), 장애물의 반사등으로 위치 검출 정도가 떨어진다. 반면 가시광통신으로 특정위치를 알려고 할 때는 LED를 사용한 조명기기로부터 나온 빛을 변조하여 휴대전화기의 카메라 렌즈를 통해 위치 정보를 받아, 휴대전화기의 디스플레이에 위치를 표시하게 된다. 이때 조명기기의 광이 도달하는 범위가 한정되어 있기 때문에 위치의 정밀도는 매우 높다. 예로서 유도 전등을 이용한 가시광통신에서는 수 m 정도로 위치를 정확히 알 수 있다. 이와 같이 사건과 사고가 발생하여 경찰에 119를 구조 요청할 때 주로 휴대전화를 사용한다. 요청 받는 쪽에서 보면 본인의 설명 없이 전화번호에서 자동적으로 요청자의 위치를 좀 더 정확히 알 수 있는 것이 최선이다.

그러나 휴대전화로 알 수 있는 범위는 전화한 장소에서 1 km 정도, 교외에서 수 km 정도 부정확한 것이 문제이다. 또한 현재 많이 사용되고 있는 GPS는 정밀도는 좋으나 실내에서는 위성의 전파가 매우 낮아 주로 실외에서만 사용

그림 1.9
가시광 대역에서의 통신활동

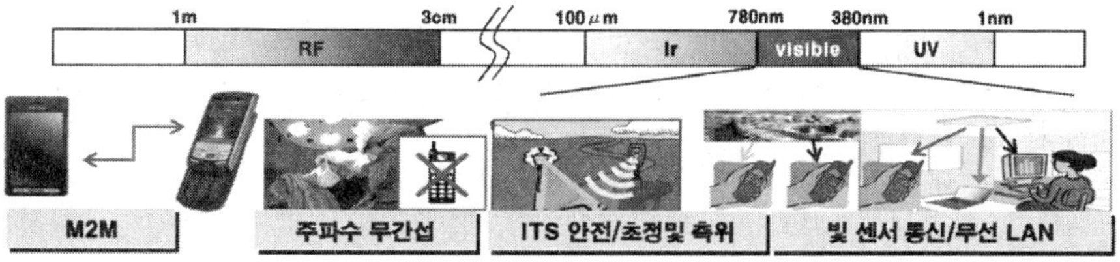


조명 인프라 이용한 눈으로 보는 통신, 3무(무해, 무허가, 무간섭)

된다. 무선 GPS에 비해 가시광통신은 조명이나 전기라는 실내 인프라를 이용하는 유비쿼터스 통신기술이며, 이용가치로서는 정밀도가 높은 위치 검출과 단거리 무선통신이므로, 실내 GPS 응용으로서 가장 좋은 후보 기술이 된다.

## 1.3 VLC 기술의 특징

공항 카운터에서 휴대전화를 조명으로 비추기만 하면 휴대전화 화면에 탑승할 비행기에 대한 안내가 표시되고 공항 안을 걸어 다니면 안내도가 배신된다. 그런 정보배신서비스에 대한 실증실험이 2005년 6월 30일부터 이틀에 걸쳐서 간사이 국제공항에서 이루어졌다. 국토 교통성에 의한 이번 실험에서는 데이터송신에 전파를 사용하지 않는다. 그 대신 채용한 기술은 인간의 눈에 보이는 빛(가시광)을 이용해서 데이터를 보내는 가시광통신이다. 가시광통신은 데이터를 0과 1의 조합으로 변환해서 송신하는 점에서는 일반적인 디지털통신과 마찬가지다. 다른 점은 0과 1을 빛의 점멸이나 명암으로 치환해서 송신한다는 점이다. 이 점멸이나 명암변화의 주기가 짧을수록 고속으로 데이터를 보낼 수 있다.

가시광통신 기술은 가정의 조명기기, 옥외광고나 신호기기의 표시기, 자동차 전구등 LED를 사용하는 기기에서 나오는 가시광선(RGB)을 이용해서 정보를 전달하는 기술로 정보가 어디에서 출발하여 어디로 가는가를 알 수 있다. 우리들의 일상적인 행동과 판단을 위해 정보의 대부분을 시각에 의지한다. 그것을 돕기 위한 기기로서 오피스나 가정의 조명, 도로를 밝히는 조명, 교통신호기나 광고용 전광 표시판, 디스플레이, 전자기기의 표시부품 등을 들 수 있다. 가시광통신은 이와 같은 장치에서 발생되는 빛을 통해 데이터를 다중으로 통신에 이용하는 것으로서 기존의 유선 광섬유를 통한 광통신기술과는 응용범위가 차별화 된 것이다.

가시광통신은 눈에 보이는 광을 이용하기 때문에 데이터의 전송 가능범위를 인식하기가 쉬우며, 전자파가 나오지 않아 인체에 악영향을 미치지 않는 것이 특징이다. 가시광통신이 대두되는 이유는 고휘도 LED를 사용하는 기기가 비약적으로 증가하고 있고, 가시광통신의 발신 장치로 이용할 수 있는 조명기기가 도심에 급속도로 정비되고 있기 때문이다. 가시광통신의 보급은 발광소자의 성능에 크게 의존하며, 휘도가 높을 수록 용도가 넓어질 수 있다.

LED가 발신하는 데이터를 전송하는 네트워크 중의 하나는 전력선 통신을 이용 할 수 있으며, 전력선은 조명, 유도전등, 비상전등에 직접 연결되어 있기 때문에 조명기기가 인터넷에 접속되면 휴대전화의 전파를 이용하여 조명 측의 정보를 불러내는 것도 가능하다. 현재 휴대 단말기가 많이 보급되어 있고, 이들 기기에 고속으로 대용량 정보를 입출력하기 위한 요구가 증대되고 있다. 대용량의 정보를 수초 정도에 주고 받을 수 있는 간단한 방법으로는 기존의 케이블에 의한 방법이 있으나, 접속의 불편함이 문제이고, UWB나 무선LAN은 기가급 전송속도를 내기 위해서는 복잡한 신호처리가 요구된다. 가시광통신은 송신하고자 하는 기기와 수신하고자 하는 기기가 수 cm 정도 떨어져 있을 때 가시광을 변조시켜 조사함으로써 대용량 데이터 전송이 가능하다.

교통신호기기나 자동차 전등에 광을 변조하여 정보를 수신한다면 ITS에도 사용할 수 있다. 현재 교통의 안전성을 높이는 ITS는 무선 기술이 중심이지만, 독일의 자동차회사에서는 LED 를 사용한 자동차 테일 램프를 ITS에 이용하는 연구를 진행하고 있다. 이것은 자동차 테일 램프의 LED를 변조해서 앞차에서 뒤차로 경고를 보내는 것이다. 전파에 의한 무선통신은 단말기가 있는 장소를 정확하게 알기가 어렵고, 정보의 출처가 불분명해서 불필요한 정보도 입력되며(통신보안이 상대적으로 취약함), 장애물의 반사등으로 위치 검출 정도가 떨어진다. 가시광통신으로 특정위치를 알려고 할 때는 LED를 사용한 조명기기로부터 나온 빛을 변조하여 휴대전화기의 카메라 렌즈를 통해 위치 정보를 받아, 휴대전화기의 디스플레이에 위치를 표시하게 된다. 이때 조명기기의 광이 도달하는 범위가 한정되어 있기 때문에 위치의 정밀도는 매우 높다. 예로서 유도 전등을 이용한 가시광통신에서는 수 m 정도로 위치를 정확히 알 수 있다. 이와 같이 사건과 사고가 발생하여 경찰에 119를 구조 요청할 때 주로 휴대전화를 사용한다. 요청 받는 쪽에서 보면 본인의 설명 없이 전화번호에서 자동적으로 요청자의 위치를 좀더 정확히 알 수 있는 것이 최선이다.

그러나 휴대전화로 알 수 있는 범위는 전화한 장소에서 1 km 정도, 교외에서 수 km 정도 부정확한 것이 문제이다. 또한 현재 많이 사용되고 있는 GPS는 정밀도는 좋으나 실내에서는 위성의 전파가 매우 낮아 주로 실외에서만 사용된다. 무선 GPS에 비해 가시광통신은 조명이나 전기라는 실내 인프라를 이용하는 유비쿼터스 통신기술이며, 이용가치로서는 정밀도가 높은 위치 검출과 단거리 무선통신이므로, 실내 GPS 응용으로서 가장 좋은 후보 기술이 된다.

- 최근 LED기술은 신성장 동력산업으로 선정되는 등, 형광등 조명을 대치하

고, lead-free의 친환경적이며 에너지 절감효과가 있는 조명기술의 혁신을 가져올 조명용 LED에 관한 관심이 매우 커지고 있고 유비쿼터스 네트워크에 의한 정보통신 서비스의 다양화로 최근 조명용 LED를 이용한 실내 근거리 통신 기술 응용이 확대되어가고 있다(예 : 물류 인포메틱스를 위한 ID-TAG등). 인터넷의 일반화와 다기능 휴대전화 및 대용량 personal-multi-media-player(PMP)의 급속한 보급으로 PC-to-PMP/PMP-to-PMP 대용량 파일의 초고속 전송 요구가 급증하고 있음에 따라 사업성이 높아진다.

- 최근 거론되고 있는 UWB 등의 무선 기술은 주파수 자원에 한계가 있으며 기기 간 또는 무선 LAN 등 전파 간섭에 취약하고 보안성이 떨어진다. HDTV 비디오 링크(1.5Gb/s) 등 광대역 WPAN에서는 이에 대한 적절한 기술적/경제적 해결책을 제시하지 못하고 있다. 따라서, 다수의 기기가 밀집한 환경에서 타 기기와의 간섭 없이 초고속 전송이 가능한 소형 무선 전송기술의 확보가 요구된다. LED의 가시광선을 이용한 VLC(Visible Light Communication) 시스템은 RF 기술을 이용한 무선통신시스템과 비교하여 다음과 같은 장점을 가지고 있다.

주파수 할당(또는 경매)의 문제가 없으므로, 국제적으로 호환성이 좋고 가시광선은 벽을 통과하지 못하므로, 벽으로 분리된 다른 사용자의 신호를 도청하기 어려워 보안성이 좋고, 가시광선의 주파수를 재사용할 수 있다. multi-path fading이 없어 RF 무선통신에 비하여 링크 설계가 쉽고 고속통신의 경우, 양쪽 모두 다중경로분산(multipath dispersion)의 영향이 있을 수 있다.

그림 1.10
RF와 VLC 비교

| | Property | RF | VLC |
|---|---|---|---|
| | Bandwidth Limitation | Regulatory | No |
| | Electromagnetic Interference | Yes | No |
| | Line of Sight | No | Yes |
| | Standard | Yes | No |
| LAN | Security | Bad | Secure |
| | Infra | Access Point | LED |
| | Mobility | Yes | Limited |
| | Coverage | Wide | Limited |
| Peripheral | Visibility | No | Yes |
| | Power consumption | Medium | Low |
| | Distance | Medium | Short |
| | Power Budget | Medium | Tight |

VLC의 주요잡음성분은 실내로 들어오는 햇빛이므로, 이를 적절히 제거해 주는 광필터 기술이 필요로 하다.

- 조명용 LED는 향후 형광등 및 자동차용 램프를 대체할 것으로 예상되고 있으며, 이를 이용한 통신용 모듈은 언제 어디서나 접속 가능한 통신망 구축의 요소기술로 발전될 수 있다. 상용화될 경우, 조명이 있는 곳엔 언제나 고속 데이터통신이 가능하게 되고 노트북뿐만 아니라 모든 가전제품과 연계되어 매우 큰 경제적 파급효과를 가져올 것으로 예상하므로 원천기술 확보가 매우 중요하다.

**표 1.1 RF무선통신과 VLC 비교**

| 특성 | RF무선통신 | Optical(VLC) | VLC관점에서의 비교 |
|---|---|---|---|
| 주파수할당규제 | yes | no | 국제적 호환성에 문제가 없음 |
| 신호의 벽 통과 | yes | no | 근본적으로 보완성 내포, 주파수 내사용 가능 |
| Multipath fading | yes | no | 링크설계가 상대적으로 쉬움 |
| 다중경로분산 | yes | yes | 고속통신에서는 양쪽 모두 문제점 이 있을 수 있음 |
| 주요잡음성분 | 다른 사용자 | Ambient light | 실내, 단거리 통신에 응용 |
| 기술개발현황 | 다양한 표준화 추진중 | 연구단계 | |

**표 1.2 가시광 통신 기술 SWOT 분석**

| Strength | Weakness |
|---|---|
| • 유비쿼터스 서비스<br>• 친환경기술(RF-FREE, 백색광통신)<br>• 편리성(무선)<br>• convergence(조명+통신)<br>• 전파법 규제 없음 | • 이동성 취약<br>• 표준화 protocol/MAC부재<br>• LED 조명의 고가격<br>• 태양광 잡음 영향 |
| **Opportunity** | **Threat** |
| • LED 조명 인프라 활용(저비용 통신인프라)<br>• LED 시장 급성장<br>• 에너지 절감정책<br>• 광통신 시장 돌파구 | • W-Wan 솔루션 출현<br>(와이브로, WCDMA, HSDPA) |

# 1.4 VLC의 기술 및 시장 현황

## 1.4.1 시장 현황 및 전망

### LED 기술동향

LED는 전자와 정공이 결합하는 과정에서 발생하는 에너지를 빛에너지로 전환하는 원리를 이용한 발광 반도체로 발광과정에서의 방출 에너지가 빛 에너지로 전환되는 효율은 5%로 상당히 낮은 수준을 나타내고 있으며 95%의 에너지가 열에너지로 방출된다. 대부분의 에너지가 열로 발생하므로 방출에너지를 빛에너지로 전환하는 비율을 높이는 것과 발생된 열에너지를 효과적으로 외부로 방출하는 열방출 기술은 LED의 광효율과 수명을 결정하는 핵심적인 기술이다.

이 같은 광효율 개선을 위한 고휘도와 효과적인 열방출 설계는 LED의 제조과정 개선을 통해 이루어진다. LED의 제조 프로세스는 웨이퍼 제조, 칩가공, 패키징 등 3단계 공정으로 구성되어 있으며 공정별 부가가치는 Epi-Wafer > 사파이어 기판 > 패키징의 순서이며 LED는 발광 반도체 소재이기 때문에 제조공정은 기본적인 메모리 반도체의 제조 공정과 유사하다. LED칩은 메모리 반도체의 실리콘 잉곳에 해당하는 사파이어 단결정을 성장시키고, 사파이어단결정을 MOCVD에서 증착하기 적합한 크기로 절단한 후, 연마된 웨이퍼위에

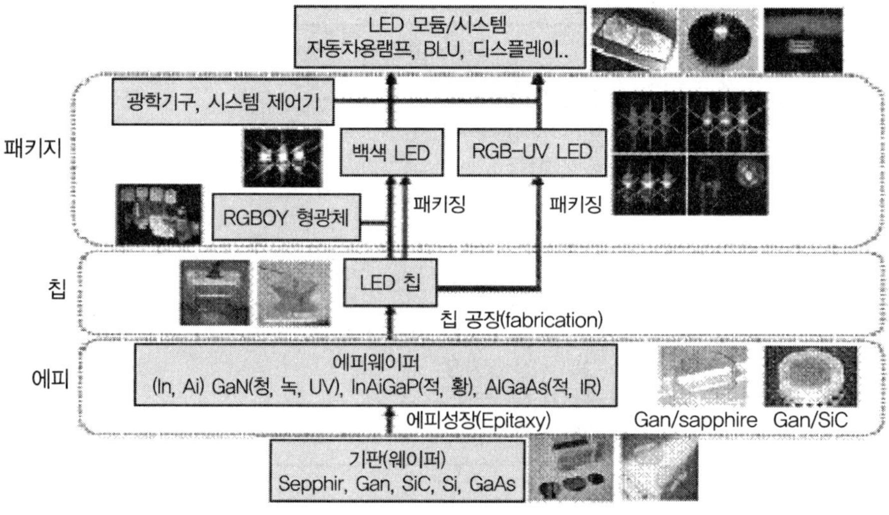

자료 : '반도체 광원(LED)시장 동향 및 전망' 한국광산업진흥회

그림 1.11
LED LED 제품 체인

발광이 일어나는 GaN등의 물질을 증착하는 에피 성장, 전극 형성 등의 공정을 거쳐 완성된다. LED칩을 세라믹이나 금속 용기에 담고, 형광체를 도포하고, 렌즈를 덮는 후공정을 거쳐 비로소 LED가 완성된다.

LED 생산 공정은 위 그림에서와 같이 에피성장(Epitaxy), 칩 공정(Fabrication), 패키징(Packaging)으로 나누어지며 단계별로 매우 다른 성격의 기술이 필요하다. LED제작에 사용되는 기판은 주로 Sapphire, GaN, SiC, GaAs기판들이 웨이퍼로 사용되며 이들 기판 중 가격 경쟁력이 있는 사파이어(sapphire)와 SiC가 주로 사용되고 있다.

**표 1.3 LED기관용 재료의 물리적 특성 비교** (단위 : A)

| 구분 | 격자상수 | 격자불일치(%) | 열팽창지수($10^{-6}$/K) | 열적 불일치 |
|---|---|---|---|---|
| GaN | a: 3.189 | – | a: 5.59 | – |
| 사파이어 | a: 3.189<br>b: 12.991 | 16.02 | a: 7.5<br>b: 8.5 | 25.5 |
| SiC | a: 4.36 | 3.5 | a: 4.7 | 18.9 |

자료 : 업계, 대신증권 리서치 센터 자료 정리

## 1.4.2 기술개발 현황 및 전망

### LED 시장동향

#### 가. 시장 정의

LED시장은 조명을 사용하는 대부분의 분야를 잠재 시장으로 보고 있어 성장 잠재력이 엄청난 것이 특징이다. LED는 초기 소형 디스플레이 위주로 적용되기 시작하였으나 응용분야를 크게 넓혀 최근에는 중대형 디스플레이에 적용되기 시작하였고 결국 일반 조명시장으로까지 시장을 넓혀 나갈 것으로 전망되고 있다.

LED시장의 이 같은 높은 성장 잠재력에 따라 각 국가들은 LED시장 활성화에 국가적인 지원을 아끼지 않고 있으며 각 업체들의 R&D기술 확보와 시장 확대를 위한 행보 또한 빨라지고 있다.

#### 나. 시장 개요 및 특성

LED시장은 LED기술 발달에 따라 기존 광원 시장을 대체하면서 각종 기기와

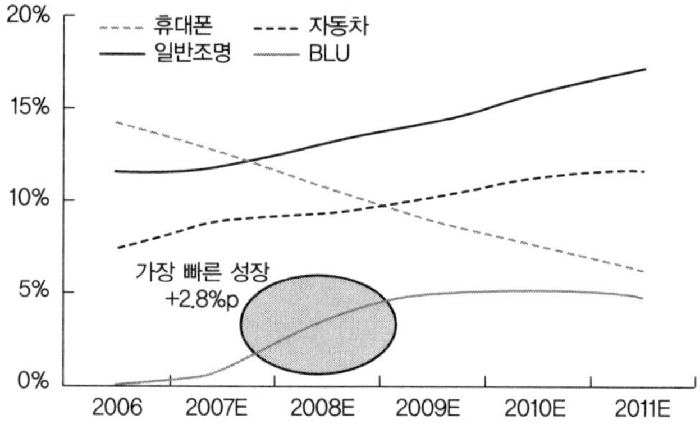


**그림 1.12**
LED 적용범위별 시장 비중 전망

자료 : 대신증권, 리서치 센터

조명시장을 전방 시장으로 삼고 있다. 점차 적용범위 확대에 따라 전체시장이 확대되며 적용범위 별 시장 비중이 변화를 나타낼 것으로 전망된다.

일반적으로 LED가 적용되던 소형 디스플레이인 휴대폰 시장의 비중은 감소하고, 자동차, BLU, 조명시장 등의 비중이 확대될 것이다. 또한 대형 디스플레이에 LED가 적용되기 시작함에 따라 노트북, TV등 LCD BLU용 시장이 가장 빠르게 성장할 것으로 전망되고 있다.

LED산업은 조명이 사용되는 거의 전 분야를 전방산업으로 하며 적외선 및 자외선 구현이 가능함에 따라 특수 조명 산업에서도 사용될 수 있어 LED기술 발달 속도가 빨라질수록 전방 산업 시장 크기도 확대되어 갈 것이며 이에 따라 LED구현에 필요한 후방산업 시장 크기 또한 확대되어 거대한 시장을 형성할 것으로 전망되고 있다.

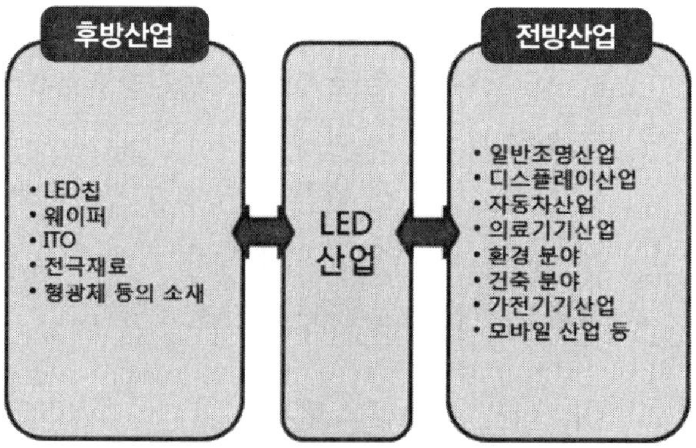


**그림 1.13**
LED산업의 전, 후방 산업

자료 : 알앤디비즈

## 다. 시장진입장벽

LED산업은 차세대 광원으로 주목받고 있는 전략적 투자 산업으로 앞선 기술력과 원천기술을 보유한 일본 업체들의 강력한 특허권 사용과 국내 기업들의 LED기술력이 세계 일류 기업들과 격차를 나타내면서 세계 시장 점유율이 정체되어 있는 상태로 시장진입장벽이 높은 산업이다. 선발 LED업체들은 과거 오랜 특허 전쟁을 종료하고 크로스 라이센싱을 통한 협력체계를 구축하여 한국 및 대만 후발업체들의 시장 진입을 특허와 디자인권을 이용하여 높은 진입장벽을 형성하여 막고 있다.

정부의 적극적 LED산업 지원 전략과 더불어 국내 업체들 또한 LED산업에의 진입을 서두르고 있으나 주로 국내 시장에서만 공급하고 있을 뿐 세계시장에의 진입은 저조한 실정이다. LED는 일본 등 선진 업체들에 비해 부가가치가 높은 에피성장/칩 기술력이 열세에 있으며 저가형 LED분야에서는 원가 경쟁력을 가진 대만의 시장 점유가 두드러지고 있다. 제품 생산에 필수적인 원천 특허는 주로 일본과 미국의 선진 업체들이 보유하고 있으므로 시장 진입을 위해서는 기술 개발과 원천 기술 확보 문제 해결이 중요한 현안으로 떠오르고 있다.

## 라. 국내 시장동향

국내 LED시장은 2005년 2,126억원, 2007년 4,013억원, 2008년 6,127억원의 시장을 형성한데 이어 2015년에는 50,000억원의 시장을 형성할 것으로 전망되고 있다. LED시장을 형성하는 부품소재, LED에피, 칩, LED패키지 중 가장 큰 시장을 형성하는 것은 LED패키지 시장으로 2008년 전체 시장 6,127억원에서 3,800억원으로 62%를 차지하고 있으며 LED에피, 칩은 31%, 부품소재는 7%를 차지하고 있다. 가장 빠르게 성장한 분야는 부품소재 시장으로2015년까지 연평균 39.05%에 이르는 성장을 나타낼 것으로 전망되고 있다.

**표 1.4 국내 LED 시장 현황 및 전망** (단위 : 억원)

| 구분 | 2005 | 2007 | 2008 | 2010 | 2012 | 2015 | CAGR |
|---|---|---|---|---|---|---|---|
| 부품 소재 | 74 | 203 | 427 | 1,100 | 1,479 | 2,000 | 39.5% |
| LED에피, 칩 | 684 | 1,270 | 1,900 | 4,600 | 7,500 | 16,000 | 37.06% |
| LED 패키지 | 1,368 | 2,540 | 3,800 | 9,200 | 15,000 | 32,000 | 37.06% |
| 합계 | 2,126 | 4,013 | 6,127 | 14,900 | 23,979 | 50,000 | 37.13% |

자료 : 한국광기술원, (디지털 타임스, 2008.06.17)

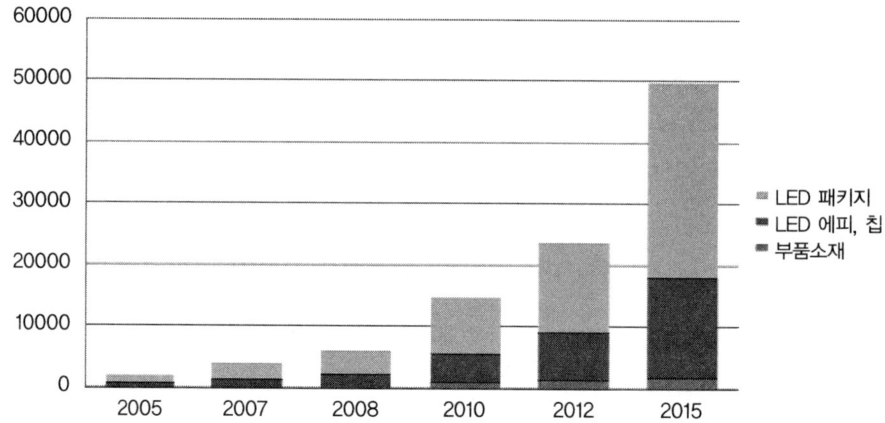


LED의 수출입 동향을 수요와 공급의 측면에서 살펴보면 수요의 경우, 2005년까지 수입물량이 539백만달러로 국내 생산물량 5,450억원에 비해 많았지만 2006년부터 생산량이 수입물량을 추월하기 시작하였다. 수요 측면에서는 수출 물량이 수입 물량에 비해 저조한 모습을 나타내고 있는데 이는 국내 생산량이 주로 국내에 공급되고 있음을 뜻하는 것이다.

LED선두 진입 업체인 니치아, 크리 등의 업체들이 국내에서는 배타적 특허권 실시에 어려움이 있는 반면 해외 시장에서는 강력한 특허권 및 디자인권을

**표 1.5 국내 LED 수요, 공급 추이** (단위 : 생산, 내수-억원, 수출입-백만달러)

| 구분 | | 2003 | 2004 | 2005 | 2006 | 2007 | CAGR |
|---|---|---|---|---|---|---|---|
| 공급 | 생산 | 2,230 | 3,610 | 5,450 | 7,850 | 8,643 | 33.8% |
| | 수입 | 217 | 589 | 539 | 500 | 465 | 7.6% |
| 수요 | 수출 | 28 | 206 | 184 | 194 | 208 | 0.3% |
| | 내수 | 4,120 | 5,310 | 6,380 | 8,050 | 8,667 | 17.7% |

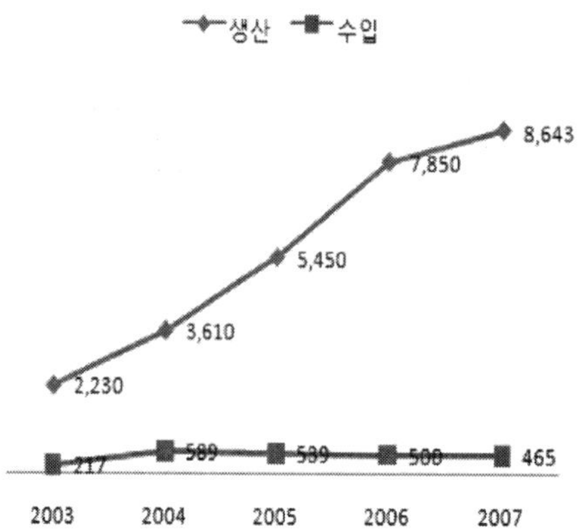


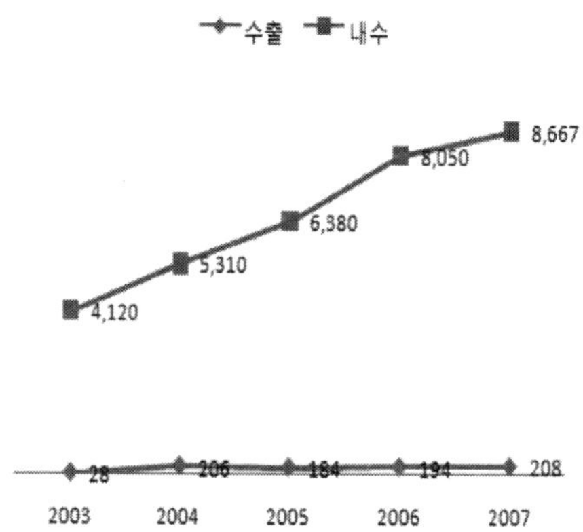

행사해 국내업체들의 진입이 어렵기 때문으로 국내 업체들의 수출량 증가를 위해서는 원천 특허권 확보가 선행되어야 할 것으로 분석된다.

## 마. 해외시장 동향

세계 LED시장은 적용 분야를 크게 넓히면서 꾸준한 성장을 나타내고 있다. 2006년 당시 대부분 휴대폰의 소형 디스플레이에 집중되어 있던 LED시장은 이후 중대형 디스프레이에 적용되면서 노트북, 모니터, LCD TV의 BLU에 사용되게 되었다. 이중 LCD TV의 CCFL을 대체하는 LED의 시장 성장률은 연평균 222.9%로 가장 빠른 성장을 나타내며 CCFL시장을 대체할 것으로 전망되고 있다. 이외에도 모니터와 자동차, 일반조명에서의 LED시장을 확대해 나가 2006

**표 1.6 세계 LED 시장전망** (단위 : 십억원)

| 구분 | 2006 | 2007 | 2008 | 2009 | 2010 | 2011 | CAGR |
|---|---|---|---|---|---|---|---|
| 휴대폰 | 872 | 920 | 863 | 798 | 754 | 719 | −3.8% |
| 노트북 | 0 | 45 | 68 | 73 | 64 | 61 | 7.6% |
| 모니터 | 0 | 15 | 57 | 80 | 73 | 68 | 48.7% |
| LCD TV | 0 | 4 | 178 | 329 | 399 | 456 | 222.9% |
| 자동차 | 459 | 663 | 773 | 967 | 1,185 | 1,404 | 25.0% |
| 일반조명 | 713 | 881 | 1,089 | 1,346 | 1,664 | 2,057 | 23.6% |
| 기타 | 4,087 | 4,803 | 5,147 | 5,738 | 6,207 | 7,145 | 11.8% |
| 합계 | 6,130 | 7,330 | 8,174 | 9,325 | 10,346 | 11,909 | 14.2% |

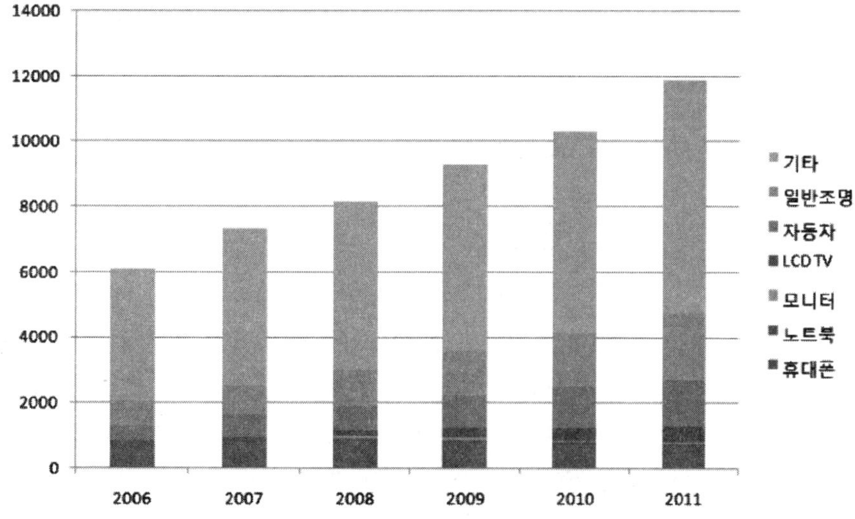


자료 : 대신증권 리서치센터(2007.09.25)

년 6,130억원, 2007년 7,330억원, 2008년 8,174억원에 이르던 시장이 2011년에는 11,909억원으로 연평균 14.2%의 성장을 나타낼 것으로 전망되고 있다.

국가별 LED생산량을 살펴보면 대표적인 LED업체들이 포진해 있는 일본이 전체 생산량의 50%를 차지하며 가장 많은 LED를 생산하고 있고, 그 뒤를 수많은 중소 LED업체들이 포진해 있는 대만이 14%의 점유율로 잇고 있다. 우리나라는 9%의 점유율로 미국, 유럽에 이어 세계에서 5번째로 많은 LED를 생산하고 있다. 대륙별로 일본, 중국, 대만, 한국 등의 아시아권에서 전체 물량의 75%를 생산하고 있음을 알 수 있으며 특히 LED 원천 기술을 보유한 세계 시장 점유율 1위의 니치아사가 속해있는 일본의 LED생산량이 두드러지고 있다.

**표 1.7 국가별 LED 생산량**

| 구분 | 일본 | 대만 | US | 유럽 | 한국 | 중국 |
|---|---|---|---|---|---|---|
| 점유율 | 50% | 14% | 13% | 10% | 9% | 4% |

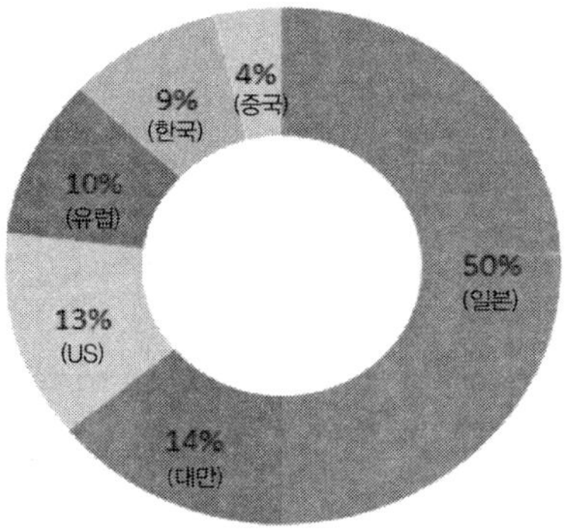


자료 : Strategies Unlimited, 2006

## LED환경분석

### 가. 경쟁현황

국내외 LED업체들을 살펴보면 다음 표와 같으며 이중 서울 반도체가 국내 LED시장 점유율 1위로 시장을 선도하고 있고, 삼성전기, LG이노텍 등의 대기업들의 LED사업 진입이 줄을 잇고 있다. 특히 삼성전기와 LG이노텍은 자사 계열 업체들과의 협업을 통한 시너지 효과를 보고 있으며 LG이노텍은 최근 형광등 대체가 가능한 LED튜브를 개발하여 양산을 시작할 계획이고, 삼성전기는 자사 40인치 LCD TV에 적용할 LED BLU의 가격을 절반 가까이 절감하여

표 1.8 국내 외 LED 업체

| 국내 LED 업체 | 해외 LED 업체 |
|---|---|
| 서울반도체<br>삼성전기<br>LG 이노텍<br>에피밸리<br>이츠웰<br>나이넥스<br>루이마이크로 등 | 니치아화학<br>오스람<br>스탠리<br>시티즌<br>애질런드<br>루미네즈<br>에버라이트<br>도요타 합성 등 |

자료 : 알앤디비즈

2008년 7월부터 LCD TV에 적용했다. 국내 LED업체들은 LED발광의 핵심 공정인 에피성장 분야에서 세계 기술력과는 아직 격차가있어 주로 에피성장 등의 높은 기술을 필요로 하는 전(前)공정보다는 상대적으로 부가가치와 기술 난이도가 낮은 패키징 위주의 후(後)공정 업체들이 많다.

LED시장은 주로 일본, 미국 등의 선발 LED업체들이 시장을 장악하고 있으며 크로스 라이센싱을 통한 협력 체제를 구축하여 한국 및 대만의 후발업체들의 시장 진입 노력에 특허 및 디자인권을 이용하여 높은 시장 진입장벽을 형성하고 있어 국내 업체들이 시장 점유율을 조금씩 늘려가고 있지만 전체적인 구도에는 큰 변화가 없는 상황이 이어지고 있다. 니치아화학이 세계 LED시장 1위(2005년 기준)의 점유율을 지키고 있으며 2위 오스람, 3위 스탠리 순으로 이어지고 있다. 니치아화학은 LED와 LED소재인 형광체 등을 생산하고 있으며 특히 고휘도 LED생산에 유리한 'YAG(Yttrium AluminumGarnet)' 계열 형광체 기술 특허를 앞세워 국내 업체를 압박하고 있다. 이같은 높은 특허 장벽에 걸려 국내 업체들은 도요타고세이社의 백색 LED형광체인 '스트론튬 실리케이트(실리케이트)' 형광체 사용을 늘리고 있는 실정이다.

## 나. 정책, 법적 환경

정부는 친환경, 에너지 절전형 산업이라는 특징으로 차세대 광원으로 주목받고 있는 LED산업을 신(新)성장 동력산업으로 집중 육성하기로 하고 2015년까지 세종시에 대규모 LED 산업단지를 조성하여 LED 강국으로 발전시켜나갈 계획이다.

지식경제부의 이 같은 계획에 따라 LED업계도 'LED산업 발전 협의회' 를 구성하여 국내 업체 간 전략적 M&A등 협력방안을 찾는 노력과 함께 2012년

**표 1.9 LED 산업 신성장동력화 발전전략**

| 목표 | 내용 |
|---|---|
| 비전 | 「2012년 세계 TOP3 LED산업 강국」 실현 |
| 선도적 시장 수요 창출 | • 공공기관이 LED조명 초기시장 창출을 선도<br>– LED조명 시범건물 사업 추진(LED조명 시범우체국 등)<br>– 대규모 신도시 등을 중심으로 "LED조명 도시화" 추진<br>• "LED 보급 촉진 펀드(민관 공동)"을 통한 민간수요 창출<br>– 시장여건을 감안, 약 5백억원 규모로 매년 1개씩 펀드 조성<br>• 교효율인증 제품 확대 및 설치장려금 지원<br>* 고효율인증 : ('08) 백열 할로겐 대체형 → ('09년) 형광등 대체형 → ('10) LED 가로등 |
| 세계적 핵심 역량 강화 | • 핵심 타겟 기술의 집중 투자로 "新 원천기술" 선점<br>* 내부 양자효율 향상, 나노기반 LED칩구조 설계, 新 형광소재 등<br>• 국제 표준 선점 및 특허대응역량 제고('12년 총 20종 KS 제정)<br>• 대 · 중 · 소 전략적 제휴 유도 → 高 브랜드의 Major 기업 육성 |
| 안정적 성장 기반 조성 | • LED 전문 벤처기업 육성으로 성장기반 활성화<br>* LED 기술력 향상사업 및 기존 조명업체 사업전환 지원<br>• 지역 거점산업+LED의 융합을 통한 LED 특화 클러스터 조성<br>• 시장진입 촉진을 위합 법 · 제도 개선<br>* 건축물 에너지절약 설계 기준, 전기용품 안전기준 등의 LED Friendly化 |

자료 : 지식경제부 보도자료, 2008.05

까지 LED분야에 3조원 규모의 투자를 진행하기로 하였다. 정부는 우선 LED초기 시장을 창출하기 위해 '공공기관 LED 조명 시범개체 사업' 을 추진하여 과천 정부종합청사 민원실과 7대 광역시 신설 우체국 조명을 LED로 설치하는 것을 추진하고 대형 신도시 개발 시, 도시 및 건축 설계기준에 LED를 경관조명과 실내조명에 활용하도록 반영하기로 하였다. 이와 함께 LED선진 업체들인 일본니치아 등의 특허 및 시장 진입장벽 강화 움직임에 대응하기 위해 2012년까지 총 1,000억원의 기술개발자금을 투입하고, '3대 핵심 원천 기술분야' 인 LED칩 제조기술 지원과 현재 4종에 불과한 LED국가 표준을 2012년까지 30종으로 확대하여 국제 표준 선점 경쟁에 뛰어들 예정이다.

마지막으로 LED융합산업화 지원센터를 구축하여 기존 중소 조명기기업체들의 LED조명 사업 전환을 위해 업체당 30억원 안에서 사업전환자금을 지원하여 LED산업의 성장 저변을 확대하여 2012년까지 1,000여개의 LED전문기업을 육성해 나갈 계획이다. 지식경제부는 이 같은 'LED산업 신성장 동력화 전략' 이 성공할 경우 2007년 12억 달러 규모였던 LED분야 국내 생산이2012년에는 90억 달러 수준으로 늘어나고, 약 3만개의 신규 일자리가 창출되며, 2015년까지 조명의 약 30%가 LED로 교체될 경우 매년 원자력 발전소 2기의 전력 생산량에 맞먹는 백만킬로와트급인 16.021GWh전략이 절감 될 뿐 아니라 CO2배출은 약 680만톤이 절감될 것으로 기대하고 있다.

## 다. 이슈 종합

LED는 생산 공정의 진화와 경쟁 심화에 따라 지속적이 가격하락이 이루어지고 있으며 이에 따라 적용범위가 확대되고 있다. LED웨이퍼의 크기가 2인치에서 4인치로 확대되면서 LED의 가격이 급격히 하락하고 있으며 이에 따라 적용범위를 소형 디스플레이인 휴대폰 시장에서 중대형 LCD의 BLU로 확대해 나가고 있다. LED는 환경문제 해결이 가능하며 에너지 효율이 뛰어나 가장 큰 광원 시장인 조명 시장에의 침투율이 상승할 것으로 예측되고 있다.

국내 LED산업의 가장 시급한 문제는 원천 기술의 부재이다. LED주요 소재인 YAG형광체의 경우 일본 니치아화학이 시장을 거의 독점하고 특허 공유를 체결한 업체에만 판매하여 국내 LED업체들은 니치아화학의 특허 침해를 피하기 위해 오스람의 TAG계열이나 도요타고세이 등 4개 외국 업체가 특허를 보유한 실리케이트 계열 형광체의 사용량을 늘리고 있다.

그러나 통상 YAG형광체가 고휘도 구현에 가장 유리하기 때문에 갈수록 밝은 LED를 요구하고 있는 애플리케이션 업계의 요구를 충족하는데 뒤쳐져 국내 전방업체들에게까지 영향을 주어 장기적으로 부작용을 초래하고 있다. 이같이 소재 원천 특허 확보는 매우 시급한 실정이나 국내 정부의 LED 분야 투

그림 1.14
LED산업 이슈 종합

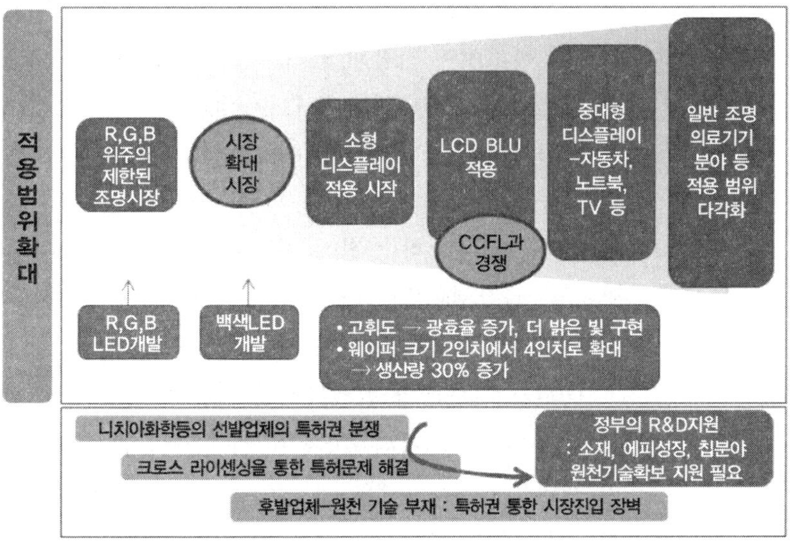


자료 : 알앤디비즈

자는 주로 조명기구에만 초점을 맞추어 소재 원천 특허 확보를 위한 정부의 전략적인 투자가 있어야 할 것으로 분석되고 있다.

## 1.5 VLC와 다른 실내 무선 통신방식과의 차이점

### 1.5.1 LED 경쟁 및 신규 대체 기술 현황

LED는 고휘도 LED의 개발로 경쟁기술인 CCFL의 가격 격차가 감소하면서 시장 규모를 확대해 나가고 있다. CCFL(냉음극형 광램프)은 LCD 부품 분야에서 수백 억 원대에 이르는 투자 규모와 과점 구조로 시장을 대부분 독점해왔으나 공급과잉, 경쟁 업체의 신규 진입, LED광원의 가격하락에 따른 시장확대로 위기를 맞고 있다. CCFL은 LCD의 광원으로 사용되는 형광등으로 일반 형광등에 비해 지름이 훨씬 얇을 뿐 아니라 수명도 5만 시간으로 10배 가까이 길다. 그러나 CCFL은 유해물질 수은을 포함하는 광원으로 수은 사용을 금지한 유럽연합의 유해물질제한지침(RoHS)등의 친환경 움직임이 가장 큰 위기요인으로 나타나고 있다.

CCFL은 현재 유럽에서 대체 재료가 없다는 이유로 사용이 허락되기는 했지만 이는 대체 기술인 LED의 기술발전에 따라 유예기간이 유동적이기 때문에 LED업계와의 경쟁이 치열해지고 있다. 현재 LED가 CCFL을 대체하지 못하는 가장 큰 이유인 가격 차이이다. 그러나 고휘도 LED가 개발되면서LED기초소재인 사파이어 기판의 크기가 2인치에서 4인치로 확대되면서 생산량이 33% 증가하였고, LCD중대형 광원을 기준으로 상대가격이 각 인치당1.8배에서 2.8배에 이르지만 절대가격의 차이는 몇 천원에 불과하여 내비게이션, UMPC, 노트북 등 응용제품의 판매 가격대비 약 0.5%에 불과하여 LED의 적용이 늘어나고 있다. 이후 에피 성장 공정기술과 패키징 기술이 발달하고 LED 휘도 향상과 LED 동작제어 Driver IC가격이 하락하는 속도에 따라 대체 속도는 더욱 빨라질 것으로 예측되고 있다.

LED는 대부분의 원천특허를 일본과 미국 등의 선발 LED업체들이 보유하고 있어 국내 기업들의 차세대 광원 사업 활성화에 걸림돌이 되어왔으나 이번에 개발된 '레이저광원' 기술은 국내 원천 기술로 개발되어 향후 고부가가치 창출이 가능할 것으로 기대를 모으고 있다.

표 1.10 CCFL과 LED BLU 비교

| LED 백라이트 LCD | 구분 | CCFL 백라이트 LCD |
|---|---|---|
| 110% | 색재현율 | 72% |
| 1만 : 1 | 명암대비비 | 최대 2000 : 1 |
| 밝은 부분과 어두운 부분을 더욱 강조해 조절가능 부분 휘도 | 제어여부 | 화면 전체 휘도가 동일 |

자료 : LG 필립스 LCD, Moazine, 2006.10

이 기술은 기존 LED보다 성능이 우수하며 청색을 띤 '부드러운 3차원 수직 공진형 광장자테(PQR : Photonic Quantum Ring) 레이저' 로 기존 LED의 응답속도가 메가헤르츠(MHz)를 넘기기 어려운 반면 수백 MHz에서 기가헤르츠(GHz)급에 이르는 빠른 응답속도를 보이며, 특히 고주파로 변조할 경우 조명기구는 물론 휴대전화나 차세대 디스플레이 등 여러 분야에 활용될 것으로 기대되고 있다.

또한 눈에 피로감을 주는 레이저의 눈이 부시고 어른거리는 스페클(speckle) 현상' 도 없으며 마이크로 나노 또는 나노 암페어 급의 낮은 전류로 구동할 수 있어 전력 소모가 적고 섭씨 150도 이상의 고온에서도 안정적인 파장을 내보내는 장점을 갖추었다. 이 기술은 빛의 추출 효율을 높이기위해 표면을 변질하거나 깍는 등의 공정이 필요한 LED와 달리 정규 소자공정을 사용, 표면 공정에 따른 문제도 없고 추가 공정도 필요하지 않아 소자의 신뢰도를 높이고 제작 비용도 절감하는 효과가 있을 것으로 기대되고 있다.

## 1.5.2 Wireless LAN

사무실 밖으로 뛰쳐나온 노트북 컴퓨터는 이제 거리 여기저기에서 메일 액세스 단말기로서 활약하고 있다. 또한 휴대전화 역시 3세대 통신 서비스를 기폭제로 하여 인터넷 액세스 단말기로서의 지위를 확립했다. 그야말로 유비쿼터스 정보 사회가 도래했다고 할 수 있다.

한편 가정에는 ADSL(Asymmetric Digital Subscriber Line)을 중심으로 한 광대역 환경이 정비되어 손쉽게 IP(Internet Protocol) 기반 광대역 서비스를 이용할 수 있게 되었다. 이러한 상황에서 고정된 데스크톱 PC에서 노매딕(기기는 움직일 수 있지만 네트워크에 접속할 때는 주로 고정해서 사용하는 방식. 이동성과 광대역성을 양립시킬 수 있는 방식), 모바일 용도의 기기가 단말기의

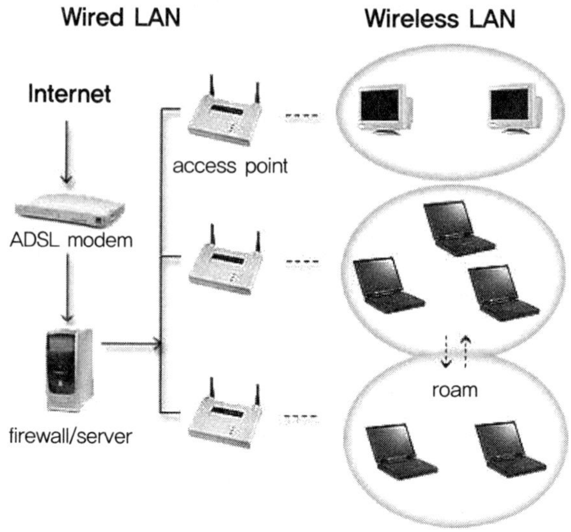


그림 1.15
무선 LAN 개념도

주류를 이루게 됨에 따라 무선화에 대한 기대가 급속도로 높아지고 있다. 이러한 사회적 요구에 대응하기 위해 다양한 무선 방식이 제안되고 있다.

PAN(Personal Area Nework)은 Bluetooth 계열, LAN(Local Area Network)은 IEEE 802.11 계열, 광대역 통신은 휴대전화 계열이라는 식으로 각 기술을 구분하여 사용하고 있다. 그러나 제안되고 있는 규격끼리 응용 분야가 중복되는 부분도 있어 향후 세력지도가 변할 것으로 예상된다.

이러한 가운데 무선 기술에 대한 사실상의 표준이라고도 부를 만한 지위를 구축하고 있는 것이 IEEE 802.11 계열의 WLAN이다. WLAN의 제2세대라고 할 수 있는 IEEE 802.11b가 속도 측면에서는 사무실의 10Mbps 이더넷에 결코 뒤지지 않게 된 점, 또한 개인이 구입할 수 있는 가격대를 형성했다는 점에서 보급이 한층 가속되고 있다. 민간의 상호 접속 인증기관인 Wi-Fi 협회(Wi-Fi Alliance)가 지난1999년 설립되어, 각 사에서 판매하고 있는 기기가 상호 연결되는 환경이 정비된 점도 시장의 급속한 성장을 생각 할 때 빼놓을 수 없다.

칩셋을 저렴하게 구입할 수 있게 되었기 때문에 지금까지 WLAN의 사양에서는 상정하지 않았던 애플리케이션에도 사용이 가능해 지고 있다. 이와 더불어 사양 자체도 시장의 요구를 충족시킬 수 있도록 발전하고 있다. 이러한 상황을 고려할 때 WLAN을 단순한 무선 애플리케이션이 아닌 다양한 무선 환경을 실현할 수 있는 킬러 플랫폼으로서 받아들여야만 시장의 흐름을 정확하게 파악 할 수가 있을 것이다.

802.11로 불리는 무선 LAN 기술은 현재 가장 보편화되고 규모가 큰 무선

그림 1.16
무선 인프라와 IEEE 802 패밀리

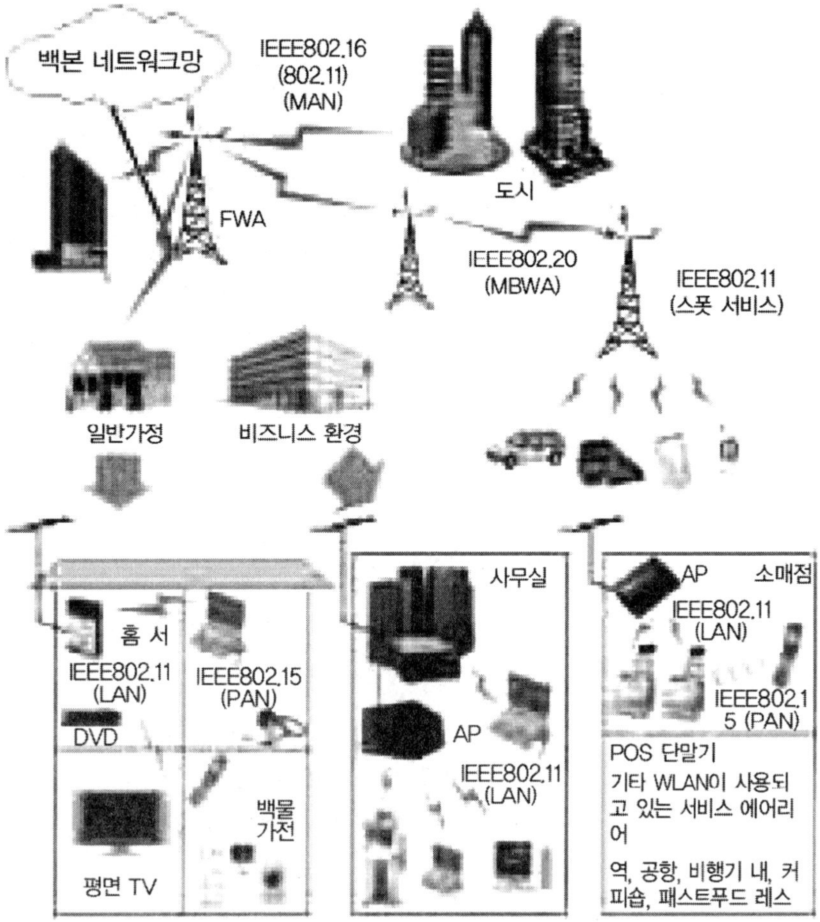


시장 수요를 창출하고 있다. 특히 Intel은 지난해부터 노트북 PC와 PDA용 무선 LAN Chip(센트리노)를 선보이며 기술표준을 주도하고 있으며 T-Mobile은 미국 내 무려 5,200곳의 Hot-Spot을 설치한 상황이다.

무선 LAN이란 유선 LAN의 확장 또는 대체를 위해 전파(Radio Frequency) 또는 빛을 이용하여 공중상에서 데이터를 전송하고 수신하는 방식으로 장비 간에 무선을 이용하여 연결함으로써 고객에게 이동성 보장/사무환경을 개선하는 기술이다.

눈에 보이지 않는 전파를 이용하기 때문에 구축시간과 경비를 대폭 절감할 수 있을 뿐만 아니라 전파의 도달 범위 안에서 자유롭게 이동하면서 네트워크에 접속할 수 있어 고정적인 네트워크의 개념을 움직이는 네트워크의 개념으로 전환시킨다.

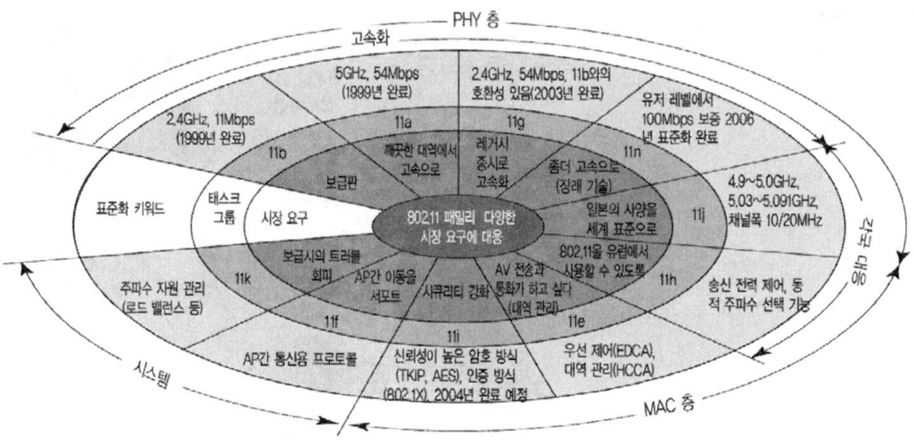


**그림 1.17**
IEEE 802.11의 다양화

## Wireless LAN 특징

- 설치, 유지보수, 재배치 간편 : 간단한 장비 Setting만으로 기존 네트워크에 Migration 이용이하다.
- 긴급, 임시 Network 구축 필요 시 효율적으로 설치 가능 : Network 설치의 시간적, 공간적 효율성이 제공된다.
- 유선 연결이 어려운 곳의 Cabling 문제가 해결된다. ← 도로에 인접 건물간, 내부 이동이 잦은 부서 등
- 단말의 이동성 보장, Network의 확장성이 용이하다. ← Cabling 문제 없이 단말 이동 및 배치가 자유로움
- 재해시 Network 단절문제가 해결된다. ← 무선 LAN을 이용한 긴급 네트워크 구축 가능
- ISM(Industrial Scientific Medical) Band 사용으로 전파사용료가 없다.

**표 1.11** Wireless LAN의 특징

| 구분 | 무선 LAN | Bluetooth | HomeRF | IrDA |
|---|---|---|---|---|
| 사용주파수 | 0.65~5GHz | 2.4GHz 대 | 2.4GHz 대 | Infrared(적외선) |
| 전송속도 | 1~54Mbps | 1Mbps | 1.2Mbps | 4Mbps |
| 전송거리 | 100m | 10m | 100m | 2m |
| 가격 | 25$ | 10$ | 15$ | 0.3$ |
| 전파경로 | 비 LOS | 비 LOS | 비 LOS | LOS |
| 소비전력 | | 100mW | | 150mW |

## 유선 LAN과 무선 LAN의 장단점 비교

유선 LAN의 단점은 유선 LAN이 처음 등장한 후 지금까지 유선 LAN은 그 가치를 충분히 발휘하며 별 문제점을 노출하지 않았다. 그러나 80년대 이후부터 그 한계를 들어내기 시작하였다.

우선, 유선 시스템 고유의 특성 때문에 망의 변경, 증설에 많은 어려움이 따랐고 이에 따른 경비 역시 적지 않게 되었다. 아울러 이동 통신 시대에 부응할 수 없는 것 역시 유선 LAN의 본질적인 취약점이라 할 수 있다. 시스템 배치의 변경 시 문제 시스템 배치의 변경은 주어진 실내 환경에 따라 케이블 재연결의 번거로움 내지는 연결 자체의 어려움을 초래할 수 있다. 즉 좁은 공간에서 여러 가지 제한을 받으며 케이블 배선을 하려면 상당한 배려가 요구된다. 이러한 실질적인 측면 외에도 시스템의 배치 변경 때문에 발생하는 시스템의 다운(down) 시간에 의한 경제적 손실 역시 유선 LAN이 지니고 있는 문제점이라 할 수 있다. 이러한 문제점들은 시스템의 증설 시에도 존재한다. 더욱이, 국내의 상당수의 건물들이 오래 전에 건립되어서 케이블 등의 추가 배선 등을 고려할 경우 어려움이 따르게 된다. 휴대용 시스템에의 적용 문제 유선 LAN은 근본적으로 케이블의 길이에 묶여 있는 시스템이다. 따라서 이러한 특성에 의하여 활용 반경이 제한되고 휴대용 시스템에는 적용이 불가능 하다. 이는 앞으로의 이동 통신의 활성화와 LAN의 이동 통신 시스템과의 접목을 고려할 때 단점이 된다. 시스템 신뢰도 문제에서 유선 LAN에서의 장애 발생은 의외로 송 · 수신부가 아닌 전송 매개체인 케이블 자체에서 생기는 경우가 빈번하다. 케이블의 노화 현상 혹은 환경에 의한 케이블 상태의 품질 저하는 시스템 전체의 신뢰도를 저하시키는 요소가 될 수도 있다.

무선 LAN의 장 · 단점 중 장점으로는 손쉬운 설치 및 신속한 네트워크 구축, 배선 불필요, 자유로운 단말기 설치, 단말의 이동이 가능, 유지보수가 단순하다는 것이고 단점으로는 유선 LAN에 비해 속도가 느림, 유선 LAN 접속카드에 비해 무선LAN 접속카드는 고가라는 단점이 있다. 또한 유선 LAN에서는 Cabling의 문제(설치, 유지보수, 재배치, 이동성)가 대두되고, Notebook 사용자의 증가로 인한 Mobility의 중요성이 대두되면서 무선 Lan이 요구되었고, 여러 가지 재해로 인한 Network 단절문제를 극복하기 위하여, 임시 Network 구축의 필요성 증대(전시회, 세미나, 가건물, 건설 현장 등) 등으로 인하여 필수불가결로 무선LAN이 등장하였다. 무선 LAN은 설치 속도가 빠르고 간단하며, 설치가 가변적이고, 이동성이 좋으며, 사용자는 비용을 절감시킬 수 있으며,

LAN에 연결하는 PC 대수를 자유롭게 설치 할 수 있는 장점들을 가지고 있다.

## 802.11 Family Members

802.11은 IEEE 작업그룹이 개발한 무선 랜을 위한 규격 모음으로서, 현재 802.11,802.11a, 802.11b, and 802.11g 등 네 가지 규격이 이에 속한다. 이 네 가지 규격은 경로 공유를 위해 모두 이더넷 프로토콜인 CSMA/CA를 사용한다. 802.11b 표준이 초당 약 11 Mbps의 속도를 제공하는데 비해, 가장 최근에 승인된 표준인 802.11g는 비교적 짧은 거리에서지만, 최고 54 Mbps까지의 빠른 전송속도를 제공한다. 802.11g도 802.11b와 같이 2.4 GHz 대역에서 동작하므로, 둘 간에는 서로 호환성이 있다.

종종 Wi-Fi라고도 불리는 802.11b 표준은 802.11에 대해 후위 호환성을 제공한다. 전통적으로 802.11에서 사용되는 변조방식은 PSK이었지만, 802.11b에서 채택한 변조 방식은 더 빠른 데이터 전송속도를 제공하면서도, 다중 경로 전달에 의한 간섭을 받을 소지가 적은 CCK를 사용한다.

802.11a 규격은 무선 ATM 시스템에 적용되며, 액세스 허브에서 주로 사용된다. 802.11a는 5GHz~6GHz의 무선 주파수 대역폭에서 동작한다. 802.11a는 최고 54Mbps까지의 데이터 전송속도를 낼 수 있도록 OFDM이라고 불리는 변조 방식을 사용하지만, 대부분의 경우 실제 통신은 6, 12 또는 24Mbps의 속도로 이루어진다. 최근 광대역 무선통신기술의 주관심사로 떠 오른, WiBro(Wireless Broadband) 는 2.3GHz 대역의 주파수를 이용하며, 시속 60 km 이상의 이동성과 1 Mbps급의 전송속도를 제공하는 휴대 인터넷 서비스를 가리킨다. 와이브로의 전파 전달 거리는 최대 48km에 달함으로써, 핫스팟이라는 서비스 지역에서만 사용이 가능한 무선 랜, Wi-Fi 보다 서비스 반경이 10배 이상 넓다.

한국 기업들이 중심이 되어 개발한 와이브로 기술 표준 HPi(high-speed portable internet)는 IEEE가 최근 승인한 차세대 무선 광대역 전송 기술 표준 IEEE 802.16e에 부합되는 국제 기술 표준이다.

## 무선 인프라와 IEEE 802 계열

무선 네트워크는 크게 WAN(Wide Area Network), LAN(Local Area Network), PAN(Personal Area Network)으로 나뉜다. WAN에 속하는 것으로는

IEEE 802 위원회에서는 IEEE 802.16과 IEEE 802.20이 검토되고 있다. IEEE 802.16은 MAN(Metropolitan Area Network)의 범주에 속하며 도시간, 빌딩 간의 무선 통신과 같은 FWA(Fixed Wireless Access)에 이용된다.

또한 IEEE 802.20은 MBWA(Mobile Broadband Wireless Access)로서 정의되며 문자 그대로 이동 환경 하에서 광대역 서비스를 광역에서 실현하는 사양이다. 다시 설명하겠지만 다양한 애플리케이션에 적용될 수 있도록 IEEE 802.11이 지속적으로 변화하고 있기 때문에 FWA용의 사양과 음성 통화용으로 VoIP(Voice over IP)와 같은 대역 관리 기술이 강화되어 IEEE 802.16과 IEEE 802.20 의 상정 적용 범위와 중복되는 부분이 생겨났다.

한편 가정과 사무실로 눈을 돌리면 이더넷 케이블의 무선화로서 IEEE 802.11a/b/g가 보급되고 있다. 가정에서는 인터넷과 PC단말기를 접속하는 것만뿐 아니라 접속 대상이 디지털 가전으로 까지 확대되고 있다. 소비가전의 경우, 필요한 전송 용량이 작기 때문에 네트워크 대응으로서는 Bluetooth에 의한 제품화가 선행하고 있다. 소매점 등의 POS(Point of Sales) 시스템의 무선화도 레이아웃 변경시의 경비를 크게 절감할 수 있다는 점에서 잠재 수요가 높다.

## PHY 강화(llb, lla, llg, lln)

원래의 IEEE 802.11은 최대 전송 속도 2Mbps이며 전송 매체(반송파 주파수)는 적외선 또는 2.4GHz 대역(확산 방식)의 전파였다. 고속화에 대한 요구로 IEEE 802.11b/a가 2년 후에 표준화되었다. IEEE 802.11b는 IEEE 802.11에 대해 역호환성을 유지하면서 확산 부호에도 정보를 실을 수 있는 방식을 채용함으로써 최대 전송 속도를 11Mbps까지 높였다(CCK(Complementary Code Keying) 방식).

또한 IEEE 802.11a는 반송파 주파수로서 UNII(Unlicensed National Information Infrastructure, 정해진 규격을 만족하면 면허가 필요 없이 사용해도 좋은 주파수 대역의 그룹) 대역인 5GHz 대역을 사용하고 있는데, 2차 변조 방식에 직교주파수분할다중(OFDM, Orthogonal Frequency Division Multiplexing) 방식을 채용함으로써 최대 전송 속도를 54Mbps까지 높였다.

IEEE 802.11a는 2.4GHz ISM(Industrial, Scientific and Medical) 대역을 이용하는 IEEE 802.11b와 비교하면 5GHz 대역의 깨끗한 주파수를 이용하고 있어 동화상 전송 등 전반로의 품질이 보다 중요한 AV 용도에 적합하다. 또한

IEEE 802.11b의 경우 동시 사용 가능 채널이 4개(미국은 3개)인데 반해 11채널(미국은 12채널)을 사용할 수 있다는 점에서 액세스 포인트를 더욱 넓게 전개할 수 있다는 점 등이 기대되고 있다. 하지만, IEEE 802.11a는 IEEE 802.11b와의 호환성이 없다. IEEE 802.11b와의 호환성을 배려하면서 고속화를 실현한 규격이 IEEE 802.11g이다. 이 규격의 특징은 IEEE 802.11b 모드를 포함하는 동시에 반송파 주파수가 2.4GHz 대역을 유지한 상태에서 54Mbps의 OFDM 신호를 송수신할 수 있다는 것이다. 역호환성을 확보한데다가 기존 특성으로서 반송파 주파수가 1/2이기 때문에 같은 송신 전력에서는 IEEE 802.11a보다 약 2배 빠르게 도달할 수 있다는 장점도 가지고 있다. 한편 동시에 사용할 수 있는 채널이 3개밖에 없다는 것, ISM 대역이기 때문에 타 시스템과의 간섭 위험이 있다는 것 등 단점을 가지고 있다. 이상과 같은 점에서 IEEE 802.11b는 장래 IEEE 802.11g에 흡수되어 가겠지만, IEEE 802.11g와 IEEE 802.11a에 대해서는 애플리케이션에 따라 구분되어 사용되면서 공존할 것으로 생각된다.

또한 장래에 대비해서 보다 더 높은 최대 전송속도를 가진 규격의 검토도 시작되었다. IEEE 802.11n이라고 불리는 규격이다. 애플리케이션 레벨에서 전송속도 100Mbps 이상을 보장하는 것을 특징으로 하며 IEEE 802.11a와도 역호환성을 가진다. 지금까지 IEEE 802.11을 포함해 무선 시스템의 전송속도는 프로토콜 상의 전송속도로 정의되었지만, 사용자가 체감할 수 있는 실효 전송속도와 괴리되어있기 때문에 애플리케이션의 실효 전송속도에 가까운 MAC SAP(Service Access Point, TCP/IP 용어로 포트와 동의어. 특정의 애플리케이션이나 서비스를 의미한다)로 정의되게 되었다.

## IEEE 802 표준의 국제화

미국에서 개발한 표준인 IEEE 802.11a를 유럽에서도 사용할 수 있도록 하기 위한 규격이 IEEE 802.11h이다. 유럽에서는 5GHz 대역에 ETSI(European Telecommunications Standard Institute, 미국의 ANSI(American National Standard Institute)의 유럽판이며 비정부 표준 책정 단체)가 정한 HiperLAN(High Performance Radio LAN. ETSI에서 2000년 2월에 책정된 규격으로 PHY층 등은 IEEE 802.11a에 가깝지만 집중 제어 방식인 점이 크게 다르다)이라는 규격이 있지만, 주요 차분은 DFS(Dynamic Frequency Selection)와 TPC(Transmit Power Control)이다. DFS는 동적 주파수 선택 기능, TPC는 송신 전력 제어라고 풀이된다. 모두 타 시스템에 미치는 영향을 삭감하기 위해

필요하다.

한편 일본에서 인가된 4.9~5.0GHz 대역과 5.03~5.091GHz 대역을 미국 사양과 조화시키기 위해 마련한 것이 IEEE 802.11j이다.

이것은 옥외의 FWA 등도 시야에 넣고 있기 때문에 한번에 서비스에 참가할 수 있는 기업(반송파)를 늘리기 위한 10MHz에의 채널 분할과 IEEE 802.11에서 일반적으로 ACK(ACKnowledgement, 수신측에서 신호가 바르게 도착한 것을 송신측에 통지하는 신호이다)의 타이밍에서 수백 m까지의 전송밖에 지원하지 않는 것을 수 km까지 늘리도록 하는 MAC 파라미터의 변경 등이 의논되고 있다.

## MAC 강화

AV 용도를 생각할 때 중요한 것은 대역 보증(QoS, Quality of Service)이다. WLAN의 경우, 네트워크에 연결되어 있는 PC가 확률적으로 가능한 한 많은 데이터를 주고받을 수 있도록 CSMA/CA(Carrier Sense Multiple Access with Collision Avoidance) 방식을 취하고 있다. 때문에 이 방식으로 화상을 전송하면 다른 기기의 통신에 의해 방해를 받아서 일정한 전송속도로 통신을 할 수 없고 화상에 일그러짐 현상이 발생한다. 원래 유럽 규격인 HiperLAN2와 일본의 HiSWANa(High Speed Wireless Access Network type, HiperLAN2와의 호환성을 중시한 일본의 규격)는 TDMA(Time Division Multiple Access, 시분할로 복수의 유저가 액세스하는 방식) 방식을 채용하고 있어 대역 보증이 수월하기 때문에 동화상 전송에 유리하다. 그러나 현재 상업적으로 IEEE 802.11 계열의 시스템이 보급되어 있고 칩셋도 저렴해졌기 때문에 동화상 전송도 IEEE 802.11 계열의 개량에 의해 실용화되는 방향으로 검토되고 있다. IEEE 802.11e는 이러한 대역 보증을 검토하고 있는 표준이며 내년에 표준화가 완료될 예정이다. 이 표준에서는 다양한 애플리케이션에 대응하기 위해 다양한 레벨의 대역 보증이 검토되고 있다.

프로토콜의 경우, 확실하게 대역을 보증하는 기능을 지닌 HCCA(Hybrid coordination function Controlled Channel Access, 시간 관리의 개념을 도입함으로써 특정 애플리케이션에 특정 전송속도를 할당 가능토록 하는 방식), 확률적으로 무게를 바꾸어 안정한 대역이 필요한 애플리케이션에 우선적으로 대역을 할당하는 EDCA(Enhanced Distribution Channel Standard, 우선순위가 높은 애플리케이션에는 높은 확률로 대역을 할당하는 방식) 방식등이 있다.

CSMA/CA의 충돌 방지 기능을 간략화해서 유저가 사용할 수 있는 시간을 늘리고 스루풋을 향상시키는 방안도 검토되고 있다. 예를 들어, 데이터를 수신했을 경우를 확인하기 위해 ACK를 매회 반드시 발신하도록 되어 있는데, 어느 정도 무선 상태가 안정되었다는 것을 전제로, ACK 커맨드를 줄여서 스루풋을 향상시키는 것이다(Block Ack).

한편 IEEE 802.11a/b의 보안에 관해서는 WEP(Wired Equivalent Privacy) 기능이 표준으로 실장되어 있었지만 암호가 해독되는 등의 이유로 보안 레벨이 충분하지 않았기 때문에 현재 보안 강화책으로서 IEEE 802.11i가 검토되고 있다. 키 관리에는 IEEE 802.1X를 이용하고 암호화 방식에는 AES(Advanced Encryption Standard, WEP에서 이용되고 있는 것보다 강력한 차세대 암호화 방식) 또는 TKIP(Temporary Key Integrity Protocol, 암호 방식은 WEP와 동등하지만 키를 동적으로 변화시킴으로써 비닉성을 향상시킨 방식)를 이용하는 것이 특징이다. 초기의 보안성 강화를 요구하는 시장의 목소리를 반영하여 IEEE 802.11i의 규격이 성립될 때까지의 과도기적인 해결책으로서 Wi-Fi 협회는 규격화가 완료되지 않았던 AES를 제외한 IEEE 802.11i의 서브셋을 WPA(Wi-Fi Protected Access)로 하여 2003년 8월에 Wi-Fi 로고 발행을 위한 필수 조건으로 정했다.

Wi-Fi 협회는 보안성을 한층 더 강화하기 위해 VPN(Virtual Private Network,. 공공 라인 등을 경유하면서도 안전한 통신을 가능케 하는 보안 기술로 게이트웨이가 되는 VPN 장치와 단말기 측에 탑재되는 VPN 애플리케이션 소프트웨어 등으로 구성된다)등 상위층에서의 보안 대책을 병용하는 것도 권장하고 있다.

원래 보안성이라는 것은 표준화를 통해 강화하는 것뿐만 아니라 사용자를 상대로 한 계몽도 필요하다. 일본의 경우, 지난 2003년 8월 JEITA(Japan Electronics and Information Technology Industries Association)가 SSID(Service Set Identity, 접속처의 네트워크를 식별하기 위한 ID(Identification). ANY로 설정, 혹은 아무 것도 설정하지 않으면 누구라도 접속 가능한 상황이 된다), WEP, MAC 어드레스 필터링(MAC 어드레스에 의해 네트워크에의액세스를 관리하는 방식, 즉 각 기기에 일괄적으로 할당되어 있는 MAC 어드레스를 액세스 포인트에 등록함으로써 실현) 등을 활용한 비닉성의 향상을 사용자에게 촉구한 바 있다.

이 외에도 IEEE 802 위원회에서는 액세스 포인트간 통신의 프로토콜을 정한 IEEE 802.11f가 있으며 또한 주파수 자원 관리를 정하는 IEEE 802.11k 등도 검토되고 있다.

## 세계의 5GHz대 주파수 할당 상황

2.4GHz 대역의 WLAN은 세계 공통의 ISM 대역을 이용하고 있기 때문에 세계적으로 WLAN을 보급하는 데 큰 역할을 했다. 한편 ISM 대역인 점과 동시에는 4채널 밖에 사용할 수 없다는 점에서 향후 보급이 진행되면 시스템 내외의 간섭 문제가 심각해진다. 때문에 5GHz 대역이 주목을 받고 있다. 5GHz 대역은 2.4GHz 대역에 비해 세계적으로 보아 통일화가 늦었지만 IEE 802.11j 등 각국 사양의 차분을 흡수하는 규격이 의논되고 있다. 또한 2003년 6월에 제네바에

그림 1.18
세계의 5GHz대 주파수 할당 상황

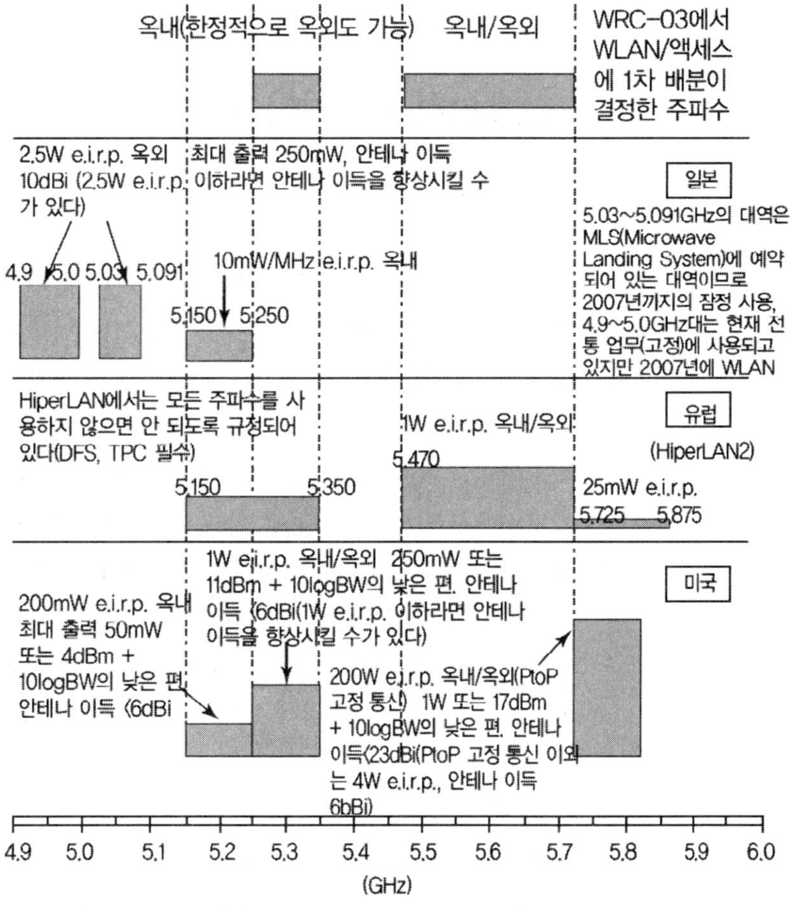


PtoP : Point to Point
*막대 그래프의 높이는 최대 출력 전력을 상대적으로 나타낸다.
*BW는 10MHz에서 규격화한 밴드 폭을 나타낸다.

서 개최된 ITU(International Telecommunication Union)주최의 WRC-03(World Radio communication Conference 2003)에서 새로이 세계 공통 대역으로서 옥내외 용도에 5.470~5.725GHz 대역을 개방하는 것이 결정되었다(5.25~5.35GHz 대역은 옥내 및 제한적인 옥외 용도로서 개방). 기본적으로는 TPC, DFS의 기능이 필요하다. 각국의 이용 규정에 관한 상세한 검토가 끝난 후 내년 이후 상용 주파수로서 이용되게 된다.

무선 LAN(IEEE 802.11)은 지난해말 전송속도가 11Mbps 로 향상됨으로서 유선 LAN 의 대체 기술로 빠르게 자리잡아가고 있다. 무선랜의 활용분야는 케이블을 설치하기 곤란한 곳이나 미관이 중요한 곳 등에 되입되었으나 실제적으로 네트워크를 많이 사용하는 사무실에서는 대역폭이 유선랜에 비해적고 방해물이 있을 경우 데이터 전송이 중단된다는 점들 때문에 그리 많이 사용되지 않고 있다.

## IEEE 802.11 프로토콜 개요

현재 IEEE 802.11 에서 표준화된 프로토콜 구조로서, 물리 계층은 각각의 무선통신 방식에 따라 별도의 세부 규격이 정하여 졌으며, MAC 계층은 이러한 서로 다른 물리 계층에서 공통적으로 운용되는 하나의 규격으로 정해졌다.

1998 년부터는 Hiper-LAN과 같이 5.2GHz 대역에서 10Mbps 이상의 속도를 갖는 무선 LAN 으로, 논리 링크 제어 부계층(LLC) 및 Security 를 포함한 표준화작업이 시작되었다.

IEEE 802.11이 채택한 MAC은 DFWMAC(Distributed Foundation Wireless MAC)라 부른다. DFWMAC은 통신 범위 내에 있는 모든 스테이션과 서로 직접 통신을 할 수 있는 ad Hoc 구성과 액세스 포인트와 분배 시스템을 포함한 기반 구조의 무선 LAN, 모두에 사용되는 것을 적으로 하고 있다. DFWMAC 은 비동기 데이터 서비스와 동기 서비스를 모두 제공한다. Hidden terminal 문제를 해결하기 위하여 RTS/CTS 및 Network Allocation Vecter 를 추가로 사용한다.

또한 이동 스테이션의 전원 문제를 고려하여 전력 제어 기능을 갖추고 있다. DFWMAC Coordination Function은 크게 DCF 기능과 PCF 기능으로 나뉜다. DCF(Distributed Coordination Function) 기능은 경쟁에 의해 부선 채널을 획득하도록 하는 기능으로 비동기 데이터 통신용에 사용되며, PCF(Point Coordination Function) 기능은 시간 제한을 받는 동기 데이터 전송용으로 폴

링(Polling)기법을 사용한다(즉, 제어국이 있다).

**표 1.12 무선랜의 장단점 비교**

| 장점 | 단점 |
|---|---|
| - 네트워크 구축 용이<br>- 유지 보수 용이<br>- 이동성(Portability)<br>- 유연성 | - 낮은 신뢰성 : 전송 에러 발생 가능성이 높음<br>- 고속 이동불가능<br>- 한정된 주파수 자원<br>- 보안성 취약 |

## 1.5.3 ZigBee

Zigbee라는 이름의 어원은 참으로 우연히 만들어 졌다. 해당 표준화를 위한 모임의 태동기에 여러가지 이름에 대한 제안이 있었고 이러한 제안 및 결정을 위한 혼선의 모양을 빗대어 Zig Zag에서의 Zig와 가장 경제적으로 통신을 한다는 벌(Bee)의 개념을 도입하여 ZigBee로 명명하였다고 한다. 현재 ZigBee(IEEE 802.15.4) 사양은 시장에서 입지를 다투고 있는 여러 무선 네트워킹 표준들과 비교할 때 빠른 성장을 보이고 있다. ZigBee 표준화 멤버인 Philips와 Motorola사와 같은 업체들은 현재 단거리 무선 사양에 적합한 IC의 마지막 마무리 작업에 들어갔으며 PHY와 MAC 프로토콜의 표준을 다루는 IEEE 802.15.4 LR(Low Rate)-WPAN 표준화 작업은 완료되었고, 현재 응용 서비스를 위한 시스템 개발에 필요한 MAC 상위 계층에 대한 표준화 작업이 ZigBee Alliance에서 진행 중이다.

저가, 저전력의 빠른 데이터 전송 기술을 자랑하는 ZigBee는 이미 잠재 고객들의 주목을 받고 있다. 이들 업체는 Honeywell과 Eaton사와 같은 산업 제어 및 홈 오토메이션 업체들에서부터 Mattel사와 같은 장난감 업체에 이른다. 또한 이들 모두는 ZigBee의 PHY 및 MAC 계층의 기술 사양 개발을 담당하고 IEEE 802.15.4 그룹에 참여하고 있다.

현재 IEEE가 여러 무선 표준들을 발표하고 있긴 하지만, ZigBee는 전력 소모측면에서 효용성이 있어 배터리가 수개월에서 수년간 지속될 수 있는 장점을 가지고 개인무선통신환경하의 저속 무선 데이터통신을 위한 경제적인 솔루션이라 할 수 있다. 또한, 시스템에 ZigBee를 구현하는 비용이 2 달러도 안되기 때문에 네트워크에 더 많은 노드들을 저렴하게 설치할 수 있으며, 구현 측면에서 ZigBee 프로토콜은 Bluetooth나 IEEE 802.15.3 HR(High Rate)-

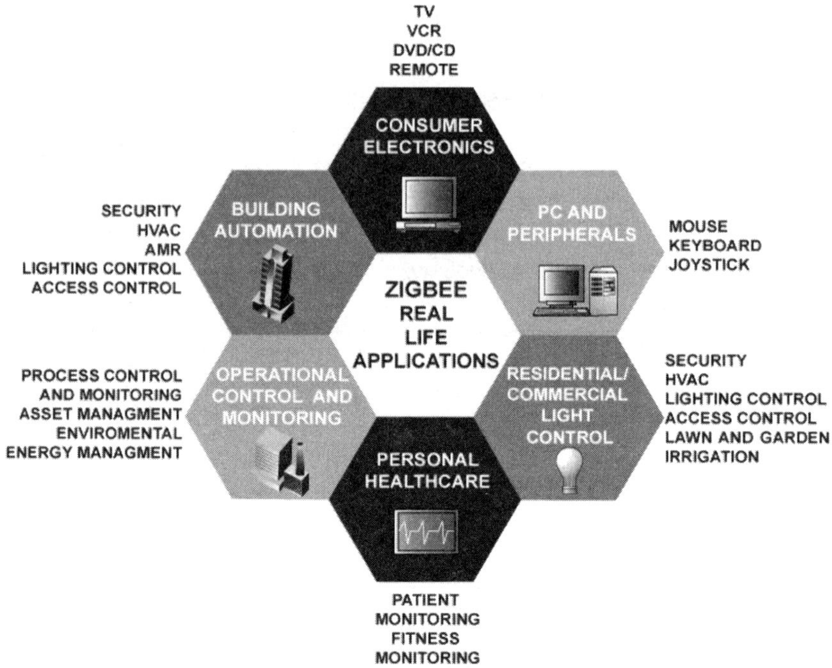


그림 1.19 ZigBee Real Life Applications

WPAN, 또는 802.11x 무선 LAN 프로토콜보다 훨씬 간단하게 구성할 수 있다.

Philips 사는 ZigBee 시스템 사양을 마무리하여, 무선 및 베이스밴드에 통합된 최초의 원칩 ZigBee 솔루션 샘플을 곧 출시할 것으로 예상되며, 한편 Motorola사는 RF트랜시버를 포함한 2.4GHz의 완벽한 ZigBee 시스템을 제공할 계획이다. 또한 802.15.4 사양이 요구하고 있는 전 기능 및 일부 기능 디바이스용 애플리케이션 스택을 포함하는 8비트 마이크로컨트롤러를 선택 옵션으로 제공할 계획이다. ZigBee는 공장 작업장 시스템, 농장 살수 장치 또는 가정용 자동 온도 조절기와 같은 산업용 및 홈 오토메이션 애플리케이션으로 고안된 표준이다. 하지만 ZigBee 지지자들은 애플리케이션 범위를 넓혀 장난감, 게임기, 가전제품 디바이스 및 PC 주변기기 제조업체들에게도 큰 호응을 얻을 것으로 기대하고 있다.

ZigBee 표준화의 큰 범주에 해당하는 IEEE 802.15 WPAN(Wireless Personal Area Network)의 기술 동향과 WPAN 내의 하위 그룹으로 저전력, 저비용의 목표로 진행 중인 ZigBee 기술 동향에 대해서 세부적으로 분석하고, 향후 ZigBee 시스템의 발전 전망에 대해서 살펴본다.

그림 1.20
A Sample ZigBee Mesh Network

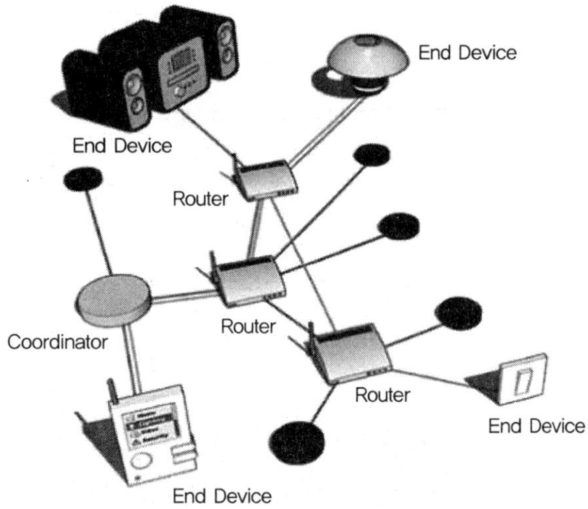


## ZigBee의 차별성

간단한 센서 정도로 구성된 제어 네트워크의 경우, 대용량 정보전달 보다는 긴 배터리 사용 시간과 일정거리 이상의 전송 커버리지 확보가 요구되고 충족시키기 위해 IEEE는 2003년 5월 802.15.4 규격을 발표하였고, 마케팅과 인증 등 산업 촉진을 위해 설립된 ZigBee Alliance에서는 IEEE에서 정의하는 PHY와 MAC에 네트워크와 보안계층을 표준화하는 작업을 진행되었다.

## ZigBee 기술규격

- 블루투스는 일정 용량의 데이터(음성, 파일 등) 전송 용도에 적합한 반면, ZigBee는 저 용량 데이터를 가진 네트워크 상의 기기를 통합 · 제어하는 용도에 적합하며 향후 다양한 산업 분야에 적용될 것으로 예상된다. ZigBee 송/수신기를 센서(동작, 빛, 압력, 기온, 습도 등)와 결합하면 대규모 네트워크 구성이 가능하게 된다.
- IEEE 802.15.4에서 PHY/MAC을 정의했으며, ZigBee Alliance가 상위 3개 계층(Datelink, Network, Application)을 정의하였다.
- IEEE 802.15.4 MAC 계층은 비컨, 데이터, 확인, MAC 명령의 4가지 기본 프레임으로 구분된다. MAC 계층에서의 전력 소모 절감 메커니즘은 Power control 모드에서 프레임 전송 시 전력을 최소한으로 절제해 전력소비를 최소화하며, Power saving 모드를 통해 각 단말기가 평상시에는 SLEEP 모드

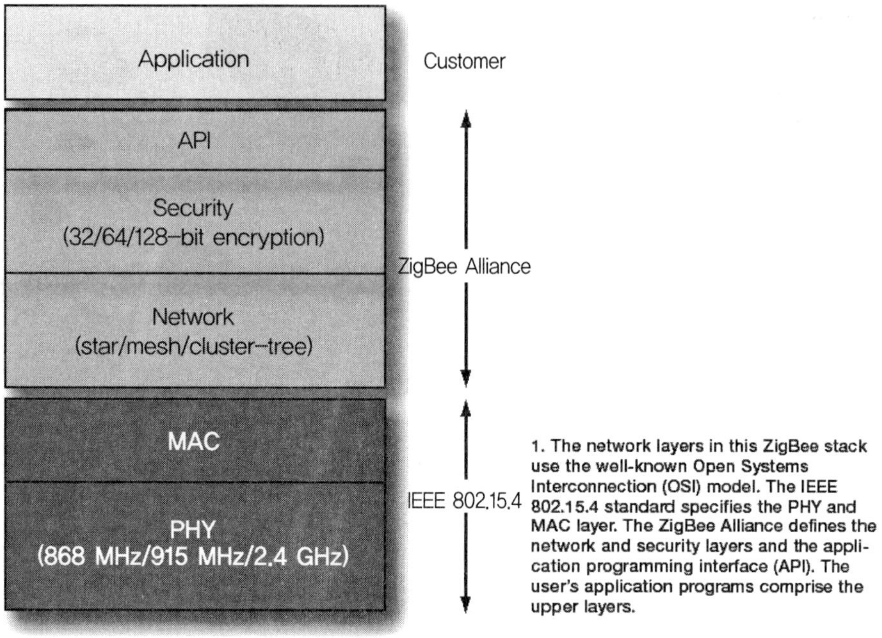


그림 1.21
The network layers in ZigBee stack

로 있다가 송/수신 시에만 AWAKE 상태로 전환하는 방식이다. IEEE 802.15.4 PHY 계층은 Dual PHY로 정의되어 있으며, 전체적으로 3 밴드, 27개 채널로 구성된다.

- IEEE 802.15.4에서 네트워크 및 보안계층, 네트워크 토폴로지를 확장한 ZigBee 기술은 라우팅 알고리즘과 Adhoc, Star, Mesh 네트워크 등 다양한 네트워크 구성을 지원한다.
- ZigBee는 하나의 네트워크에 255개의 세 가지 유형 디바이스 연결이 가능해 최대 50여 이상의 멀티 네트워크 구현이 가능하며, 저 가격/초 저전력 센서 네트워크 구현이 가능해 USN(u센서네트워크) 환경을 구현하기에 최적의 기술로 평가되고 있다.

## ZigBee 표준화 동향

- ZigBee관련 기술표준은 IEEE 802.15.4 그룹과 ZigBee Alliance(국제표준단체)가 표준화 주도. IEEE 802.15.4 그룹은 하드웨어 규격인 PHY와 MAC 표준을 담당하며 2003년 5월에 표준화 작업 완료했다. IEEE 802.15.4 표준 규격에서는 868MHz(BPSK/1채널/유럽), 902~928MHz(BPSK/10채널/미국), 2.4GHz(OQPSK/16채널/전 세계) 등 3개의 주파수 대역에서

그림 1.22
ZigBee Stack Architecture

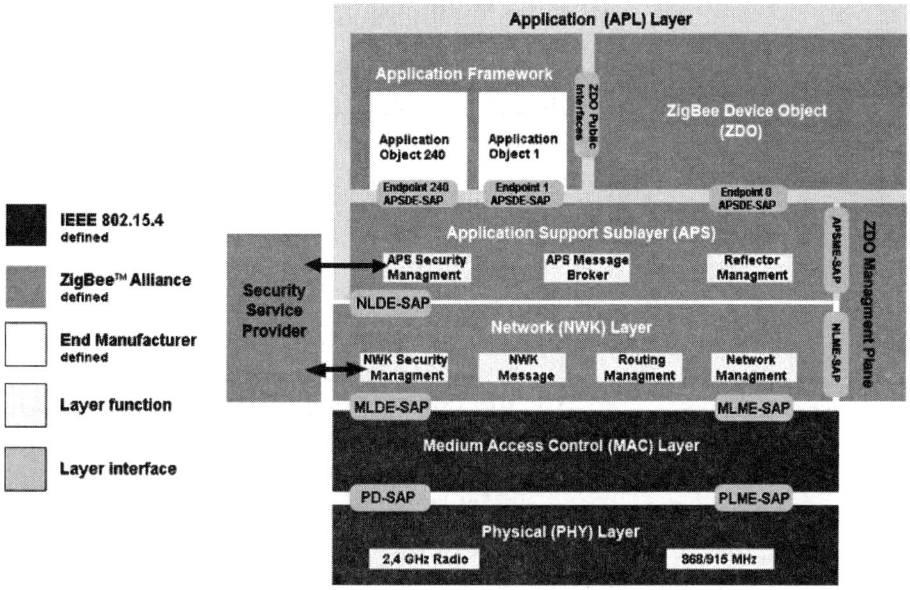


DSSS(Direct Sequence Spread Spectrum) 변조 방식으로 최대 250kbps의 데이터 전송속도를 지원하며, 네트워크 액세스 방법으로 충돌회피를 지원하는 (SMA-CA(carrier sense multiple access with collision avoidance)를 사용한다. 또한 무선 네트워크에서 문제점으로 거론되고 있는 QoS(Quality of Service)를 보장하기 위해 GTS(Guaranteed Time Slot) 데이터 전송 메커니즘을 지원한다.

- RFID 태그에 통신 기능이 부가되고 점차 주위 환경을 감지하는 센싱 기능이 부가되면, 능동적으로 정보를 처리하는 지능형 초소형 스마트 센서 네트워크로 발전되어 현재의 고정된 개체 인식 코드 획득 수준에서 다기능 태그에 의한 상황인지 처리 수준으로 진화하여, 개체간 통신 기능을 갖춘 지능형 USN으로 발전할 것으로 전망 된다. USN 구축은 유비쿼터스 사회를 구현하는 핵심요소이며, 이를 통해 스마트 홈 네트워크의 구현과 같이 실생활에서의 응용이 가능하므로 풍요롭고 안전한 생활을 제공하는 기반이 된다는 점에서 중요하다. 이미 구축된 세계 최고의 초고속 인터넷 인프라와의 연계를 고려한 일관성 있는 추진 체계를 통해 정보 통신 산업의 재도약을 도모할 수 있다는 점에서 국가 경쟁력 제고에 기여할 수 있을 것으로 기대된다. ZigBee는 기기간 센서 네트워크를 구성, 단순 제어와 관리를 수행할 수 있는 WPAN의 최적의 기술로 평가 받고 있으며 저 전력, 저가 등의 장점 등으로 시장 성장성이 높은 기술이다. 세계 최고 수준의 유/무선 인프라를

확보하고 있는 한국은 ZigBee를 기존, 또는 현재 구축중인 유무선 네트워크와 연결해 다양한 유비쿼터스 서비스를 개발할 수 있는 최적의 테스트베드 환경을 갖추고 있다.

## DSSS

- IEEE 802.15.4 물리계층은 DSSS(Digital Sequence Spread Spectrum)을 이용하여 무선으로 데이터를 보낸다. DSSS는 양쪽 모두가 알고 있는 슈도 랜덤(pseudo random) 값인 +1이나 −1을 데이터에 곱해서 보낸다. 이 시퀀스는 실제 반복되는 비트 보다 훨씬 길이가 길어진다(높은 주파수가 된다). 수신측에서 신호를 얻기 위해서는 단순하게 슈도랜덤 노이즈를 다시 곱하기만 하면 된다. (1×1=1, −1×−1=1). 이와 같이 길게 늘인 신호는 전송실패 확률을 줄여주어 더욱 안정적이다. IEEE 802.15.4는 실제적으로 4비트 데이터를 32비트로 구성된 16개 슈도 랜덤 번호로 만든 심볼 중에 하나를 선택한다. 이 심볼은 각각이 서로다른 슈도랜덤 번호 32의 비트를 나열된 하나뿐인 시퀀스이다. DSSS는 Bluetooth나 IEEE 802.11에서 사용하는 주파수 호핑(Frequency Hopping)과 비교되는 방법이다. 주파수 호핑은 캐리어 주파수를 이용하여 슈도 랜덤하게 모듈레이션과 디모듈레이션을 한다.

## CSMA-CA

- 채널에 접근하려면 CSMA-CA(Carrier Sense Multiple Access with Collision Avoidance)를 이용한다. CSMA는 데이터를 보내기 전에 내가 보내려는 채널에 데이터를 보낼 때 다른 어떤 것에 의해 보내는 데이터가 손상될지 미리 한번 확인하는 과정이다. CA의 의미는 충돌을 찾아내는(CSMA-CD for collision detection) 대신에 충돌을 피하는(avoidance) 방법이다. 이것이 의미하는 것은 무선이 사람들이 이야기하는 것과 유사한데 내가 이야기 하고 싶으면 먼저 다른 사람들이 이야기하는지 들어보고 아무도 이야기하지 않으면 말을 시작한다. 그러나 모든 사람들이 동시에 내 이야기를 듣고자 하면 시작해서는 안된다. 이때는 조금 기다려야 한다. 단 한사람만이 내 이야기를 듣고자하면 시작해야 한다. 만약 누가 이야기를 하고 있으면 내 순서를 기다렸다가 다시 시도한다. 2.4GHz에서는 250Kbps로

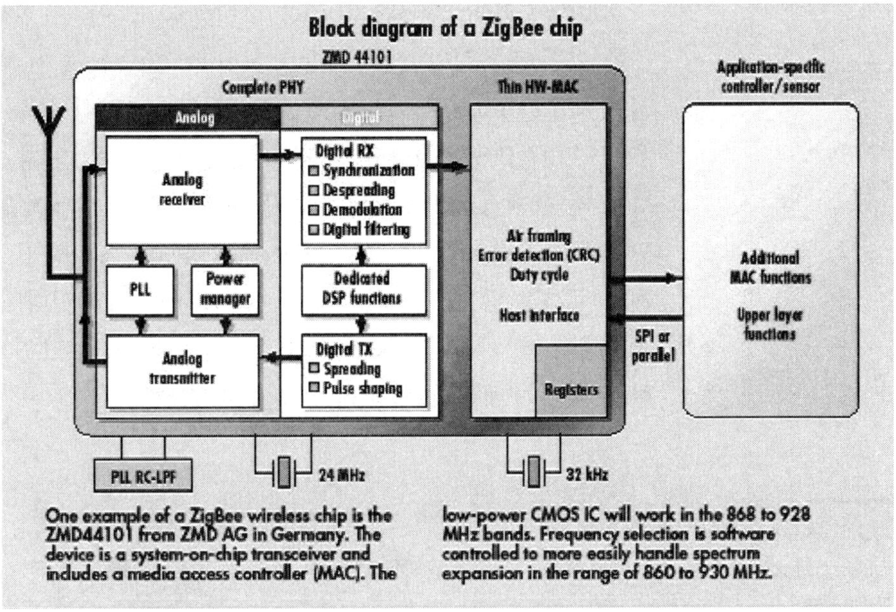


그림 1.23
ZigBee chip 블록 다이어그램

전송한다.

## ZigBee 기술 동향

IEEE 802.15는 WPAN을 다루는 표준화 단체이며 IEEE 802.15.1은 Bluetooth로서 2002년 초에 표준으로 이미 채택되었고 IEEE 802.15.2는 같은 주파수 대역을 사용하는 무선 LAN과의 공존성 및 같은 기기끼리의 충돌을 해결하기 위한 그룹이며 2000년 3월에 시작한 IEEE 802.15.3은 동영상, 고화질 정지화상 등 중대역 멀티미디어 무선 전송을 위한 고속 전송기술 표준을 제정하기 위한 그룹이다. 또한, 2000년 7월부터 시작된 ZigBee는 무선 통합 리모컨, 가전 기기 컨트롤러, 빌딩제어, 장난감 등에 사용하기 위한 저속이나 저가격, 저소비전력의 무선전송기술의 표준을 제정하기 위한 그룹이고, 2002년 12월부터 새로 만들어진 IEEE 802.15.3a는 IEEE 802.15.3의 PHY 부분에 UWB 기술을 적용하기 위한 그룹이다. ZigBee는 저비용, 저전력, 빠른 인식 속도 및 용이성 등 이런 장점 때문에 여타 다른 기술처럼 센서네트워크나 가전제품 애플리케이션에 전원을 연결해야 하는 불편함이 없다는 점으로 많이 사용될 것으로 보인다. 실제로 현재 대부분 홈 네트워크 및 홈 오토메이션 분야에서 기술이 적용되고 있다.

ZigBee 칩은 2003년 Chipcon, Freescale 이 두 회사가 트랜시버 칩을 출시한 이후 지속적인 연구 개발로 Jennic, Ember 등이 MCU를 내장한 칩을 출시했으며 CompXS는 모든 MAC의 기능을 내장한 칩을 내놓았다. Atmel의 경우 ZCP(ZigBee Compliant Platform)의 인증을 받지 못한 상태이나 자사의 MCU와 함께 Total 솔루션을 제공하고 있으며 원칩화를 추진 중이고 현재 저변확대에 힘쓰고 있다. TI/Chipcon은 최초로 ZigBee 칩 개발한 업체답게 업계에서 가장 많이 사용되는 칩을 생산, 판매 하고 있다. 전세계 관련 업체에 소프트웨어 및 개발 툴 등을 제공한다. CC2420, CC2430, CC2431등이 있으며 현재 개발 플랫폼의 차기 버전이 출시되었다.

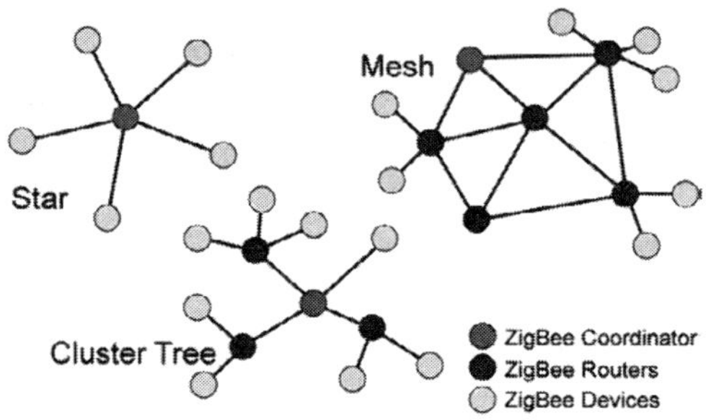


그림 1.24
ZigBee network topologies

## 1.5.4 UWB

### UWB 정의 및 기술

UWB(Ultra Wideband)란 3.1~10.6GHz의 주파수 대역을 사용하면서 기존 무선랜에 비해 100~500Mbps의 전송속도와 낮은 전력으로 10m~1km의 전송거리를 보장하는 기술이다. 지난 40여 년간 미 국방성에서 군사용 무선통신기술로 사용되다가 미국 통신 주파수 관할 기관인 연방통신위원회(FCC)가 지난해 민간에 개방하면서 관심을 모으고 있는 기술로써 1990년대까지 미 국방성의 '블랙프로젝트' 레이더 기술에 적용되어 있다.

FCC가 2002년 2월 UWB의 상업적 사용을 허가, 본격적으로 상용화가 가능해졌다. UWB기술은 무선 반송파를 사용하지 않고 기저대역에서 수 GHz 이상의 매우 넓은 주파수 대역을 사용하며, 통신이나 레이더 등에 주로 응용되었으며 사용 대역폭이 중심 주파수의 25% 이상 혹은 1.5GHz 이상의 점유 대역폭을 차지하는 무선 시스템이다. 광대역 에너지를 수신하여 신호를 검출하므로 협대역 통신신호에 의한 간섭 특성이 우수하고 보안통신에도 적합하며,

펄스폭이 매우 좁고 duty cycle이 작아 다중경로 페이딩에 의한 영향이 적다. 또한 반송파 발진기가 필요 없고 고출력 통신을 행하지 않을 경우에는 선형 증폭기도 필요 없으며, 중간주파수단도 사용하지 않으므로 시스템이 간단하다.

UWB의 핵심기술로는 100Mbps급 UWB 모뎀기술과 고품질 QoS(Quality of Services) 지원을 위한 MAC(Medium Access Control)기술, 광대역 전송에 적합한 소형 안테나 기술이 있다.

## UWB 응용분야

UWB가 군사용이 아닌 일반 상용화 분야에 어떤 것이 있는지 알아보면,

a. Radar 응용 분야에서는 항공기 충돌 예방장치, 차량 충돌 방지 장치, 폭발물 매설 탐지, 지하탐사 레이더(Ground Penetrating Radar : GPR), 벽 침투 레이더(Intrusion Detection Radar : IDR), 고정밀 위치 추적(Precision Geolocation System), 접근에 따른 보안 시스템, 분실 방지 시스템 등이 있으며, 최근에는 주로 사무실 및 개인 공간의 전자 기기 관련 통신 서비스 계열로 활용 분야가 집중 개발되고 있다.
b. 통신 분야에서는 홈 게이트웨이, TV 영상전송, 다채널 오디오 등의 홈 네트워크 무선기기 시스템이 있다.
c. 디지털 카메라, 프린터, PMP, 저장 매체 등과의 USB 및 IEEE1394 등 기존의 유선 연결을 대신에 무선으로 이용 가능하다.

## 기술 개발 동향

FCC에서 제한적 범위의 주파수 사용허가가 이뤄지기 전에는 변조 방식으로 PPM(Pulse position Modulation)방식이었으나 사용 승인 후 구형파를 이용한 MB-OFDM 방식과 DS-UWB 방식을 중심으로 개발 연구되었다.

미국이 군사용 목적으로 개발한 무선통신기술이기 때문에 미국의 국방성이나 Time Domain과 같은 회사들이 많은 기술과 개발에 앞장서게 되었으며, 많은 UWB 관련 특허를 보유하고 있으며 주로 제품에 필요한 칩셋들을 개발 중이다. Intel의 경우 100Mbps급 데이터 전송을 지원하는 UWB 시스템의 프로토타입을 시연했다. 일본의 Sony는 홈 네트워크 분야에 자사 제품들을 응용할 수 있도록 UWB 기술을 휴대용 기기에 적용 개발 중이다. 반면에 유럽에 경우

는 최근에 유럽 집행위 주파수허가조건의 70%를 만족시켜 심의가 통과되어 주목할 만한 개발 성과를 내지 못했으나 빠르게 기술 개발 진척이 일어나리라 본다.

국내에서의 UWB 또한 일부 기업과 대학연구소에서 기술 개발이 본격화되고 있으며 우리나라에서도 UWB 기술을 사용하는 응용 제품이 생산, 상용화가 되고 있는 상황이다. 2005년 12월에 ETRI는 MB-OFDM방식의 UWB를 세계 최초로 개발하여 200Mbps급 UWB 칩을 개발, DTV 전송시험 시연에 성공했다. 현재 600Mbps급 칩을 2단계에 걸쳐 개발 중이다. 삼성전자와 LG전자가 가장 활발하게 UWB 개발에 나서고 있다. 삼성전자는 UWB 기술을 이용, 가정용 가전기기와 컴퓨터 기기의 무선 연결을 가능하게 하는 무선 USB 관련 칩셋, 모뎀 단말기 개발을 추진하고 있으며, 휴대폰, 디지털 컨퍼런스, 디지털미디어 부문의 연구소가 각각 자신의 사업 영역과 관계된 UWB 요소 기술을 개발 중인 것으로 알려졌다. LG전자 또한 2005년부터 본격적으로 UWB 칩을 장착한 디지털 기기들을 선보이기 위해 노력 중인 것으로 알려졌다.

2000년대 들어 통신, 방송을 중심으로 한 다양한 신규 무선 기술이 개발되어 서비스가 도입되고, 각종 산업에서 무선 서비스에 대한 수요가 급격히 확대됨에 따라 주파수에 대한 수요가 폭발적으로 증가하고 있는 상황이다. 이로 인해 유한한 자원으로서 주파수의 가치는 점차 높아지고 있으며, 효율적인 주파수 활용에 대한 관심이 점차 고조되는 것은 자연스런 귀결이라 할 수 있을 것이다. 특정 주파수 대역에 있어서의 초과 수요를 해소하고 아직 활용이 미진한 대역에서의 이용 활성화를 위한 노력은 산업계 쪽에서 뿐만 아니라 국가 발전 차원에서도 신중하면서도 조속히 심혈을 기울여 이루어져야 할 부분이며, 이에 세계 각 국 역시 시장기반 제반 제도 도입, 미개척 주파수대역 실용화 연구 등 이미 그러한 노력을 경주함에 소홀함이 없는 상황이다.

이러한 현상과 아울러 장차 유비쿼터스 시대를 앞두고 다양한 애플리케이션이 개발되고 있는 가운데, 무선 초고속 데이터 통신은 가장 핵심적인 중추 기술로 주목을 받고 있는 상황이다. 유비쿼터스의 개념 자체가 언제 어디서나 자연스럽게 네트워크에 접속하여 정보를 향유하고 활용할 수 있는 상황을 지칭한다고 할 때, 망에의 접속수단으로서의 무선 초고속 데이터통신은 이를 실현하기 위한 근간이 되는 기술이라 할 수 있으며, 다양한 기술이 개발되고 있음과 동시에 여전히 앞으로도 더 큰 성과가 기대되는 부분이기도 하다.

UWB, SDR, 밀리미터파, CR을 비롯한 다양한 무선 접속 기술의 개발은 상기한 두 가지 차원에서 특히 큰 주목을 받고 있는 기술들이다. 그 가운데서도

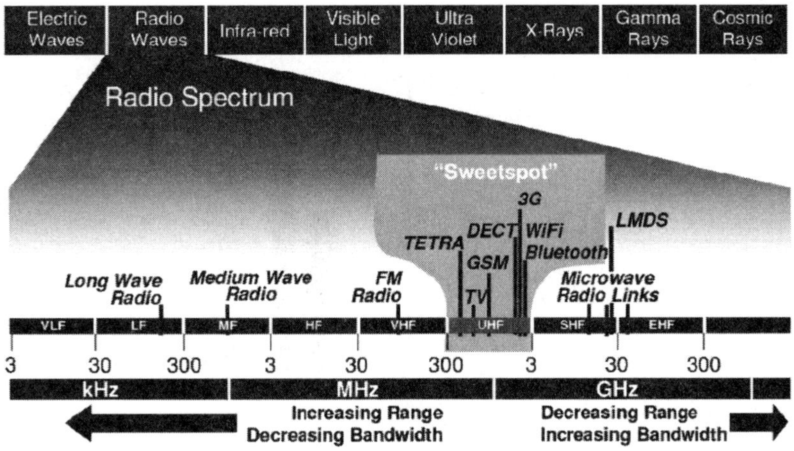


그림 1.25
전파의 정의 및 집중 이용 대역

UWB는 대역별로 배타적 주파수 이용권한이 부여되는 방식을 탈피하여, 매우 넓은 주파수 대역을 활용하면서도 기존에 해당 주파수를 사용하고 있는 여타 서비스에 주파수 간섭을 일으키지 않는 기술방식이면서 동시에 수백 Mbps 이상의 데이터 전송율을 실현할 수 있는 기술로 무궁무진한 발전 가능성을 가진 기술이라 할 수 있다. 이에 본고에서는 UWB의 기술 일반에 대한 이해와 더불어 기술 도입을 위한 주파수 정책 방안이 어떻게 형성되고 있는지 검토해 보고자 한다.

## UWB 기술

FCC는 UWB를 '중심주파수의 20%이상의 점유대역폭을 가지거나 500MHz 이상의 점유대역폭을 차지하는 무선전송기술'로 정의한 바 있으며, 이에 따르면 대역폭만 500MHz 이상 확보한 기존 캐리어 변조 기술도 UWB 기술로 구분이 가능해진다. 일반적으로는 3.1~10.6GHz대역에서 100Mbps이상 속도로, 기존의 스펙트럼에 비해 매우 넓은 대역에 걸쳐 낮은 전력으로 초고속 통신을 실현하는 근거리 무선통신기술로 규정된다.

UWB의 가장 큰 특징은 초광대역을 활용하면서 동시에 출력이 상대적으로 낮다는 점이다. 그림 1.26에서 보듯 여타 시스템과 함께 비교해 보면, UWB 시스템의 경우, 기존 협대역 시스템이나 광대역 CDMA 시스템에 비해 매우 넓은 주파수 대역에 걸쳐 상대적으로 낮은 스펙트럼 전력 밀도를 바탕으로 구성됨을 확인할 수 있다. 다른 통신시스템에 간섭을 방지하기 위해 신호에너지를 수 GHz 대역폭에 걸쳐 스펙트럼으로 분산, 송신함으로써 다른 협대역 신호에 간

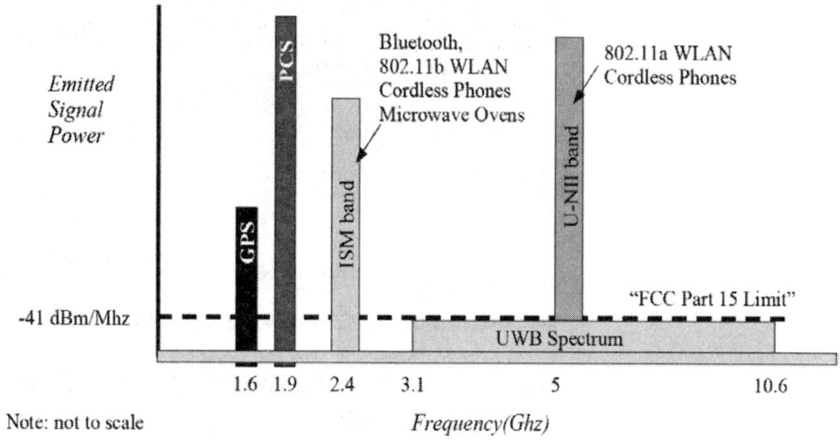


그림 1.26
UWB의 정의

섭을 주지 않고 주파수에 크게 구애받지 않으며 통신을 할 수 있도록 하는 것이다. 이러한 속성은 주파수를 공유, 사용할 수 있으면서 동시에 매우 적은 전력만을 필요로 하는 장점으로 이어진다.

UWB는 특히 기존의 WLAN이나 Bluetooth 등에 비해 높은 전송 속도와 낮은 전력 소모 등에서 월등히 앞서기 때문에 고성능 휴대용 기기 간의 접속기술 방식으로 각광받을 수 있으며, 낮은 전력소모는 휴대용 기기의 배터리 문제를 해소하는 데에도 적지 않은 도움이 될 것으로 전망된다. 특히 수백 Mbps에 이르는 높은 전송속도는 고화질 영상 데이터를 포함한 거의 모든 현존하는 데이터를 무리없이 송수신하기에 지장이 없어 가장 큰 장점으로 부각될 수 있다. 다만 낮은 출력은 좁은 커버리지로 이어지기에 공중망을 통한 서비스 솔루션이 개발되기에는 부적절한 것으로 분석된다. 따라서 이러한 면을 종합적으로 고려할 때, UWB는 다른 어떤 형태보다도 근거리 개인통신망(WPAN; Wireless Personal Area Network)으로서의 가치 평가가 가능하며, 혁명적인 차세대 무선통신기술로 등장할 것으로 예상할 수 있다.

## 서비스 개요

UWB는 초창기부터 군사적 목적으로 활용되어 왔으나, 2002년 2월에 FCC가 상업적 용도의 활용을 승인하여 다양한 활용 분야가 나타날 수 있는 기반이 마련되었다. Radar 분야의 응용 사례로는 항공기 충돌 예방장치, 차량 충돌 방지 장치, 폭발물 매설 탐지, 지하탐사 레이더, 벽 침투 레이더, 고 정밀 위치 추적, 접근에 따른 보안 시스템, 분실 방지 시스템 등이 있으며, 최근에는 주로 사무실 및 개인 공간의 전자 기기 관련 통신 서비스 계열로 활용 분야가 집중 개발

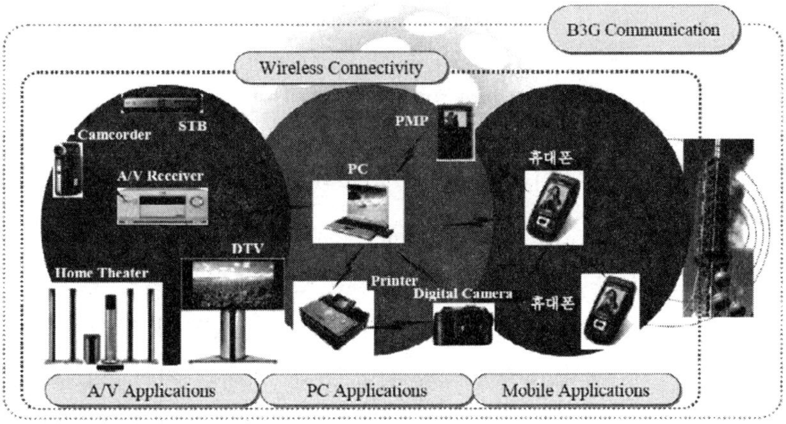


그림 1.27
UWB의 활용 서비스

되고 있는 분위기이다.

먼저 전자 기기 관련으로는 홈 게이트웨이, TV 영상전송, 다채널 오디오 등의 홈네트워크 무선기기 시스템에서 기존의 유선 네트워크를 대체할 수 있는 가능성이 예상된다. 컴퓨터 컴포넌트 관련으로는 디지털 카메라, 프린터, PMP, 저장 매체 등과의 USB 및 IEEE1394 등 기존의 유선 연결을 대체하는 데 활용될 수 있을 것으로 기대되고 있으며, 휴대폰, PDA 등 다양한 이동형 기기의 기기간 통신이 고속으로 손쉽게 이루어져 활용성이 증가하는 한편, 더욱 큰 부가가치를 형성할 수 있는 가능성이 제기되고 있다.

구체적으로 실생활에서의 적용 실례를 살펴보면 PC의 대용량 데이터를 선없이 고속 전송하여 프린터로 인쇄한다든가, 디지털 비디오 카메라로 찍은 영상을 TV나 PC로의 무선으로 전송할 수 있게 되며, TV 영상 전송 다채널 오디오 등의 홈네트워크 무선기기 시스템이 구현 가능해 질 것이다. 특히 UWB 칩이 내장된 휴대폰 및 무선 USB가 출시될 경우 휴대폰상호간 대량의 정보전송은 물론 USB를 PC에 꽂지 않아도 상호 데이터를 고속으로 주고 받을 수 있어 큰 효용을 창출할 수 있게 된다. 실제로 10m 정도 근거리에 있는 개인용 컴퓨터와 주변기기 혹은 가전제품 등을 무선 인터페이스를 이용, 연결하는 근거리 개인 통신망 등에 응용하기 위한 칩셋 개발이 활발히 진행되고 있음에 따라 UWB는 향후 디지털 홈네트워크의 핵심 기술로 부각될 것으로 전망된다. UWB의 시장성은 이미 디지털기기의 경쟁력을 강화하고 시장을 선점하기 위해 상용화를 적극 추진하고 있는 외국에서 입증되고 있다. 앞으로 폭발적으로 수요가 증가 할 것으로 전망되며, UWB 주파수가 분배될 경우, 빠르면 2007년 초에는 휴대폰이나 PC, TV 등에 UWB 칩이 내장된 상용제품이 출시될 전망이다.

## 국내외 개발 동향

미국 FCC에서 제한적 범위의 주파수 사용허가가 이뤄지면서 각국의 관련 기업들은 UWB에 대한 기술 개발에 더욱 박차를 가하고 있는 상황이다. 비록, UWB에 대한 기술 개발 단계에서 미국이 현격한 개발 진척 상황을 보이기는 하나 UWB가 장래에 유망한 기술로서 평가 받으면서 많은 나라에서 기술 개발에 심혈을 기울이고 있다. 미국은 지난 2004년 상업용 기술개발을 완료했고 일본은 가전분야 응용기술이 상용화된 것으로 파악되고 있으며, 유럽은 휴대폰 적용기술을 중심으로 상용화를 추진 중인 것으로 알려졌다.

미국에서는 Time Domain Corp., Multispectral Solution Inc., Xtreme Spectrum, Aether Wire & Location Inc., Pulse-Link Inc. 등 여러 업체들에서 이 기술의 상업화를 위한 개발에 박차를 가하고 있다. Time Domain사는 위치 추적, 수신기 최적화, 레이더 등 관련 소형 반도체 칩셋 기술을 개발해 오면서, TM(Time Modulated) UWB 관련 특허의 90%를 보유하고 있으며 고속데이터 전송, 고해상도 위치추적 기능 지원 홈 네트워크 제품과 무선통신응용, Through the Wall Radar, Ranging Device, 정밀 추적 제품 등을 개발했다. Motorola에 인수된 Xtreme Spectrum은 현재 CDMA 기반의 UWB를 이용해서 홈 네트 워킹용 칩셋 솔루션을 개발했으며, VTR 및 DVDP 등 무선 동화상 전송 목적으로 UWB 칩셋인 Trinity의 샘플을 개발, 발표하기도 했다. Intel은 100Mbps급 데이터 전송을 지원하는 UWB 시스템의 프로토타입을 시연했으며, MBOA의 멀티밴드 OFDM UWB 기반의 500Mbps의 전송을 목표로 USB 2.0 프로토콜을 개발 중이다. 이 밖에 Sony, Pulse-Link, General Atomics Advanced Wireless Group, AetherWire & Locations, Mutispectral Solutions 및 기타 유럽 및 일본에서 기술 개발이 이뤄지고 있는 상황이다.

우리나라에서의 UWB 또한 일부 기업과 대학연구소에서 기술 개발이 본격화 되고 있으며 조만간 우리나라에서도 UWB 기술을 사용하는 응용 제품 생산이 기대되고 있는 상황이다. 가장 큰 성과로 2005년 12월말, 한국전자통신연구원(ETRI)이 산업체와 함께 MB-OFDM 방식의 UWB를 세계 최초로 개발하여 200Mbps급 UWB 칩을 개발, DTV 전송시험 시연에 성공한 바 있다. 2007년에 600Mbps급 칩을 2단계에 걸쳐 완성하였고 상용화단계인 2008년에 1Mbps급 칩 개발을 완성하였다.

또 한편, 한국전기연구원(KERI), 전자부품연구원(KETI), 전파연구소(RRL) 등이 UWB 기술 및 시스템에 대한 연구를 수행하고 있는데, KERI는 임펄스신호 생성기, KETI는 UWB 모뎀을 위한 칩셋 설계, RRL에서는 국내 UWB 산업을 위한 법적 규제 검토 착수와 더불어 UWB 신호와 관련해 다양한 측정을 진행 중이다.

민간 기업 가운데서는 삼성전자와 LG전자가 가장 활발하게 UWB 개발에 나서고 있다. 삼성전자는 UWB 기술을 이용, 가정용 가전기기와 컴퓨터 기기의 무선 연결을 가능하게 하는 무선 USB 관련 칩셋, 모뎀 단말기 개발을 추진하고 있으며, 휴대폰, 디지털 컨퍼런스, 디지털미디어 부문의 연구소가 각각 자신의 사업 영역과 관계된 UWB 요소 기술을 개발 중인 것으로 알려졌다. LG전자 또한 2005년부터 본격적으로 UWB칩을 장착한 디지털 기기들을 선보이기 위해 노력 중인 것으로 알려졌다.

## 기술 표준화 동향

UWB는 IEEE 802.15 TG3a에서 MB-OFDM 방식과 DS-UWB 방식을 중심으로 25GHz~60GHz 대역의 고속 UWB WPAN 표준화가 추진된 바 있으며, IEEE 802.15 TG4a에서 저속 UWB WPAN 표준이 추진되어 왔다. 그러나 IEEE 802.15 TG3a의 경우 2006년 초, 단일표준화에 실패한 채 해산하는 상황이 발생하여 앞으로 사실상 업계 표준의 자리를 놓고 양 측이 각축을 벌이고 있는 상황이다. IEEE 802.15 TG3a는 2003년 1월에 FCC가 UWB를 승인함에 따라 표준화에 본격적으로 노력해 왔으며, IEEE 802.15.3 MAC을 활용, 10m 이내에 110Mbps~480Mbps급 초고속 데이터 전송을 위한 물리계층의 결정을 목표로 해 왔었다.

현재 Intel, T1, Wisair, Staccato, 삼성전자 등이 참여하고 있는 MBOA (Multiband OFDM Alliance) 주도의 MB-OFDM UWB 방식과 Motorola 주도의 DS(Direct Sequence)-UWB방식이 치열한 표준 경쟁을 하고 있는데, 양측은 주파수 간섭, 칩셋 생산 비용, 전력 소모 등의 기준 설정과 관련하여 간극을 좁히지 못하고 있음에 따라 빠른 시간 내 응용제품 출시를 바탕으로 앞으로 시장에서의 상용화를 통한 주도권 경쟁이 나타날 것으로 예상되고 있다. 우리나라의 관련 업계에서도 이러한 표준화 및 기술개발 동향에 유념하여 해외의 주력기업들과 UWB에 대한 기초기술 개발에 공동 협력 및 적극적인 투자를 바탕으로 시장선점 및 확보에 노력하여야 할 것이다.

### 1.5.5 IrDA(Infrared Data Association)

IrDA(Infrared Data Association)는 적외선 통신 링크에 사용되는 하드웨어와 소프트웨어에 대한 국제표준을 만들기 위해 산업계가 후원하는 비영리 조직으로 1993년에 결성되었다. IrDA는 데스크탑, Notebook PC, 개인 휴대 정보 단말기(PDA 등), 휴대폰간에, 적외선을 이용하여 데이터를 전송하는데 필요한 하드웨어와 소프트웨어의 지원 및 협력을 위하여 1993년 설립된 민간 표준화 단체로 미국 Califonia주 Walnut Creek에 소재하고 있다.

세계의 PC 메이커와 통신기기 등이 참여하고 있으며, 마케팅, 기술, 테스트 등 3개의 위킹그룹으로 구성되어 있다.

IrDA(Infrared Data Association) 통신기능이 포함된 노트북 PC나 PDA, 휴대폰을 사용할 경우 사용자들은 데스크탑 PC의 적외선 포트를 향해 노트북, PDA, 휴대폰의 적외선 포트를 대향시키고 데이터 송신 버튼을 클릭하기만 하면 원하는 기기에 필요한 정보를 보낼수 있다. 적외선 포트는 데스크탑, 노트북 컴퓨터 PDA, 휴대폰, 디지털 카메라, 각종 산업용기기 및 시험기 등에 내장될 수 있다. 이것을 이용하여 사람들은 무선으로 파일을 전송하고 별도의 프린터 케이블없이 원하는 문서의 인쇄도 가능하게 된다. IrDA는 다른 기종간의 호환성을 해결하기 위하여 다양한 범위의 전송속도를 가지는 저비용, 근거리, 일대일 통신을 위해 최적화된 통신 표준을 제정하였다.

적외선 데이터 통신은 데스크탑 컴퓨터, 노트북 컴퓨터, PDA, 디지털 카메라, 휴대폰, 무선호출기, 프린터 등의 대중화에 따라, 이제 무선데이터 통신 분야에서 중요한 역할을 수행하고 있으며 노트북 컴퓨터에서 프린터로 문서를 보내고, PDA를 이용하여 명함을 교환하거나, 데스크탑 컴퓨터와 노트북 컴퓨터 사이에 스케줄이나 전화번호부를 동기화 시키거나, 디지털 카메라에서 컴퓨터에 이미지를 보내는 일에 적용되어 지고있고 그 응용 분야가 점점 더 중대되고 있다.

IrDA기술은 일반 리모컨 등에서 활용하고 있는 적외선을 이용해 전파를 이용한 통신 방식처럼 상호간섭하거나 다른 기기를 오동작시키는 등 예기치 않는 현상이 거의 발생하지 않기 때문에 안정성이 매우 높은 기술로 평가받고 있으며 이러한 안정성 때문에 휴대폰 등을 이용한 전자 지갑에의 응용에도 관심이 증대되고 있으며, 보안성이 뛰어나고, 투자비도 최소화할 수 있는 적외선 통신이 차세대 금융 결제 시스템으로 가장 적합한 수단으로 인식 되고 있다.

또한 공장의 창고관리 시스템에의 적용, 고속도로에서의 톨게이트 무인화 시스템, 적외선 명함 교환기 등으로 그 활용범위를 점점 넓혀가고 있다. 무선 통신 시스템에서 적외선 무선통신기술은 RF 기술 보다 몇 가지 이점이 있다.

## 정의 및 기술

IrDA는 적외선 통신 링크에 사용되는 하드웨어와 소프트웨어에 대한 국제표준을 만들기 위해 산업계가 후원하는 조직으로서 전자기기간에 적외선을 이용해 데이터를 주고받을 수 있는 통신표준을 이끌어 내기 위해 1993년에 결성된 비영리 단체이다.

무선전송의 특별한 형태인 적외선 통신에서는 테라 헤르츠 또는 트릴리온 헤르츠에서 측정되는 적외선 주파수 스펙트럼 내의 모아진 광선이 정보로 변조되어 송신기로부터 비교적 짧은 거리 내에 있는 수신기로 보내진다. 적외선 방사는 리모콘으로 TV를 제어하는데 사용되는 것과 같은 기술이다. 적외선의 반사성과 직진성을 이용한 통신을 실현하였다. 따라서 케이블 없이 적외선으로 데이터를 전송하는 기술을 통칭하는 용어로도 사용된다. 반사환경이 좋은 사무실 환경에 적합하며 최근 노트북 컴퓨터와 PDA, 디지털 카메라, 휴대폰 등의 대중화에 따라 이제 무선데이터 통신 내에서 중요한 역할을 해오고 있다.

적외선 통신에서는 쌍방의 장치에 모두 송수신기가 있어야 한다. 특별한 마이크로 칩이 이 기능을 위해 제공되고 있으며, 그 외에도 통신을 동기화 시켜주는 특별한 소프트웨어가 하나 또는 모든 장치들에 필요하게 된다.

Microsoft 윈도우즈 운영체제에서는 IR(Infrared Transmission)에 관한 지원을 하고 있다. PC99를 위한 IrDA 규격에서는 짧은 길이, 고속전송이 필요하며, 가까운 거리의 무선 접속에 권장되고 있다. 이는 HPCs, 디지털 카메라 등에 사용될 수 있다. 현재, IrDA표준에서 전송될 수 있는 가장 긴 데이터의 길이는 2,048 바이트이며, 최대 전송속도는 4Mbps이다. IR은 어느 정도 먼 거리의 상호연결에도 사용될 수 있으며, 근거리통신망 내의 상호연결이 가능하며, 최장 유효거리는 약 1.5 마일 정도이며, 계획되는 최고의 대역폭은 16 Mbps이다. 경쟁 관계에 있는 Bluetooth나 HomeRF에 비해 저가이며 기술과 인프라가 좋으며 IrDA 포트가 TV나 노트북, PDA 등에 세계적으로 대부분의 IrDA 포트가 사용되고 있다. Bluetooth 등 다른 표준들과 애플리케이션 호환성이 있다. Bluetooth와 IrDA는 데이터전송 프로토콜이 OBEX(Object EXchange protocol)로 동일하다. 상호 간섭이나 다른 기기를 오작동 시킬 우려가 거의 없다. 하지만, IR은 가시광선을 전송하는 것이므로, 안개와 같은 대기조건에 민감하며 LoS(Line of Sight) 거리에서 1m 정도의 거리밖에 지원하지 못한다. 또한 30도의 좁은 각도 내에서만 연결이 가능하다.

### 응용분야

a. 짧은 거리에서 적은 사이즈의 데이터를 전송하는 각종 전자기기에 주로 이용.
b. 적외선 통신기술이 가장 먼저 적용된 분야는 TV 리모컨임.
c. 휴대폰과 PC간의 데이터 전송.
d. 노트북 컴퓨터에서 프린터로 문서를 보낸다.
e. 포켓용 PC를 이용하여 명함을 교환한다.
f. 데스크탑 컴퓨터와 노트북 컴퓨터 사이에 스케줄이나 전화번호부를 같게 맞춘다.
g. 노트북컴퓨터에서 공중전화를 이용하여 멀리 있는 팩시밀리에 팩스를 보낸다.
h. 디지털 카메라에서 컴퓨터에 이미지를 광선으로 보낸다.

### 기술 개발 동향

IrDA는 적용거리와 전송속도 그리고 제품에 따른 사용 용도에 따라 몇 가지의 표준 규격으로 나누어져 있는데, 1995년도에 IrDA1.0을 개량한 최대 4Mbps의 「IrDA1.1」이 표준화되었다. 1998년 3월에는 1대의 호스트와 1대의 호스트 또는 다수의 호스트와 통신할 수 있는 적외선 규격 「IrDA Control(구 IrBus)」을 표준화에 합의하였다. (최대통신거리가 8m, 최고 8대까지의 기기접속이 가능하여 윈도OS에 인텔이 칩을 제공함에 따라 PC와 주변기기간의 연결 장치와 접속하기 위한 규격임) 이 외에 속도를 향상시킨 「VFIR」, 디지털 카메라의 이미지를 프린터로 무선전송하기 위한 규격인 「IrTran-P」, 적외선 이동 통신 표준인 「IRMC」등 여러 표준이 있고 계속적으로 진행되어 오고 있다.

하지만 최근에 블루투스 등 여러 무선 네트워킹 기술들이 지속적으로 개발되어오고 기술들과 경쟁관계에 있어서 현재 추세는 얼마나 소형으로 만들 수 있는가 그리고 얼마나 빠른 데이터 속도를 구현할 수 있는가가 무선 이동 통신

분야의 활성화를 부채질 할 것으로 예상된다. 여기에 대하여 세계적으로 IrDA 기술을 주도하고 있는 ACTiSYS의 Keming Yeh 박사는 IrDA와 Bluetooh 기술을 비교하여 'The 5X Rule' 을 발표하였다. 내용을 보면 다음과 같다.

"The IR 5X Rule" - IR is ALWAYS:
- 5X faster than Bluetooth @:
- 100000 better BER(Bit Error Rate) (IrDA=0.00000001)
- 5X lower cost than Bluetooth(10X for now)
- 5X smaller than Bluetooth)
- 5X lower power than Bluetooth
- 5X easier to use than Bluetooth(for now)

## IrDA 기술의 장/단점

### 1) 장점

- 전파가 아닌 빛을 사용하기 때문에 주파수 사용 허가(IEEE)가 필요없음
- 넓은 대역폭과 높은 전송속도
- 보안성이 높음
- 무선이므로 기동성이 뛰어남
- 소비전력이 적고 부품의 가격이 저렴
- Data 통신(File전송가능), 음성, 화상 통신도 가능
- 근접 주파수에 대한 간섭이 없고 전자파 장애가 없음
- 검증된 다양하고 일반적인 무선 접속
- 블루투스보다 훨씬 낮은 BER(Bit Error Rate)
- 2억 5000만 유닛 이상에 설치돼 있으며, 매년 40% 이상 성장
- 지원되는 하드웨어, 소프트웨어의 범위가 넓음
- 추후 개발되는 버전과 이전 버전과의 호환됨
- 다른 전자장비와 간섭이 없음
- 정지된 장치를 위한 낮은 수준의 보안성
- 높은 데이터 전송 속도, 현재 4Mbps, 16Mbps 개발중

### 2) 단점

- 안개, 대기중의 먼지등에 의해 제한됨
- 직사광선이나 형광등 및 백열등 같은 여러 가지 빛들이 잡음으로 작용
- 한정된 거리에서 사용 가능
- 1 : 1, 30°의 좁은 각도, 짧은 거리에서 사용

## IrDA 프로토콜 스택

IrDA 프로토콜 스택의 계층은 두개의 그룹으로 나누어지며, 그것은 필수와 선택 프로토콜로 나누어진다.

● 선택 계층

TinyTP(Tiny Transport Protocol) : 채널당 흐름 제어 기능을 제공하고 대부분의 Application에서 필요하다. IrOBEX(Object-Exchange Protocol) : 파일이나, 개체의 전송을 쉽게하는 기능을 제공한다. IrCOMM : 직렬과 병렬 포트 에뮬레이션을 제공하여 기존의 Application이 IR을 사용할 수 있도록 한다. IrLAN : 노트북 컴퓨터와 다른 이동 디바이스에 이동하면서 접속할 수 있게 하는 기능을 제공한다.

적외선 통신에서는 쌍방의 장치에 모두 송수신기가 있어야 한다. 그 외에도, 통신을 동기화시켜주는 특별한 소프트웨어가 하나 또는 모든 장치들에 필요하다. 마이크로소프트 윈도우95 운영체계에서 IR에 관한 특별한 지원이 그 예이다.

IrDA 1.0에 의한 통신은 단말끼리 서로 마주보게하는 Point to Point 통신이 기본으로 직진성이 상당히 높은 적외선을 이용하기 때문에 통신 중에는 항상 기기에 장착된 통신인터페이스를 직접 마주보게 하지 않으면 않되며, 통신 가능한 각도도 인터페이스면으로 부터 30도 이내며, 또한 이용하기 위해서는 PC 혹은 PDA에 IrDA통신용 드라이버 소프트웨어를 설치해 둘 필요가 있다. IrDA는 노트북이나 PDA, HPC, 프린터, 휴대폰, 호출기, 모뎀, 디지탈 카메라, 의료기, 산업장비, 시계 등의 무선 통신용으로 주로 사용된다.

## IrDA의 표준화 진행

IrDA(Infrared Data Association)는 적외선 무선 통신 링크에 사용되는 하드

웨어와 소프트웨어에 대한 국제표준을 만들기 위해 산업계가 후원하는 비영리 조직으로 데스크 탑, 노트북, 개인 휴대 정보 단말기(PDA, HPC, 전자수첩 등), 휴대폰, 페이저, 산업용 데이터 정보 단말기간에, 적외선을 이용하여 데이터를 전송하는데 필요한 하드웨어와 소프트웨어의 지원 및 협력을 위하여 1993년 설립된 민간 표준화 단체로 미국의 California주 Walnut Creek에 소재하고 있다. 설립 당시에는 적외선통신에 대한 기술이 서로 난립하여 체계적인 발전이 이루어지지 못하고 있었다. 그리하여 세계의 PC 메이커와 통신기기 등이 참여하여, 마케팅, 기술, 테스트 등 3개의 위킹그룹으로 구성되어 활동하여, 적외선통신 SIR 표준, IrDA Ver 1.0(Serial Infrared)이 채택되었고, 그 개념은 케이블, 커넥터, 시리얼 포트를 적외선 통신 포트와 대체한 것으로서 RS-232C나 시리얼 포트를 기초로 한 것이다. 1994년 적외선 통신 SIR 표준, IrDA Ver 1.0(Serial Infrared)이 채택되었고, 그 개념은 케이블, 커넥터, 시리얼 포트를 적외선 통신 포트와 대체한 것으로서 RS-232C나 시리얼 포트를 기초로 한 것이다. 반이중 통신으로 전송 속도는 2.4~115.2 Kbps, 통신거리는 1 m, 지향각도는 30도로 되어 있었으며, 윈도우 95에 표준 장착됨으로써, IrDA 표준 규격에 준거한 적외선 통신 포트를 장착한 기기의 보급이 급속히 증가하는 전기를 마련하게 되었다. 1995년부터 저소비 전력, 시리얼 포트를 대체한다는 목표를 설정하여 활동하고 Hewlett Packard, IBM, Sharp 등 3사에서 제안하여 기존의 IrDA 1.0을 개량한 최대 4 Mbps의 IrDA 1.1 규격이 설정되어 화상정보를 전송할 수 있는 토대가 마련되었다. 이에 따라 이 규격에 해당하는 적외선 통신 기기, 모듈, 이 규격의 포트를 장착한 데스크 탑, 노트북, PDA, HPC, 전자수첩 등의 모바일 정보 기기, 디지털 카메라, 프린터 등의 관련제품이 제조 출하되고 있다. 1997년에는 통신거리 20cm의 짧은 절전형 규격이 추가되었다. 1998년에는 1대의 호스트와 복수의 단말간에 통신할 수 있는 적외선 규격 IrDA Control을 표준화 하여 PC와 키보드, 마우스, 게임팩 등의 주변기기를 접속하기 위한 규격이 설정 되었다.

## IrDA와 블루투스의 적용

블루투스와 IrDA의 적용 분야는 서로 비슷하다. IrDA에서 정의한 응용 분야 가운데 많은 부분을 역시 블루투스에서도 정의하고 있다. 그러나 상황이나 조건에 따라서 IrDA가 블루투스에 비해 더 낫거나 그 반대인 경우도 있다. 분야별로 서로의 장단점을 비교한다.

IrDA나 블루투스 둘 다 데이터 교환을 기본적인 기능으로서 지원한다. 블루투스와 IrDA는 양측 모두 이 애플리케이션을 지원하기 위해 같은 상위 계층 프로토콜, 즉 OBEX를 사용한다. 같은 방식을 사용함으로써 IrDA 장치와 블루투스 장치 간에 데이터를 교환할 수 있도록 하는 것이 IrDA와 블루투스의 의도인 것이다. 각각의 기술은 서로 장단점을 갖고 있다. IrDA가 짧은 거리를 타깃으로 하고 있는 반면, 블루투스는 비교적 먼 거리에 적용하기 때문에 블루투스가 이점에서 우위에 있다. 전자 명함을 주고받을 경우, 두 사람이 회의실에서 만나 얼굴을 보면서 명함을 교환할 경우, 같은 장소의 다른 사람들도 명함 교환을 할 것이다. 이러한 경우 IrDA가 매우 유리하다. IrDA의 겨우 근거리에서 서로의 장치를 하나씩 찍으면 되는 것이다. 이때 다른 사람들도 서로 동일한 방법으로 찍으면 된다. 이처럼 IrDA는 간단하고 편리함이 매력이다. 반면 블루투스는 우선 명함을 주려는 수신자의 장치를 전자적으로 확인하여야 하는데, 이것은 간단히 되지 않는다. 블루투스 장비는 다른 많은 장비 중에서 사람이 눈으로 보고 찾는 것이 아니라 블루투스 장비 검색 메커니즘에 의해 찾아야 하기 때문에 시간이 더 소요된다. 장비의 목록 중 원하는 것을 선택한 다음 그것을 갖고 있는 사람에 대한 정보(이름, 주소 등)를 얻은 후 명함을 보내게 된다. IrDA에 비하여 훨씬 불편하다. 장치 사이에 장애물이 있는 경우를 보면 블루투스는 전파의 특성상 어느 정도의 장애물을 관통하기 때문에 적외선에 비해 유리하다. 거리가 멀어질 경우 블루투스가 유리하다.

## IrDA의 시장 추세

이동 통신기기에 적용되는 제품은 PC에 적용되는 부분을 능가하게 될 것이고, 이동 통신 분야의 활성화는 이러한 경향을 더욱 부채질 할 것이다.

## IrDA 규격 표준 개요

IrDA-1.0(115.2 Kbps) 규격이 나온지 2년반의 짧은 기간 동안에 IrDA 규격은 다시 IrDA-1.1(4 Mbps)로 발전되었다. IrDA-1.0과 IrDA-1.1의 표준화를 계기로 각 관련 제조업체의 적외선 통신 제품의 개발이 더욱 활성화 되고 있으며, 적외선 통신이 각 분야에서 각광을 받기 시작하고있다. 현재 시장에는 IrDA-1.0 및 IrDA-1.1 적용이 가능한 많은 제품, 부품, 소프트웨어, 어댑터, 모바일 시스템들이 많이 출시되고 있으며, 광전자, 아날로그 및 디지털 인터페이스

**표 1.13 1.0부터 1.4까지의 물리계층**

| physical layer version | Transmission rate(kbps) | Distance (cm) | Date of compilation | Radiation Intensity (mW/sr) | Irradiance ($mW/cm^2$) | Switching time(ms) |
|---|---|---|---|---|---|---|
| ver1.0 | 2.4~115.2 | 0~100 | 1994.4 | 40~500 | 0.004~500 | 10 |
| ver1.1 | 576~4000 | 0~100 | 1995.10 | 100~500 | 0.01~500 | 10 |
| ver1.2 | 2.4~115.2 | 0~20<br>0~30 | 1997.10 | 3.16~28.8 | 0.009~500 | 0.5 |
| ver1.3 | 576~4000 | 0~20<br>0~30 | 1998.10 | 9~72 | 0.0225~500 | 0.5 |

ASIC 부품들이 시장에 속속 출시되고 있다. 이러한 발전 상황에서 물리 모듈레이션, 프로토콜, 시스템 처리, 장착 및 외부 탑재 등을 고려할 때에 IrDA-1.0과 IrDA-1.1의 차이점을 이해하는 것이 매우 중요하다. 적외선통신은 접속 형태의 관점에서 세가지로 분류할 수 있다.

- 첫 번째는 1 : 1 지향형 통신으로서 적외선 송신기와 수신기를 서로 대향시켜 1 : 1의 통신을 하는 것으로 대부분의 IrDA나 ASK가 이 부류에 해당된다. 단거리 통신의 경우에 하드웨어의 구조가 간단하고 저 소비전력으로 실현이 가능하기 때문에 많이 사용되는 방식이다.
- 두 번째는 1 : n(다수)의 지향형 통신으로 시스템은 복수의 단말과 하나의 적외선 허브로 구성되며, 허브는 천장 등의 전망이 막히지 않는 장소에 설치되어 모든 단말에 신호가 도달되도록 높은 출력으로 넓은 범위에 방사된다.
- 세 번째는 무지향 통신으로 적외선은 천장을 향하여 방사되고 천장에서 신호가 반사되어 상대국간의 장애물에 영향을 받지 않기 때문에 무지향 통신이 가능하게 된다. 높은 적외선 출력강도와 수신감도가 요구된다.

적외선은 TV 및 VTR 리모콘, 계산기, 프린터 및 PDA 등의 전송 매체로 오랫동안 사용되어져 왔다. 1993년 말경 HP, IBM, SHARP 등 관련업계의 선도적 산업체 그룹이 앞장서서 IrDA 규격 표준 작성에 착수하였다. 그 후 2년 반이라는 짧은 기간 동안에 IrDA(Infrared Data Association)는 130 개의 회원을 가진 강력한 단체로 성장하였다. IrDA의 구성원은 국제적이며 제품 및 관련 부품 제조업체, 하드웨어, 소프트웨어 회사 및 OE업체들이 망라되어 있다. 보다 인상적인 사실은 1995년까지 IrDA 제품들이 PC 용 적외선 어답터, 프린터 뿐 아니라 노트북 PC, PDA 등에 이미 내장되어 일반 고객에게 이미 사용되고 있었다.

BIS Strategic Research에 따르면 1996년까지 노트북 PC의 85%가 IrDA가 내장되어 있었다. 일찍이 이전의 적외선 제품들이 업체별로 서로 호환성이 없이 개별적 프로토콜이 사용되어 왔던 것들과는 달리, 새로운 IrDA 내장 장비들은 애플리케이션, 제조업체, 플랫폼들 간에 상호호환이 되고있다. IrDA 표준규격의 핵심적 특징은 다음과 같다.

- 설치가 간단하고 저가이다.
- 저전력 소비가 요구된다.
- 직접적이고 포인트에서 포인트로 연결한다.
- 데이터 전송이 효율적이고 신뢰성이 높다.

## 가. 물리층

IrDA 물리층 스펙은 전송속도, 통신범위, 변조방식, IR 송신기의 방사강도,수신기의 감도 등에 관한 표준들이다. 하드웨어는 적외선 송신기, 적외선 수신기, 파형 정형회로(RZ 인코더/디코더)와 시리얼 콘트롤러(UART)로 구성된다. IrDA 물리층은 RZ 부호에 의한 베이스밴드 전송 방식을 채용하고 있으며, 통신방식은 조보동기, 반이중 통신을 사용한다. IrDA는 850~900 nm의 피크 파장을 갖는 적외선을 적용한다. 송신출력은 IR 포트로 부터 1 m의 거리에서 광축으로 부터 30도 원추내에서 통신 상대측의 IR 포트가 위치하였을 때에 40 nW/sr~500 nW/sr의 강도가 요구된다. 이때의 비트 오류율(BER : Bit Error Rate)은 100,000,000비트에서 1 이하이다. 적외선 수신기는 수신한 적외선 펄스를 전기 펄스로 변환한다.

## 나. IrLAP 층

IrLAP(IrDA Link Access Protocol)는 데이터 링크층이라 불리우며 적외선 미디어 엑서스하는 규칙의 규정과, 국(Station) 대 국(Station)의 통신 방식 등에 대한 절차에 관련된 것 들이다. IrLAP은 IrDA 표준의 필수층이지만 모든 것이 다 필수적인 것은 아니며, 최소한의 요구 조건이 사양에 명시되어 있다. 메인 미디어 엑서스 룰은 다음과 같다. 연결에 참여하지 않는 어떤 국에 대해서는 전송 시작전 적외선 트래픽이 없음을 확인하기 위해 500 msec 이상을 들어야 한다는 점이다. 연결에 관여하는 국에 대해서는 주어진 500 msec 이내에서 프레임을 전송해야 한다는 점이다. 연결에 참여하는 국들 중의 미디어 엑서스는 각 프레임에서 토큰(token)과 같은 폴(poll)/파이널(final) 비트에 의하여 제어된다. 처음 확립된 연결이 없는 유저 데이터의 전송은 IrLAP에서 허용된다. IrLAP에 관한한 연결없는 전송은 본래 브로드캐스트되며 수신기에 인지되지 않는다. 디스커버리 절차는 ID들을 교환하는 순차적인 방법을 정의하고 있다. 이니시에이터는 자체 ID를 알려진 횟수만큼 반복적으로 브로드 캐스트하여 주고 이러한 반복적인 트랜스미션(슬롯) 사이에서 듣는다. 반응은 슬롯 중의 하나를 임의 선정하여 자신의 ID들을 보내준다. 충돌이 있으면 이러한 절차가 반복될 수 있다. 네고시에이션 절차는 양쪽이 써포트할 수 있는 오퍼레이팅 매개 변수와의 연결을 위하여 사용된다. 비트 레이트와 같은 이러한 매개변수 들은 양쪽이 서로 일치해야 하며 이렇게 하여 가장 큰 공통 분모가 사용된다. 최대 데이터 싸이즈와 같은 일부 매개변수들은 다른 국이 따라야 하는 상대국의 한계이다. 이러한 모든 매개변수들이 양쪽 국에 알려진 후에 연결이 된다. 이런 연결이 이루어지기 전에 모든 트래픽이(데이터의 연결되지 않은 트랜스미션, 디스커버리 절차, 네고시에이션 절차 등) 64 바이트의 최대 데이터 크기로서 9.6 Kbps 싱크모우드에서 수행된다. 연결이 이루어지면 네고시에이티드 데이터 레이트가 115.2 Kbps(IrDA-1.0) 또는 4 Mbps(IrDA-1.1)만큼 높게 되고 네고시에이티드 최대 데이터는 2084 바이트 만큼 커진다. 연결되는 동안은 정보 교환 절차가 사용된다. 유저 데이터를 갖는 프레임은 CRC에 추가하여 순차적(sequence)으로 체크된다, 또한 흐름 제어, 에러 복원, 토큰을 통과하기 위한 감시 프레임들이 있다. 연결은 1 : 1 또는 1 : 다수가 될 수도 있다. 연결된 국들 중 하나는 선도적 역할을 다른 것들은 이차적 역할을 한다. 보통 연결을 시도한 국이나 1 : 다수 연결을 한 국이 선도국이다. 선도국은 500 msec heart beats를 유지하고 전반적으로 순차적 연결을 유지 시키기 위하여 잃어버린 토큰을 회복시키는 역할을 다하고 있다. 위의 주요 절차에 추가하여 다른 많은 절차들이 있다. 예로서 탐색, 어드레스 충돌 해소, 선도국/이차국 역할의 교환 등 이다. 종합하면 IrLAP의 기능은 적외선 통신 국간의 질서있고 신뢰성있는 연결을 제공하는 것이다.

IrLMP(IrDA Link management Protocol)는 두개의 파트로 구성된다. 즉 LM-IAS(Link management information access service)및 LM-MUX(Link management multiplexer)다. IrLMP는 IrDA 표준의 필수적인 요소이지만. IrLMP의 모든 부분이 다 필수적인 것은 아니다. LM-IAS 자체는 IrDA 국들이 제공되는 서비스 내용을 물을 수 있도록 정보 베이스를 유지시켜 준다. 이러한

정보는 몇 개의 대상 내에 유지되며 각각 일련의 속성(attributes)으로 묶인다. 예로서 기기는 명령 대상(mandatory object)으로서 속성인 기기 이름(ASC2 string) 및 IrLMP 써포트(IrLMP version number, IAS support and LM-MUX support)를 갖는다. 다른 구성 부분인 IrLMP, LM-MUX는 IrLAP에의해 제공된 단일 연결 이상의 다중 데이터 링크 연결을 제공한다. 각 적외선 통신국 에서 다중 링크 서비스 엑서스 포인트(LSAPs)가 유니크 셀렉터(LSAP-SEL)와 함께 각각 정의될 수 있다. LM-MUX는 IrLAP을 적외선 통신 국으로 연결해 줄 뿐만 아니라 동일한 적외선 통신국 내에서 LSAP-SEL 끝 지점간의 데이터 전송 서비스를 제공한다. LM-IAS는 IrLAP와 LM-MUX를 통하여 엑서스하기 위한 다른 적외선 통신국에 대하여 미리 정의된 LSAP-SEL을 사용한다. LM-MUX는 배타적이나 다중 모드 중 하나가 될 수 있다. 배타적 모드인 경우 하나의 LSAP 연결만이 액티브될 수 있다. 이 경우 IrLAP에 따라 제공된 흐름 제어 연결 만을 위하여 사용된다. 다중 모드인 경우 여러 개의 연결들이 액티브하게 동일한 IrLAP 연결을 공유할 수도 있다. 그러나 이 경우는 추가적인 흐름 제어가 상위 층이나 애플리케이션에 의하여 제공되어야 한다.

IrDA 표준은 물리적 장치와 통신 프로토콜에 관한 사양을 제공하게 되는데, IrDA 표준의 각 프로토콜 레이어는 아래의 그림에 있다.

그림 1.28
IrDA 표준의 각 프로토콜 레이어

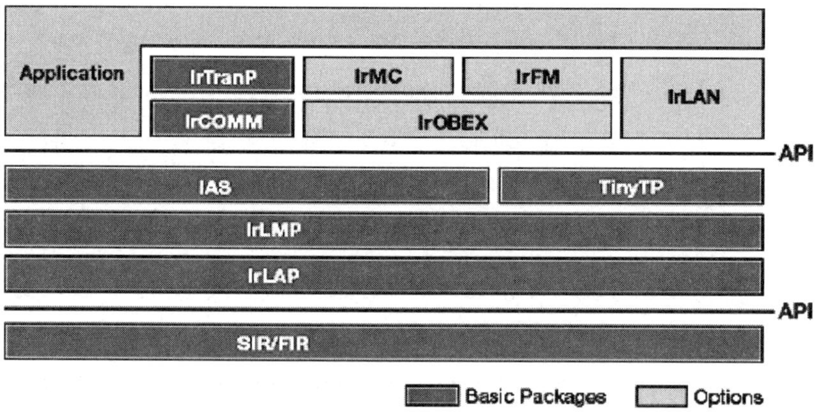


● IrDA 프로토콜

PHY(physical signaling layer)−적어도 1미터까지 연속적인 작동을 제공한다. 16Mbps의 속도까지 양방향통신을 제공하기도 하고, 반이중통신(half-duplex)을 제공하기도 한다. 또한, 데이터 패킷과 데이터 프레이머를 위한

CRC 계산을 수행해준다. IrLAP(link access protocol)−reliable 통신, 장치 찾기 프로시져, 숨겨진 노드 관리등을 위한 점대점 무선링크를 제공한다. IrLMP(link management protocol)−information access service를 통해 IrLAP 레이어, 프로토콜, 서비스 발견을 멀티플렉싱해 준다.

● 선택 IrDA 프로토콜

Tiny TP - optional segmentation과 reassembly기능을 갖는 IrLMP 연결에 대한 flow control을 제공한다. IrCOMM - legacy COM 애플리케이션을위한 COM(serial and parallel) 포트 에뮬레이션을 수행한다. OBEX - HTTP와 같은 object exchange 서비스들을 제공한다. IrTran-P - 디지털 이미지캡쳐장치에 사용되는 이미지 교환 프로토콜을 제공한다. IrMC - mobile telephony와 전화번호부, 달력, 메시지 데이터 등과 같은 통신장치들이 정보를 어떻게 교환하는가에 대한 스펙을 제공한다. IrLAN - LAN과의 IR 무선연결에 대해 기술한다.

IrDA Lite - 호환성을 유지함과 동시에 IrDA 코드 사이즈를 줄이기 위한 방법을 제공한다.

## IrTP, Tiny TP, IrCOMM

IrTP와 Tiny TP 는 선택적 통신 프로토콜이다. 주 목적은 각 LSAP 흐름 제어 기능을 제공하고 데이터를 분할 및 재구성하는 것이다. LU-MUX가 다중 모드일때는 추가적인 흐름 제어가 필요하다. 데이터 분할/재구성은 유저 버퍼 크기 및 IrLAP/IrLMP 데이터 크기를 매치시키기 위해 사용된다. IrCOMM은 기존의 유선 시리얼과 병렬(parallel) 포트를 에뮬레이트시키기 위한 프로토콜이다. 서비스 타입은 네 종류가 있다. 3-wire raw 서비스 타입은 3-wire RS-232 포트 (TXD, RXD and Gnd wires with no flow control)를 에뮬레이트한다. 그것은 제어 채널이 없고 LM-MUX 배타적 모드를 사용해야 하기 때문에 흐름 제어에 대한 IrLAP에 의존한다. 다른 세 타입은 Tiny TP를 사용하며 별도의 제어 채널을 갖는다. 그것들은 3-wire(cooked), 9-wire와 Centronics Parallel을 에뮬레이트한다. 다른 IrDA 옵션층은 PnP(plug-and-play), Obex(object exchange)와 많은 다른 것들을 포함한다. 대부분 이러한 옵션층은 적용 프로그램의 채택과 발전의 도모에 목표를 두고 있다. 물리층, IrLAP과 IrLMP는 IrDA 표준에서 강제적인 유일한 층이다. 이러한 세 층은 효율적이고 신뢰성있는 링크에 대한 기초를 제공하며 디자인은 광범위하고 한계가 없이 개방되어 있다.

모듈레이션 또는 인코딩(encoding)/디코딩(decoding) 방법은 세 종류가 있다. 첫째는 IrDA-1.0 과 1.1 두가지에 모두 필수적인 것이고 다른 두가지는 IrDA 1.1에만 적용되며 선택적이다. 9.6K, 19.2K, 38.4K, 57.6K 또는 115.2Kbps 작동에 대한 전송 속도에 대해서는 스타트(0) 비트와 스톱(1) 비트가 각 바이트 데이터의 전후로 추가된다. 이런 방법은 전통적으로 UART에서 사용된 것과 동일한 형태이다. NRZ 대신 RZ와 유사한 방법이 사용되지만 3/16의 비트 셀에 대해서 1.6micro-sec의 싱글 펄스로 0이 인코드되고 그러한 펄스가 없으면 1이 인코드된다. 프레임의 시작과 종료를 표시하기 위한 유일한 바이트패턴을 갖고 여전히 어떤 이진수 데이터 바이트를 일치시키기 위해서는 바이트 스터핑(escape sequence)이 프레임의 바디(body)에 사용된다. 에러 검색을 위해서는 16비트 CRC가 적용된다. 9.6Kbps 작동은 IrDA-1.0과 1.1에 필수적이다. 19.2K, 38.4K, 57.6K와 115.2Kbps는 IrDA-1.0과 1.1에 선택적이다. 0.576M 또는 1.152Mbps의 전송률에 있어서는 아무런 스타트 또는 스톱 비트도 사용되지 않으며 HDLC와 동일한 동기 포멧이 사용된다. 다시 0이 싱글 펄스로 인코드되며 그러한 펄스가 없으면 1이 인코드된다. 클록(Clock) 회복을 확인하기 위해 비트 스터핑(HDLC에서와 동일하게)이 사용된다. 또한 동일한 16비트 CRC가 사용된다. 0.576M과 1.152Mbps 작동은 IrDA-1.1에 옵션이다. 4Mbps 동작의 전송 속도에 대해서는 4-ppm 방법이 사용된다. 또한 아무런 스타트 또는 스톱 비트도 사용되지 않는다. 추가로 비트/바이트 스터핑은 필요치 않다. 이런 경우 32-비트 CRC가 사용된다. 이러한 전송속도는 IrDA-1.1에서만 사용된다.

### 1.5.6 RFID

#### RFID 개요

최근에 사물에 태그를 부착하여 무선으로 사물의 정보를 확인하고 주변 상황 정보를 감지하는 전파식별(RFID, Radio Frequency Identification) 기술이 등장하여 주목 받고 있다. 각 사물에 태그를 인식하여 사물에 대한 측위, 원격처리·관리 및 사물 간 정보교환 등 다양한 서비스를 제공할 수 있으며 칩, 태그, 리더, 미들웨어 및 응용서비스 플랫폼으로 구성되고 유무선 통신망과 연동되어 사용할 수 있다. 이러한 기술은 기존의 바코드를 대체하여 상품관리를 네트워크화 및 지능화함으로써 유통 및 물품 관리로 시스템에 혁신을 선도 할 것으로 전망된다. RFID기술은 국제표준화기구(ISO)에서 국제표준화가 논의 되어 본격적인 실용화의 기반이 갖추어지기 시작했다.

표준화는 90년대부터 논의가 시작되어 2000년~2001년 관련 규격(ISO/IEC 14443 시리즈)이 모두 제정되었다. 한편, RFID 시스템은 전파를 사용해서 태그/리더 간 통신을 한다. 따라서, 다양한 응용분야에서 표준 없이 응용시스템을 개발하거나 응용별 개별적으로 표준화가 진행되면, 글로벌 관점에서의 사용 및 보급에 큰 장해가 될 수 있다. 이를 보완하기 위한 표준화가 대부분 제정이 완료되었다. 특히, 13.56MHz나 2.45GHz의 규격이 수 년간 논의를 거쳐 최근 표준안이 확정된 것과 비교하면, UHF 대역의 규격은 RFID 시장의 강한 요구에 부응하여 급속도로 표준화가 진척되고 있다.

## RFID 시스템 구성

RFID 시스템은 태그와 안테나, 리더기, 호스트로 구성된다.

- 태그 : IC칩과 안테나로 구성되어 있으며 리더로부터 태그의 정보제공을 요청 시 보유한 정보를 리더에 제공한다. 위조가 불가능하며 반영구적이고, 재사용이 가능하며, 능동형과 수동형으로 구분.
- 안테나 : 리더에게 태그로부터 전송된 데이터를 수신하며 태그의 크기를 결정.
- 리더기 : 태그에게 정보를 보내도록 명령하며 다시 태그로부터 정보를 받아서 수신된 데이터를 해독하여 사용자가 저장하고 사용하고자 하는 장소로 정보를 송신한다. 고정형, 이동형, 휴대용으로 구분.
- 호스트 : 태그로부터 받은 데이터를 처리한다. 이 데이터를 처리하기 위해 에이전트 기반의 분산 계층구조 구성.

그림 1.29
RFID 시스템 구성

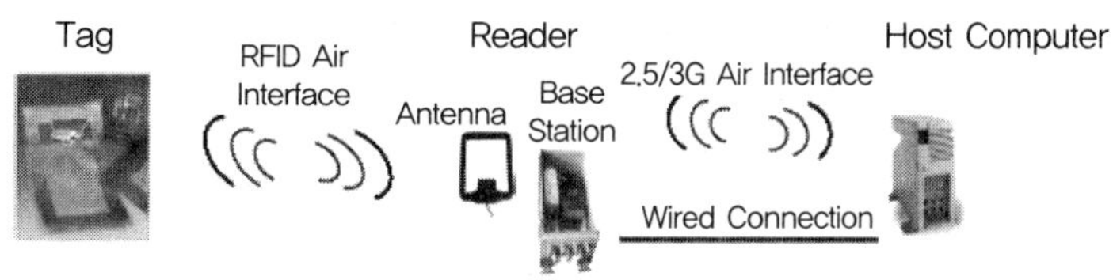

## RFID 시스템 구성

RFID는 비접촉식으로 바코드에 비해 인식속도가 빠른 특징을 가지고 있다. 반면에 무선자원을 이용하기 때문에 주파수 배분의 문제도 간과할 수 없기 때문에 RFID 무선주파수 대역별로 특징을 살펴 볼 필요가 있다. 아래의 표는 무선주파수 대역별 특징을 나타내고 있다.

**표 1.14 RFID 주파수 대역별**

| 주파수 | 저주파 | 고주파 | 극초단파(UHF) | 마이크로파 | |
|---|---|---|---|---|---|
| | 125~134kHz | 13.56MHz | 433.92MHz | 860~960MHz | 2.45GHz |
| 인식거리 | 60Cm 미만 | 60Cm 까지 | −50~100m | −3.5~10m | −1m 이내 |
| 일반 특성 | • 비교적 고가<br>• 환경에 의한 성능저하가 거의 없음 | • 저주파보다 저가<br>• 짧은 인식거리와 대중 태그 인식이 필요한 응용 분야에 적합 | • 긴 인식거리<br>• 실시간 추적 및 컨테이너 내부습도 충격등 환경 센싱 | • IC기술 발달로 가장 저가로 생산 가능<br>• 다중 태그 인식거리와 성능이 가장 뛰어남 | • 900MHz 대역 태그와 유사한 특성<br>• 환경의 영향을 가장 많이 받음 |
| 동작 방식 | 수동형 | 수동형 | 능동형 | 능동/수동형 | 능동/수동형 |
| 적용분야 | • 공정자동화<br>• 출입통제/보안<br>• 동물 관리 | • 수화물 관리<br>• 대여물품관리<br>• 교통카드 출입 통제/보안 | • 컨테이너 관리<br>• 실시간 위치와 추적 | • 공급 망 관리<br>• 자동 통행료 징수 | • 위조 방지 |
| 인식 속도 | 저속 ←→ 고속 | | | | |
| 환경 영향 | 강인 ←→ 민감 | | | | |
| 태그 크기 | 대형 ←→ 소형 | | | | |

## RFID 동작 원리

① Reader/Writer기기를 통해 태그의 메모리에 정보 저장(암호화된 방식)

② 게이트, 계산대, 톨게이트 등에 부착된 리더에서 안테나를 통해 발사된 무선 주파수 태그 진입(안테나 영역 내)

③ 태그의 칩은 주파수에 반응하여 입력된 데이터 안테나로 전송

④ 태그의 메모리에 저장된 정보를 디지털신호로 변조, CRC체크 하여 Reader기에 전송

⑤ Reader는 데이터를 해독하여 호스트 컴퓨터로 전달

그림 1.30
RFID 동작 원리

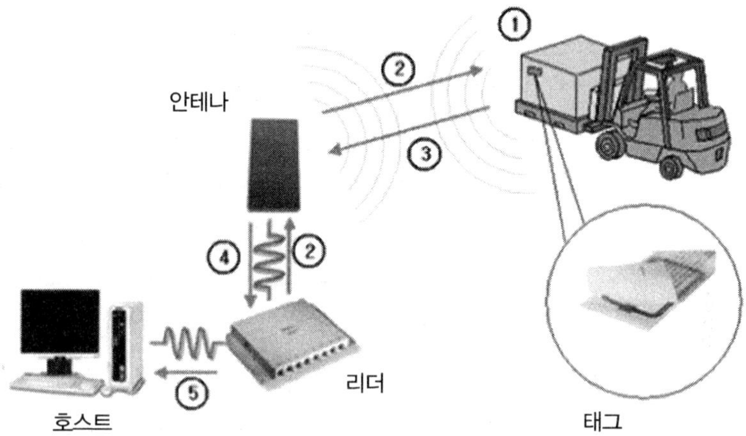


출처 : http://www.rfidepc.or.kr (RFID 산업활성화 지원센터)

## 수동형 RFID와 능동형 RFID

수동형 RFID는 태그 자체에 전원이 필요 없으며, RFID 리더와 접촉을 하여 안테나로부터 오는 전파를 이용하여 통신이 가능한 반면, 능동형 RFID는 태그 자체에 전원을 가지고 있으며, 주파수 발신으로 리더와의 통신이 이루어진다. 그리고 수동형 RFID는 태그가 작고 가벼우나, 능동형 RFID는 태그자체 전원이 들어가므로 크고 무겁게 만들어지고 있다. 다음의 표는 수동형 RFID와 능동형 RFID의 차이를 보이고 있다.

**표 1.15 수동형 RFID와 능동형 RFID의 차이**

| 태그 | 수동형<br>(Passive 태그) | 능동형<br>(Active 태그) |
|---|---|---|
| 작동방법 | 태그 자체 전원 없이<br>안테나로부터 오는 전파를<br>받아 통신 | 태그 자체전원을 가지고<br>주파수 발신하여 리더와 통신 |
| 크기, 무게 | 작고 가볍다 | 크고 무겁다 |
| 가격 | 싸다 | 비싸다 |
| 일반적 사용<br>주파수 대역 | Low(125KHz)<br>~Microwave(2.4GHz) | UHF(860~930MHz),<br>Microwave(2.45 or 5.8GHz) |

## RFID의 활용

RFID는 여러 활용 분야로 쓰이고 있는데 출생내력 등의 식별정도가 입력된 것을 동물에 인색하여 혈통관리 및 위치파악에 활용하고 있으며, 마라톤 선수 같은 경우 선수 운동화에 가벼운 무선태그를 부착하여 위치추적 시스템을 이용한다. 또한 자동차에 태그를 부착하여 차량이 접근할 당시 자동으로 출입통제장치가 자동으로 개폐되며, 물류창고 관리 시스템 이용 시 박스단위로 태그를 부착해 입출고 처리 및 삼품의 실시간 위치추적 및 재고관리를 한다. 그리고 고속도로 톨게이트에서도 사용하는데 태그가 부착된 차량이 접근하면 자동으로 요금이 징수되며 회사나 건물 등에서 출입 통제 시에도 이용된다.

RFID는 이미 다양한 분야에서 사용되고 있으며 특히 유통과 물류 분야에서 전체 공급 망 관리의 효율성과 경쟁력을 극대화 시켜준다. 하지만 RFID는 단점이 있는데 금속에 전파 장애 가능성이 높으며 물을 통과하기 어려우며, 혹시 인체에 미치는 영향력까지 생각해봐야 할 것 이다. 또한 개인정보 노출 태그로 인한 개인정보 누출 가능성과 제한적인 인식거리와 방향성에 따라서 인식률에 영향을 받으며 외부 영향에 의에 쉽게 차단이 되기도 한다. 이를 위해서 RFID 미래는 모든 사물에 전자 태그를 부착하여 이를 중심으로 사물 정보에서 환경정보까지 감지(Sensor)할 수 있게 추가되고, 이들을 네트워크에 연결하여 실시간 관리(Network)하는 USN(Ubiquitous Sensor Network)형태로 발전하고 있다.

Chapter

# 02 LED의 이해

LED의 구조 및 공정과정을 알아본다.

## 2.1 LED의 구조

LED(Light Emitting Diode)는 P-N 접합 다이오드의 일종이다. 여기서 P-N 접합이란 P형 반도체와 N형 반도체의 접합 형태를 의미한다. P형 반도체는 전하의 자리가 비어있는 빈 공간, 즉 정공(Hole)이 존재하는 구조이다. 4족 원소인 실리콘의 경우 일반적으로 3족 불순물(Dopant : 다음 그림에 D로 표시되어 있음)을 첨가하여 필요한 만큼의 정공을 확보한다. N형 반도체는 반대로 전자(Electron)가 남는 구조이다. 여기서 잉여 전자를 자유전자라 한다. 4족 원소인 실리콘의 경우 주로 5족 불순물이 혼합된다.

P-N접합 구조에서 순방향 전압을 가해주게 되면 P형 반도체의 정공과 N형 반도체의 전자는 상호 반대 방향으로 이동하여 접합면에서 만나게 된다. 전자와 정공 사이의 인력으로 N형 반도체의 자유전자는 전도대(Conduction Band : 높은 궤도=높은 에너지)에서 P형 반도체의 정공이 위치한 가전대(Valence Band : 낮은 궤도=낮은 에너지)로 떨어져 재결합 한다.

전도대와 가전대 사이의 에너지 차이를 에너지 준위차(Energy Band Gap)라고 하는데 에 해당하는 만큼의 에너지를 발산하게 된다. 에너지 방출은 여러 형태로 이루어지는데 광자(photon) 입자가 방출될 경우 빛이 생성되는 것이다. 하지만 모든 P-N 접합 반도체가 빛을 생성하는 것은 아니다. 실리콘의 경우 에너지는 phonon 입자로 방출되어 전기에너지는 '열' 에너지로 전환된다. 빛 생성 여부는 다이오드의 화합물에 의해 좌우되는데 화합물마다 에너지 준위차가 달라 생성되는 빛의 파장이 상이하다. 여기서 빛의 파장은 빛의 색을 의미한다. 즉, LED에서 생성되는 빛의 색은 구성 화합물의 종류와 조성비에 따라 결정되는 것이다.

그림 2.1
P형 & N형 반도체와 P-N 접합 구조

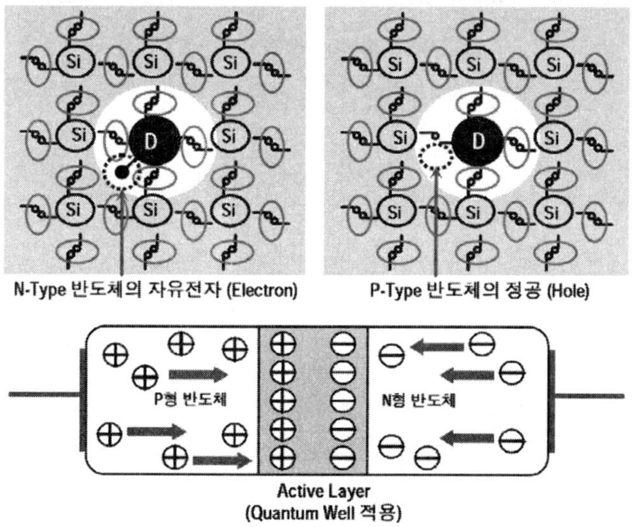


그림 2.2
빛 생성 원리와 에너지 준위차

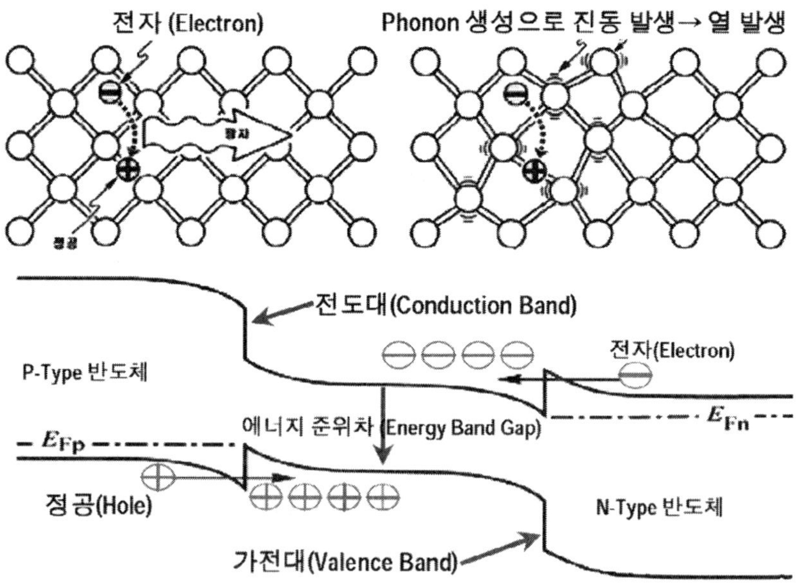

### 2.1.1 LED 주요 화합물

LED에 사용되는 주요 화합물은 III족 원소인 Al, Ga, In과 V족 원소인 N, P, As의 혼합 결정인 GaN, InGaN, GaP, InGaAlP, GaAlAs이며 각 화합물별 파장은 아래 그림과 같다.

참고로 현재 가장 주목 받고 있는 LED 화합물은 InGaN으로 청색 LED에 사용된다. InGaN LED는 일반적으로 사파이어 기판 또는 SiC 기판에 성장시키며 InGaN 양자 우물 활성층을 사용한다. 이론적으로 In의 조성에 따라 밴드갭 에너지가 결정되어 자외선에서 적색까지의 파장을 얻을 수는 있다. 하지만 In의 일정량 이상이 GaN와 균일하게 혼합되지 않는 문제가 있어 파란색~초록색까지의 파장만 구현 가능한 것으로 알려져 있다.

그림 2.3
LED 주요 III–V족 원소

| IB | IIB | IIIA | IVA | VA | VIA |
|---|---|---|---|---|---|
| | | B<br>Boron | C<br>Carbon | N<br>Nitrogen | O<br>Oxygen |
| | | Al<br>Aluminum | Si<br>Silicon | P<br>Phosphorus | S<br>Sulfur |
| Cu<br>Copper | Z<br>Zinc | Ga<br>Gallium | Ge<br>Germanium | As<br>Arsenic | Se<br>Selenium |
| Ag<br>Silver | Cd<br>Cadmium | In<br>Indium | Sn<br>Tin | Sb<br>Antimony | Te<br>Tellurium |

그림 2.4
주요 화합물과 파장(빛의 색)의 관계

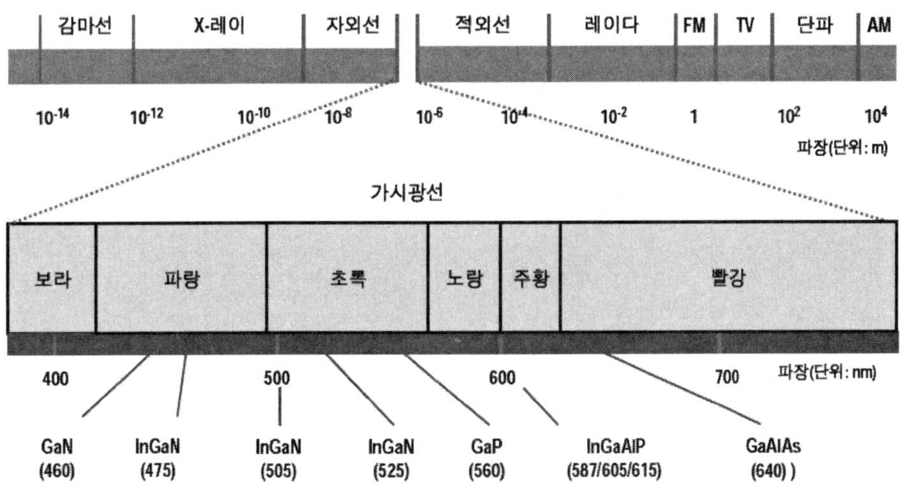

## 2.2 LED의 발광효율

### 2.2.1 LED 칩 발광 효율

LED의 성능은 일반적으로 발광 효율(lm/W)로 판별된다. 전력 단위당 빛의 량, 즉 광량으로 이해할 수 있다. LED 제품의 발광 효율은 LED 칩과 패키지의 발광 효율로 결정되는데 LED 칩의발광 효율은 다음의 세가지 요소로 구분된다.

① 내부 양자 효율(Internal Quantum Efficiency) : LED 활성층(Active Layer)을 통과하는 전자가 광자로 전환 되는 비율을 의미한다. 전자와 정공의 재결합 확률과 밀접한 관계를 가진다. 내부 양자 효율은 이중이종접합(Heterojuntion)구조 또는 양자우물(Quantum Well)구조와 같은 소자 적층구조 설계와 화합물의 품질에 의해 결정된다.

② 적출 효율(Extraction Efficiency) : 활성층에서 생성된 빛이 칩 밖으로 빠져나오는 비율을 의미한다. 생성된 빛은 각 화합물의 굴절률에 따라 여러 방향으로 흩어지거나 반사되는데 이 과정에서 일부 손실(흡수)되기도 한다. 적출 효율은 기판을 비롯한 적층 화합물의 물성과 칩의 광학적 설계에 의해 개선 가능하다.

③ 전력효율(Electrical Efficiency) : 제품 내 저항성 손실(Ohmic Loss)과 공급된 전력 중 활성층에 도달하지 못한 전력에 의한 손실을 의미한다. 즉, 손실이 적을수록 효율은 증가한다.

### 2.2.2 LED 패키지 발광 효율

LED 패키지의 발광효율은 방열, 적출 효율, 그리고 스토크스 손실률로 구분된다.

① 방열 효율(Heat Dissipation) : 정공과 전자의 재결합 과정에서 일부는 열 에너지(격자 진동)로 방출되는데 열의 방출이 제대로 이루어지지 않을 경우 격자 결함으로 이어져 LED의 빛 생성효율을 저하시킨다. 방열 효율은 LED의 수명에 직접적인 영향을 미치며 패키지 기술의 핵심이다.

② 적출 효율(Extraction Efficiancy) : 칩에서 발산하는 빛을 패키지 밖으로 적

출하는 효율을 의미하며 패키지의 광학 구조 설계에 좌우된다.

③ 스토크스 손실률(Stokes Losses), 형광체 효율 : 형광체를 이용한 백색 LED의 경우 칩에서 빠져 나온 빛은 형광체가 혼합된 Epoxy를 통과하게 되는데 이때 손실되는 빛의 양을 의미한다. 형광체 입자의 크기와 분포도, 그리고 Epoxy의 광학 특성 등으로 결정된다.

그림 2.5
일반적인 LED 조명 효율과 광효율 Breakdown

## 2.3 LED의 일반적 구조

### 2.3.1 청색 LED칩의 일반적 구조

청색 LED칩의 구조는 일반적으로 다음의 5가지로 분류된다.

① 기판(Substrate) : LED를 건축물로 비유한다면 기판은 지반으로 이해할 수 있다. LED의 각 레이어는 기판 위에 쌓아 올려진다. 기판은 적층되는 화합물과의 격자 상수(Lattice Constant : 원자간 간격) 부정합도(unconformity)와 열팽창계수(Thermal Expansion : 열팽창에 따른 부피 팽창비율)의 부정합도가 낮아야 한다. 부정합도가 높을수록 칩의 결함이 발생할 확률이 높아지기 때문이다. 현재 사파이어($Al_2O_3$) 기판이 GaN 기반 LED에 주로 이용되는데 두 화합물의 부정합도는매우 높은 편이다. 청색 LED의 수율이

여타 반도체에 비해 매우 낮은 이유가 여기에 있다. 그럼에도 불구하고 사파이어 기판이 사용되고 있는 이유는 1) 현재의 양산 기술로는 GaN 단결정기판을 제조하기 어려운 상황이라 부정합도가 높은 이종 기판을 사용해야하는 실정이며, 2) 그나마 사파이어 기판이 여타 이종 화합물보다 광학적으로 유리(적출효율 높음)하고 3) 저렴하기때문이다.

SiC 단결정 기판 양산이 가능해지며 SiC 기판(Cree 채택) 채택이 증가하는 추세로 알려져 있다.

SiC 기판은 사파이어 기판에 비해 GaN 에피층에 대한 부정합도가 낮아 공정 수율면에서 유리하나 빛을 흡수하는 물성을 가지고 있어(적출 효율 저하) 사파이어 기판을 기반으로 한 LED제품에 비해 성능(휘도)이 떨어지며 가격이 다소 높은 것으로 보고된다. 청색 LED 칩 구조는 기본적 P-N접합 구조에 비해 복잡하다. 상당 부분이 이종 기판 사용에서 오는 결함들을 완화하기 위함이다.

② 버퍼층(Buffer Layer) : 에피층과 기판과의 격자 상수 차이를 줄이기 위한 완충 지대로 이해할수 있다. 주로 GaN, AlGaN, AlN 또는 SiC가 사용된다.

③ 클래드층(Clad Layer) : P-N층을 클래드층이라 통칭한다. 클래드층을 형성하는데 가장 큰 난관은 p-GaN층 도핑이었다고 한다. p-GaN층의 정공 농도를 높이기 위해 Mg을 도핑하는데(Ga자리를 Mg로 대체시켜 정공 생성) $NH_3$를 매개로 증착하는게 일반적이다. 문제는 Mg이 $H_2$와 결합한다는 것인데($MgH_2$) 열처리 또는 전자빔 공법 도입으로 해결되었다.

④ 활성층(Acitve Layer) : 활성층은 일반적으로 InGaN/GaN 양자우물 구조이며 내부 양자 효율을 극대화하는 방향으로 설계된다.

⑤ 전극(Electrode) : +전류는 p-GaN 층으로 흘려주고 −전류는 n-GaN층으로 전달되어야 한다. 활성층 전면에 걸쳐 전류 흐름이 발생해야 전자와 정공의 재결합이 활발하게 이루어지기 때문에 일반적으로 p-GaN에 투광성 전극(도체)을 얇게 증착하여 전류 공급 영역을 확대해준다. 기판은 절연체이기 때문에 칩 일부를 식각하여 n-GaN층에 전극을 형성하는 방식을 택한다.

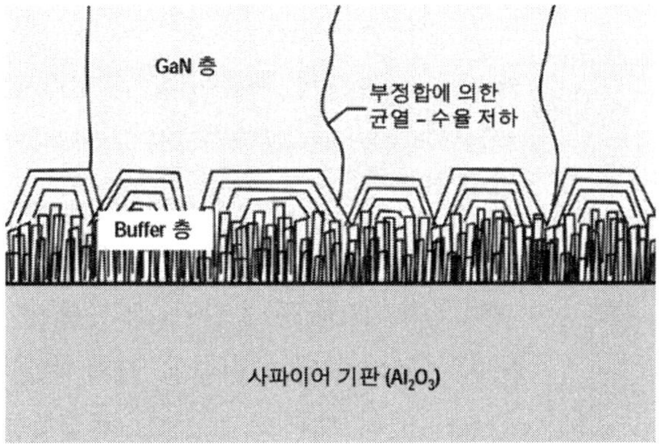


**그림 2.6**
기판, 에피층 부정합에 의한 균열

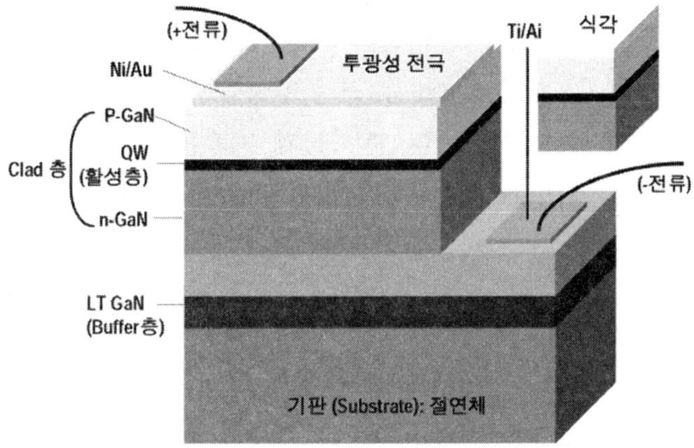


**그림 2.7**
LED 칩 구조

## 2.4 LED의 생산 공정

### 2.4.1 LED 생산 공정

청색 LED 생산 공정은 크게 세 단계로 구분할 수 있다.

① 에피 성장 공정(Epitaxy) : 기판 위에 에피층을 형성하는 공정이다. 성장 방식은 업체별로 차이가 있지만 기본적인 틀에서 크게 벗어나지 않는 것으로 파악된다.

Epitaxy의 가장 우선적 공정은 세척이다. 사파이어 기판을 GaN의 성장 온도인 1100~1200℃에서 열 세척(Thermal Cleaning)하여 불순물을 제거하는 과정이다. 세척 이후 사파이어 기판 표면을($NH_3$ : 암모니아를 주입하여) 질화시킨다. GaN 질화물계 화합물의 성장을 용이하게 하기 위함이다.

다음으로 버퍼층을 형성한다. 에피층과 동일한 화합물층이지만 다른 온도에서 증착되는게 특징이다. 약 400~600℃의 저온에서 진행되며 이후 성장되는 GaN층의 단결정 성장을 위해 클래드층 성장 온도로 표면을 열처리하여 마무리 한다. 마지막으로 클래드층과 활성층을 순서대로 형성한다. n-층에서는 일반적으로 Si를 도펀트(Dopant)로 사용하며 p-층에서는 앞서 소개했듯이 Mg을 사용한다. 고온에서 진행되며 $NH_3$ 케리어가스로 Ga, N, 도펀트(Mg/Si)를 화합물로 결합시킨다. 활성층은 InGaN/AlGaN 양자우물 구조가 널리 채택되고 있다. 재결합률(광량)이 결정되는 층으로 성장온도, 성장률, 도펀트 유량, MOCVD 챔버의 압력, 유입 가스의 종류와 유량, 등 다양한 공정 변수가 존재한다.

② 칩 공정 : n-층 전극 형성을 위한 Photolithography－식각(Etching) 공정으로 시작된다. 질화물계 화합물의 화학적 속성 때문에 습식 시각(Wet Etching)이 어려워 건식 식각(Dry Etching)이 사용된다. 이후 전극을 형성(Metallization)하고 소자 보호를 위한 산화 공정을 거친다. 칩 단위로 분리하기 위한 절단 공정이 이어지고 마지막으로 테스팅과 분류 작업이 진행된다. 일반적으로 하나의 웨이퍼에서 10~20가지 Specification으로 LED 제품이 분류 된다고 한다.

③ 패키지 공정 : LED 패키지 공정은 메모리 반도체 패키지 공정과 크게 다르지 않다. 순서는 다음과 같다 : 1) 다이 접착(Die Bonding) → 2) 와이어 접착(Wire Bonding) → 3) 봉입전 검사(Pre-seal Inspection) → 4) 패키지 봉입(Package Seal) → 5) 성형(Molding) → 6) 트리밍(Trimming) → 7) 최종 검사(Final Test) → 테이핑(Taping) 에피에서 패키지 공정까지 일괄된 공정 체계에서 최종 LED 제품의 생산 수율은 거의 에피 성장 공정에서 결정된다고 할 수 있다. 칩 공정과 패키지 공정은 평균적으로 95%내외의 높은 수율에 달하는데 반해 에피 성장 수율은 60~80%로 매우 낮은 수준으로 전해지며 업체간 편차가 큰 것으로 파악된다. 앞서 설명하였듯이 격자상수 및 열팽창 부정합에 연유하며 공정 기술적 진입 장벽이 가장 높은 단계로 판단된다.

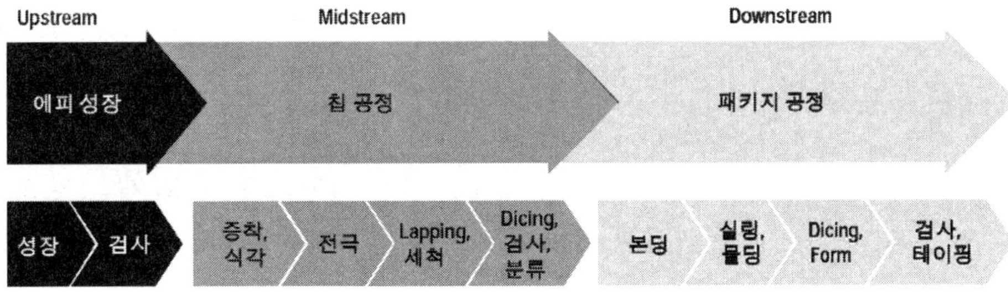


그림 2.8
LED 양산 공정 흐름도

## 2.5 LED의 원가 구조

### 2.5.1 에피, 칩은 장치산업

에피 · 칩 산업은 메모리 반도체 산업과 같은 장치산업의 원가 구조를 지닌다. 고정비용이 약 65%, 감가상각비가 약 40%를 차지한다. 원가는 대부분 양산 기술 향상과 휘도(성능) 향상으로 절감되기 때문에 지속적 연구개발이 요구된다. 또한 생산 효율은 장비의 생산 효율에도 크게 의존하기 때문에 규모의 자본비용이 경상적으로 발생한다. 자본과 기술 집약적인 산업이다.

### 2.5.2 높은 영업 레버리지

이처럼 에피 · 칩 산업은 영업 레버리지가 매우 높아 시장 환경과 가동률에 따라 수익성은 매우 민감하게 반응하게 된다. 다만 장비의 생산효율이 증대되고 양산 기술 향상에 따른 생산성 증대로 고정비용의 원가 비중은 점차 축소되기 때문에 실적 변동성은 다소 완화될 전망이다.

### 2.5.3 에피, 칩 핵심 경쟁력

이 같은 원가 구조를 근거로 하였을 때 에피 · 칩 산업의 핵심 경쟁력은 1) 원가 절감 능력과 2) 규모의 경제로 정리할 수 있다.

양산 기술 개선 요소는 수율 향상, Tact Time 단축, 등이 해당된다. 그 밖에 휘도 향상, 투입 기판크기의 대형화, 고효율 장비 도입, 등을 통해 생산성 향상이 도모된다. 에피 · 칩 제조업체의 원가절감 속도가 시장 가격 하락 속도를 하회하는 경우 수익성 악화가 불가피하기 때문에 종합적 원가 절감 능력이 매우 중요하다. Mid/Low-End 제품의 상품화(Commoditization)가 진행될 경우 원가 리더쉽을 가진 업체로 시장 점유율은 집중될 수 밖에 없을 것으로 판단된다.

한편, 규모의 경제는 양산 기술 개선, 휘도 개선, 등으로 지출되는 연구개발 비용(고정 비용) 감소 효과, 그리고 원재료 구매 가격 인하 측면에서 중요하다고 판단된다.

패키지 산업은 원재료의 원가 비중이 75%이다. 특히 LED 칩은 원가의 절반을 차지한다. 휴대폰이나 LCD BLU 산업과 같이 전방 사업자의 집중도가 매우 높을 경우 Margin Squeeze의 위험이 따른다. 에피 · 칩 산업도 특허 이슈로 시장 집중도가 매우 높기 때문이다.

결국 패키지 산업의 원가 절감 방식은 규모의 경제를 통한 원재료 구매 원가 인하와 Product Life Cycle 연장에서 온다. 다만 패키지 산업은 1) 고객 대응력, 2) 제품 Customization, 3) 형광체 솔루션, 4) 디자인 효율 등 제품 경쟁력을 통한 부가가치 창출을 통해 수익성을 유지하는 것이 더욱 중요하다고 판단된다. 때문에 패키지 산업은 규모의 경제를 갖춘 업체와 특정 디자인에 특화된 Niche Player들, 그리고 그 중간에 다양한 업체들이 상존하게 될 것으로 예상된다.

**그림 2.9**
일반적 LED 에피, 칩 원가 구조

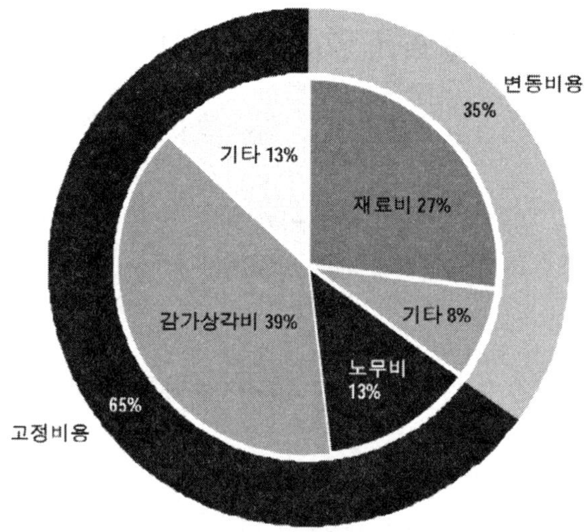

그림 2.10
일반적 LED 패키지 원가 구조(SideView)

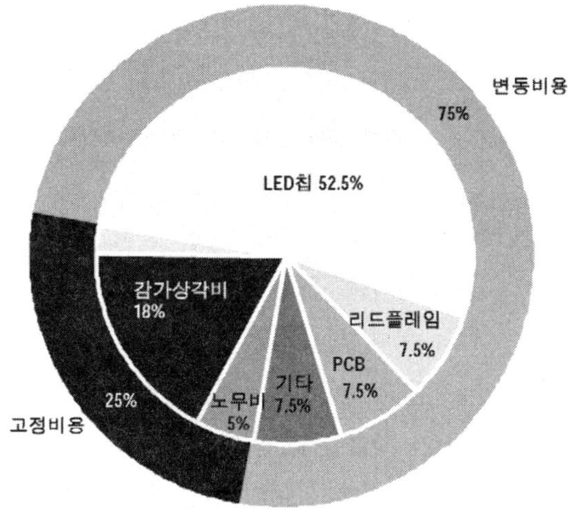


## 2.6 LED 특허 분쟁 : 과거, 현재 그리고 미래

LED 산업을 이해하는데 있어 특허 이슈는 매우 중요한 부분을 차지한다. 에피텍시(Epitaxy)에서부터 패키지(Package) 및 Fixture(조명 설비) 기술까지 핵심 기술들이 특허로 보호되고 있어 후발 주자들의 시장 진입이 쉽지 않다. 그럼에도 불구하고 대만과 한국 그리고 중국을 중심으로 LED 업체수가 매우 빠른 속도로 증가하고 있다. 그러나 많은 경우 매출이 정체되거나 수익성이 훼손되는 상황에 놓여 있다. 생산은 누구나 할 수 있으나 특허 이슈로 판매처 확보가 용이치 않고 라이선스 비용이 원가구조를 악화 시키고 있기 때문이다. 더구나 단가인하가 빠른 속도로 진행되고 있어 우월한 제품 Mix와 규모의 경제를 갖추지 못할 경우 성장성 및 수익성은 급격히 악화되는 상황이다. 어렵게 확보한 고객사를 특허 분쟁으로 잃는 사례도 비일비재하다. 이 때문에 특허 이슈는 LED 산업에 있어 간과할 수 없는 주제이다.

### 2.6.1 청색 LED 칩 주요 특허 분쟁과 관련 특허

청색 발광소자에 대한 특허 분쟁은 1999년에 시작되어 약 3여년에 걸쳐 지속되었다. 동 기간동안 24여건에 달하는 특허 소송이 진행되었다. 하지만 2002년 휴대폰용 LED시장이 본격적으로 열리기 시작하며 LED 산업은 전환점을 맞게 되었다. 주요 LED 제조업체들이 Cross Licensing에 전격 합의점에 이르게 되었다. LED 칩 특허 분쟁 구도는 일시에 와해되었고 LED 산업은 본격적

성장 국면에 돌입하게 되었다. 그 이래 청색 LED 칩 관련 특허 소송은 표면적으로 6건만이 보고되고 있다. 특허 이슈가 크게 해소된 모습이다. 하지만 위 6건의 소송이 M/S가 증가하는 업체에 대해 제기 되었다는 점과 비공식적 특허 공세도 존재한다는 점에서 특허 이슈는 앞으로도 신중을 기해야 할 산업 리스크(Risk factor)로 인식 할 필요 있다.

칩 관련 특허는 발광소자의 구조, 구성물질, 조성방법, 불순물의 농도 및 종류 등 방대한 범위를 포함하고 있어 매우 복잡 다양하다. 내부 양자 효율 및 적출 효율의 향상은 수 많은 기술 요소의 종합적 응용으로 이루어지기 때문이다. 더욱이 기술은 끊임없이 진화하고 있어 특허 이슈에 대한 정확한 진단은 현실적으로 어렵다. 여기서는 과거의 특허 분쟁들을 토대로 주요 쟁점들을 간략히 살펴보고 대표적인 특허들을 버퍼층, 클래드층, 활성층, 도핑, 그리고 전극으로 구분하여 훑어보고자 한다.

**그림 2.11**
LED 칩 특허 분쟁

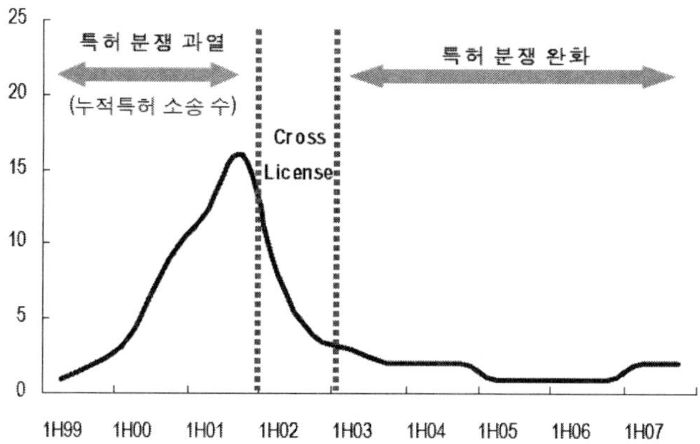


**그림 2.12**
니치아 버퍼층 특허
US 5,290,393

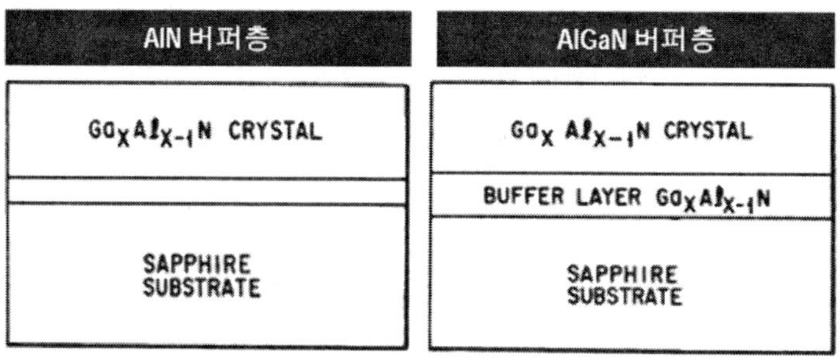


선행 기술(Prior Art) US 특허 5,290,393

1) **버퍼층 :** 구조 특허에 있어서 빠질 수 없는 핵심 소자층인 만큼 특허 분쟁이 많았던 분야다. 버퍼층은 기판과 클래드층의 격자 상수 부정합에 따른 Stress를 완화하기 위한 소자층이기 때문에 버퍼층 특허에서는 사용 기판

의 종류, 클래드층의 물성, 조성비, 그리고 성장 방법 등을 종합적으로 고려하고 있다. 대표적인 버퍼층 특허로 니치아의 미국 특허 5,290,393을 들 수 있다.

AlGaN로 버퍼층을 성장시키고 이보다 높은 온도로 AlGaN 클래드층을 기상 성장한다는 내용이다. Toyoda Gosei는 AlN 버퍼층 특허(미국 특허 5,733,796)를 보유하고 있으며 이를 바탕으로 니치아에 소송을 제기한 바 있다. Cree는 SiC 기판 위에 GaN 및 InGaN를 버퍼층으로 하는 구조특허(미국 특허 5,686,738과 6,201,262)가 대표적이다. 738 특허는 보스톤 대학이 2001년 3월에 Cree에 독점 라이센스 계약한 특허다. 버퍼층은 낮은 온도(100~400℃), 접합하는 클래드층은 높은 온도(600~900℃)에서 성장하는 2단계 성장 방법을 담고 있다(니치아 / Toyoda Gosei 특허와 유사한 성장 방법). 728특허를 근거로 Cree는 니치아(2001년), AXT(2003년), BridgeLux(2006년)를 상대로 특허 침해 소송을 제기 하였다. BridgeLux건은 아직 진행 중에 있다.

2) **클래드층 :** 클래드층의 물성과 관련하여 특별히 주목되는 특허 분쟁은 없었던 것으로 조사된다. 다만, 발광 소자의 특징적인 활성층/버퍼층과 접합하는 이중 이종(double hetero) 클래드층 구조, 또는 양자 우물 형태의 활성층과 접합하는 다층 클래드층 구조 등, 내부 양자 효율 및 적출효율을 극대화하기 위해 설계된 특징적인 구조들에 대한 구조 특허들이 쟁점적이었던 것으로 파악된다. 여기서 이중(double) 클래드층은 p-층, n-층이 각각 두 개의 층으로 구성된다는 의미이다. 같은 화합물이 사용되지만 도핑의 농도를 달리하여 밴드갭을 증대하기 위한 방법으로 이해 할 수 있다. p-층, n-층의 구성 화합물이 다를 경우 이종(hetero) 구조로 정의되며 이를 종합하여 이중 이종 접합 구조라 한다.

클래드층은 LED의 기본적을 틀을 제공하는 부분이기 때문에 LED 칩 구조에 대한 특허 분쟁에서 쟁점화될 수 밖에 없는 소자층이다. 하지만, 클래드층에 한정되어 분쟁이 야기된 경우는 매우 드물다. 혁신성 및 신규성에 있어 특허로서의 호소력이 떨어지기 때문인 것으로 판단된다. 50 여년전부터 연구되어 온 소자층이기 때문에 선행기술(prior art)의 연장선상에서 크게 벗어나기 어려운 점이 있다. 대표적인 예가 2000년 4월 니치아(원고)가 Toyoda Gosei(피고)를 상대로 한 특허 침해 소송이다. 일본 특허 2,778,405를 근거로 하는데 동 특허는 Mg로 도핑된 p-type GaN층이 Mg로 도핑된 p-type AlGaN 클래드층 위에 형성되는 이중 이종 접합 구조를 골자로 한다.

이에 맞서 Toyoda Gosei(피고)는 특허등록무효심판을 청구하였는데 대법원에서는 니치아 특허의 신규성을 불인정하여 Toyoda gosei의 승소로 일단락 되었다.

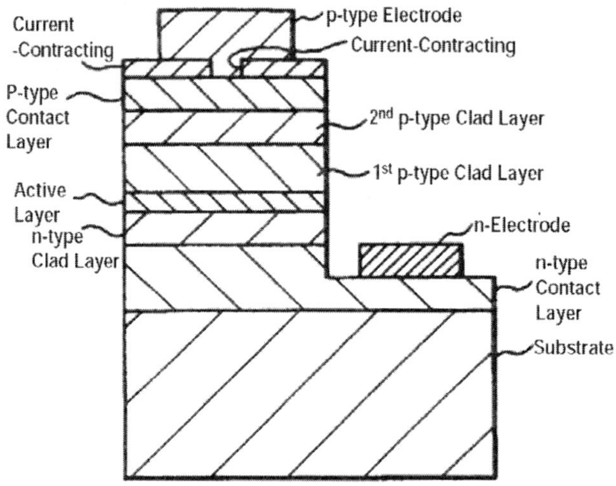


그림 2.13
니치아 US 특허 5,578,839 : 소자층 구조(이중 이종접합 구조)

1. A method of manufacturing a p-type III-V nitride compound semiconductor by a vapor phase epitaxy method, comprising the steps of:
growing a III-V nitride compound semiconductor by using a reaction gas containing a p-type impurity; and
annealing said nitride compound semiconductor at a temperature above 400° C.
2. A method according to claim 1, wherein said nitride compound semiconductor is represented by general formula $Ga_xAl_{1-x}N$ (where $0 \leqq x \leqq 1$).
3. A method according to claim 1, wherein a temperature of said annealing is in the range of 600° C.–1200° C.

그림 2.14
니치아 US 특허 5,281,830 대표 청구항(P-type 도핑 방법)

3) **도핑 & 활성층** : 도핑 특허 관련하여서는 도펀트 활성화 방법에 주목할 필요 있다.

일반적으로 p-type 클래드층의 도펀트로 Mg을 사용한다. 그러나 일반적인 p-층 성장 방법으로는($NH_3$의) $H_2$와 Mg이 상호 반응하여 정공 형성이 저해되는 문제를 해결할 수 없었다. Toyoda Gosei의 미국 특허 5,281,830에서는 전자빔을 사용하여 p-type 도펀트를 활성화하는 방법을 제시 하였다. 전자빔을 통해 Mg과 $H_2$의 고리를 끊어주는 것이다. 반면에 니치아는 열처리(어닐링 : Annealing) 방법으로 접근하였다(미국 특허 5,306,662). 니치아의 미국 특허

5,468,678에서는 전자빔과 열처리 방법을 혼합하여 사용하는 방법이 기록되어 있다.

활성층에서는 구성 화합물, 도펀트, 그리고 구조가 핵심 3 요소로 판단된다. (모든 소자층에 해당된다) 버퍼층/클래드층과 마찬가지로 칩 구조에 대한 청구항이 삽입되어 있는 특허들은 대부분 활성층을 포함한다. 더욱이 발광 효율과 가장 밀접한 관계에 있는 소자층이기 때문에 관련 특허가 가장 큰 비중을 차지하는 것으로 집계된다.

니치아의 미국 특허 5,578,839/5,734,182/6,078,063은 대표적인 InGaN 활성층 특허들이다. 839특허는 n-type InGaN 활성층에 p-type 불순물을 첨가하는 방식을 소개하고 있다. 182특허는 p-type, n-type 불순물이 모두 사용된 InGaN 활성층을 설명하고 있으며, 063 특허는 Mg이 도핑된 p-type InGaN 활성층과 접합하는 AlGaN p층, n층 클래드 구조를 제시하고 있다.

활성층과 도핑 관련된 특허 소송은 1999년 니치아 vs Sumitomo와 니치아 vs Rohm이 대표적이다. Sumitomo와 Rohm, 양사의 침해제품이 Cree의 LED 칩을 사용하고 있어 실질적으로 니치아 vs Cree의 분쟁으로 볼 수 있다. (실제로 Cree는 양측 소송에 참관하였다.) 니치아의 일본 특허 2,918,139는 p-type AlGaN층과 n-type AlGaN층 사이에 n형 도펀트와 p형 도펀트가 co-doping된 n-형 AlGaN 활성층 구조를 구성요소로 두고 있다. 동경 대법원은 Cree 제품의 n-type AlGaN층은 활성층과의 관계에 있어 클래드층 역할을 하지 않는다고(버퍼층으로) 판단하여 원고의 청구를 기각하였다. 구조 설계가 본질적으로 다르다는 판결이다(Cree의 LED 칩은 단층 이종 구조이지 이중 이종 접합 구조가 아니라는 판결).

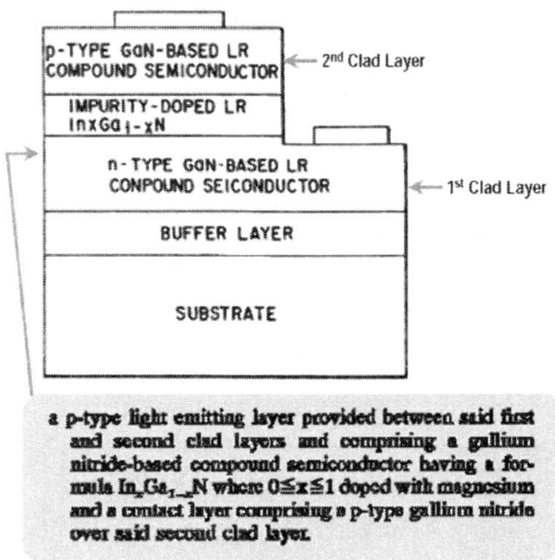


그림 2.15 니치아 US특허 6,078,063:(활성층) 구조 특허

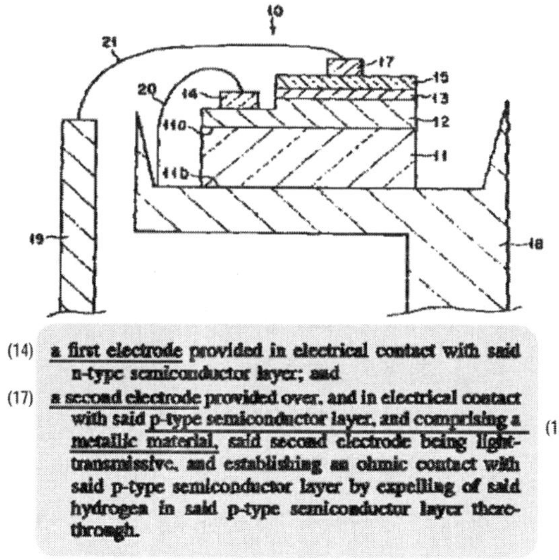


**그림 2.16**
니치아 US 특허 5,767,581 : 전극 특허

4) **전극** : 전극 관련하여 가장 강력했던 특허는 니치아의 전극배치 구조 특허(일본 특허 2,748,818)와 p-형 투광성 전극 특허(한국 특허 286,576, 미국 특허 5,767,581)이다. 현재는 ITO(Indium Tin Oxide)가 금속 투광성 전극 방식을 대체하고 있어 전극막 관련 분쟁의 여지는 크게 감소하였다고 판단된다. 니치아는(앞서 소개한) 일본 특허 2,748,818 침해 금지 소송을 2000년 8월 Toyoda Gosei 상대로 제기하였다. 818 특허는 투광성 전극의 크기가 n-전극에 비해 큰 것을 전제로 하며, n-전극과 p-전극을 대각선상 가장 먼 거리에 위치시켜 전류의 퍼짐과 발광 균일성을 향상시킨다는 내용을 담고 있다. 소송은 원고(니치아)의 승소로 마무리 되었다. 피고는 원고에 피해액 1억엔 및 지연금 지불과 특허권 침해 관련 LED 제품의 폐기 처분 및 판매 금지를 선고 받았다. 본 판결로 대다수의 LED 칩 제조업들이 전극 배치를 달리하게 된 계기가 되었다고 한다.

## 2.6.2 LED 패키지 특허, 분쟁 & 라이선스 : 커버전/형광체 특허

주요 5개사의 Cross-License계약은 초기에 LED 칩 특허 분쟁의 종식을 알리는 신호탄으로 해석되었다. 특허에 의한 '시장 진입 장벽'이 붕괴되었다는 시그널로 이해되기도 했다. 하지만 특허분쟁은 쟁점이 패키지 특허로 확대 되었을 뿐 그 수위는 높아졌다. 패키지 특허 분쟁은 2002년부터 약 27여건이 집계되며 컨버전 특허 관련 소송이 10여건, 디자인 관련 소송이 14여건에 이른다.

LED 칩 특허 분쟁이 주요 5개사간 분쟁 구도였다면 패키지 특허 분쟁은 Cross-License 된 '주요5개사 vs 2ND Tier업체' 의 분쟁 구도로 볼 수 있다. 때문에 패키지 특허 분쟁은 주요 특허로 무장된 업체간 분쟁과는 다른 방향으로 귀결될 수 밖에 없었다. 이는 1) 2ND Tier 백색 LED 제조사중 컨버전 특허/라이선스 없이 특허 이슈에서 자유로울 수 있는 업체는 극히 드물고, 2) 2ND Tier업체들의 특허 Pool은 매우 협소하여 주요 5개사를 상대로 맞서거나 Cross-License를 이끌어낼 여력은 매우 제한적이기 때문이다. 결국 패키지 특허 분쟁은 주요 5개사와 2ND Tier업체간 컨버전 특허 라이센스(로열티 지급조건) 계약 체결로 일단락되어 가고 있다. 참고로 니치아에 의해 제기된 패키지 특허 소송이 약 70%, Osram에 의해 제기된 패키지 특허 소송이 약 20% 차지한다.

그림 2.17
LED 칩 특허 분쟁
(~2002)

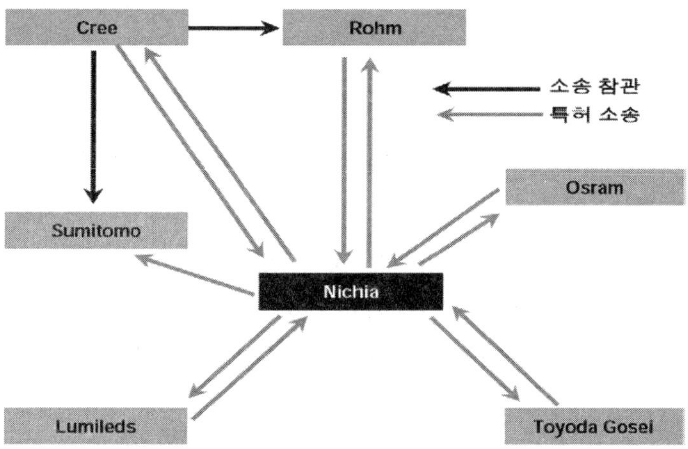


그림 2.18
LED 패키지 특허 분쟁(2002~)

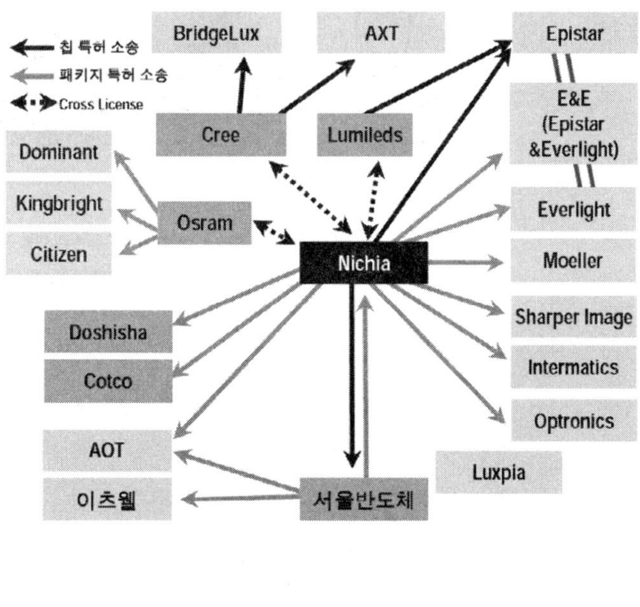

패키지 특허는 크게 디자인 특허와 컨버젼(Conversion) 특허로 구분된다.

디자인 특허는 칩에서 출력되는 광량을 최대한 끌어내는 기술력이 요구되는 분야다. 이 때문에 디자인 특허 요소는(패키지 광효율 구성요소인) 적출 효율, 방열, 그리고 스토크스 손실율과 연관 지어 구분된다.

1) 적출 효율과 관련된 패키지 특허 요소는 패키지 소재와 광출구 디자인이다. 패키지 소재는 소재의 광 반사도, 회절성, 내열성 등이 고려되며 디자인은 광출구의 각도, 높이, 길이 등 광학적 설계 요소들이 중점이 된다.
2) 방열은 리드 프레임 재료와 구조 설계로 좌우되는데 열전도도가 높은 소재가 유리하며 열방출이 용이한 구조 설계 능력이 요구된다.
3) 스토크스 손실율은 몰딩 소재, 형광체 입자 크기, 분포도, 혼합 비율 등으로 결정된다. 여기서 몰딩 소재는 투광성이 높고 내열성이 우수한 재료가 선호된다. 형광체의 입자 크기, 분포도, 혼합비율 조정은 광 손실률을 최소화하는데 그 목적이 있다. 형광체 특허에서도 언급되는 내용이다.

컨버젼 특허는 칩에서 출력된 파장의 길이를 특정 물질(형광체)을 통해 변환하는 기술을 골자로 한다. 패키지 특허에서 가장 핵심이 된다. 가장 잘 알려져 있는 방식은 청색 LED에 노란색 형광체를 도포하여 백색광을 출력하는 것이다. LED로 백색광을 구현하는 가장 경제적인 기술이라는 점에서 그 중요성이 매우 높은 만큼 특허 분쟁이 많았던 분야이기도 하다.

**그림 2.19**
LED 백색광 구현방법 : 가격 및 연색성 비교

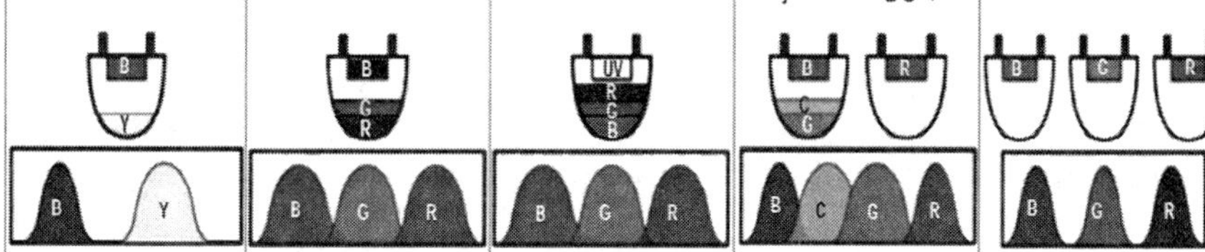


| 종류 | Blue LED + Yellow 형광체 | Blue LED + R.G 형광체 | UV LED + R.G.B. 형광체 | Blue LED + Red LED + Cyan & Green 형광체 | R.G.B. LED |
|---|---|---|---|---|---|
| 가격 | <(1) | <(1.2) | <(1.4) | <(2.1) | <(2.6) |
| 연색성 | <(1) | <(1.2) | <(1.3) | <(1.7) | <(1.7) |

주 : 가격과 연색성은 대소관계 부호로 표현한 것이며 괄호안의 Data는 '청색 LED+ 노란색 형광체' 방식을 1로 환산한 수치)
자료 : 한국광기술원, 키움증권 리서치센터

백색광 컨버젼 기술은 1970년에 출원된 US 특허 3,691,482에서 최초로 소개된 것으로 파악된다. 482 특허의 첫번째 대표 청구항은 '형광체 물질을 통해 레이저 광선을 백색광으로 변환한다'는 내용을 담고 있다. 이는 이미 만료된 특허이기 때문에 컨버젼 기술은 넓은 의미에서 개방된 기술로 해석할 수도 있다. 다만, LED에서 이슈가 되는 것은 어떤 형광체와 어떤 빛의 원천을 가지고 얼마나 밝은 백색광을 구현하는가에 있다.

파장 변환 기술을 청색 LED에 처음으로 적용하기 시작한 업체는 니치아다. 동사의 컨버젼 특허(JP 5-152609)는 1991년 일본에 출원되어 1993년에 등록되었으나 1999년 등록 취소 되었다. 미국에는 1997년에 출원되어 1999년에 등록되었고 현재 가장 강력한 백색 LED 특허로 알려져 있다(US 5,998,925). 동 특허에 구체적으로 명시되어 있는 'YAG(Yttrium-Aluminum-Garnet) 형광체' 의 투광성이 가장 뛰어나기 때문이다.

청색 LED와 노란색 형광체로 백색광을 구현하는 특허 요소(LED 컨버젼 기술)가 니치아에서 가장 먼저 출원되었음에도 불구하고 등록되어있는 특허의 우선일(priority date)은 Osram, Cree, Agilent에 후행 하게 되었다. 일본 특허가 취소되었기 때문이다. Cree의 우선일이 1996년 3월로 가장 빠르고 Osram이 1997년 6월, 그리고 Agilent가 1997년 7월로 기록되어 있다. 모두 컨버젼 기술에 대한 전반적 내용을 담고 있는데 니치아에서 일찍이 출원한 일본 특허가 선행기술로서 인정되는 면이 있어 컨버젼 기술 특허에 정당성을 부여하기 어려운 것으로 드러난다. 다만 각 특허에서 강조하고 있는 형광체 물질에 따른 성능 차이가 있어 Cross Licensing 이 후 컨버젼 특허의 특허성은 특정 형광체에서 찾게 되었다.

현재 형광체 특허는 크게 니치아의 YAG계, Osram의 TAG계, 그리고 Toyoda Gosei의 Silicate계로 분류된다. YAG계 형광체가 성능이 가장 좋은 것으로 판별되며 Silicate계가 휘도 면에서는 다소 열위에 있으나 색온도 면에서는 우월한 것으로 알려져 있다. TAG계는 투광성이 떨어져 사용이 줄고 있는 추세다.

Cree의 컨버젼/형광체 특허(US 6,600,175)는 Adavanced Technology Materials사의 GaN사업부를 인수하면서 확보하게 된 특허다. 빛의 원천을 "Any Solid State Device"로 포괄하고 있으며 백색광변환에 대해서는 청색/UV LED를 명시하고 있다. 변환 매체에 대해서는 유기/무기 형광성 물질(fluorescent organic and/or inorganic material)을 언급하고 있어 매우 광범위한 영역을 함유하고 있다.

Toyoda Gosei의 Silicate 형광체 특허로 알려져 있는 US 6,809,347과 US 6,943,380은 본래 Tridonic, LWB, Bitec 3사의 특허다. 형광체 솔루션이 없었던 Toyoda Gosiei는 2001년 3사와 라이선스 계약을 체결하였는데 2002년에

는 더 나아가 특허 지분 참여에 나섰다. 2004년에는 Toyoda Gosei의 지분에 대한 특허 권리가 이양되었고 동 특허의 공동 수탁자로 등록할 수 있게 되었다. 동 특허는 발광체의 선택적 조성에 따라 색온도를 용이하게 조절할 수 있는 면을 강조하고 있다.

Osram의 형광체 특허는 세 부분으로 나뉜다. TAG계 컨버전/형광체 특허인 US 6,576,630과 에폭시 수지와 형광체의 혼합 기술을 담고 있는 US 6,812,500, 그리고 형광체 입자의 가장 효율적인 크기를 제시하고 있는 US 6,613,247로 구성된다. 이중 500과 247특허는 스토크스 손실율에 관한 특허로 이해할 수 있다.

Intematix의 Silicate 형광체 특허(US 7,311,858)는 전통적 YAG나 Silicate계 형광체와는 구별되는 새로운 이온 도펀트로 조성된 Silicate계 형광체를 선보이고 있다.

**표 2.1 형광체 특허 라이선스 현황**

| 주요 형광체 특허 | 날짜 | Lincensee | 유형 |
|---|---|---|---|
| YAG계 형광체<br>- Nachia | 2002/01<br>2002/06<br>2002/09<br>2002/10<br>2002/11<br>2007/05 | Citizen<br>Osram<br>Toyoda Gosei<br>Lumileds<br>Cree<br>Stanley | 제조 협력<br>Cross-License<br>License<br>Cross-License<br>Cross-License<br>License |
| Silicate계 형광체<br>- Toyoda Gosei/<br>Tridonic/LWB/Bitec | /<br>/<br>/<br>2006/04<br>2007/10 | 서울 반도체<br>알티전자<br>루미마이크로<br>Lumileds<br>Osram | License<br>License<br>License<br>Cross-License<br>Cross-License |
| Silicate계 형광체<br>- Intemaix | 2005/03<br>2005/04<br>2005/05<br>2005/09<br>2005/09<br>2006/03<br>2006/05<br>/ | AOT<br>루미마이크로<br>이츠웰<br>Edison Opto<br>ProLight Opto<br>Kingbtight<br>BridgeLux<br>삼성전기 | License<br>License<br>License<br>License<br>License<br>License<br>License<br>License |
| TAG계 형광체<br>- Osram | 2002/10<br>2003/10<br>2004/02<br>2004/03<br>2004/04 | Rohm<br>Everlight<br>Lite-On<br>삼성전기<br>Vishay | License<br>License<br>License<br>License<br>License |

| 주요 형광체 특허 | 날짜 | Lincensee | 유형 |
|---|---|---|---|
| | 2004/11 | Harvatek | License |
| | 2005/09 | Yashin's Opto | License |
| | 2005/11 | Lednium | License |
| | 2006/02 | Avago | Cross-License |
| | 2007/01 | Philips | Cross-License |
| | 2007/07 | 서울반도체 | Cross-License |
| | 2008/02 | PerkinElmer | License |
| 형광체/컨버전 특허 - Cree | 2005/05 | Stanley | License |
| | 2005/05 | Rohm | License |
| | 2005/05 | Cotco(現 자회사) | License |
| | 2005/12 | Kingbright | License |

Chapter

# 03 VLC의 표준화 동향

가시광 통신 시스템의 국내외 표준화 동향에 대해 살펴본다.

## 3.1 국내 표준화 동향

현재 우리나라의 경우 '저탄소 녹색성장' 이라는 새로운 비전을 제시하고 이에 따른 정책을 시행하고 있다. 이러한 가운데 LED를 이용한 통신 서비스에 대한 관심이 고휘도 LED의 개발과 가격 절감 효과에 차세대 통신 서비스로 주목받고 있다.

가시광 통신의 경우 기존의 LED 인프라를 사용할 수 있다는 장점이 있다. 하지만, 아직 기술 개발 및 표준화 작업은 시작 단계에 있다. 국내에서는 TTA 가시광 통신 서비스 실무반에서 표준 규격을 개발하고 있다. 2007년에 TTA 멀티미디어응용 PG 산하에 신설하여 5건의 표준 규격을 제정하였다.

1) 가시광 무선통신 송신 물리계층 기본 구조
2) 가시광 무선통신 수신 물리계층의 기본 구조
3) 가시광 무선통신 조명 LED 인터페이스 기본 구조
4) 가시광 무선통신 조명의 위치 정보 제공 기본구조
5) 가시광 무선통신 조명 식별체계 기본구조

국내에서는 TTA를 중심으로 10년간의 중 · 장기 로드맵을 표준 IPR 확보,

VLC 시장 개척, 가시광 통신 보편화로 정하고 PHY, MAC protocol, Application protocol, 산업화, 차세대 이동통신에 대한 연구 및 표준화 작업을 목표로 진행하고 있다.

## 3.2 국외 표준화 동향

처음으로 LED를 이용한 통신 시스템을 제안한 나라답게 가시광 통신에 관련된 연구가 활발하게 진행되고 있고 표준 제정 측면에서도 다른 나라에 비해 많이 앞서고 있다. 하지만, 일본의 경우 자신들의 표준 제정에만 머물러 있을 뿐 국제 표준화에는 기여를 하지 못하고 있다. 그 외에 미국이나 유럽 국가들의 경우 국가적으로 가시광 통신 표준에 대한 활동을 보이고 있지 않다.

### 3.2.1 VLCC (Visible Light Communication Consortium)

VLCC는 가시광 무선 통신 표준화 및 기술 개발을 위한 일본 내 컨소시엄이다. 다음 그림 3.1은 VLCC의 조직 구성을 나타내었다.

그림 3.1
VLCC 조직 구성

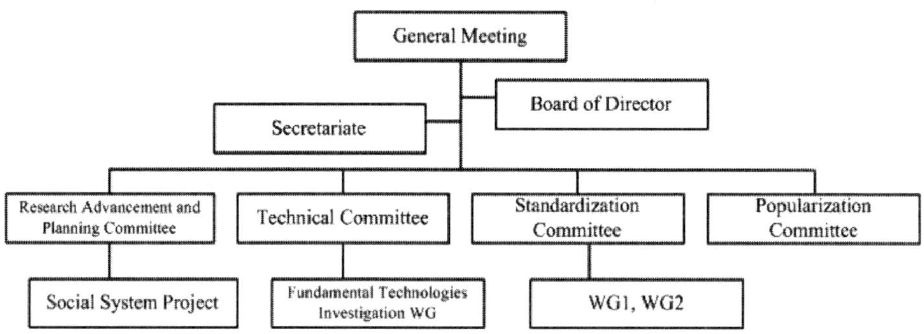


자료 : Visible Light Communication Consortium (www.vlcc.net)

- Research Advancement and Planning Committee : 컨소시엄 전체를 효율적이고 원활히 운영하기 위한 부서로 조직 운영에 관한 기획, 예산 관리. 지적 재산에 관한 업무 등 전체의 운영 조정.
- Technical Committee : 가시광 통신 시스템의 기술 개발을 위한 기획과 운

영 수행.

- Standardization Committee : 가시광 통신 시스템을 이용한 응용 분야인 유비쿼터스 가시광 ID, 조명 광통신, ITS 가시광 통신의 규격 및 표준화 작업 활동.
- Popularization Committee : 가시광 통신 시스템에 관련 상품의 홍보 활동 및 조사 등을 수행.

VLCC의 경우 2005년도에 전반적인 통신 시스템에 대한 내용을 제정한 VLCC-STD-001과 서브 캐리어 주파수 할당에 대해 규정한 VLCC-STD-002이 있고 2006년에 가시광 ID 시스템에 대해 규정한 VLCC-STD-003에서 기술 규격을 제정하였다.

### 3.2.2 IEEE 802.15 VLC SG

IEEE 802.15 VLC SG은 2008년 11월에 IG으로 시작하여, 2008년 3월에 SG으로 승격되었다. WPAN 영역에서 LED 통신을 위한 PHY와 MAC표준 규격을 제정한다.

### 3.2.3 ITU-T SG16

ITU-T SG16은 H.323, H.324, H.248 등 멀티미디어 프로토콜을 개발한 연구 그룹으로 차세대 멀티미디어 프로토콜인 H.325 표준을 개발하고 있다. 차세대 멀티미디어 프로토콜은 기존의 음성 전화와 화상 전화는 기본으로 제공하고, 가시광 무선통신과 같은 차세대 멀티미디어 서비스를 제공할 수 있다.

## 3.3 가시광 ID 시스템

이 규격은 사단법인 전자정보기술 산업협회 규격 CP-1221에서 규정된 통신방식에 기초한 단일방향 가시광 ID 시스템 통신방식에 관해 규정한 것으로, 사단법인 전자정보기술 산업협회 AV&IT 시스템 표준화 전문위원회 안에 있는 가시광통신 통신표준화 프로젝트 그룹이 작성한 것이다.

가시광 ID 시스템은 주변 유비쿼터스에 존재하는 가시광원에서 간단한 정보와 그 가시광원에 고유한 ID정보를 방사송신시킴으로, 사물 식별, 위치정보 제공, 각종안내 시스템 구축 등, 여러 가지 응용을 꾀하는 것이다. 본 규격은 응용에 공통적인 통신 레이어에 관한 통일규격을 제정, 공통으로 이용할 것을 목표로, 각각의 응용에 의존하는 상위통신 레이어에 관해서는 다루지 않는다.

## 적용범위

본 규격은 가시광을 매체로 한 단일방향 통신 시스템 (가시광 ID시스템으로 부름)에 관해 규정한 것이다. 특히 그림 3.2의 가시광 ID시스템 중 IF-a (인터페이스점 a) 부분에 관한 규격을 정한다.

그림 3.2
가시광 ID 시스템

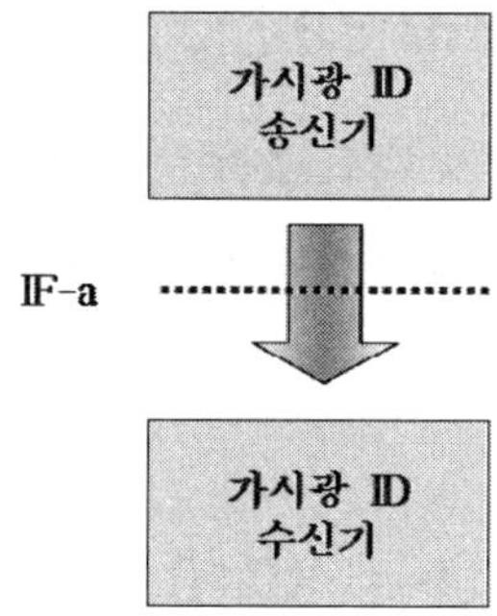


## 인용규격 및 문서

다음으로 들 규격은 이 규격에 인용되어, 이 규격의 규정 일부를 구성한다. 이 인용규격 중에서 발행년도[일본공업규격(이하, JIS)의 경우는 발효년도]를 기재한 것은 기재한 년도 판만이 이 규격의 규정을 구성하는 것으로, 그 후의 개정판, Amendment 또는 추가보충에는 적용하지 않는다. 발행년도(또는 발효년도)를 기재하지 않은 인용규격은 그 최신판을 적용한다.

a) JEITA 규격
  - JEITA CP-1221 : 가시광통신 시스템
b) JIS 규격
  - JIS TS C0038 : Photobiological safety of lamps and lamp systems

c) IEC 규격

- IEC 60825-1 : Safety of laser products Part 1: Equipment classification, requirements and user' s guide
- IEC 60825-12 : Safety of laser products- Part 12: Safety of free space optical communication systems used for transmission of information
- IEC 62471 : Photobiological safety of lamps and lamp systems

## 용어 및 정의

이 규격에서 사용하는 주된 용어의 정의는 다음과 같다.

- 가시광 : 인간 눈으로 볼 수 있는 파장의 빛으로 통신정보 반송에 이용한다.
- 가시광 ID 송신기 : 가시광통신 규격의 가시광 ID를 이용한 송신기.
- 가시광 ID 수신기 : 가시광통신 규격의 가시광 ID를 이용한 수신기.
- 가시광 ID 시스템 : 가시광을 반송파로 이용한 단일방향 통신 시스템.
- ID 해결 : ID에서 그 ID에 관련되는 정보의 소재를 끌어내는 것.
- ID 해결서버 : 조회한 ID에서 ID해결이 가능한 서버.
- 반송파 : 통신매체(유선, 무선)을 매개로 해 정보를 전달하기 위한 신호(가시광통신 경우는 빛).
- 부반송파 : 다중화, 간섭과 잡음의 경감 등을 목표로, 정보에서 반송파를 직접 변조하지 않고 다단 변조할 때에 사용되는 중간단계의 반송파 신호.
- 변조 : 통신매체를 매개로 정보를 효율적이고 충실하게 전송할 수 있도록 반송파, 부반송파를 정보에 맞게 가공・변환 하는 것
- 복조 : 수신변조 신호에서 원래 정보를 복원하는 것.
- 펄스위치변조(PPM: Pulse Position Modulation) : 펄스가 존재하는 시간위치로 정보를 나타내는 변조방식.
- 프레임 : 일정시간 오래 연속된 펄스 삽입위치의 반복 집합.
- 프리앰블: 수신측에 수신개시 준비와 시신개시 시간위치를 알리는 신호.
- 페이로드 : 통신 프레임 중에서 프리언블, 프레임 형식표시, CRC 등의 추가정보 탑재부분을 제외한 실질 데이터전송을 위해 사용할 수 있는 프레임 부분.
- 순환 중복 검사(CRC) : 송신정보에서 생성되는 순회부호(cyclic code)를

전송오류 검출을 위해 용장부가하는 오류 검출방식.

- 통신프로토콜 : 송수신기기가 서로 통신을 시행하면서 정한 약속 전체(통신순서, 통신규약)
- 플래그 : 메시지정보 개시 등, 나눠지는 위치를 나타내기 위한 식별 비트열.
- 엔코드 : 데이터를 일정 규칙에 근거해 부호화하는 것. 송신하고 싶은 데이터열을 일정 규칙에 근거해 전송에 적합한 형식으로 변환 부호화하는 것.
- 에스케이프 처리 : 송신 데이터에 전송 제어 등 특수 데이터부호와 같은 데이터 부호열이 나타났을 때, 데이터 투과성을 보장하기 위해 보호표를 확장하는 처리.

## 시스템 개요

### 1) 인터페이스점과 프로토콜 규정

그림 3.3-(a),(b),(c),(d)는 가시광 ID시스템의 시스템 구성도와 요소 시스템간의 인터페이스 규정점이다.

그림 3.3-(a)는 가장 일반적인 가시광 ID시스템전체의 구성(표준구성)이다. 가시광 ID수신기는 가시광 ID송신기에서 수신한 ID를 ID해결 서버로 보내, 목적 정보가 존재하는 정보제공 서버 어드레스를 취득하여, 정보제공 서버에서 목적정보를 취득한다.

그림 3.3-(b)는 가시광 ID수신기에 내장된 ID해결표를 참고하여 ID수신기 내에서 ID해결을 하고, 그 결과를 근거로 정보제공 서버에 직접 액세스, 목적정보를 취득하는 시스템구성이다.

그림 3.3-(c)는 ID해결표에 덧붙여 목적정보를 가시광 ID 수신기내에 미리 캐싱해 놓고, 수신한 ID를 근거로 목적정보를 직접선택 표시하는 시스템구성이다.

그림 3.3-(d)는 가시광 ID 수신기가 가시광 ID 송신기에서 목적정보 그 자체의 송신을 직접 받을 시스템 구성이다.

본 규격은 이에 공통된 인터페이스점 a에 관해 규정하는 것이다.

그림 3.3은 본 규격에서 규정하는 위 인터페이스점 a 프로토콜 구성이다. 프로토콜 구성은 ID를 송신하는 ID플레인과 ID에 의하지 않고 ID에서 직접정보를 보내는 DATA플레인 2가지 플레인으로 구성된다.

이 중, 제1층 물리층(L1: PHYSICAL), 제2층 프레임층(L2: FRAME)은 ID프

**그림 3.3**
**가시광 ID 시스템 구성과 인터페이스점**

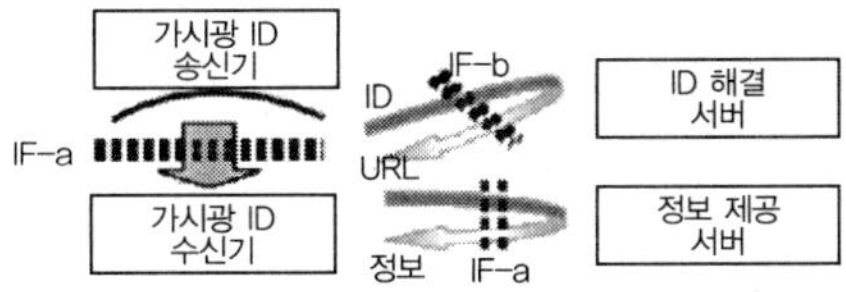


가시광 시스템 구성과 인터페이스점

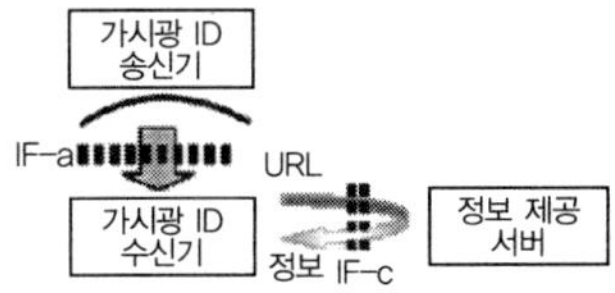


가시광 시스템 구성과 인터페이스점
(축퇴 시스템 구성-1)

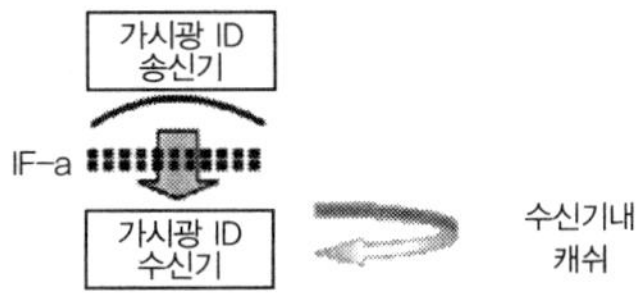


가시광 시스템 구성과 인터페이스점
(축퇴 시스템 구성-2)

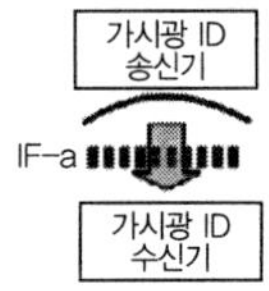


가시광 시스템 구성과 인터페이스점
(직접 정보 송신 구성)

| | |
|---|---|
| | L4 : APL |
| L3 : ID | L3 : DATA |
| L2 : FRAME | |
| L1 : PHYSICAL | |

레임과 DATA프레임 양쪽에 공통 레이어다. 제3층보다 상위 레이어는 ID프레임과 DATA프레임으로 분리되고, 가시광 ID 송신은 제3층 ID층(L3: ID)에 위치해, ID의 직접 정보송신은 데이터의 송수신 제어를 하는 데이터층(L3:DATA), 또한 그 위의 송신 컨텐츠(각각의 응용에 의존)를 다루는 제4층(L4:APL)에서 구성된다.

## 2) 기능

2)-1 ID송신기능

가시광 ID 송신기는 ID를 송출할 수 있다. 사용하는 ID코드 체계는 선택가능하고, ID해결로 여러 가지 서비스를 제공 또는 즐길 수 있다. 예를 들어 아래와 같은 사용법이 있다.

(1) 기기식별 가시광 ID 송신기는 ID로서, 해당 기기의 상품코드(시리얼 번호 등도 포함 가능)를 송신한다. 수신기는 ID해결로 기기를 식별하고, 그 기기에 관한 정보 입수를 할 수 있게 된다. 정보는 브랜드명, 제품명, 기기 시방서와 매뉴얼, 소모품 정보, 사용 이력 등이 있다.

(2) 위치정보 가시광 ID 송신기는 ID로서, 해당 기기가 위치한 장소의 코드화된 지리정보(위치정보 ID)를 송신한다. 수신기는 ID해결로 자신의 위치를 알 수 있다. GPS 이용이 힘든 건물내와 지하도에서 현재위치를 근거로 주위 서비스검색, 긴급통보시의 발신 위치 통보기능 등을 실현할 수 있다. 또, 로봇이 자신의 위치를 검출하는 수단으로도 이용할 수 있다.

2)-2 데이터 송신기능

가시광 ID 프레임구조에서는 정보부(페이로드)에 ID 및 DATA 한쪽 또는 양쪽모두를 가질 수 있다. 가시광 ID 송신기는 이 DATA영역을 사용해, (프레임이 ID를 포함하든 포함하지 않든 상관없이, ID와는 독립되어 있음) 임의의 데이터 스트림을 송신할 수 있다. 예를 들어, 일반적인 데이터 형식인 텍스트나 정지화면, 음성이나 동영상을 시작해, 수신기가 대응하면 특정 처리와 응용 대상 데이터와 코맨드 등을 송신할 수도 있다.

## 물리층

### 1) 반송파 주파수

본 시스템의 반송파 주파수는 JEITA CP-1221(가시광통신 시스템 규격)에 기초한 원칙에서 피크파장 380~780[nm] 가시광선으로 한다.

### 2) 부반송파 주파수

본 시스템의 부반송파 주파수는 28.8[kHz]이다. 부반송파 주파수 공차는 0.5% 이하, Duty비는 45~55%로 한다.

### 3) 데이터 속도

데이터속도는 4.8[kb/s]로 한다. 데이터속도 공차는 0.5%이하로 한다.

### 4) 전송방식

부반송파(SC)를 변조하는 부호화방식은 4PPM을 사용한다. 이런 변조방식을 SC-4PPM(4PPM로 SC를 변조)이라고 한다. 그림 3.4에 SC-4PPM 신호파형을 나타내었다 (주: 그림에서는 부반송파를 단형파로 기술하고 있지만, 실제로는 각각의 전자기기의 스프리어스 규정 등을 준수하기 위해 파형 정형이 필요하다.)

그림 3.4
SC-4PPM 신호파형

송신순서: 선 … 송신순서: 후

| 데이터 | 0 | | 0 | | 0 | | 1 | | 1 | | 0 | | 1 | | 0 | |
|---|---|---|---|---|---|---|---|---|---|---|---|---|---|---|---|---|
| 4PPM신호 | 1 | 0 | 0 | 0 | 0 | 1 | 0 | 0 | 0 | 0 | 1 | 0 | 0 | 0 | 0 | 1 |

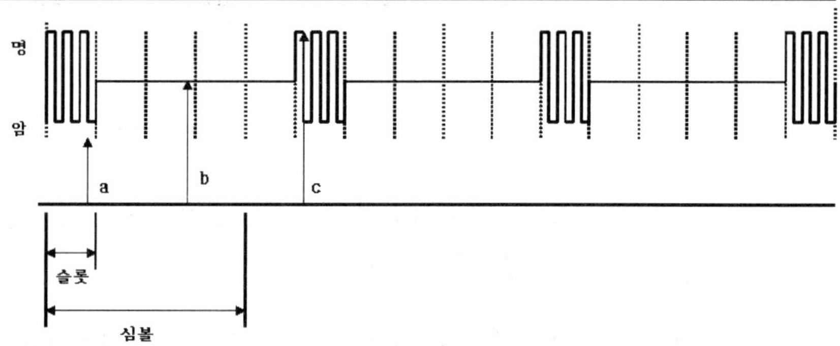


아래에는 송신데이터 송신순서와 4PPM 부호화규칙에 관해 기술한다. 송신데이터는 8비트를 1바이트로서 LSB(최하위 비트)부터 순서대로 송신한다. 또, 4PPM 부호화는 송신비트를 송신순서대로 2비트마다 조합에서 펄스위치(슬롯)를 정했다. 예로, 송신데이터가 D8(HEX)인 경우의 송신순서 및 4PPM 부호화규칙을 나타낸다. 그림 3.4는 이 4PPM 펄스위치에 서브캐리어 부호가 중첩되는 현상을 나타내고 있다.

(1) 송신 데이터 8비트 1바이트로 한다.

그림 3.5
송신 데이터(예)

MSB … LSB

| | D7 | D6 | D5 | D4 | D3 | D2 | D1 | D0 |
|---|---|---|---|---|---|---|---|---|
| 예 D8H | 1 | 1 | 0 | 1 | 1 | 0 | 0 | 0 |

(2) 송신순서 송신데이터를 바이트 단위로 LSB부터 송신한다.

그림 3.6
LSB에서 송신

송신순 : 선 … 송신순 : 후

| D0 | D1 | D2 | D3 | D4 | D5 | D6 | D7 |
|---|---|---|---|---|---|---|---|
| 1 | 1 | 0 | 1 | 1 | 0 | 0 | 0 |

(3) 4PPM화 송신 2비트를 단위로 펄스위치에 변환한다.

그림 3.7
펄스 변환

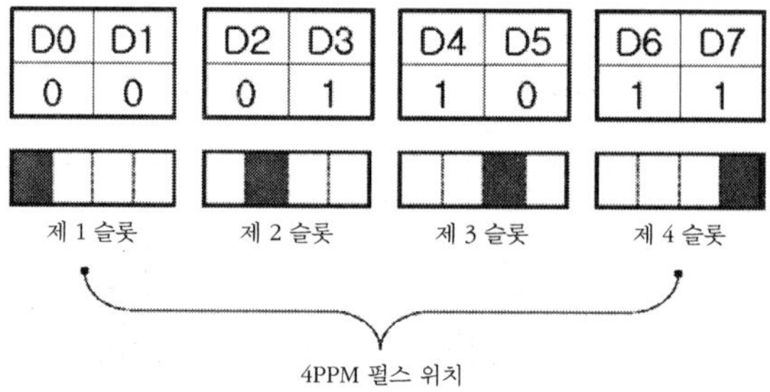


(4) 펄스위치의 슬롯에서 서브캐리어 신호를 송신한다. 송신파 형태는 그림 3.8처럼 된다.

다음으로 그림 3.7에서 처럼, 파형의 각수치 a,b,c(단, a<c)를 정의한다면

$$\text{신호 진폭} = c - a$$
$$\text{변조도} + (c - a/c)$$

이다.

이때 a, b, c의 값을 조정하여 여러 가지 어플리케이션에 최적화할 수 있다. 예를 들어, 밝기보다도 통신효율을 구할 경우는 a, b를 0으로 하여 펄스가 없는 구간에 광원을 완전히 off한 후, 100% 변조도에서 광원을 on/off한다.

그림 3.8
펄스가 없는 구간에 광원을 완전히 off한 경우

| 데이터 | 0 | | 0 | | 0 | | 1 | | 1 | | 0 | | 1 | | 0 | |
|---|---|---|---|---|---|---|---|---|---|---|---|---|---|---|---|---|
| 4PPM신호 | 1 | 0 | 0 | 0 | 0 | 1 | 0 | 0 | 0 | 0 | 1 | 0 | 0 | 0 | 0 | 1 |

또, 조명기구처럼 밝기를 구하는 경우는 그림 3.9처럼 b=c로서 점등시간 비율을 크게 하여 발광효율을 좋게 한다. 단, 같은 밝기의 조건에서는 통신효율은 저하된다. 수광측은 회복처리에 관해 a, b, c 값에 상관없이 수신할 수 있다.

그림 3.9
b=c로서 점등시간 비율을 크게 하여 발광효율을 좋게 한 경우

| 데이터 | 0 | | 0 | | 0 | | 1 | | 1 | | 0 | | 1 | | 0 | |
|---|---|---|---|---|---|---|---|---|---|---|---|---|---|---|---|---|
| 4PPM신호 | 1 | 0 | 0 | 0 | 0 | 1 | 0 | 0 | 0 | 0 | 1 | 0 | 0 | 0 | 0 | 1 |

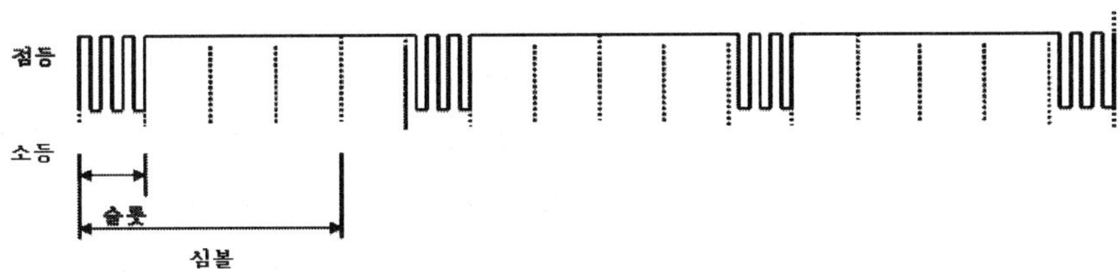


또한 28.8khz 부반송파와 데이터속도 4.8kbps인 PPM신호는 위상 동기화한 것으로 한다. 4PPM 부호방식은 아래와 같이 규정한다.

(5) 부호화 규칙

4PPM 부호방식은 심볼시간(D1)으로 등분해, 1심볼시간에 하나의 슬롯폭 펄스를 허용하고, 그 펄스의 존재 슬롯시간위치에 할당된 2비트 정보를 송신한다. 덧붙이자면,

심볼시간 D1 = 2*(1/4800) = 0.416 [ms]

슬롯시간 C1 = D1/4=0.104 [ms]

이다.

그림 3.10
4PPM

| 데이터 | 0 | | 0 | | 0 | | 1 | | 1 | | 0 | | 1 | | 0 | |
|---|---|---|---|---|---|---|---|---|---|---|---|---|---|---|---|---|
| 4PPM신호 | 1 | 0 | 0 | 0 | 0 | 1 | 0 | 0 | 0 | 0 | 1 | 0 | 0 | 0 | 0 | 1 |

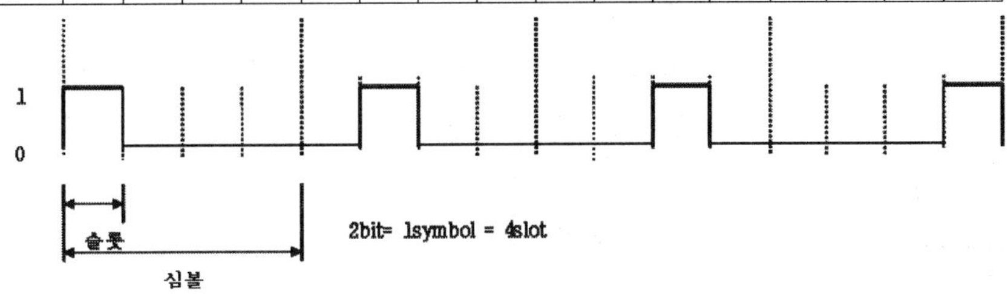


## 5) 스프리어스

본 항목에 관한 상세한 사항은 각 응용규격에서 제정한다.

## 6) 전송거리

본 항목에 관한 상세한 사항은 각 응용규격에서 제정한다.

## 7) 서비스 지역

본 항목에 관한 상세한 사항은 각 응용규격에서 제정한다.

## 프레임층

### 1) 프레임 구조

프레임에는 타입A형식과 타입B형식 2가지 구조가 있다. 각각의 프레임 구조는 그림 3.11에 나와 있다. 각 형식의 프레임은 공통으로 프레임 선두를 나타내는 스타트부(SOF)와 정보부(페이로드(Payload) 및 종단부(EOF)로 구성된다. 또한 스타트부는 프리앰블(PRE), 프레임 타입(F-TYPE), 정보부는 타입B형식의 경우는 ID부와 데이터(DATA)부로 구분되고 있다. 종단부는 순환 중복검사(CRC-16)로 되어 있다.

**그림 3.11**
프레임 구조

| SOF (Start of Frame) | | Payload | | EOF (End of Frame) |
|---|---|---|---|---|
| PRE (6-bit) | F-TYPE (8-bit) | DATA (512-bit) | | CRC-16 (16-bit) |
| | | (a) 타입A | | |
| PRE (6-bit) | F-TYPE (8-bit) | ID (128-bit) | DATA (384-bit) | CRC-16 (16-bit) |

(b) 타입B

1)-1 프리언블(PRE)

데이터를 4PPM 엔코드해도 발생하지 않는다. 3슬롯 연속의 1, 9슬롯 연속 0 패턴(12슬롯 = 심볼)을 프리언블로 해, 프레임 개시위치로 한다.

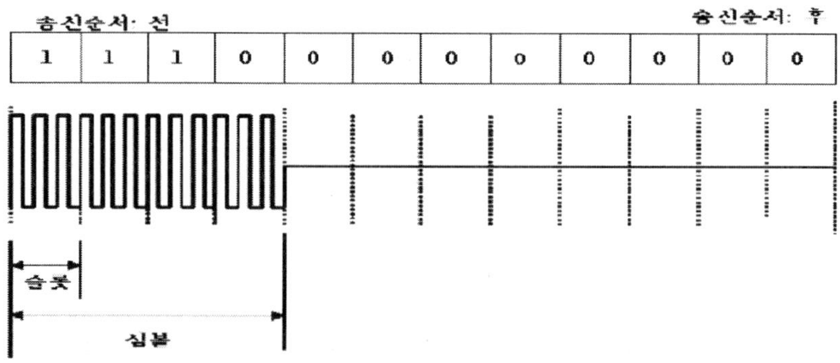


**그림 3.12**
프리언블(PRE)

1)-2 프레임 타입(F-TYPE)

다른 복수체계 ID와 코드 사용, 또는 ID 없는 데이터 송신 등을 가능하게 하기 위해, 페이로드 종류를 나타내는 코드를 8비트로 나타낸다. 프레임 타입 아사인을 표 3.1에 나타낸다. 프레임 타입 발행과 관리는 따로 정한다.

**표 3.1 프레임 타입**

| F-TYPE(8b) MSB | | | | | | | LSB | 프레임 형식 | 페이로드 탑재정보 |
|---|---|---|---|---|---|---|---|---|---|
| 0 | 0 | 0 | 0 | 0 | 0 | 0 | 0 | ID없음(시험용) | 페이로드 자유사용(시험, 개발용) |
| 0 | 0 | 0 | 0 | 0 | 0 | 0 | 1 | ITYPE-A | 위치, 상품정보 등 서브액세스에 의하지 않은 직접송신정보 |
| 0 | 0 | 0 | 0 | 0 | 0 | 1 | 0 | (위와 같은 예약) | |
| 0 | 0 | 0 | 0 | 0 | 0 | 1 | 1 | (위와 같은 예약) | |
| 0 | 0 | 0 | 0 | 0 | 1 | 0 | 0 | TYPE-B | ID+직접송신정보 |
| 0 | 0 | 0 | 0 | 0 | 1 | 0 | 1 | (위와 같은 예약) | |
| 0 | 0 | 0 | 0 | 0 | 1 | 1 | 0 | (위와 같은 예약) | |
| 0 | 0 | 0 | 0 | 0 | 1 | 1 | 1 | (위와 같은 예약) | |
| 0 | 0 | 0 | 0 | 1 | 0 | 0 | 0 | (위와 같은 예약) | |
| 0 | 0 | 0 | 0 | 1 | 0 | 0 | 1 | (위와 같은 예약) | |
| | | | | | | | | ~ | |
| 0 | 0 | 0 | 1 | 1 | 1 | 1 | 1 | (위와 같은 예약) | |
| 0 | 0 | 1 | 0 | 0 | 0 | 0 | 0 | (예비) | |
| | | | | | | | | ~ | |
| 1 | 1 | 1 | 1 | 1 | 1 | 0 | 0 | (예비) | |
| 1 | 1 | 1 | 1 | 1 | 1 | 0 | 1 | (예비) | |
| 1 | 1 | 1 | 1 | 1 | 1 | 1 | 0 | (예비) | |
| 1 | 1 | 1 | 1 | 1 | 1 | 1 | 1 | 예약(제어용) | |

주 : TYPE-A/B는 그림 3.15(프레임 구조)를 참고

1)-3 페이로드(ID)

ID부는 128비트로 구성된다. 그 구조를 표 3.2에 나타내었다. ID없는 프레임(타입A)인 경우, 페이로드 512비트 전부를 DATA로 사용한다. ID 발행과 관리는 따로 정한다(해설참고).

**표 3.2 ID 구조**

| ID(128비트=16바이트) | |
|---|---|
| 관리체 전용영역<br>(2바이트) | 유저 자주관리 영역<br>(14바이트) |
| "0000"H | 자유이용(개방) |
| "0001"H | 예약(관리) |
| ~ | ~ |
| "FFFF"H | 예약(관리) |

주 : [예약]영역 사용은 ID관리체로의 신청이 필요

1)-4 페이로드(DATA)

DATA부는 ID없는 프레임(타입A)의 경우 512비트, ID가 있는 프레임(타입B)의 경우 384비트로 구성된다. 또 복수 프레임을 연결해 보다 큰 메시지 데이터를 송신할 수 있다(메시지 데이터 구성은 7.메시지층에서 제정한다.)

1)-5 CRC 필드

CRC필드長은 16비트로 한다. 수신측에서 프레임 데이터가 잘 수신되었는지를 판별한다. 가시광 ID시스템은 단일방향 통신이고, 재송신 요구 등은 시행하지 않으므로 에러를 검출하면 수신 데이터를 파기한다. CRC필드에는 CRC 연산결과를 저장한다. CRC-16은 다음 생성다항식으로 주어진다.

$$X + X + X + 1$$

CRC 연산범위는 프레임타입(F-TYPE)와 정보부(페이로드)이다. CRC연산기 레지스터는 송신 데이터열의 CRC 연산전에 미리 모두 「1」로 설정한다.

1)-6 데이터 송신순서

송신은 프레임단위로 프레임내에서는 시간적으로 끊기는 일 없이 송신한다. 프레임내의 송신순서는 프레임 타입A형식에서는 프리앰블(PRE), 프레임 타입(F-TYPE), 페이로드(ID), 페이로드(DATA), CRC 순서로 한다.

데이터 송신순서 및 CRC 계산순서를 그림 3.13에 나와 있다. CRC 연산기에는 프레임 타입(F-TYPE) 및 페이로드 각각의 필드 최하위 바이트의 최하위 비트(LSB)부터 입력한다. 그림에서는 그 데이터를 왼쪽부터 입력한다. 또 CRC 연산결과는 F-TYPE과 PAYLOAD 출력완료 후, 16비트 시프트 레지스터에 카피해, 출력을 16비트 시프트 레지스터 출력으로 바꾸어 출력한다. 이 16비트 시프트 레지스터는 이 그림에서는 왼쪽부터 출력한다.

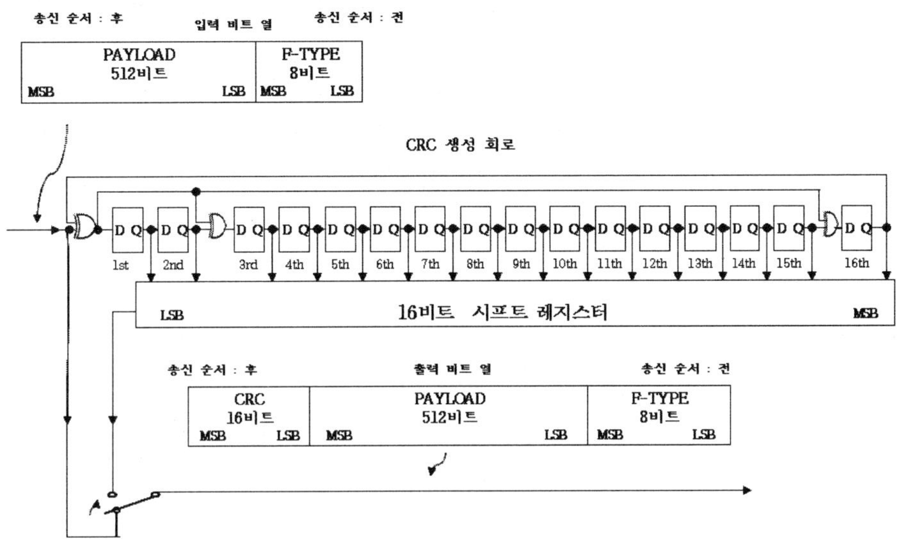


**그림 3.13**
데이터 송신순서 및 CRC 계산순서

프레임간의 휴지시간과 타입A와 타입B의 송신순서와 혼합비율은 자유이다. 단, 단말기를 사람이 보유하는 경우는 정보취득시간을 짧게 하는 것이 좋고, 하나의 프레임을 반복하는 경우, 프레임당 약 0.1초로 수신할 수 있다.

또, 프레임간의 휴지를 설정해 단속적인 송신을 시행하는 경우, 광원의 깜빡임을 방지하기 위해 SC-4PPM형식으로 "0" 데이터를 삽입해 휴지기간을 메우거나, 프레임 송신 휴지시간 신호레벨을 프레임 송신시간 신호레벨의 평균치

$$b' = ((c+a)/2+3b)/4$$

로 하는 것도 권할 수 있다.

## 메시지층

메시지층은 프레임구조 중 페이로드(DATA)부를 사용하는 상위층으로 메시지를 자유롭게 송신하기 위해 필요한 기능을 제공한다.

메시지층은 단일 또는 복수 DATA부를 연결해서 얻을 수 있는 프레임층과의 사이에 의존관계는 없고, 프레임층과 메시지층의 경계는 독립되어 있다. 또 뒤에서 얘기할 에스케이프 처리를 위해, 프레임 비트와 바이트 단위 동기 관계도 없다. 또 메시지는 바이트 정수배 길이를 상정해, 프레임 최대연결수는 256

으로 한다.

덧붙여, 256프레임에서 보내는 최대 사이즈는 512비트/ 프레임×256프레임 = 131,072비트 = 16,384바이트로, 256프레임을 보내는 시간은 약 29초이다.

1) 메시지 포맷 메시지 포냇을 그림 3.14에서 나타내었다.
메시지 포냇은 메시지 개시위치를 나타내는 프래그(FLAG), 메시지 전체의 길이를 나타내는 메시지長(ML), 메시지 종류를 나타내는 메시지 타입(M-TYPE), 코드 정보본체(Message)와 종단부인 순환 중복 검사(CRC)로 구성된다.

**그림 3.14**
**메시지 포맷**

| FLAG 8비트 | ML 16비트 | M-TYPE 8비트 | Message 가변장 | CRC 16비트 |
|---|---|---|---|---|
| 01111110 | 메시지장 | 메시지종별 | 메시지본체 | ML, M-TYPE Message가 대상 |

1)-1 프래그(FLAG)
메시지 개시위치를 나타내는 프래그로 고정 비트패턴「01111110」으로 한다. FLAG 이외의 위치에서 FLAG와 같은 비트패턴이 출현하는 경우, 에스케이프 처리한다. 즉, 송신측에 FLAG 이외로 1이 5회 연속한 경우, 그 후에 0을 삽입한다. 수신측에 FLAG 이외로 1이 5회 연속한 경우, 그 다음의 0을 제거한다.

1)-2 메시지장(ML)
M-TYPE+Message부(FLAG, ML, 및 CRC은 포함하지 않는다)의 바이트수를 바이너리 16비트로 나타낸다.

1)-3 메시지 타입(M-TYPE)
메시지 종류를 표 3.3에 나타낸 것처럼 8비트코드로 표현하고, 선두의 1비트를 코드종별A, 뒤의 7비트를 정보종별B로 정의한다.

**표 3.3 M-TYPE 형식표시**

| 1 | 2 | 3 | 4 | 5 | 6 | 7 | 8 |
|---|---|---|---|---|---|---|---|
| 코드 종별 A | 정보종별 B | | | | | | |

코드종별A의 값과 메시지 종별은 아래와 같다.

0 : 단순 텍스트

1 : 바이너리 데이터

코드종별A의 값이 0인 경우, 정보종별B에서 character-set을 표현한다. M-TYPE의 값과 character-set의 대응을 표 3.4에 나타내었다. character-set 명칭과 MIBenum값, 또 그 상세한 내용은 IANA(Internet Assigned Numbers Authority)규정(주1)에 따른다. (표 3.4는 IANA규정의 일부를 보고, 앞으로 character-set 종별을 확대하는 경우에는 예약영역을 사용, 동규격을 참고로 확대한다)

코드종별A의 값이 1인 경우, 정보종별B로 Media Type을 표현한다. M-TYPE의 값과 Media Type의 대응은 표 3.5에 나타내었다. Media Type에 대한 상세한 내용은 IANA규정에 따른다. (표 3.5는 IANA규정의 일부분뿐으로, 이후 Media Type종별을 확대하는 경우에는 예약영역을 사용한다.)

**표 3.4 M-TYPE(단순 텍스트)**

| A영역 | B영역 | character-set | MIBenum값 |
|---|---|---|---|
| | 0000000 | UTF-S | – |
| | 0000011 | ASCII | 3 |
| | 0010001 | Shitf_JIS | 17 |
| | 상기 이외 | 예약(IANA참고) | – |

**표 3.5 M-TYPE(바이너리 데이터)**

| A영역 | B영역 | Media Type |
|---|---|---|
| 1 | 0000000 | application |
| | 0001000 | audio |
| | 0010000 | image |
| | 0011000 | message |
| | 0100000 | model |
| | 0101000 | multipart |
| | 0110000 | text |
| | 상기 이외 | 예약 |

1)-4 메시지 정보본체(Message)

파일 또는 스트림데이터를 직접 메운다.

1)-5 순환 정보 검사(CRC)

16비트 CRC-16으로 메시지 데이터가 잘 수신되었는지를 판별한다. CRC필드에는 메시지장(ML), 메시지 타입(M-TYPE), 메시지 정보본체(Message) 연산결과를 저장한다.

CRC-16은 다음 생성다항식으로 주어진다. 데이터 바이트 최하위 비트부터 이 생성다항식에 입력한다.

$$X + X + X + 1$$

CRC연산기 레지스터는 송신데이터별 CRC 연산전에 미리 모두 「1」로 설정한다. 생성된 16비트 CRC는 최하위 비트부터 송신된다. 또 에스케이프처리에는 CRC필드도 포함한다.

1)-6 데이터 송신순서

송신순서는 메시지장(ML), 메시지 타입(M-TYPE), 메시지 정보본체(Message) 순서로 송신한다. 데이터 송신순서 및 CRC 연산순서를 그림 3.13에 나타내었다. CRC연산기에는 메시지장(ML), 메시지 타입(M-TYPE), 메시지 정보본체(Message) 각각의 파일 최하위 바이트의 최하위 비트(LSB)부터 입력한다. 또, CRC 연산결과는 메시지장(ML), 메시지 타입(M-TYPE), 메시지 정보본체(Message) 출력완료후, 16비트 시프트 레지스터에 카피해, 출력을 16비트 시프트 레지스터 출력으로 바꿔 출력한다. 이 16비트 시프트 레지스터는 이 그림의 왼쪽부터 출력한다.

그림 3.15
데이터 송신순서 및 CRC 연산순서

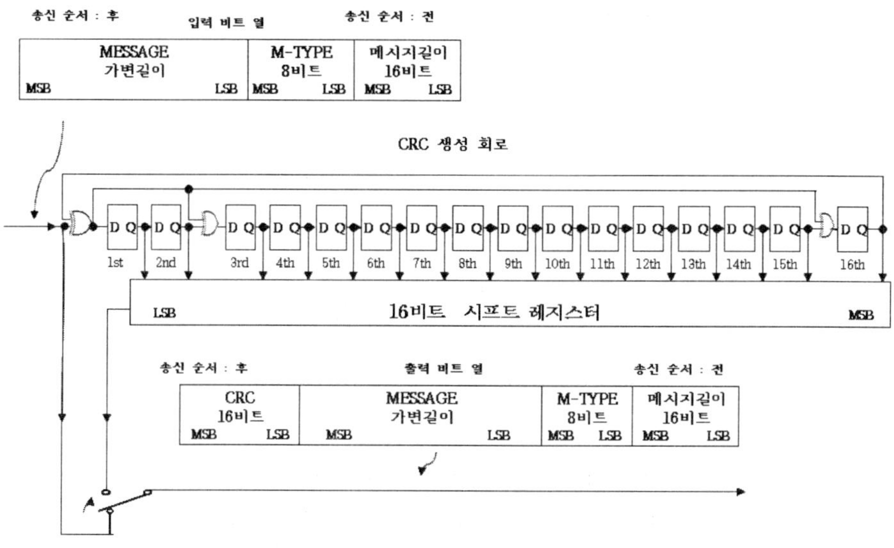

## 측정방법

가시광통신의 발광소자 및 수광 소자의 특성치를 구하기 위해, 또는 소정의 요건을 만족하고 있는지를 확인하기 위해, 앞서 정해진 측정조건 하에서 측정할 필요가 있다. 구체적인 측정조건은 각 응용규격에서 정한다.

1) 특정 취지
이 규격은 JEITA CP-1221에서 규정되어 있는 통신방식에 근거한 단일방향 가시광 ID시스템 통신방식에 관해 규정한 것이다.

가시광 ID 시스템은 근처 유비쿼터스에 존재하는 가시광원에서 간단한 정보와 그 가시광원에 고유한 ID정보를 방사 송신시켜, 다음 항에서 예시하는 것처럼 사물 식별, 위치정보 제공, 각종 안내 시스템 구축 등, 여러 가지 응용을 꾀하는 것이다. 종래는 개별 응용마다 시스템 구축 등이 검토되어 왔지만, 여러 장소에서 널리 이용될 것을 생각해, 어느 응용에서도 공통적으로 이용 가능한 프로토콜의 필요성이 지적되고 있다. 이런 배경에서 본 규격은 조명, 가시광사인, 가전 등, 여러 응용면에 공통되는 낮은 수준의 통신레이어에 관한 통일규격을 제정, 공통적으로 이용할 것을 목표로 제정한다. 따라서 각각의 응용에 의존하는 상위통신 레이어에 관해서는 각각의 응용규격에 의한다.

2) 응용예
가시광통신의 특성으로, 송신측은 통신 가능범위 제어가 쉽고, 수신측은 송신기를 특정하기 쉽다는 것을 들 수 있어, 국소적인 정보송신, 또는 송신상대를 정해 정보 수신하는 데에 좋다.

2)-1 위치정보를 이용한 응용
신호등 등 공공시설에서 정보를 발신함으로써, 근처 점포에 대한 정보, 주변지도 정보, 네비게이션 정보, 철도와 버스 노선도나 시각표, 교통정보 등, 방향을 포함한 그 장소에 관계되는 정보 송신이 가능해진다.

2)-2 공공공간에서의 응용
다양한 사람이 찾는 장소의 정보전달에서는, 수신자의 속성(연령, 성별, 기호, 신체조건이나 사용언어 등)에 따라, 원하는 정보가 다르므로, 모든 정보를 적절히 전하는 것은 어렵다. 게다가 누구라도 알기 쉬운 사인 등과 같은 시각정보로 그곳에서 정보가 나오고 있다는 것을 나타내, 실제 정보는 가시광통신으로 수신해, 경관을 헤치지 않고 적절하게 정보전달이 가능해진다.

2)-3 다른 서비스와의 연계
그 장소에서 다른 미디어와 수단에 의해 서비스가 제공되는 경우에, 그 서비스에 액세스하기 위한 정보를 송신할 수도 있다.

2)-4 기기 설정 등의 응용
촬영 스튜디오 등의 조명에서 수신되는 정보를 근거로, 카메라를 적절하게 설정(화이트 밸런스 등)할 수도 있다.

2)-5 AV 기기 등의 응용
AV신호 송수신(적외선 헤드폰 등)을 가시광으로 실시하여, 빛과 AV신호를 연결하는 사람에게 보다 알기 쉬운 응용을 기대할 수 있다.
2)-6 엔터테인먼트의 응용
빛을 쏘아 정보를 취한다는 것을 전제로, 예를 들면 수신기로 정보를 받으면서 목표를 달성하는 게임이 가능해지는 것. 또는 반대로 자신이 빔 상태의 빛에 정보를 실어, 고정된 센서에 송신하여 변화를 주는 게임도 가능하다.

3) 안전성
가시광 ID제품의 안전성은 JIS TS IEC 60825-1, IEC 60825-12, IEC 62471 규격에 따른다. 또 정상/이상시 모두 양규격의 클래스1 제품이기를 바란다. 또한 이 규격은 레이저 빛과 LED를 주된 대상으로 하는 규격이지만, LED 취급은 앞으로 내용이 개정될 가능성이 있고, 항상 최신 상황을 파악해야 한다.

4) 프레임 타입, ID, 메시지 타입에 관한 코드 관리
가시광 ID 송신기 설치, 수신단말이동의 자유로움을 보장하고, 각종 응용 시스템사이에서의 간섭, 오작동을 방지하기 위해, 또 앞으로의 용도확대를 위해 프레임 타입, ID, 메시지 타입에 관한 코드를 세계적 규모로 일원적, 지속적으로 발행 관리해야 한다. 그러기 위해, 코드 관리방칙 책정과 코드 등록과 공개를 공정히 실시해야 한다. 또 ID해결을 하는 서브시스템 운용, 응용 기기간의 호환성이 적합한지 검사, 적합 증명 발행 등을 책임지고, 원활한 시장형성을 유도할 관리운영 조직 설치도 필요하다.

5) 공업소유권
본 규격 제정 시에 본 규격에 관련된 공업소유권은 확인되지 않았다.

6) 심의위원
이 규격의 심의는 AV&IT 시스템 표준화 전문위원회 산하의 가시광통신표준화 PG에서 실시하였다.

LED 통신 시스템

Chapter

# 04 VLC를 위한 채널 모델링

가시광 채널에서의 전력분표 계산을 알아본다.

## 4.1 가시광 채널(Visible Light Channel)

실내 LED빛을 사용한 무선광통신시스템을 구현하고 연구를 위해 다음 그림과 같은 시스템을 나타내었다. 실내에 정보가 홈 네트워크에서 흐르고 각 공간에 광학 엑세스 지점에 접근한다. 이 엑세스 지점은 백색 LED로 구성되고 동시에 빛의 기능을 갖는다. 엑세스 포인트의 백색 LED는 발광뿐만 아니라 가시광 신호가 변조되어 공기 중에 방출된다. 변조된 광 전파의 점멸은 매우 빠르고 시각으로 느낄 수 없으며 조명의 기능은 무선 광 통신에 의한 변함은 없다.

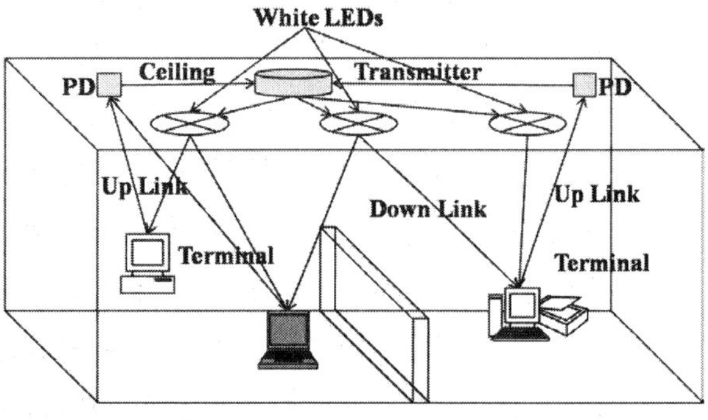


그림 4.1 실내에서의 무선 광 통신 시스템과 조명기기

높은 주파수로 인하여 경제적인 코히런트(coherent)통신 시스템 구현이 매우 어려운 광통신에서는 전통적으로 광원의 세기 변조(optical Intensity Modulation : IM) 방식과 광검출 다이오드(Photodiode : PD)를 이용한 광 세기 직접 검출(Direct Detection : DD) 방식으로 신호를 변복조한다. IM/DD 방식은 기간망 및 액세스망용 유선 광통신 장치에 널리 적용되어 운용되고 있으며, IM/DD를 위한 드라이버, 광원, 변조기, 광검출기 및 초단증폭기용 요소 기술들도 널리 상용화되어 현 시점에서 가장 경제적인 시스템 구성이 가능하다. 따라서, IM/DD 방식은 고성능 저가격 시스템을 지향하는 광무선 통신 시스템에서 우선적으로 검토되고 있는 변복조 방식이다.

광 세기 변조는 LED/LD의 구동 전류원에 신호를 실어 출력 광 진폭을 신호 파형으로 만드는 직접 변조 방식, 일정한 광을 방사하는 LED/LD와 결합된 전계효과 감쇄기(EAM)에 신호를 실어 간접 변조하는 방식이 있다. 이들 중 직접 변조 방식은 동작 성능 및 경제적인 원인으로 광무선 통신 시스템에 적합한 방식으로 널리 연구되고 있다.

IM/DD 방식을 전달함수로 모델링하면 입력 변수로 신호 광 전력 세기 p(t) 및 RMS 잡음 전류 n(t) 그리고 광 검출기 응답 특성이 포함된 채널 임펄스 응답 *h*(t)로 표현할 수 있다. 이러한 경우 종속(출력)변수는 y(t)는 *h*(t)와 p(t)의 컨볼루션 량에 잡음 전류 n(t)가 합하여진 것이며 물리 단위는 전류이다. 여기서 p(t)는 광 전력 세기이므로 Watt이며, n(t)는 Ampere, *h*(t)는 Ampere/Watt의 단위들을 가진다. 광채널 X(t)는 채널 입력 non-negative인 $X(t)\geq 0$ 가져야 하며 이는 일반적인 선형 시스템의 전달함수 모델과 동일한 것이다. 따라서 광 변복조기 전달 특성은 선형 시스템 특성을 가진다.

$$Y(t)=X(t)\otimes h(t)+N(t) \tag{4.1}$$

위의 식을 퓨리에 변환하여 표현한 Y(w)는 채널 전달 함수 H(w), 입력 신호 PSD P(w), 잡음 전류 스펙트럼 N(w)로 구성된 1차 함수이다. IM/DD 시스템 전달함수의 특징은 출력 전류가 입력 전력에 비례하는 점이다. 즉 입력 전류의 제곱에 출력 전류 응답이 비례하는 제곱형 검출기 특징을 가진다. 일반적인 전자파 원거리 방사 특성에서, 안테나에 수신되는 전류 및 전압에 대응될 수 있는 전기장 및 자기장의 세기는 전파 거리에 반비례한다. 또한 전력량은 전파거리의 제곱에 반비례하는 점을 감안하면, IM/DD 변복조 방식을 사용하는 광무선 채널의 전파 감쇄는 전파 거리의 제곱에 비례한다. 따라서, 라디오 및 초고주파를 사용하는 무선통신 채널의 감쇄특성에 비교하여, IM/DD를 사용하는 광무선 통신채널은 전파거리의 4제곱에 반비례하는 높은 감쇄 특성을 가진다. 이러한 특성은 광무선 통신 시스템의 통달거리를 짧게 하며, 송신 전력 요구량을 증가 시키는 주요인으로 작용한다.

링크 마진 설계 시 자주 사용하는 채널 경로 손실(path loss)은 출력광 전력과 수신광 전력비를 말하며, 데시벨 단위로 표기 시 전력비이므로 10을 로그 계수로 사용한다. 데시벨 단위 채널 전달 함수는 분모가 전류량인 관계로 20을 로그 계수로 사용한다. 따라서 DC 채널 전달 함수 응답 H(0)은 경로 손실에 PD 응답도를 곱하여 계산될 수 있다.

분산은 다음과 같이 정의한다.

$$\sigma^2 = \sigma^2_{shot} + \sigma^2_{thermal} \tag{4.2}$$

산탄잡음(shot noise)분산과 열 잡음(thermal noise)분산은 다음과 같이 정의된다.

$$\sigma^2_{shot} = 2q\gamma P_r B + 2qI_{bg} I_2 B, \tag{4.3}$$

$$\sigma^2_{thermal} = \frac{8\pi k T_k}{G} \eta A I_2 B^2 + \frac{16\pi^2 k T_k \Gamma}{g_m} \eta^2 A^2 I_3 B^3 \tag{4.4}$$

**표 4.1 수식 용어정리**

| |
|---|
| $q$=electronic charge |
| $\gamma$=detector responsity |
| $B$=equivalent noise bandwidth |
| $I_{bg}$=background light current |
| $I_2$=noise bandwidth factor |
| $P_r$=received signal power |
| $k$=Boltzman's constant |
| $T_k$=absolute temperature |
| $G$=open loop voltage gain |
| $\eta$=fixed capacitance of PD |
| $A$=physical area of PD |
| $g_m$=FET tansconductance |
| $\Gamma$=FET channel noise factor |

다음은 실내에서 가시광 통신에서의 입사각($\phi$)과 발광각($\psi$)을 나타낸 그림이다.

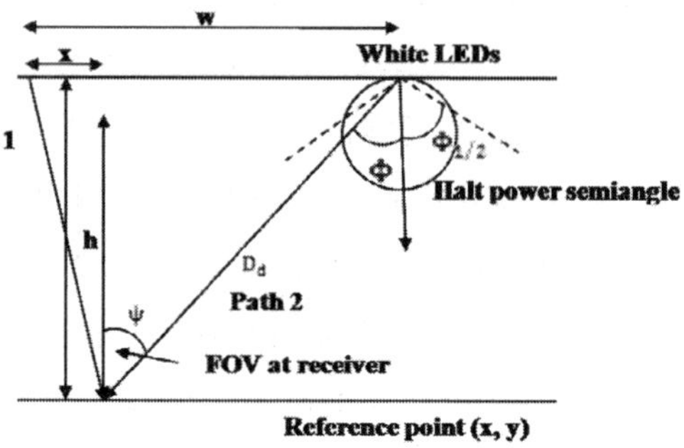


**그림 4.2**
가시광통신의 입사각 / 발광각

평균 광 파워는 다음과 같이 주어진다.

$$P_t = \lim_{T\to\infty} \frac{1}{2T} \int_{-T}^{T} X(t)dt \tag{4.5}$$

평균 수신된 광 파워 $P_t$는 다음과 같다.

$$P_r = H(0)P_t \tag{4.6}$$

여기서 채널 DC gain은 H(0)이고 광 무선 링크에서 채널 이득(channel DC gain)은 다음과 같이 정의 된다.

$$H(0) = \begin{cases} \frac{(m+1)A}{2\pi d^2} \cos^m(\phi) T_s(\psi) g(\psi) \cos(\psi), & 0 \le \psi \le \Psi_c \\ 0, & \psi \le \Psi_c \end{cases} \tag{4.7}$$

이때, $T_s(\psi)$는 Opatical filter gain이고, $\Psi_c$는 수신 PD의 FOV(field of view)이다. A는 PD 검출되는 물리적인 지역, d는 전송단과 수신단 사이의 거리를 나타낸다. m은 order of Lambertian emission이고, $g(\psi)$는 optical concentrator gain으로 다음과 같이 정의 된다.

$$m = -\frac{\ln 2}{\text{In}(\cos \Phi_{1/2})} \tag{4.8}$$

$$g(\psi) = \begin{cases} \frac{n^2}{\sin^2 \Psi_c}, & 0 \le \psi \le \Psi_c; \\ 0, & \psi \le \Psi_c \end{cases} \tag{4.9}$$

이때. n은 reflecting index이다.

비율(SNR)은 다음과 같이 정의된다.

$$SNR = \frac{\gamma^2 {P_r}^2}{\sigma^2 B} \tag{4.10}$$

광무선 통신 세기 변조 세부 방식들은 NRZ(Non Return to Zero) 혹은 RZ(Return to Zero) 신호 파형의 "1"을 광 신호 방사, "0"을 광 신호 소거로 표현하는 점멸방식(On-Off Keying : OOK), n개의 이진 신호군을 2n개의 광 펄스 위치 시간으로 표현하는 펄스 위치 변조 방식(Pulse Position Modulation : PPM), n개의 이진 신호군을 2n개의 광 펄스 위치시간 간격으로 표현하는 펄스 간격 변조 방식(Pulse Interval Modulation : PIM), PIM의 인식 펄스를 두 가지로 한 DHPIM(Dual Head PIM), 특정된 주파수의 정현파에 위상 변조(PSK), 진폭 변조(ASK) 등 일반적인 디지털 통신 방식으로 변조한 후 이를 아날로그 광원의 세기로 재 변조하는 부반송파 변조방식(Sub-Carrier Modulation : SCM) 등이 있다

즉, 일반적인 통신 변조 방식들이 SCM 변조 방식을 통하여 IM/DD 방식 광무선 통신 변복조 방식으로 사용될 수 있다. 이들 변복조 방식들 중 PPM 방식은 높은 에너지 효율성으로 IrDA에서 표준 변복조 방식으로 사용하고 있으며, 높은 사용 주파수로 인한 ISI 문제들을 해결하기 위하여 등화기, 트렐리스 선로 부호(Trellis Coded Modulation : TCM)와 비터비 알고리듬에 기반한 최대 우도 신호열 검출 기법(Maximal Likehood Sequence Detection : MLSD) 들이 연구되었다 이들 결과에서 채널 부호기와 TCMPPM을사용하는 시스템은 일반적인 PPM 방식에 비교하여 약 6.3dB의 채널 이득이 확보됨을 보고하고 있다. 단순성으로 인하여 유선 광통신에 널리 사용되는 OOK 방식 연구 결과로 최소 평균 잔류 제곱 오류(Minimum Mean Squared Error : MMSE) 기준 최적 등화기에 의한 백색 잡음 증가 현상을 회피 할 수 있는 비선형 등화기인 zero forcing, 혹은 MMSE 기준 DFE(Decision Feedback Equalizer)을 채용한 50Mbps급 광무선 링크들에 대한 연구 결과들이 발표되었다. OOK 방식 50Mbps 광무선 시제품은 단순한 DFE에 의하여 약 7dB의 채널 이득이 확보됨을 발표하였으며, 이들 연구 결과에서 10Mbps 이상의 광무선 통신 송수신기에는 ISI 회피 대책이 필수적임을 보이고 있다. 최근 OOK 및 웨이브렛 신호 분석 그리고 신경회로 판정기를 사용한 166Mbps급 확산형 링크 개발이 보고되고 있다 OOK 방식은 단순성 및 주파수 효율성으로 CDMA 등 새로운 신호 예측 및 검출 기법들을 사용한 연구 결과들이 계속 보고되고 있다. PIM 방식은 심볼 동기가 용이한 점 및 PPM에 비하여 단위시간 당 정보 전달 효율이 높은 점(주파수 효율성이 높은 점)에 착안하여 영국 쉐필드 할렘(Sheffield Hallam) 대학 연구진을 중심으로 전송오류 특성, 신호 스펙트럼 분포 특성 등에 관한 기초 연구들이 최근까지 보고되고 있으나 시제품 수준의 연구 결과는 아직 보고된 바 없다. OFDM 방식 무선랜에 대한 높은 관심 및 Open Lab 등 표준 CATV 신호 분배 전송에 적합한 SCM 방식에서는 낮은 에너지 효율을 높일 수 있는 적응형 직류 바이어스 전원 인가법, 적응형 코드 기법들에 대한 기초 연구들이 보고되고 있으며, CATV 신호 분배 시스템의 경우 한국전자통신연구원에서 "초고속 광가입자망 기술 개발" 사업의 일환으로 개발되어 시범 서비스를 실시한 바 있다. 예리한 주파수 특성 조합이 가능한 SCM 방식을 안전하게 광무선 통신에 이용하기 위해서는 광원의 방출 광 전력 밀도를 낮추면서 전체 광 전력량을 크게 할 수 있는 송신 광원이 필요하며 이는 고출력 LED/LD에 확산기를 사용하여 실현 가능하며, 홀로그램 기반 광 확산기 연구가 보고되고 있다. 효율적이고 저렴한 광 확산기 연구는 실용적인(compact) 광무선 통신 시스템 구성을 위해 꼭 필요한 부분이다. 최근 전기 조명보다 에너지 효율성 및 내구력이 우수한 전자 조명과 결합된 광무선 통신을 위한 타당성 연구들이 일본 학계 연구진들에 의하여 보고되고 있다.

## 4.2 전력분포 계산

일반적인 실내구조를 고려하여 가시거리 경로가 방해를 받지 않는 경우에 가시거리 무지향성방식을 사용하거나 또는 무가시거리 무지향성방식인 확산형 시스템을 구성할 수가 있다. 확산형 시스템은 천정같은 커다란 확산반사기를 사용하여 신호를 확산시킨다. 이 두 경우 모두 확산된 신호가 벽이나 또는 다른 반사체로부터 다시 반사되어 오는 신호가 존재하기 때문에 ISI(inter-symbol-interference)가 발생하여 고속으로 동작하는 것을 방해하게 된다. 송신기와 수신기의 위치가 고정되게 되면 이와 같은 다중경로분산은 임펄스응답(impulse response) $h$(t)로 특성지을 수 있으며 이때 수신된 광신호는 송신된 광신호의 세기와 임펄스응답 $h$(t)의 콘벌루션(convolution)으로 정의된다.

가시광 신호의 실내반사 모델은 실내에서의 전력분포를 계산하기 위하여 주로 사용되어왔다. 즉 수신되는 전체전력을 계산하여 링크버짓분석(link budget analysis)에 사용되었다. 특히 고속전송에서는, 두번 이상 반사되어 도달하는 신호들이 한번 반사하여 도달하는 신호보다 늦게 도착하게 되므로, 두

번 이상 반사되어 도달하는 신호들을 포함하는 것이 필수적이다. Barry의 계산 방법으로 세 번까지 반사되는 양을 포함하는 임펄스응답을 구하고 ISI에 기인한 광전력 페널티도 계산한다.

## 4.2.1 계산 모델

계산에서는 방안의 공간에 가구나 사무용품들이 없다고 가정하고 계산한다.

### 가. 소스와 수신기 모델

넓게 퍼지는 광원은 위치벡터 $r_s$, 단위길이 방향벡터 $\hat{n}_s$, 전력 $P_s$ 그리고 복사강도패턴(radiation intensity pattern) $R(\phi\theta)$로 나타내진다. 여기서 복사강도패턴 $R(\phi\theta)$는 $\hat{n}_s$를 기준으로$(\phi\theta)$ 방향으로 단위입체각당 소스로부터 방출되는 광전력으로 정의된다. 소스는 $\theta$에 무관하고 $\phi$방향으로 대칭인 일반적인 Lambertian 복사패턴으로 모델링 될 수 있다. 이를 수식으로 표현하면

$$R(\phi)=\frac{n+1}{2\pi}P_S\cos^n(\phi) \qquad \text{for } \phi\in\left[-\frac{\pi}{2}, \frac{\pi}{2}\right] \tag{4.11}$$

이 된다. 여기서 n은 소스의 방향성을 결정하는 복사로브(radiation lobe)의 모드 수이다. 모드 번호가 증가할수록 방향성이 커지는 것을 의미하며 이를 나타낸 것이 그림 4.3이다. 계수$(n+1)/2\pi$는 $R(\phi)$를 모든 각도에 대하여 적분하면 그 결과가 소스전력 Ps가 되도록 해주기 위하여 필요한 계수이다. 모드번호 $n=1$인 경우가 전통적인 Lambertian 소스이다.

표기를 간단히 하기 위하여 기준시간에 단위 임펄스로 표시되는 빛의 강도를 방출하는 점소스 S를 다음과 같은 순서로 된 세 개의 요소로 표시할 수 있다.

$$S=\{r_S, \hat{n}_S, n\} \tag{4.12}$$

여기서 $r_s$는 소스의 위치벡터이고 $\hat{n}_s$는 소스의 단위방향이고 n은 모드수이다.

비슷한 방법으로 수신기 R은 위치벡터 $r_R$과 방향벡터 $\hat{n}_R$과 수신면적 $A_R$ 그리고 field of view(FOV)로 다음식과 같이 표시된다.

$$R=\{r_R, \hat{n}_R, A_R, FOV\} \tag{4.13}$$

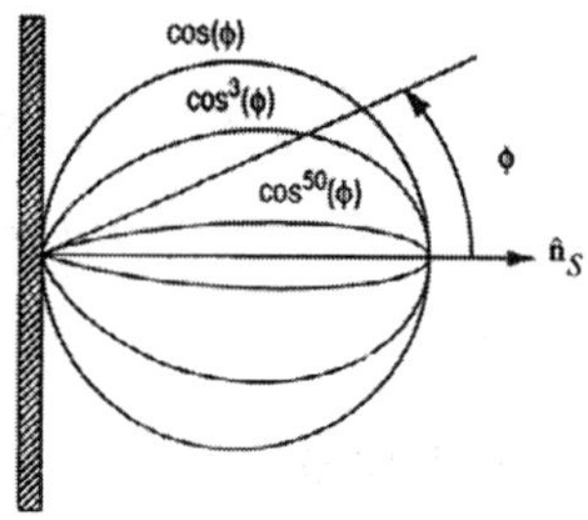


그림 4.3
4.3 Lambertian radiation patten

여기서 스칼라 양인 FOV는 검출기의 법선방향을 기준으로 하여 FOV 보다 작은 각도로 신호가 입사될 때만 수신기가 신호를 검출 할 수 있는 각도를 의미한다.

## 나. 반사기 모델

반사를 정확히 고려하려면 거울같이 반사되는 성분과 확산성분을 함께 고려하여야 하나, 보고된 실험결과에서 보여주는 바와 같이 실내에 사용되는 대표적인 재질들(plaster walls, acoustic-tiled walls, carpets, and unvarnished woods)은 매우 근사적으로 확산특성을 나타내는 Lambertian 반사기모델로 표시되므로 이 계산에서는 순수한 Lambertian 반사기(확산형반사기)로 실내 벽이나 천정을 나타낸다.

이상적인 확산형반사기의 미분면소(differential element)에서 방출되는 복사강도패턴 $R(\phi)$는 입사각에 무관하게 된다. 따라서 반사하는 벽의 미분면소의 면적을 dA라 하고 반사계수를 $\rho$라 하면, 벽에서 반사현상을 다음과 같이 두단계의 스텝으로 구분하여 나타낼 수 있다. 첫째 면적이 dA인 미분면소를 수신기로 생각하여 이 수신기가 수신하는 전력 dP를 계산한다. 두번째로 미분면소가 전력 $P=\rho dP$를 이상적인 Lambertian 복사강도패턴으로 방출하는 것으로 모델링한다. 이 것은 식(4.11)에 n=1을 대입한 것에 해당한다.

## 다. 가시거리 임펄스 응답(line-of-sight impulse response)

소스 S와 수신기 R을 각각 식(4.12)와 식(4.13)로 나타내고(그림 4.4)와 같이 반사면이 없는 경우를 고려해 보면 송신기와 수신기 사이의 거리 R이 검출기의 크기보다 훨씬 커서 $R^2 \gg A_R$이 성립되면 수신된 신호는 검출기의 표면에서 일정하다고 간주될 수 있고, 도착 시간도 거의 같다고 생각할 수 있다. 따라서 임펄스응답은 도착시간과 크기의 변화를 고려하여 다음과 같은 Dirac delta 함수로 표시될 수 있다.

$$h^{(0)}(t;\, S,\, R) \approx \frac{n+1}{2\pi}\cos^n(\phi)d\Omega rect(\theta/FOV)\delta(t-R/c) \tag{4.14}$$

이 식에서 $d\Omega$는 $A_R \ll R^2$라는 가정하에서 검출기의 미분면적에 대응하는 입체각이고

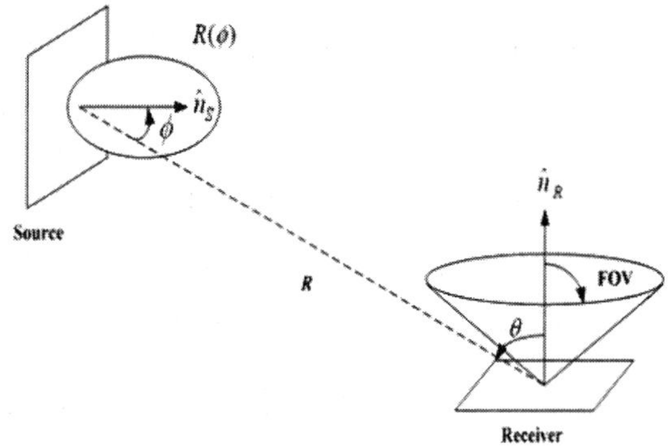


그림 4.4
소스와 검출기의 위치

C는 빛의 속도를 나타낸다.

즉

$$d\Omega \approx \cos(\theta)A_R/R^2 \tag{4.15}$$

이 된다. 수신기와 송신기사이의 거리 R은 다음 식으로 표시되고

$$R = \| r_S - r_R \| \tag{4.16}$$

$\hat{n}_R$,과 $(r_S, -r_R)$ 사이의 각 $\theta$는 다음 식으로부터 계산된다.

$$\cos(\theta) = \hat{n}_R \cdot (r_S - r_R)/R \tag{4.17}$$

그리고 $\phi$는 $\hat{n}_S$와 $(r_R - r_S)$ 사이의 각도를 나타내고 다음 식으로부터 얻어질 수 있다.

$$\cos(\theta) = \hat{n}_S \cdot (r_R - r_S)/R \tag{4.18}$$

또한 rectangular function은 다음 식으로 표시된다.

$$rect(x) = \begin{cases} 1 \text{ for } |x| \le 1 \\ 0 \text{ for } |x| > 1 \end{cases} \tag{4.19}$$

### 4.1.2 다중반사 임펄스응답(multiple-bounce impulse response)

#### 가. 알고리즘(algorithm)

반사면을 지니고 있는 방안에서 어떤 특정한 소스 S와 수신기 R이 주어지면 소스로부터 방출된 빛은 여러번 반사한 후에 도달할 수 있으므로 임펄스응답은 다음 식과 같이 무한대의 합으로 표시될 수 있다.

$$h(t;\ S,\ R)=\sum_{k=0}^{\infty} h^{(k)}(t;\ S,\ R) \tag{4.20}$$

여기서 $h^{(k)}(t)$는 정확히 k번 반사한 후 도달하는 신호의 임펄스응답이다. 가시거리응답 $h^{(0)}(t)$는 식 (4.14)로 주어지며, 고차항(higher-order terms)은 다음식으로 나타내진다(k>0).

$$h^{(k)}(t;\ S,\ R)=\int_S h^{(0)}(t,\ S,\ r,\ \hat{n},\ \pi/2,\ dA)\otimes h^{(k-1)}(t,\ r,\ \hat{n},\ 1,\ R) \tag{4.21}$$

여기서 ⊗ 콘벌루션(convolution)을 표시한다. 윗 식에 식 (4.14)를 대입하고 콘벌루션을 수행하면 그 결과 식은 다음과 같다.

$$h^{(k)}(t;\ S,\ R)=\frac{n+1}{2\pi}\int_S \frac{\rho_r \cos^n(\phi)\cos(\theta)}{R^2}$$

$$\mathrm{rect}^n(2\theta/\pi)^{(k-1)}(t-R/c,\ r,\ \hat{n},\ 1,\ R)dA \tag{4.22}$$

윗 두식에서의 적분은 모든 반사면 S상에 있는 위치벡터 r에 대하여 행해진다.

그리고 $\hat{n}$은 반사면 S에 있는 위치 r에서의 단위법선 벡터이며, dA는 반사면의 위치 r에서의 미분면소이다. $\rho_r$은 위치 r에서의 반사계수이며, $R=\|r-r_S\|$, $\cos(\phi)=\hat{n}\cdot(r-r_S)/R$ 그리고 $\cos(\theta)=\hat{n}_S\cdot(r-r_S)/R$이다. 이 식들의 의미를 살펴보면 점소스 S로부터 방출되어 k번 반사한 후 도달한 신호의 임펄스응답은 소스 S에 의한 각 벽면에서의 전력분포와 도달시간을 계산하고, 이어서 각벽면을 분산된 광원으로 생각하여 (k−1)번 반사된 임펄스응답을 구하면 된다. 소스S로부터 방출되어 k번 반사한 후 도달한 신호의 임펄스응답은 소스 S에 의한 각 벽면에서의 전력분포와 도달시간을 계산하고, 이어서 각벽면을 분산된 광원으로 생각하여 (k−1)번 반사된 임펄스응답을 구하면 된다.

#### 나. 계산의 실행

위의 계산을 수치해석방법으로 구하려면 반사면을 많은 수의 면적이 $\Delta A$인 작은 반사면소로 나누어 생각할 수 있다. 그러면 h(k)(t)은 다음 식과 같이 근사식으로 표시될 수 있다.

$$h^{(k)}(t;\, S,\, R) \approx \sum_{i=1}^{N} h^{(0)}(t;\, S,\, E_i) \otimes h^{(k-1)}(t;\, E_i,\, R) \tag{4.23}$$
$$= \frac{n+1}{2\pi} \sum_{i=1}^{N} \frac{\rho_i \cos^n(\phi)\cos(\theta)}{R^2} \mathrm{rect}(2\theta/\pi) h^{(k-1)}(t - R/c,\, r,\, \hat{n},\, 1,\, R)\Delta A$$

여기서 $E_i$는 i번째 면소를 나타내고 N은 면소의 총 개수이다. 윗 식은 $E_i$가 수신기와 송신기로 동시에 동작하고 있음을 보여준다. 이와 같이 공간적으로 불연속화 시키는 것은 결과적으로 시간적으로도 불연속화 시키게 되어 $h(k)(t)$는 원래는 시간에 대하여 연속함수이었으나 scaled 델타 함수(delta function)의 유한합으로 주어지게 된다. 시간축을 시간폭이 $\Delta t$인 여러개의 빈(bin)으로 나누어 각 빈안에 포함되는 수신된 총전력을 구하므로 시간적으로 평활(smoothing)하게 할 수 있다. 결과적으로 주어지는 히스토그램(histogram)은 실제의 $h(k)(t)$ 와 근사치가되고 $\Delta A$와 $\Delta t$를 영(zero)으로 접근시키면 실제값과 같은 값이 된다.

기본계산은 식 (4.14)의 계산과 같이 점소스로부터 미분면소수신기까지의 미분전력과 미분지 연시간을 계산함을 일컫는다. 즉 식 (4.15)로부터 식 (4.19)에 이르는 일련의 곱셈과 벡터내적을계산하는 것을 의미한다. 이것은 요소 i와 요소 j 사이의 미분전력 dP(i, j)를 계산하는 것과 지연시간 tau(i, j)를 계산하는 것이다. K-bounce 임펄스응답을 계산하는 수치해석은 아래의 pseudocode가 나타내는 절차를 따르면 된다.

Pseudocode :

```
function h(t ; i, j, k)
begin
    if (k=0)
        return dP(i, j)×delta(t - tau(i, j))
    else
        return sum form e = 1 to N
        rho(e)×dP(i, e)×h(t - tau(i, e) : e, j, k-1)
        end
```

여기서 h(t ; i, j, k)는 소스로서의 면소 i와 수신기로서의 면소 j 사이의 k-bounce 임펄스응답이다. 그리고 e-th 반사면에서의 반사계수 $\rho_e$는 위의 pseudocode에서 rho(e)로 주어져 있다. 이 알고리즘은 임의 형태의 방모양에 적용할 수 있다.

Chapter

# 05 VLC를 위한 변복조 기술

가시광 통신 기술의 변복조 기술 방식에 대해 알아본다.

## 5.1 개요

가시광 통신에서는 주로 강도변조/직접검파 방식을 사용한다. 광 통신에서 사용되는 광의 carrier가 $10^{14}-10^{16}$Hz이므로 강도 변조해도 충분한 대역폭을 얻을 수 있다. 가시광 변조 방법으로는 많은 것들이 연구되고 있는데 다중 반송파 변조, 다중 레벨 신호, 다중 파장 변조, PPM등이 있다. 다중 반송파 변조 방식에서는 신호를 반송파에 실어 보내므로 다중 경로 잡음에 강한 대신 광신호의 비선형에 의해 큰 영향을 받는다는 단점이 있다. 다중 레벨 신호는 심볼로 이진수를 사용하는 것이 아니라 M진수(M-ary)를 쓰기 때문에 용량이 커지는 대신 신호 대 잡음비가 높아야 한다. 그러나 눈의 안전 보장을 위한 광의 출력 제한 문제와 실내의 다양한 잡음이 때문에 높은 SNR을 얻기 어려운 단점이 있어 이 방식은 실제로 구현하기는 어렵다. 또한 파장 변조는 수신기의 가격이 높다는 단점이 있다. 그리고 PPM은 간단한 시스템을 위해서는 좋은 방법이지만, 복잡한 시스템을 구현하기 위해서는 너무 큰 주파수 대역이 필요한 단점이 있다. 따라서 가시광 통신 시스템에서 구현이 비교적 간단한 디지털 다중 반송파 변조 방식을 사용하며 본 책에서는 디지털 변조 방식에 대해 언급하고자 한다.

디지털 다중 반송파 변조에는 OOK(On-Off shift keying), FSK(Frequency shift keying), PSK(Phase shift keying)등의 방법이 있다. OOK는 변조가

간단하고 대역폭을 적게 차지한다. 따라서 많은 채널의 확보가 필요하고 시스템을 간단하게 설계하기 위해서는 가장 적당한 변조방법이다. 그러나 OOK의 경우 신호 성분이 주파수가 아닌 진폭성분에 들어 있으므로 다른 변조방법에 비해서 잡음에 약하다. PSK는 신호의 전력 면이나 대역폭에서 FSK보다 우수하다. 그러나 정확한 반송파의 검출을 위해 시스템이 복잡해 지는 단점이 있다. 또한 다중 경로환경에서 반송파 검출은 더욱 복잡한 장치를 필요로 하기 때문에 coherent 시스템을 구성하기에 용이하지 못하다. FSK는 이론적으로 PSK보다 3dB 전력손실이 있고 신호가 차지하는 대역폭도 PSK보다 더 넓다. 그러나 일정한 캐리어 주파수에서 전송속도의 변화가 자유롭고 non-coherent 시스템으로 구성할 수 있으므로 PSK보다 값이 싸고 구성이 용이하다.

가시광 통신에서 고려해야 할 사항은 주위에 존재하는 빛이다. 실내환경에서 60Hz 전원으로 동작하는 백열등이나 형광등에 의한 잡음은 모두 제거될 수 있지만 점등시에는 이러한 성분들은 모두 상쇄시킬 수 없다. 실제로 형광등의 경우 점등시에는 120Hz의 harmonics 성분이 50kHz에까지 존재하게 된다. 따라서 변조시 수백 kHz이상의 캐리어 주파수를 사용해야 한다.

## 5.2 디지털 동기 변조 방식

그림 5.1은 디지털 변복조 방식의 다이어그램을 나타낸다.

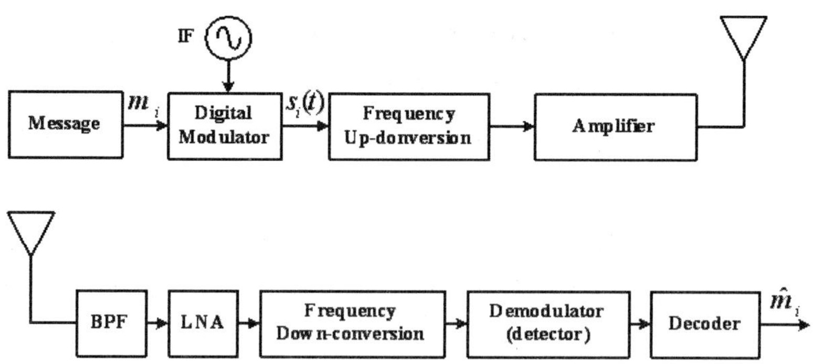


그림 5.1
디지털 변복조 방식

## 5.2.1 동기 변조

동기 변조(coherent modulation)는 송신단과 수신단 RF 반송파 파형 사이에 위상이 맞추어져 있는(phase lock) 통신 시스템에서 사용된다. 동기 변조는 성능이 개선되지만 이 장의 뒷부분에서 설명하는 비동기 변조 방식에 비해 수신기의 복잡도가 증가한다. 동기 변조의 성능 이득은 시스템이 큰 성상도를 사용할 경우 크게 증가한다. IEEE 802.11a와 같은 고속의 통신 시스템에서는 일반적으로 동기식 변조를 사용한다.

## 5.2.2 진폭 천이 변조

진폭 천이 변조(Amplitude Shift keying, ASK)는 반송파의 진폭을 변화시킴으로써 정보를 전송한다. 식 5.1은 ASK 변조의 반송파 파형을 보여준다. 변조는 선택된 진폭 레벨을 해당 반송파 파형에 곱함으로써 이루어지며, 이 때 전송될 비트에 이에 해당하는 심벌 $\{A_1, \cdots, A_M\}$을 선택함으로써 이루어진다.

$$s(t) = A_k \cos(\omega_c t) \tag{5.1}$$

그림 5.2는 여러 다른 ASK 변조 (a) 2-ASK 또는 BPSK, (b) 4-ASK, (c) 8-ASK를 보여준다. 이 그림에서 모든 변조는 동일한 최소 거리 $d^2_{min}$의 정보가 필요하다. SNR 증가는 성상도 상에서 비트가 추가될 때마다 대략 6dB 정도이기 때문에 큰 ASK 변조는 거의 사용되지 않는다. 2-ASK 변조는 가장 낮은 성상도이기 때문에 SNR 증가가 없다. IEEE 802.11a 시스템에서는 가장 낮은 2-ASK 변조를 사용하고 더 높은 변조의 경우 위상 천이 변조(Phase Shift Keying, PSK)와 직교 직폭 변조(Quadarature Amplitude Modulation, QAM)를 사용한다.

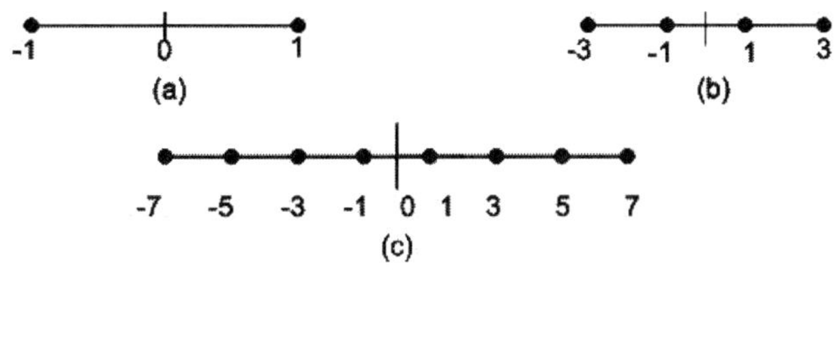


그림 5.2
ASK 변조 (a) 2-ASK, (b) 4-ASK, (C) 8-ASK

표 5.1 ASK 변조의 거리 특성

| Modulation | $P_{ave}$ | $d^2$min Normalized | SNR Inrease |
|---|---|---|---|
| 2-ASK | 1 | 4 | – |
| 4-ASK | 5 | 4/5 | 6.99 dB |
| 8-ASK | 21 | 4/21 | 6.23 dB |

이진 ASK의 비트 오류율 Pb는 가장 기본적인 오류 확률이며, 그림 5.3은 2-ASK와 BPSK의 BER를 보여 준다. 이 그림에서 8.0dB에서 $P_b=2\times10-4$나 9.6dB에서 $P_b=10-5$과 같은 값은 이 곡선의 참조점으로서 모의 실험 결과를 확인하기 위해서 유용하게 사용될 수 있다. 성상도의 성상점 수가 증가하게 되면 정확한 이론적 $P_b$의 식이 복잡하게 되므로 심벌 오류율 $P_s$나 $P_b$의 근사치가 일반적으로 사용된다.

$$P_b=Q\left(\sqrt{\frac{E_b}{N_0}}\right) \tag{5.2}$$

M-ary ASK 변조의 오류율 $P_s$는 식 5.3과 같다. 비트 오류율 $P_b$는 식 5.4에서와 같이 $P_s$를 심벌 당 비트수로 나눔으로써 근사화 된다. 일반적으로 심벌 오류가 발생할 경우 비트 오류의 수는 하나 이상이기 때문에 이 $P_b$에 관한 식은 근사치가 된다. 즉, 식 5.4에서는 각 심벌 오류가 단지 하나의 비트 오류를 발생시킨다는 가정을 하였다. 그러나 Gray 부호화를 사용하면 대부분의 심벌 오류의 경우, 비트 오류의 개수는 하나가 된다. 이러한 근사화 방법을 통해 높은 SNR 상황에서의 성능이 개선된다.

$$P_s=2\frac{M-1}{M}Q\left(\sqrt{\frac{A^2}{2N_0}}\right) \tag{5.3}$$

식 5.3에서 A는 심벌 레벨 사이의 차이를 의미한다. 예를 들어, 그림 5.3에 있는 성상도에서 A=2가 된다.

$$P_b\approx\frac{P_s}{\log_2 M}=\frac{P_s}{k} \tag{5.4}$$

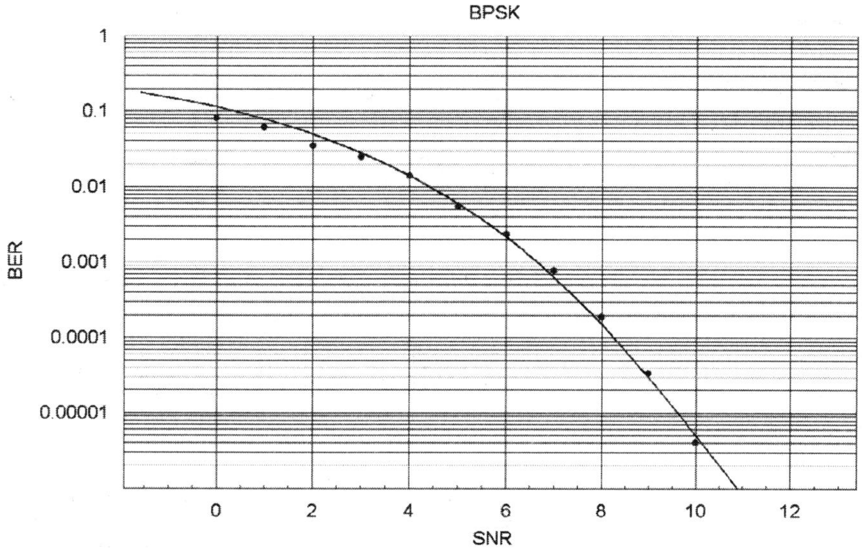


**그림 5.3**
2-ASK & BPSK 비트 오류율

## 5.2.3 위상 천이 변조

위상 천이 변조(Phase Shift Keying, PSK)는 반송파의 위상을 변화시키고 진폭은 일정하게 유지하면서 정보를 전송하는 방식이다. 따라서 PSK 변조는 상진폭 변조(constant amplitude modulation, CAM)라고도 한다. 식 5.5은 PSK의 반송파 파형을 보여준다. 변조는 $\Phi_k$항에 의해서 수행된다.

$$S(t)=\cos(\omega_c t+\Phi_k) \tag{5.5}$$

CAM 방식은 PAPR이 실제로 1이 된다는 장점이 있다. 그러나 이는 단일 반송파 시스템에서만 가능하다. 비록 각각의 부반송파가 일정한 진폭을 갖지 않게 되기 때문이다. CAM을 사용하여 얻는 또 다른 이점은 송수신단에서 RF설계가 간단해 진다는 것이다. OFDM 신호는 일정한 진폭을 갖지 않기 때문에 CAM을 사용한 OFDM 시스템의 이점은 없다.

그림 5.4는 (a) 2-PSK 또는 이진 PSK(BPSK), (b) 4-PSK 또는 직교 PSK(QPSK), (c) 8-PSK의 예를 보여준다. BPSK는 2-ASK와 동일하다. 이 그림은 PSK 변조가 Inphase(I) 와 Quadrature(Q) 반송파를 어떻게 사용하는지 보여주고 있으며 이 경우 변조는 이차원에서 이루어진다. 성상도에 있어서 차원이 증가하면 성상점의 개수가 증가하고 $d^2$min의 개선이 이루어진다.

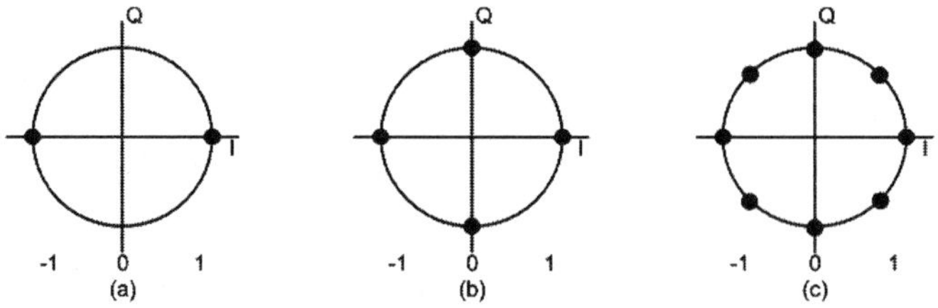


**그림 5.4**
PSK 변조 방식 (1) BPSK, (b) QPSK, (c) 8−PSK

그림 5.5는 BPSK와 QPSK의 변복조 다이어그램이다.

**그림 5.5**
BPSK & QPSK 변복조 다이어그램

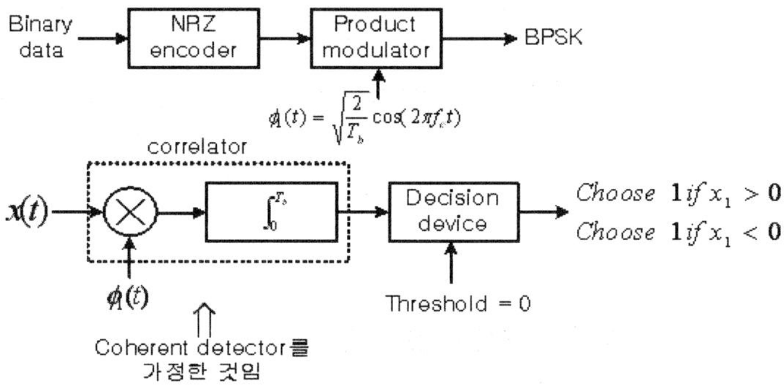


(a) BPSK 변복조 다이어그램

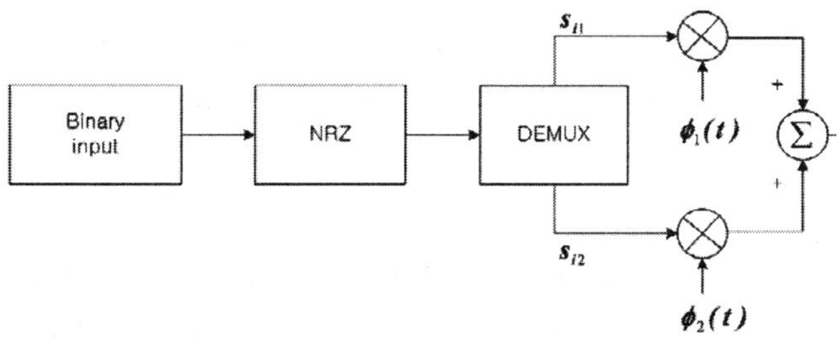


(b) QPSK 변조 다이어그램

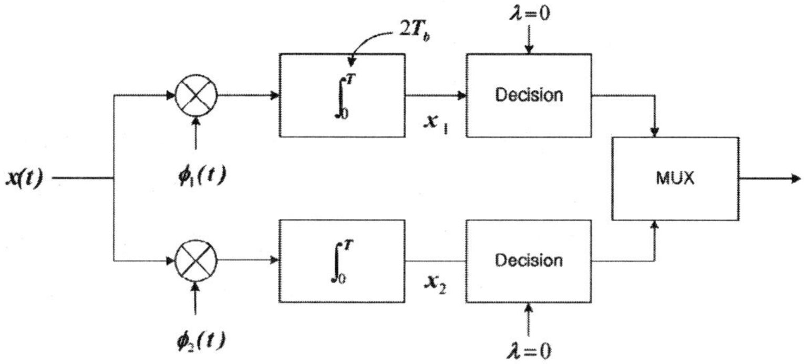


(c) QPSK 복조 다이어그램

표 5.2는 2포인트부터 16포인트까지의 PSK 성상도에서 요구되는 SNR의 증가량을 보여주고 있다. 2-ASK에서 4-ASK로 변할 경우 요구되는 SNR의 증가량이 6.99dB인데 비해, BPSK에서 QPSK로 변할 경우 SNR의 증가량은 3dB임을 알 수 있다. 그러나 성상점의 수가 16까지 증가하게 되면 심벌 당 하나의 비트가 추가될 때마다 증가되는 SNR이 ASK 변조에서와 같이 6dB로 수렴한다. 이러한 변화는 비록 PSK 성상도가 2차원이라도 반송파의 위상이라는 1차원의 자유도만을 갖는다는 것을 의미한다. 따라서 8포인트 보다 큰 PSK 변조는 일반적으로 사용되지 않는다.

**표 5.2 PSK 변조의 거리 특성**

| Moduation | $P_{ave}$ | $d^2_{min}$ Normalized | *SNR* Increase |
|---|---|---|---|
| BPSK | 1 | 4.00 | – |
| QPSK | 1 | 2.00 | 3.00 dB |
| 8-PSK | 1 | 0.5858 | 5.33 dB |
| 16-PSK | 1 | 0.1522 | 5.85 dB |

PSK 변조의 심벌 오류율은 BPSK와 QPSK의 경우와 같이 정확히 유도될 수 있다. BPSK의 경우는 식 5.2와 동일하며, QPSK의 경우 $P_s$의 표현은 BPSK와는 다르게 다음 식과 같이 다소 복잡해진다.

$$p_s = 2Q\left(\sqrt{2\frac{E_b}{N_0}}\right)\left[1 - \frac{1}{2}Q\left(\sqrt{2\frac{E_b}{N_0}}\right)\right] \tag{5.6}$$

고차원 PSK 변조의 $P_s$는 식 5.7과 같이 근사화 된다. 비트 오류율 $P_s$를 비트수 $k = \log_2 M$로 나눔으로써 근사화될 수 있다.

$$p_s = 2Q\left(\sqrt{\frac{E_0}{N_0}}\right)\sin\left(\frac{\pi}{M}\right) \tag{5.7}$$

## 5.2.4 Offset QPSK

QPSK는 ±180° 위상 변조가 일어날 때 zero-crossing 현상이 발생하면 이는 시스템에 나쁜 영향을 미치게 된다. 그림 5.6에서 보듯이 OQPSK 전송신호는 QPSK의 I채널을 그대로 사용하면서 Q채널을 심벌주기의 반을 delay 시켜 전송하는 변조방식으로 최대 90° 위상 변조가 발생하여 zero-crossing을 방지할 수 있는 시스템이다.

그림 5.6
OQPSK 신호

| data | 0 | 1 | 1 | 0 | 1 | 1 | 0 | 0 |
|---|---|---|---|---|---|---|---|---|
| Odd bit | 0 | | 1 | | 1 | | 0 | |
| Even bit | | 1 | | 0 | | 1 | | 0 |

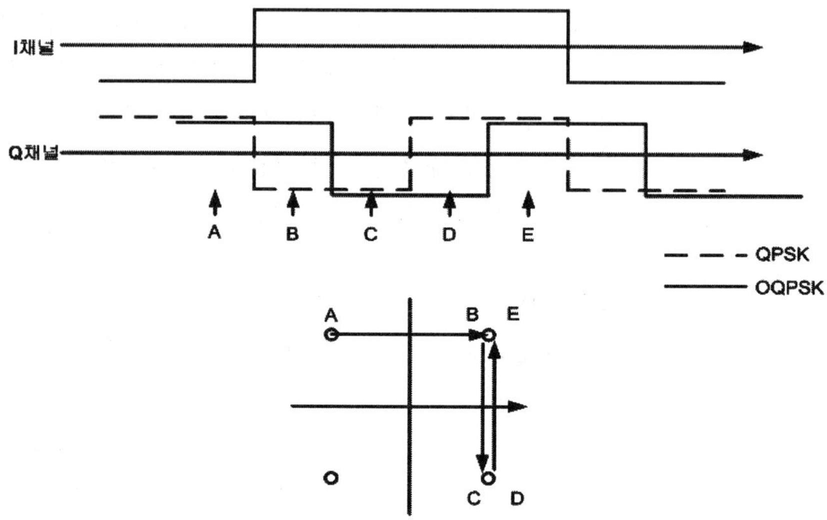


그림 5.7은 OQPSK의 복조 다이어그램이다. 복조도 QPSK와 비슷하지만 변조과정에서 Q채널을 심벌주기의 반을 지연시켜서 전송하여서 복조과정에서 I채널과 Q채널의 적분 구간이 다름을 확인할 수 있다.

그림 5.7
OQPSK 복조 다이어그램

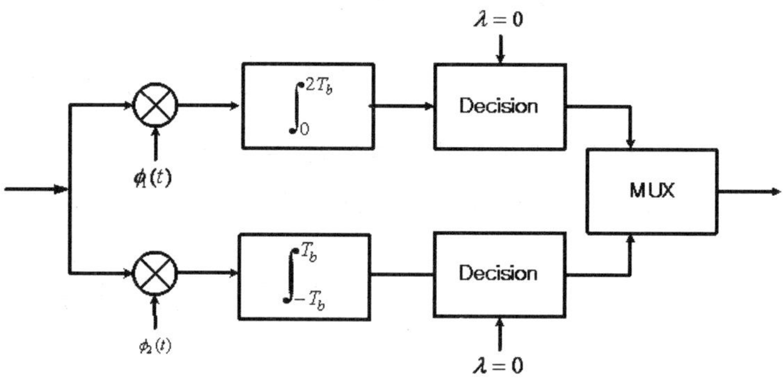


## 5.2.5 직교 진폭 변조(QAM)

직교 진폭 변조는 반송파의 위상과 진폭을 모두 변화시키며, ASK와 PSK의 조합으로 만들어진다. 식 5.8는 I와 Q 반송파 모두 변조하는 IQ 형태의 QAM 신호를 보여준다. 식 5.9는 QAM에서의 진폭과 위상이 어떻게 변조되는지를 보여준다.

$$S(t)=I_k\cos(\omega_c t)=Q_k\sin(\omega_c t) \quad (5.8)$$

$$=A_k\cos(\omega_c t+\phi_k) \quad (5.9)$$

식 5.9에서 위상과 진폭의 항은 식 5.10와 식 5.11로부터 계산된다.

$$A_k=\sqrt{I_k^2+Q_k^2} \quad (5.10)$$

$$Q_k=\tan^{-1}\left(\frac{Q_k}{I_k}\right) \quad (5.11)$$

그림 5.8은 QAM 성상도 (a) 4-QAM 또는 QPSK, (b) 8-QAM, (c) 16-QPSK을 보여준다. 여기서 QPSK와 16-QAM은 매우 자주 사용되는 변조방식이다. 반면에 8-QAM은 대칭되지 않는 다소 부자연스런 모양 때문에 자주 사용되지 않고 반드시 필요한 상황에서만 사용된다. 8-QAM의 모양은 그림 5.8(b)와 같은 형태외에도 여러 모양이 있을 수 있다.

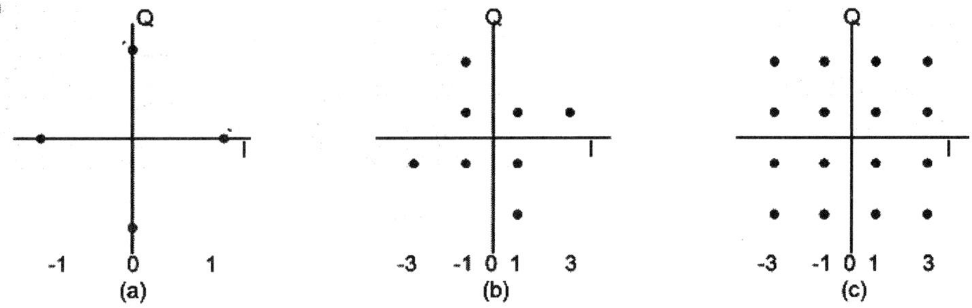


**그림 5.8**
QAM 성상도,
(a) QPSK,
(b) 8-QAM,
(c) 16-QAM

표 5.3은 QAM의 가 성상도 크기에 따라 어떻게 변화하는지를 보여주고 있다. QPSK에서 8-QAM로 변할 경우 사도 이례적으로 최소 거리면에서 성능이 개선됨을 확인할 수 있으나, 이는 이 책에서 사용한 예가 규칙적인 현태의 8-QAM이기 때문이다. 16-QAM에서 32-QAM로 변화할 경우 동일한 BER 성능을 갖기 위해 요구되는 SNR의 증가량이 3dB임을 알 수 있다. 심벌 당 추가되는 비티마다 3dB SNR의 증가가 요구되는 것은 QAM 성상도에서 일반적인 현상이다.

QAM 변조의 심벌 오류율은 QAM을 I와 Q반송파에서의 두 개의 독립적인 ASK 변조로 간주함으로써 근사화될 수 있다. 식 5.12는 이러한 관계를 보여준다.

$$P_s\approx 4\left(1-\frac{1}{\sqrt{M}}\right)Q\left(\sqrt{\frac{3E_s}{(M-1N_0)}}\right) \quad (5.12)$$

성상점(constellation)에 비트의 패턴을 부여할 경우 선택된 비트 표시 방식(labeling scheme)에 따라 성능이 달라지게 되므로 비트 패턴이 최적화 되어야 한다. 그림 5.9는 16-QAM 성상점에 비트 패턴을 할당하는 일반적인 방식을 보여주고 있다. 이 그림에서 (a)는 자연적인 순서로 표시하였고 (b)는 Gray 부호화된 표시 방식을 사용하였다. 그림 5.9에서 성상점의 위에는 십진수로 표시하였고, 아래에는 이에 해당하는 이진수로 표시하였다. 자연적 순서에 의한 표시는 0에서 15까지의 성상점에 십진수를 사용하여 자연스럽게 할당하는 방식이다. 그러나 이러한 자연적 순서에 의한 표시 방식은 성상점을 표현하는 실제의 비트 패턴상에서 아래의 단점을 갖고 있다.

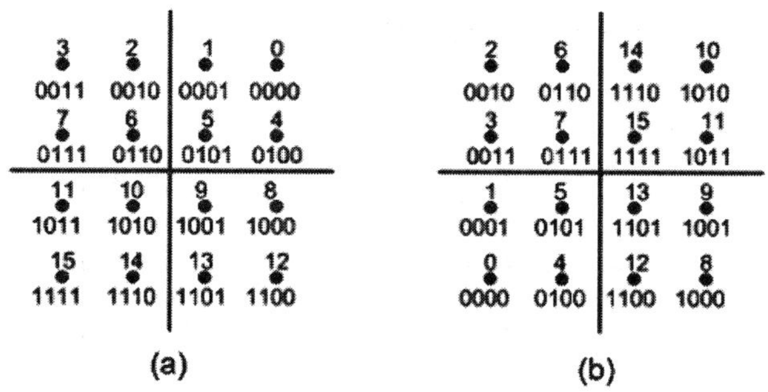


**그림 5.9**
(a) 자연적 순서의 QAM 성상점의 정상 순서
(b) Gray 부호화된 QAM 성상점

예를 들어, 1로 표시된 성상점이 전송됐으나 2로 수신 받은 경우의 오류를 생각해 보자. 이러한 인접 성상점 사이의 오류는 수신단에서 있을 수 있는 가장 일반적인 오류이다. 이때 1(0001)과 2(0010)로 표현되는 비트 패턴을 살펴보면 하나의 심벌 당 두 비트를 잘못 수신한 결과가 되므로 두 비트의 오류가 발생한다. Gray 부호화는 인접 성상점 사이의 심벌 오류가 발생한 경우 한 비트의 오류가 발생하게 되어 동일한 심벌 오류율에 대해서 비트 오류율이 감소하게 된다. Gray 부호화된 성상도에서 14(1110)과 6(0110)의 예를 보면 가장 왼쪽의 비트만이 틀리다는 것을 알 수 있다. IEEE 802.11a와 HiperLAN/2에서 사용되는 모든 성상도는 Gray 부호화를 규격으로 하고 있다.

## 5.3 디지털 비동기 변조 방식

비동기 변조(non-coherent modulation)는 송신단과 수신단 사이에 위상이 맞추어져 있지 않는 시스템이다. 이는 수신된 심벌이 전송된 심벌과는 다르게 임의로 회전되고 감쇄될 수 있음을 의미한다. 따라서 ASK, PSK, 또는 QAM 변조는 수신된 심벌이 송신한 위상과 진폭에 가까운 위상과 진폭을 갖고 있어야 하므로 비동기 변조에서 사용될 수 없다. 그러므로 비동기 변조 방식으로 차등 PSK(Differential PSK 이하 DPSK)나 차등 APSK(Differential APSK 이하 DAPSK)변조가 사용된다. 차등 변조 방식은 전송되는 정보를 하나의 심벌에서 다음 심벌까지 변화하는 위상, 혹은 위상과 진폭의 변화로 부호화한다. 이러한 부호화 기법을 사용할 경우 전송되는 심벌이 전 심벌에 따라 변하기 때문에 신호에 기억성(memory)이 생기게 된다. 따라서 복조기는 판정과정에서 두 연속하는 심벌을 함께 고려해야 한다.

차등 부호화를 사용하면 수신기의 구조가 간단해진다. 비동기식 수신기는 동기화 알고리즘을 필요로 하지 않으며, 반송파 위상과 채널의 영향에 관한 절대 정보를 필요로 하지 않기 때문에 위상 추적(phase tracking)과 채널 추정(channel estimation)의 과정이 필요 없다. 만일 시스템이 부반송파 사이의 직교성 상실로 인해 발생되는 ICI에 어느 정도의 인내성(tolerance)을 갖고 있다면 반송파 주파수 추정 과정도 필요없게 된다. 그러나 비동기식 변조는 수신단 설계과정이 간단해짐에도 불구하고 고속의 통신 시스템에서 널리 사용되지 않는다. 모든 IEEE 802.11a와 HiperLAN/2 변조는 동기식인데, 그 이유는 차등 방식을 사용한 경우 성능의 손실이 발생하기 때문이다. 반면에 저속 통신 시스템에서는 DPSK 차등 변조 방식을 종종 사용한다. 예를 들어 DAB 시스템은 차등 변조 방식을 사용한다.

### 5.3.1 차등 위상 천이 변조

차등 위상 천이 변조(Differential Phase Shift Keying 이하 DPSK)는 데이터 비트에 따라 현재의 반송파 위상 값으로부터 위상을 변화시킨다. 이진 DPSK의 경우, 부호화 과정은 비트 단위에서 이루어지며, 전송되는 비트 $b_n$은 데이터 비트 $b_n$의 이진 XOR 연산을 통해 이루어진다.

$$b_n = d_n \oplus d_{n-1} \tag{5.13}$$

차등 위상 천이 변조는 식 5.14에서와 같이 반송파 위상의 변화로써 직접 표현되기도 한다.

$$s(t) = \cos(\omega_c t + \Delta\phi_n + \phi) \tag{5.14}$$

여기서 $\phi$는 송신단과 수신단 사이의 알려지지 않은 위상차를 나타내고, $\Delta\phi_n = \phi_n - \phi_{n-1}$는 두 개의 PSK로 변조된 신호의 위상차를 의미한다. DPSK는 간단한 수신기 구조가 필요한 통신 시스템에서 사용된다. M-DPSK 변조의 성상도는 M-PSK에 해당하는 성상도와 동일하고 단지 성상점에 대한 비트의 할당이 다르다.

### 5.3.2 차등 진폭 위상 변조

차등 진폭 위상 변조(Differential Amplitude Phase Modulation 이하 DAPSK)는 차등 위상 변조와 차등 진폭 변조를 합한 형태를 갖는다. 그림 5.10은 위상 변조를 위해 세 비트 혹은 8가지 레벨을 사용하고, 진폭 변조를 위해 두 비트 혹은 4가지 레벨을 사용하는 32 포인트 DAPSK를 보여준다. 차등 위상 변조는 일반적인 DPSK와 유사하다. 반면에 차등 진폭 변조에서는 동기식 진폭 변조와 달이 성상도의 모양이 변하게 되는데, 그 이유는 송신되는 심벌의 진폭이 채널에 의해서 얼마나 변하는지를 알 수 없기 때문이다. 즉, 수신단에서 채널에 의해 송신 심벌이 얼마나 감쇄되는지 알 수 없으면 심벌을 정확히 검출할 수 없다. 식 5.15는 송신되는 심벌이 일 때, 수신되는 OFDM 부반송파 심벌 $R_k$를 보여주고 있다.

$$R_k = H_k X_k \tag{5.15}$$

진폭 변조된 신호를 복구하기 위해서 수신단은 식 5.16에서와 같이 수신되는 심벌의 진폭만을 사용하게 된다.

$$|R_k| = |H_k X_k| = |H_k|\,|X_k| \tag{5.16}$$

차등 변조가 사용되는 상황에서는 두 연속되는 심벌 동안 채널과 반송파 위상이 일정하다고 가정한다. 따라서 식 5.17에서 5.19에서와 같이 두 연속하는 심벌간에 채널의 영향은 상쇄된다.

$$Y_k = \frac{|H_k|\,|X_k|}{|H_{k-1}|\,|X_{k-1}|} \tag{5.17}$$

$$=\frac{|H_k|\ |X_k|}{|H_k|\ |X_{k-1}|} \tag{5.18}$$

$$=\frac{|X_k|}{|X_{k-1}|} \tag{5.19}$$

채널은 곱의 형태로 영향을 미치기 때문에 가산성(additive)의 차등 진폭 변조를 사용하는 것은 어렵지만, DPSK의 경우에는 수신 심벌 위상에서의 채널의 영향이 가산적이므로 채널의 영향이 나눗셈(division)이 아닌 감산(subtraction)에 의해서 상쇄될 수 있다. 다음은 성상도의 진폭 레벨을 결정하는 문제이다. 그림 5.10은 1, a, $a^2$, $a^3$의 진폭 레벨을 갖는 성상도를 보여 준다. 즉, 정보는 하나의 진폭 레벨에서 다른 진폭 레벨로 건너뛰면서(jump) 부호화된다. 예를 들어, 01은 진폭 레벨의 한 단계 건너뜀을 의미한다. 곱의 형태로 이루어지는 차등 진폭 변조의 부호화는 $D_k \in \left\{\frac{1}{a^3}, \frac{1}{a^2}, \frac{1}{a}, a, a^2, a^3\right\}$를 사용하여 다음과 같이 주어진다.

$$Y_k = D_k Y_{k-1} \tag{5.20}$$

**그림 5.10**
32포인트 차등 진폭 위상 변조

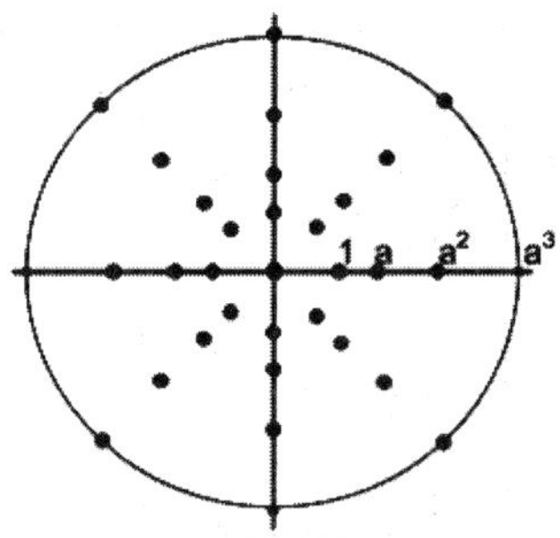


여기서 진폭에 곱을 할 경우에는 DPSK 변조의 경우에서의 위상 덧셈처럼 주기적이지 않기 때문에 분수값이 포함되게 된다. 이때, $D_k$의 값은 입력 비트와 $Y_{k-1}$의 값에 따라 변하게 된다. $D_k$의 값은 진폭의 건너뜀이 $a^3$ 이후에는 1로 회귀되도록 선택된다. 예를 들어, $Y_{k-1}=a^2$이고 두 단계의 진폭의 건너뜀이 필요하다면 $D_k=\frac{1}{a^2}$이 되며, 이 경우 $Y_k=a^2\frac{1}{a^2}=1$이 된다. 따라서 두 단계의 진폭 레벨의 변화는 $a^2 \to a^3 \to 1$이 된다.

이러한 곱셈을 사용한 부호화 방식을 사용하게 되면 성상도의 중앙에 있는 점들이 서로 가깝게 위치하게 된다. 이는 차등 진폭 변조에서 피할 수 없는 단점이 된다. 이러한 영향으로 중앙에 있는 성상점들은 최소거리가 감소되어 바깥쪽의 진폭 레벨에 있는 성상점과 달리 성능이 열화하게 된다.

## 5.4 적응적 변조 방식

적응적 변조(adaptive modulation) 기술은 무선 통신 시스템에서 할당된 채널 내에서 최대의 시스템 용량을 얻기 위해 사용한다. 즉, 채널 상태가 양호하면 고차 변조 방식(기호 당 더 많은 비트)을 사용하여 데이터 전송 효율을 극대화하는 방법이다. 반면에 채널 상태가 잡음이나 간섭의 영향 및 다중 경로 페이딩과 쉐도잉 등으로 취약할 경우에는, 시스템에서 허용하는 무선 채널 마진을 유지하도록 더 낮은 변조 방식으로 변경하게 된다.

적응변조 시스템은 기존의 시스템에서 전력이나 대역폭 등의 추가 자원을 요구하지 않고, 환경에 따라 적응 변조 방식을 취함으로써 사용하는 채널 환경에서 발생되는 간섭을 최소화 하며, 시스템 확장성을 넓힐 수 있는 적절한 변복조 방식을 사용함으로써, 서비스의 품질 및 성능을 향상시킬 수 있는 전송방식이다. 그림 5.11은 적응적 변조 방식의 개념도이다.

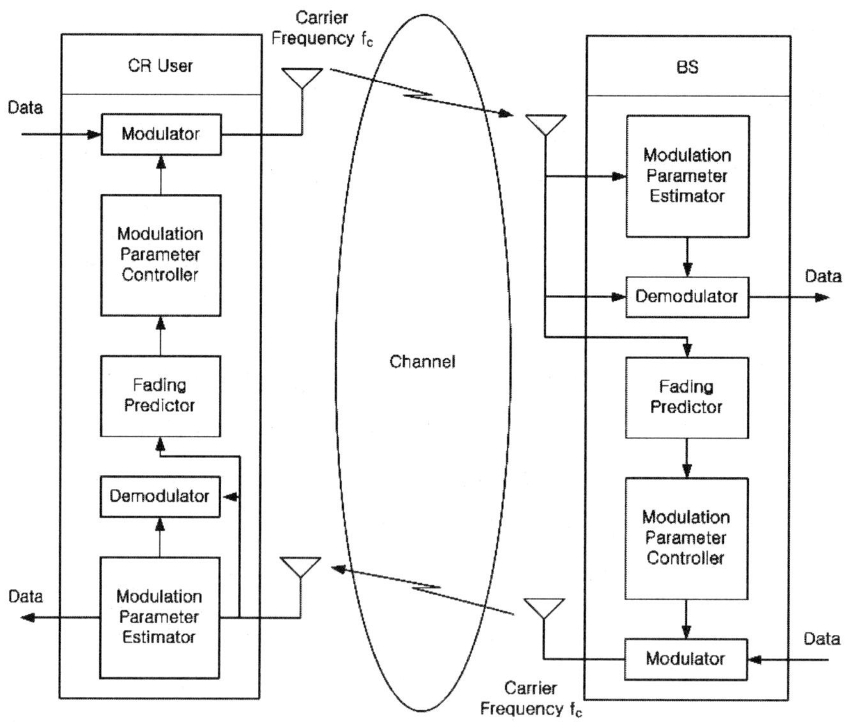


**그림 5.11**
적응적 변조 방식의 개념도

적응적 변조를 함으로써 얻게 되는 이득은 무선 통신 시스템에서 채널 상태에 따라 적절한 변조 방식을 취함으로써 다중경로 페이딩 채널에서 생기는 심벌간 간섭에 대하여 강인성을 갖는 것이다. 여기서 OFDM과 같은 다중반송파 변조 방식은 각 부반송파에서의 심벌주기를 부반송파의 수만큼 확장시킬 수 있기 때문에 다중경로에 의한 심각한 주파수 선택적 페이딩 채널에 잘 대처할 수 있다. OFDM 방식은 최근에 4세대 이동통신, 무선 인터넷 엑세스, 무선 멀티미디어 시스템의 무선 채널에서 고속의 데이터 전송을 위하여 OFDM에 대한 연구가 활발히 진행되고 있다. 대부분의 OFDM 시스템들은 모든 반송파에 대하여 고정된 변조방식을 쓰고 있으나, OFDM 시스템의 각 반송파는 채널환경에 따라 BPSK, QPSK, 16QAM과 같은 다른 변조 방식을 적용할 수 있으며, BER(Bit Error Rate)에 대한 적절한 변조방식의 선택은 주파수 효율성을 최대로 높일 수 있다. 따라서 적응적 변조 기술은 수신률을 향상 시키는 효율적인 방법 중의 하나이다. 그림 5.11은 채널환경 및 거리에 따른 적응적 변조 방식을 보여준다. 적응적 변조 기술은 채널에 대한 정확한 정보가 필요하며, 각 부반송파에 대한 신호 대 잡음비의 측정은 수신 신호에 잡음의 양을 측정함으로써 추정할 수 있다. 그러므로 신호 대 잡음비의 손실은 결국 BER을 높이는 결과를 초래한다.

차세대 통신에 적용되는 멀티미디어 통신에서는 다양한 멀티미디어, 즉 음성, 그래픽, 비디오, 데이터가 각각의 요구조건을 가지고 송수신이 이루어져야 한다. 예로 음성은 에러율이 $10^{-3}$정도의 레벨을 유지하면 되므로 프레임의 부분적인 에러가 허용되지만, 데이터는 에러율이 $10^{-7}$정도의 레벨을 유지하여야 하므로 어느 정도의 부분적 에러를 허용할 수 없다. 반면에 음성은 실시간 전송이 중요한 변수이므로 신호 지연이 거의 허용되지 않으나, 파일 전송은 실시간 보다는 정확도에 중점을 두고 있기 때문에 어느 정도의 일정한 지연은 문제가 되지 않는다. 이처럼 다른 멀티미디어 종류에서는 각각의 서비스 요구사항이 다른 점을 고려하여 설계하기 위해서는 하드웨어의 변경이 없이 제어가 될 수 있는 적응 변조 방식이 도입되어야 한다. 다른 서비스 요구조건을 갖는 여러 메시지를 한 시스템에서 동시에 하나 이상의 수신기에 송신하는 경우를 고려하면, 송신되는 메시지는 크게 두 가지 종류로 분류된다. 한 종류는 기본메시지 그룹으로 수신기에 필수적인 정보이며, 이러한 메시지는 규정된 에러확률을 지켜야한다. 다른 종류로는 추가메시지 그룹으로 상대적으로 덜 중요한 그룹이라고 할 수 있다. 즉 시간 지연이 허용되거나, 에러율이 낮아도 성능에 이상이 없는 경우이다. 일반적으로 각 전송블록은 각 그룹의 하나 이상의 메시지를 포함하고 있다. 기본메시지는 적응방식이 사용되지 않을 때의 메시지이고, 추가로 적응방식이 사용될 때, 기본이 음성이고 추가로 따라오는 비디오로 꼭 필요하지는 않을 경우, 혹은 기본이 네트워크 제어 메시지이고, 추가로 시간에 제한이 없는 파일 전송, 즉 추가로 어떤 면에서는 심각하지 않는 시간에 제한이 없는 파일전송 혹은 음성에 부가적인 이미지 등을 들 수 있다.

### 5.4.1 ARQ를 이용한 적응적 변조 방식

적응적 변조 방식은 채널 상황에 따라 목표 비트 에러율을 만족시키도록 변조율 혹은 부호화율을 적응적으로 변화시키는 기술로 채널 환경이 안 좋으면 낮은 차수의 변조를 하고, 채널 환경이 좋으면 높은 차수의 변조를 함으로써 데이터 전송률을 증대시키는 방법이다.

기존에 존재하는 패킷 재전송 요구인 ARQ(Automatic Repeat reQuest) 신호를 이용하여 부가적인 피드백 정보 없이도 적응적 변조를 가능하게 하는 기법이 SISO(single input single output) 시스템을 기반으로 하여 제안되었다. ARQ를 이용하는 적응적 변조 기술은 수신 패킷에 존재하는 ACK/NACK 정보만을 이용하므로 별도의 피드백이 필요 없기 때문에 피드백 채널이 없는 시스템에도 적용이 가능하고 MCS 단계를 순차적으로 변화시키기 때문에 SINR의 계산 과정이 필요없다는 장점이 있다. ARQ를 이용한 적응적 변조 방식에는 Falahati 알고리즘과 ARF(Auto-Rate Fallback) 알고리즘을 이용하는 방식이 있다.

## 5.5 복조(Demodulation)

### 5.5.1 동기 변조의 검출

수신단은 필수적으로 요구되는 모든 동기화를 수행한 후에 실제로 무엇을 수신했는지를 결정하는 과정을 수행한다. 이 과정은 수신된 심벌이 어떠한 전송 비트와 가장 유사한지를 결정하는 검출기(detector)나 복조기(demodulator)에 의해서 수행된다. 판정(decision)은 각각의 전송된 비트에 대해 얼마나 많은 정보가 제공되느냐에 따라 경판정(hard decision)과 연판정(soft decision)으로 나눌 수 있다.

## 경판정 검출

경판정(hard decision) 복조기 또는 슬라이서(slicer)는 0또는 1의 비트가 전송됐는지 여부만을 판단한다. 따라서 복조기의 출력은 0과 1만이 나올 수 있다. 또한 경판정 복조기는 송신단 변조기의 입력의 수로서 정의되기도 한다. 만일 송신단 변조기 입력의 경우의 수와 수신단 복조기 출력의 경우의 수가 같다면 복조기는 경판정을 이용하는 것이다. 만일 복조기가 송신단 변조기 입력의 경우의 수보다 더 많은 정보를 출력한다면 그 시스템은 연판정을 사용하는 것이다. 그림 5.12는 QPSK 성상도의 판정 경계영역(decision boundary)을 보여주고 있다. 판정 경계영역을 이용하여 수신된 심벌이 어떻게 비트로 대응되는지를 결정하게 된다. 기본적으로, 최대 근산 판정(maximum-likelihood decision)은 수신된 심벌에 가장 근접한 성상점을 판정하는 것이고, 경판정은 성상점에 할당된 비트를 결정한다. 예를 들어, 그림 5.12에서 x로 표시된 부분은 수신 심벌의 위치를 나타낸다. 이 점은 양의 I축상의 성상점에 가장 근접해 있기 때문에 경판정 비트는 00이 된다.

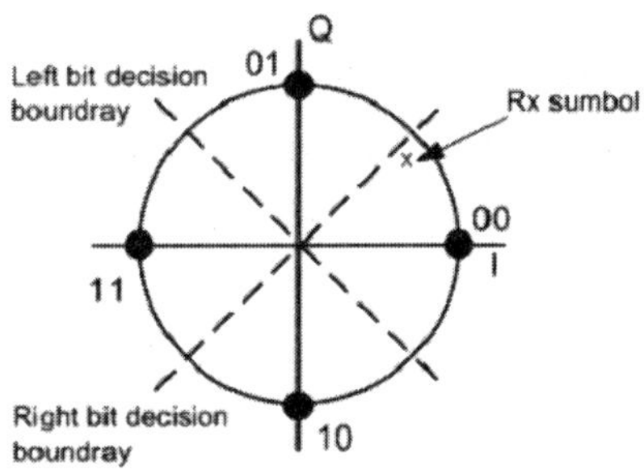


그림 5.12
QPSK 성상도의 경판정 경계영역

## 연판정 검출

연판정(soft decision) 복조기는 "soft" 한 비트를 출력으로 내보낸다. 이는 판정의 신뢰성에 대한 정보를 포함하고 있는 0과 1을 출력한다는 것을 의미한다. 이러한 추가 정보는 채널 부호화의 성능을 크게 향상시키며 그 영향을 "채널 부호화" 에서 설명할 것이다. 연판정을 수행하기 위해서 복조기는 수신된 각각의 비트를 고려해야 한다. 그림 5.12에 있는 수신 심벌을 살펴보면 표시된 부분이 비트 00과 01에 해당하는 심벌 사이의 판정 경계에 가깝게 위치하는 것을 확인할 수 있다. 왼쪽의 비트가 1로 바뀌기 위해서 심벌은 좌측 비트 판정 경계(left bit decision boundray)를 가로질러야만 한다. 수신 심벌은 이 경계에서 멀리 떨어져 있기 때문에 왼쪽 비트는 큰 신뢰을 갖고 있다. 반면에 수신 심벌이 우측 비트 판정 경계(right bit decision boundray)의 밑이 아니라 위에 있다면 오른쪽 비트는 0에서 1로 변할 것이다. 이러한 변화는 약한 잡음에도 민감하게 반응하는 것이므로 오른쪽 비트는 큰 신뢰성을 갖고 있지 않다. 이러한 신뢰성에 대한 차이를 반영하기 위해서, 연판정에서는 첫 번째 비트를 표현할 때 큰 절대값을 사용하고 두 번째 비트를 표현할 때 작은 절대 값을 사용한다. 연판정의 부호로는 0 또는 1을 사용하며, 각각의 연판정의 절대값은 판정 경계까지의 거리를 뜻한다. "채널 부호화" 절에서 IEEE 802.11a에서 사용되는 콘벌루션 오차 정정 부호화의 연판정과 경판정의 성능을 분석한다.

### 5.5.2 차등 변조의 검출

차등변조(differential modulation)의 검출은 두 단계로 이루어진다. 먼저 차등 부호가 신호로부터 제거된 후, 보통의 PSK와 QAM 성상도에서 설명된 일반적인 복조가 수행된다. 식 5.21과 식 5.22는 두 연속 심벌 상이의 위상차를 계산하는 DPSK 검출과정에서 차등 부호가 제거되는 과정을 보여준다. 또한 식 5.22는 동기식 변조에서는 발생하지 않는 성능의 손실이 차등 부호에서는 발생함을 보여준다. 차등 검출에서는 두 심벌이 사용되므로 검출된 심벌 당 잡음의 양이 대략 두 배가 된다.

$$\hat{\theta}_k = \angle(R_k + N_k) - \angle(R_{k-1} + N_{k-1}) \tag{5.21}$$

$$= \theta_k - \theta_{k-1} + \tilde{N}_k + \tilde{N}_{k-1} \tag{5.22}$$

동기식 변조와 비교했을 때 DPSK의 성능 손실은 성상도의 크기에 따라 변하는데, DBPSK의 경우는 1-2dB, DQPSK의 경우는 대략 2-3dB, 더 큰 성상도일 경우에는 3dB 정도가 된다.

## 5.6 modulation(frequency) domain 분석

광 캐리어 신호 측정과 변조 특성 측정을 구분하는 것이 중요하다.

- 주요 측정 항목
  - 변조 전달 함수(modulation transfer function) : lightwave component

analyser(vector network analyser, O/E, E/O converter)로 측정
- optical modulation index, 왜곡(distortion) : lightwave signal analyser(spectrum analyser, O/E converter)로 측정
- intensity noise : lightwave signal analyser로 측정

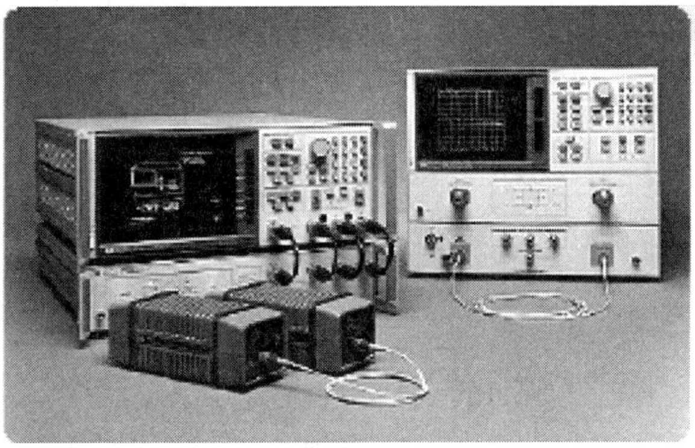

그림 5.13 Lightwave component analyser

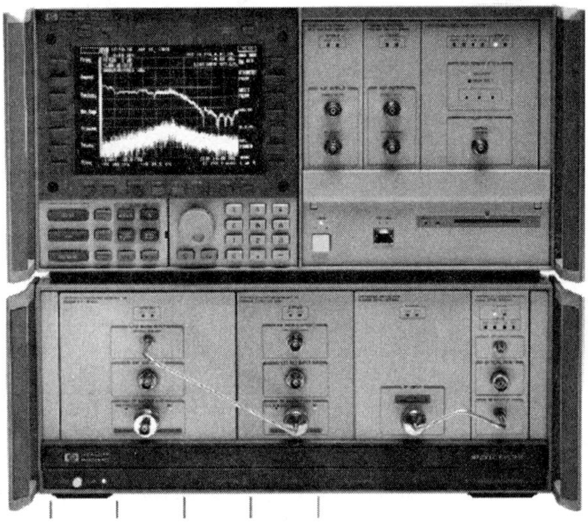

그림 5.14 Lightwave signal analyser

1) 광세기(intensity) 변조 전송 시스템의 기본 구조 :

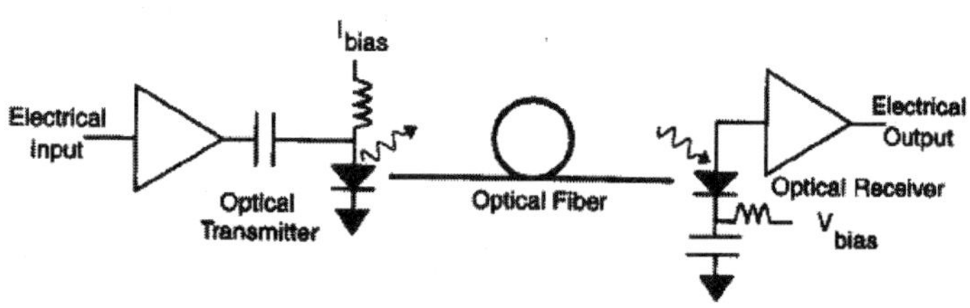

- 아날로그 광링크 : 가볍고 손실이 적다. 전자파 영향을 받지 않는다.

2) 파형 및 스펙트럼

- 만약 충분한 해상도를 갖는 측정시스템으로 광스펙트럼을 측정한다면 캐리어 주파수좌우에 sideband가 나타남. 그림 5.15(a)
  - 캐리어 주파수 193THz(1554.4nm), 변조 주파수 1GHz인 신호 분석
    캐리어 주파수 $\omega c$ sideband 주파수 $\omega c \pm \omega m$
- 일반적인 상용 OSA의 정밀도는 0.1nm(12GHz at 1550nm)으로 sideband를 보기 어려움
- 시간 영역에서 캐리어의 파형을 관찰한다는 것은 계측기가 존재하지 않기 때문에 불가능하다. 100% modulation depth를 갖는 가상의 파형은 그림 5.15(b)와 같을 것이다.
- envelop를 측정, RF spectrum analyser로 분석한 결과 그림 5.15(c)

3) 주파수 영역 측정

- 변조 전달 함수(modulation transfer function)
- 변조 신호 분석(modulation signal analysis)
  - 변조 스펙트럼 측정
  - 선형성과 왜곡을 분석
- 잡음(intensity noise) 특성

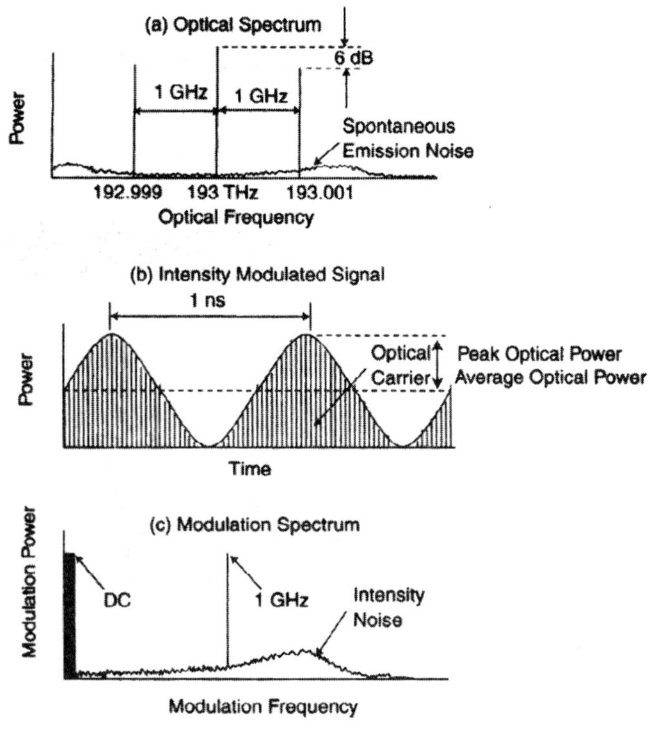


그림 5.15
분석 파형

**Note : decibel(dB)**

$$dB=10\log\left(\frac{\text{power 1}}{\text{power 2}}\right)$$

1) optical power 1mW→0.5mW　　　−3dB optical

photodetector 감도(1A/W) 고려

1mA→0.5mA

2) electrical power $P=I^2R$

1mW→0.25mA　　　−6dB electrical

## 5.7 변조 전달 함수(modulation transfer function)

변조 전달 함수(modulation transfer function)는 다음과 같이 표시할 수 있다.

$$H(j\omega)=\frac{Q(j\omega)}{I(j\omega)}-\frac{Q(j\omega)}{I(j\omega)}$$

I(jω)는 입력 펄스, O(jω)는 출력 응답 특성을 나타냄.

- lightwave component analyser로 측정
- 측정된 전달 함수의 크기와 위상을 주파수(jω) 함수로 나타냄.

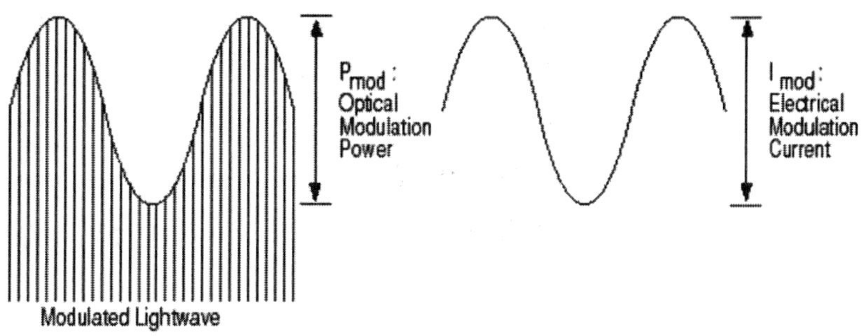


**그림 5.16** 함수의 크기와 위성을 나타냄 주파수 함수

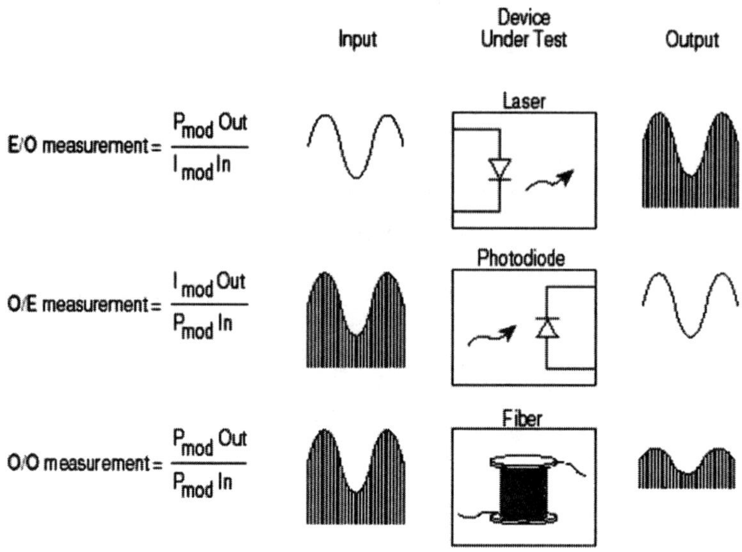


- E/O 측정 : small signal 전류를 레이저 다이오드와 같은 광원에 인가한 후 변조된 광출력을 측정
- O/E 측정 : 광변조 신호를 포토다이오드와 같은 수신기에 인가한 후 출력되는 전기 신호를 측정
- O/O 측정 : 광변조 신호를 광섬유와 같은 광부품에 인가한 후 출력되는 광신호를 측정
- E/E 측정 : 입력 전기 신호에서 출력 전기 신호까지 전체 링크의 변조 응답특성을 측정

1) Lightwave Component Analyser

- 광부품이나 시스템의 소신호 통과,반사 특성을 변조 주파수의 함수로 측정
  - 변조 신호를 측정하고자 하는 소자에 가한 후 입력 신호와 출력(통과 또는 반사)신호를 비교한다.
  - 이 개념은 전통적으로 전자소자나 시스템의 초고주파 측정에 사용되어 오던 것임. (vector network analyser)
  - 입력, 출력 부분에 따라 4가지 종류로 구분할 수 있다.

그림 5.17
Lightwave Com-
ponent Analyser

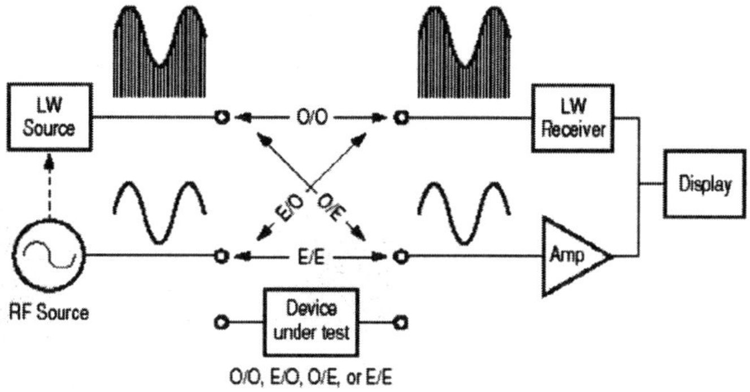


2) E/O 전달함수 측정

- 레이저의 특성 측정에 사용

그림 5.18
레이저 측정 장치

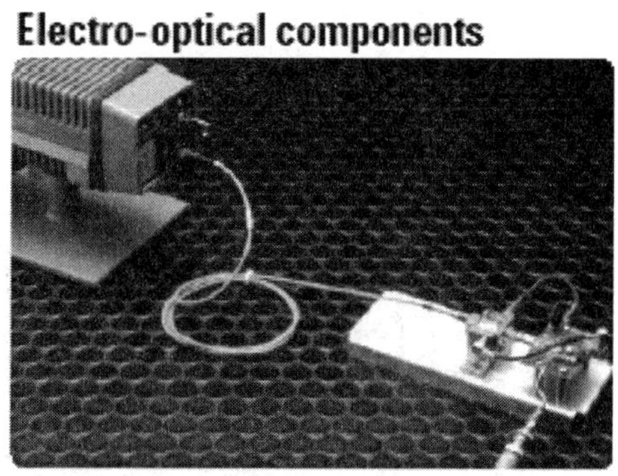


- 측정 예 : LD의 광세기 변조 특성(Intensity Modulation Response)
  - 레이저의 주파수 특성은 bias 조건에 의존한다.
    (일반적으로 bias를 증가시키면 대역폭이 증가한다.)

그림 5.19
측정된 FPLD

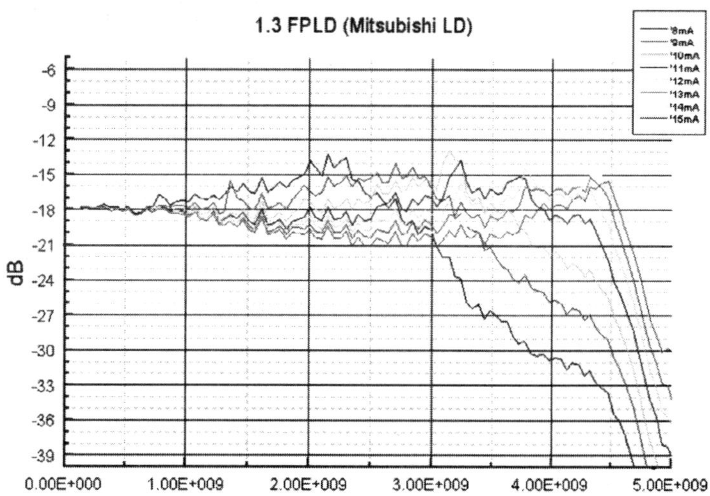

- 측정 과정

a) 설정 : start와 stop 주파수, sweep 타입등

b) calibration

그림 5.20
교정 장치

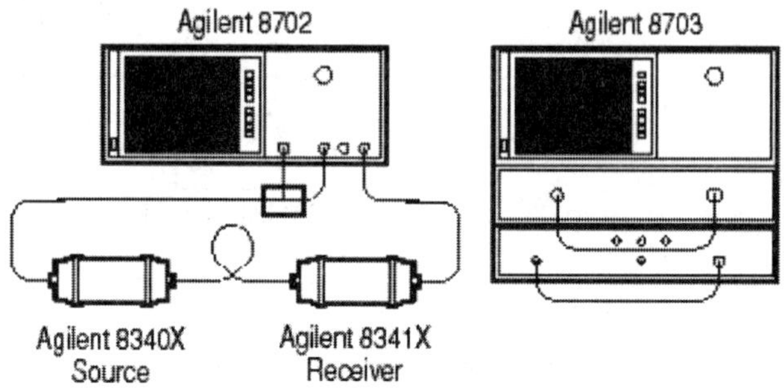


c) 광소자 측정

- 측정 결과

a) DFB-LD

그림 5.21
측정 결과

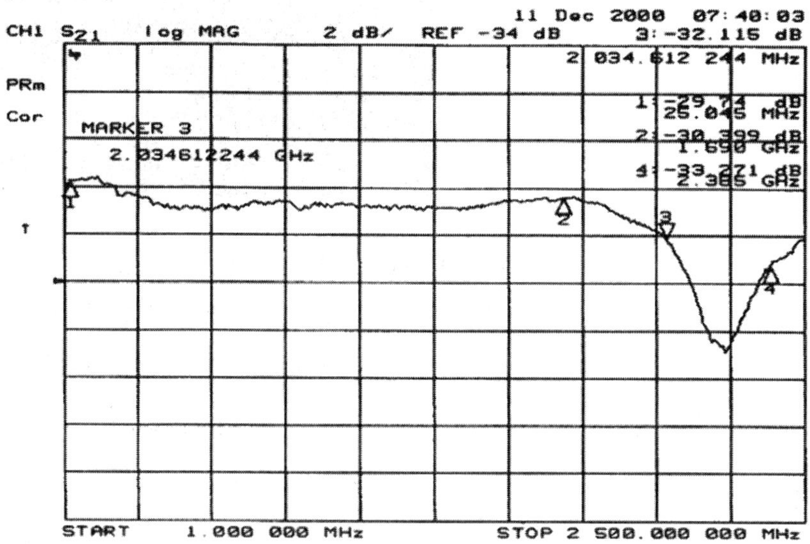


주파수 범위 : 1MHz~2.5GHz까지 측정

- 3dB 대역폭 : 약 2.0GHz at Ibias=19mA

* bias 조건이 명시되어야 한다.

b) FP-LD

그림 5.22
측정 결과
FP-LD

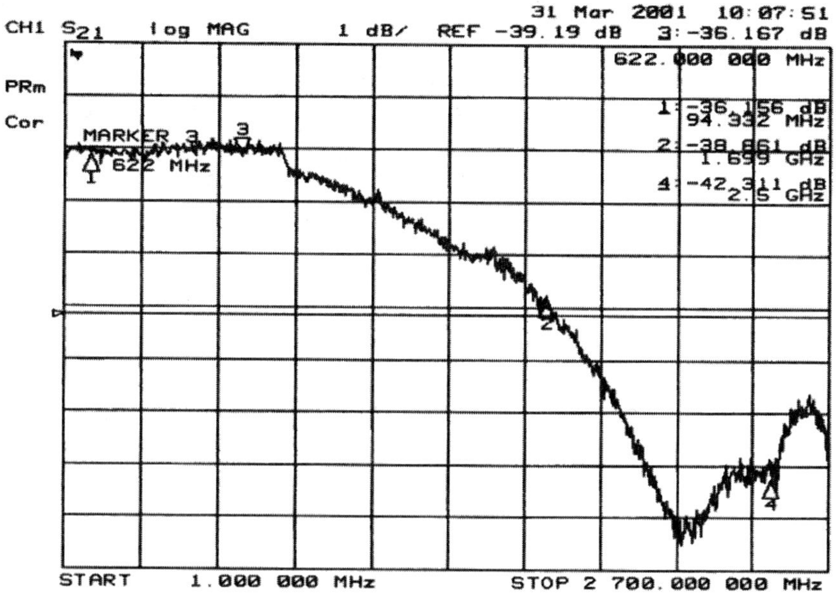


주파수 범위 : 1MHz~2.7GHz까지 측정

- 3dB 대역폭 : 약 1.7GHz at Ibias=28mA

2) O/E 전달함수 측정

- 광수신기, 포토다이오드 측정에 사용
- 측정 예) pin-PD의 주파수 응답 특성
  - 기본적으로 레이저 다이오드 측정과 동일하다.
  - 측정 결과

    주파수 범위 : 130MHz~3GHz까지 측정
  - 3dB 대역폭 : (a) 390MHz, (b) 1.73GHz at 1.7V

* bias 조건(전압)이 명시되어야 한다.

그림 5.23
측정 결과

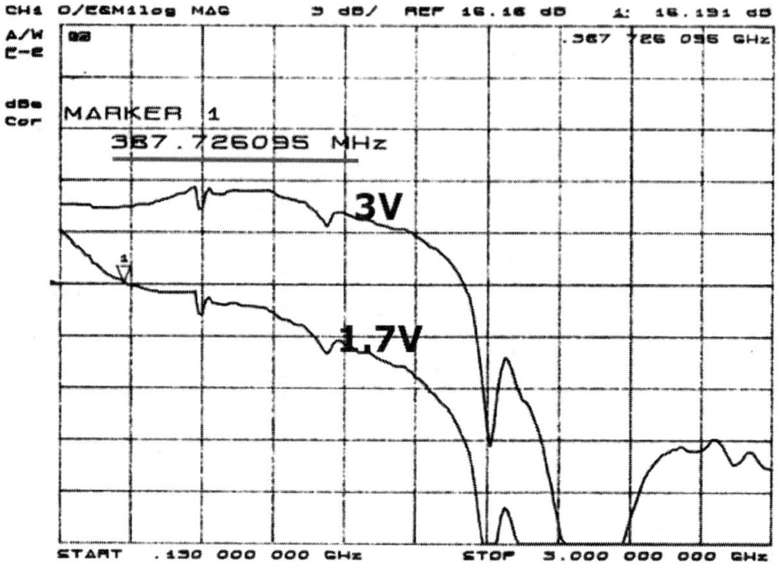


(a)

그림 5.24
측정 결과

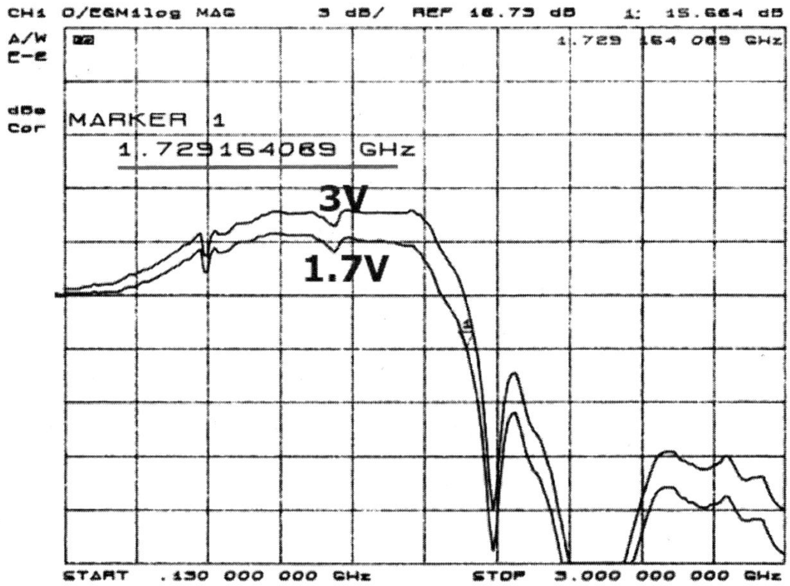


(b)

3) O/O 전달함수 측정

- 광섬유의 색분산 측정에 사용

그림 5.25
광성분 측정기

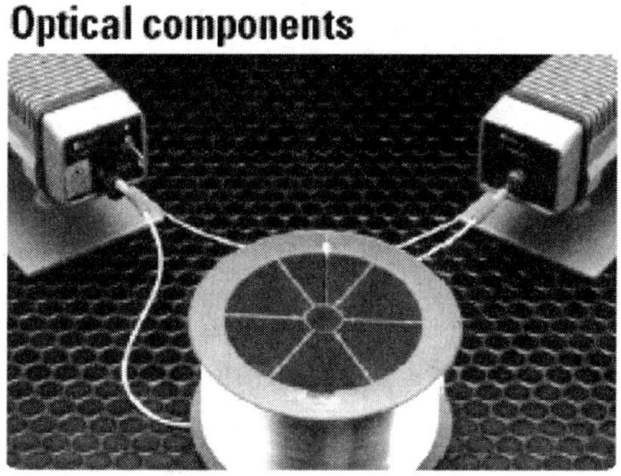


• 주파수에 따라 광섬유의 위상변위를 측정하고 이 결과로 광섬유의 group delay를 계산한 다음 광섬유의 색분산을 결정한다.

## 5.8 변조 신호 분석

- 광통신 시스템이나 부품 설계자는 광신호의 modulation depth, signal strength, distortion, intensity noise등을 측정 분석하는 데 관심이 있다.
- modulation depth나 distortion은 특히 CATV나 안테나와 같은 여러 개의 RF 신호를 사용하는 아날로그 시스템에서 매우 중요하다.
- 이러한 측정을 하기 위한 가장 일반적인 장비가 lightwave signal analyzer 이다.

1) lightwave signal analyzer

• 광신호의 변조 스펙트럼을 표시하는 보정된 광수신 시스템

- 구성 : 광대역 고변환이득 광변환기+RF spectrum analyzer
- 가변 광감쇠기 : 신호의 overload를 방지
- photocurrent의 DC 성분은 powermeter 회로에 의하여 평균 광출력으로 표시되어 변조 신호 측정 결과에 더하여 진다.

• 측정 단위 표시

- modulation-depth 측정 : 평균 광출력과 비교하기 위하여 dB optical로 측정

- relative intensity noise 측정 : dB electrical로 측정
• OSA(파장 측정)와 혼동하지 않도록 주의!

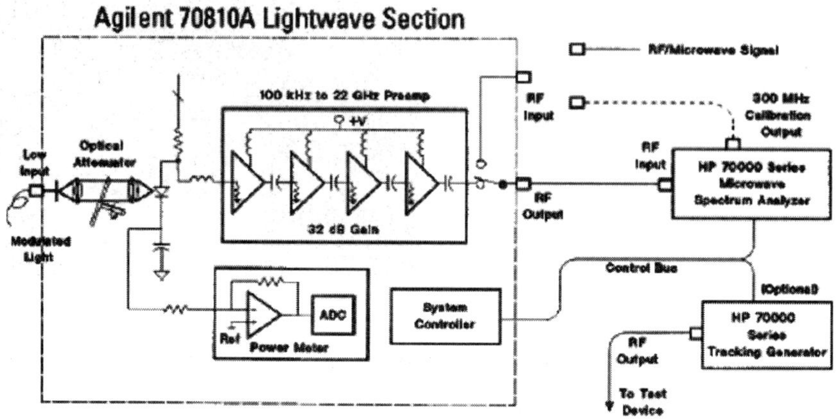


그림 5.26
70810A Lightwave Section

2) intensity 변조와 modulation depth

• intensity 변조 측정
- 1개의 변조 신호 : oscilloscope를 기본으로 하는 digital transmission system사용
- 여러 개의 변조 신호 : lightwave signal analyzer 사용
- (아래 그림은 측정 예로써 가로 축은 변조 주파수를, 세로축은 광출력을 나타냄)

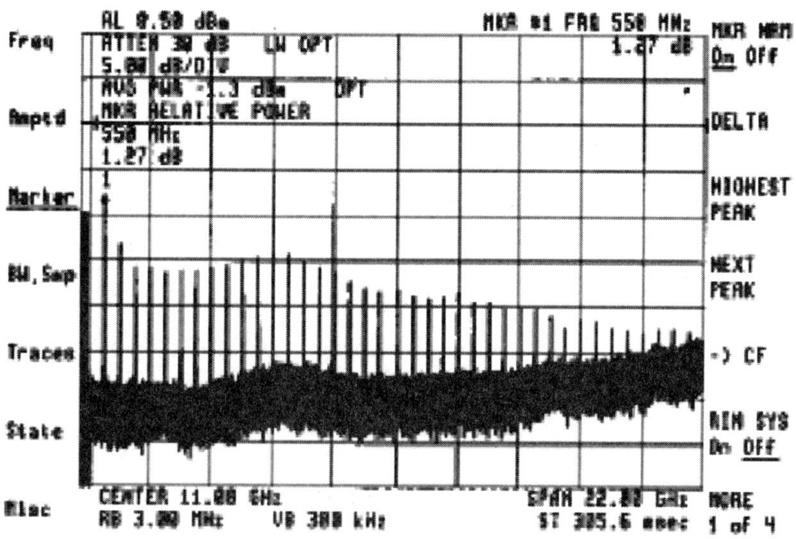


그림 5.27
측정 결과

- optical modulation depth(OMD) 또는 optical modulation index(OMI) :

$$m = \frac{P(f_{mod})}{P_{AVG}}$$

이때 $P(f_{mod})$는 최고 광변조 신호를 나타내며, $P_{AVG}$는 평균 광출력을 나타냄.

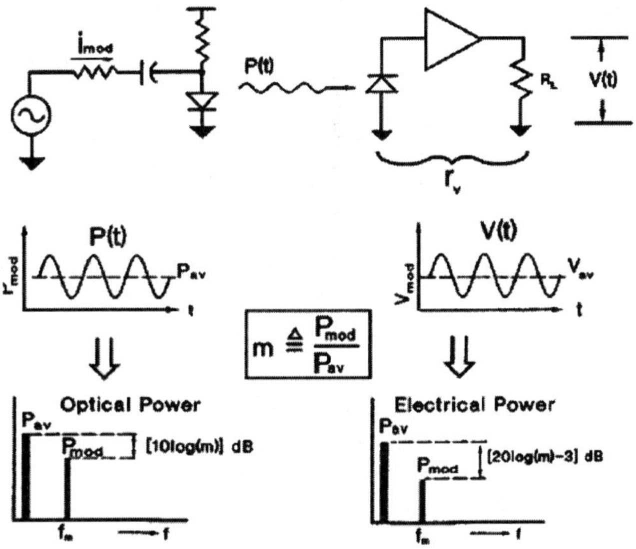


그림 5.28
광변조 및 평균 광출력도

$$d(t) = P_{AVG} + P_{MOD}\cos(2\pi f_m t)$$

Where ; $P_{AVG}$ = Average optical power

$P_{MOD}$ = Modulated opted optical power

$f_m$ = Modulation frequency

3) distortion

- 전송시스템의 목적은 정보를 가능한 한 정확히 전달하는 것
  - linear한 특성이 요구되나 완전한 linear 소자는 존재하지 않음
  - harmonic distortion + intermodulation distortion 발생
- harmonic distortion
  - 변조 주파수의 신호 세기와 harmonic 주파수 신호 세기의 비

$$HD_x = 10\log\left(\frac{P(xf_{mod})}{P(f_{mod})}\right)$$

- 2차 왜곡(HD2), 3차 왜곡(HD3)
- 측정 방법

그림 5.29
Measurement of harmonic distortion

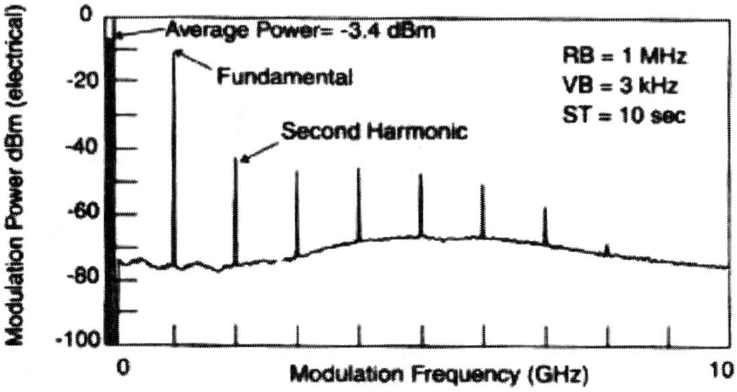


그림 5.30
측정값

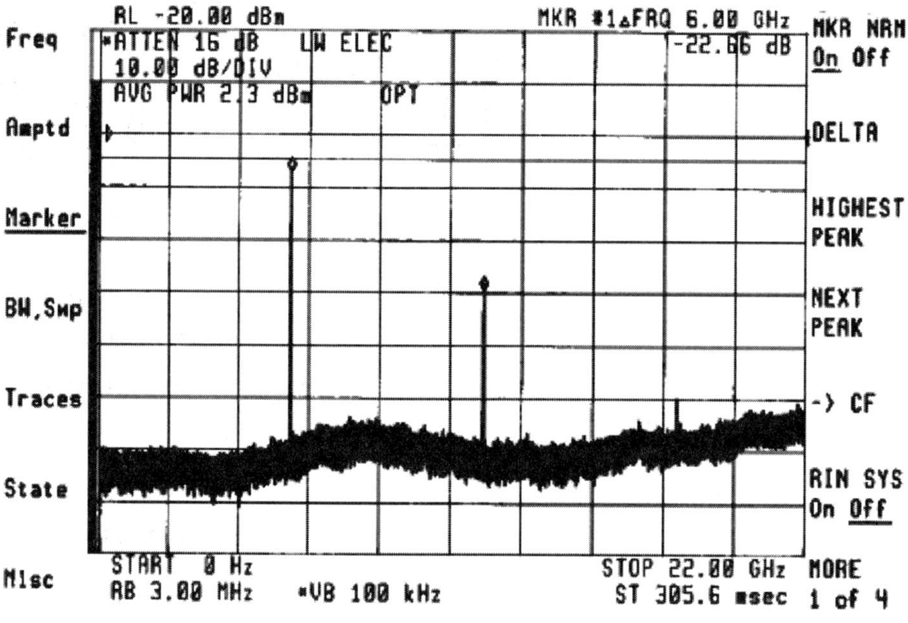


- marker delta 기능 : -22.66dB

- intermodulation distortion
  - 두 개의 변조 신호가 상호작용에 의하여 새로운 신호를 생성
  - 새로운 신호는 두 신호의 합이나 차가 된다.
  - 2차 왜곡(ID2), 3차 왜곡(ID3)

- IMD3 : 두 개의 근접한 신호에 의한 3차 왜곡
- composite second order(CSO) 왜곡 : 2차 왜곡의 합
- composite triple-beat(CTB) 왜곡 : 3차 왜곡의 합
- 측정 방법(그림 5.18)

그림 5.31
Measurement of intermodulation distortion

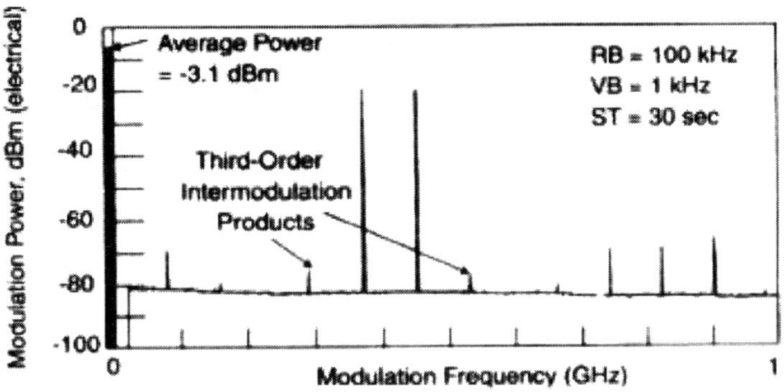


## 5.9 intensity 잡음 특성

- intensity 잡음 스펙트럼 : SNR에 영향

1) intensity 잡음 측정 방법

- 측정 장비 :
  - lightwave signal analyzer : 가장 일반적으로 사용
  - 광수신기+noise figure meter : 광수신기와 mismatch 손실에 의해 부정확할 수 있음.
  - 광수신기+electric power meter : 잡음을 측정하려는 범위에 맞는 bandpass filter가 필요
- DFB LD 측정 예
  - 설정

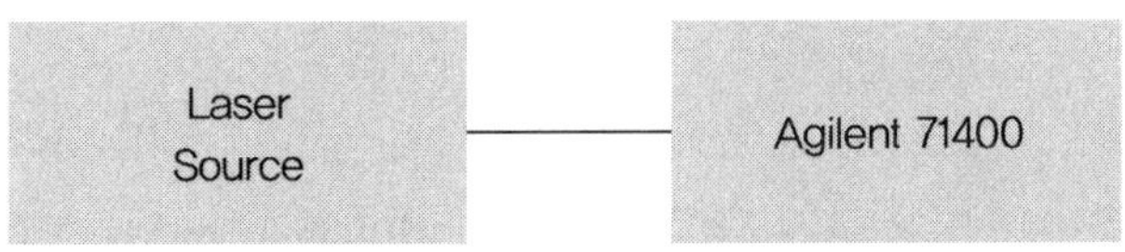

start and stop frequencies : 잡음의 전체 스펙트럼을 볼수 있도록 넓게 설정

resolution bandwidth : 측정 해상도이며 전체를 빠르게 측정하기 위하여

measurement span의 1/100 정도로 설정

video bandwidth : trace 속도이며 충분히 낮게 설정

reference level : 충분히 낮게 설정

- 측정 결과

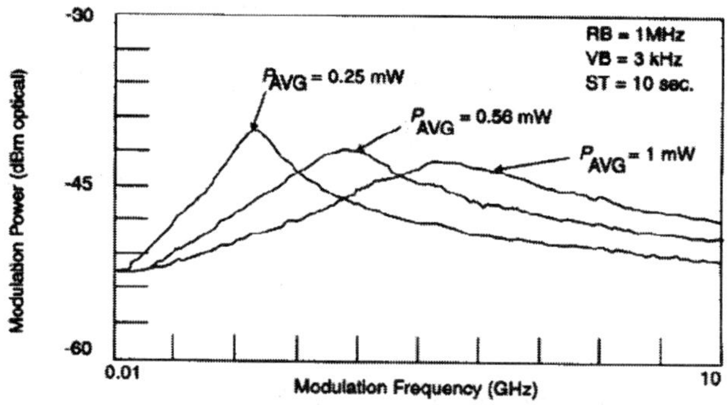


그림 5.32 Measurement of a DFB laser intensity noise at several bias settings

*일반적으로 전류나 출력이 증가할수록 intensity 잡음 증가 threshold에서 최대, threshold 이상에서 점차 감소

* 변조 주파수 특성과 비슷한 형태를 나타냄

2) RIN(Relative Intensity Noise)

- 정의 : SNR과 관련된 중요한 값으로 레이저 다이오드의 품질의 척도이며 다음과 같은 수식으로 정의됨.

$$RIN = \frac{(\Delta P)^2}{(P_{AVG})^2} \text{dB/Hz}$$

- 이때 $\Delta P$는 주어진 주파수에서 1Hz 대역폭 내의 광세기 변동을 나타내며 $P_{AVG}$는 평균 광출력을 나타냄.

- 레이저의 intensity 잡음(RIN)이 주요 잡음 원인인 광전송시스템에서 SNR을 결정함.

$$\frac{S}{N} = \frac{m^2}{2B \times RIN}$$

- - 이때 m은 modulation index, B는 잡음 대역폭을 나타냄.

• 측정 시스템에서 다른 잡음도 함께 측정

$$d(measured) = P(laser) + P(shot) + P(thermal)$$

$$RIN(measured) = RIN(laser) + \frac{2q}{I_{dc}} = \frac{P(thermal)}{P_{AVG}(eletrical)}$$

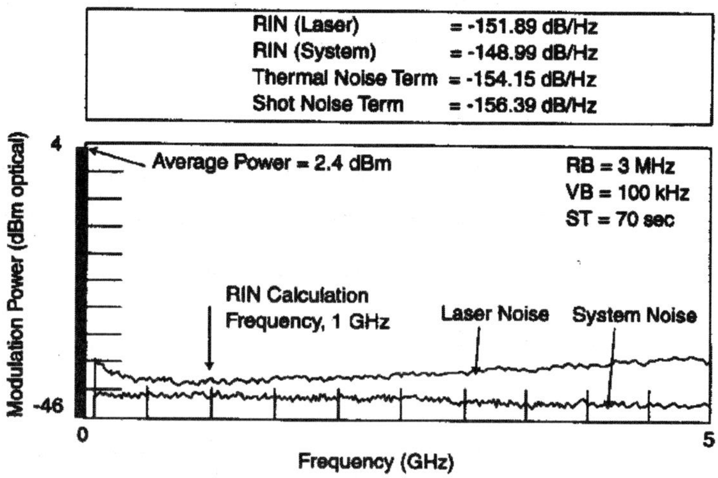


그림 5.33
RIN measurement on a lihgtwave signal analyzer

## 5.10 디지털 전송 특성 : BER, Eye diagram, mask, jitter

### 5.10.1 디지털 광통신 시스템

- 미국 : 24개의 64kbps 음성 데이터, 1.544Mbps(DS-1, T-1)
  유럽 : 30개의 64kbps 음성 데이터, 2.048Mbps
- 표준화 : SONET(미국) - OC-1, OC-3, OC-12, OC-24, OC-48, OC-192
  SDH(유럽) - STM-1, STM-4, STM-16, STM-64
- 광통신 시스템에서 신호가 정확히 전달되는지 판단할 수 있는 주요 물리 계층

  측정 항목
  - Bit-error-ratio testing
  - Eye-diagram analysis
  - Jitter analysis

### 5.10.2 BIT-ERROR RATIO

1) 정의 :

$$BER = \frac{E(t)}{N(t)}$$

이때 E(t)는 주어진 시간 t 동안 발생한 error 신호의 개수, N(t)는 전송된 총 신호의 개수를 나타냄.

2) 측정 방법

- In-service testing : 실제 시스템이 동작하는 상황에서 라인 모니터링
- Out-of-service testing : 측정하는 동안 실제 정보가 전송되지 않음

bit-error-ratio tester(BERT)

3) BERT

• 구성 :

그림 5.34
Basic bit error ratio tester

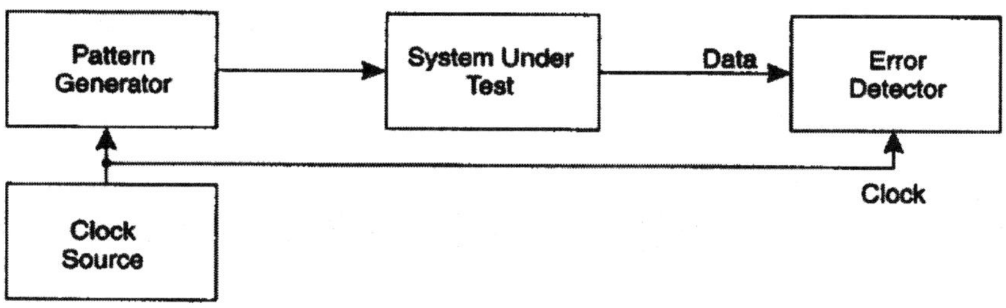


- pattern generator+error detector로 구성

• test pattern

- PRBS : pseudo-random binary sequence

패턴 길이가 $2^N-1$인 신호의 반복(일반적으로 N=7, 10, 15, 20, 23, 31)

긴 신호일수록 random 신호에 가깝다.

규정이 없을 경우 $2^{23}$-1를 사용

• 측정 예

- OC-48 solution

그림 5.35
Plot of BER vs. optical power level before and after 10km of fiber

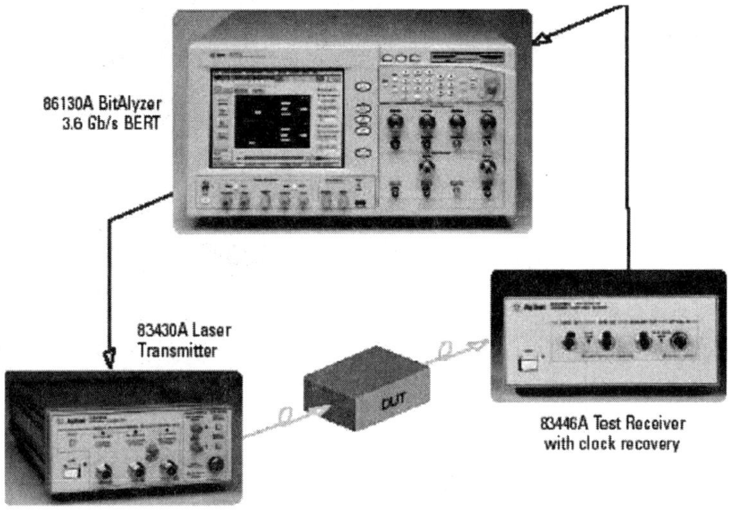


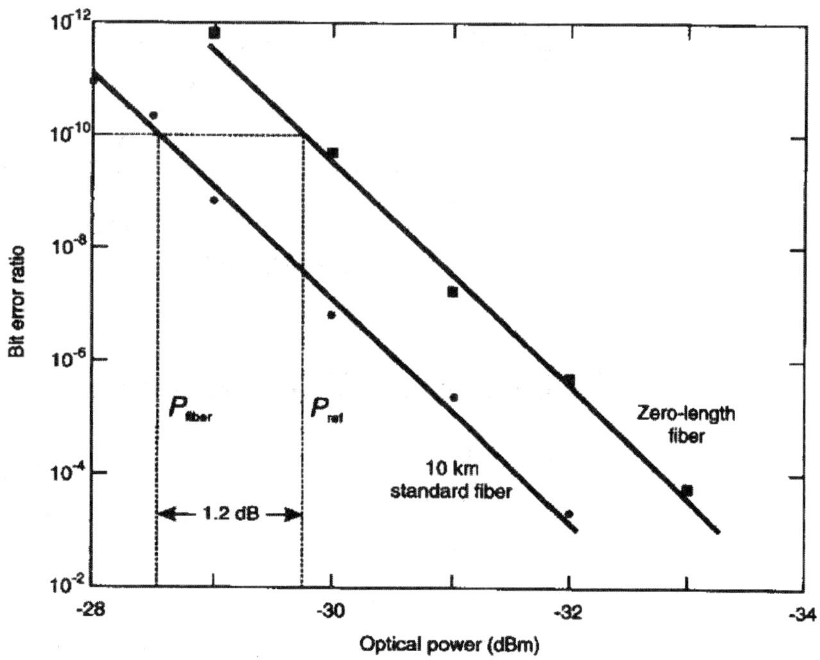

- 광수신기 측정

그림 5.36
표준화 비전 및 기대 효과

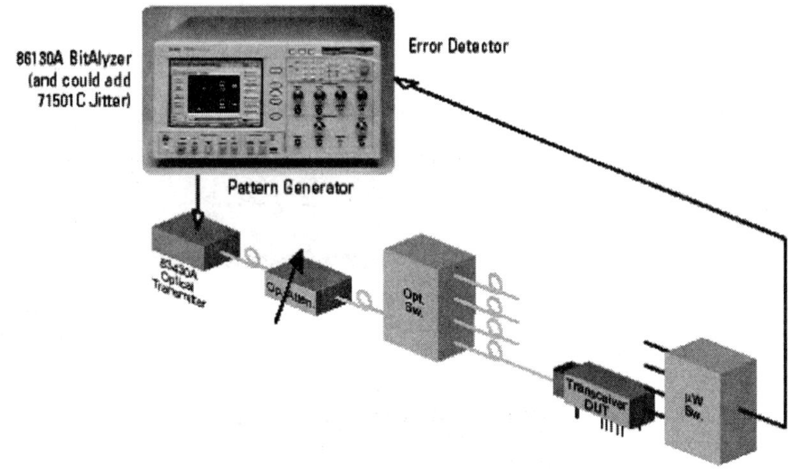


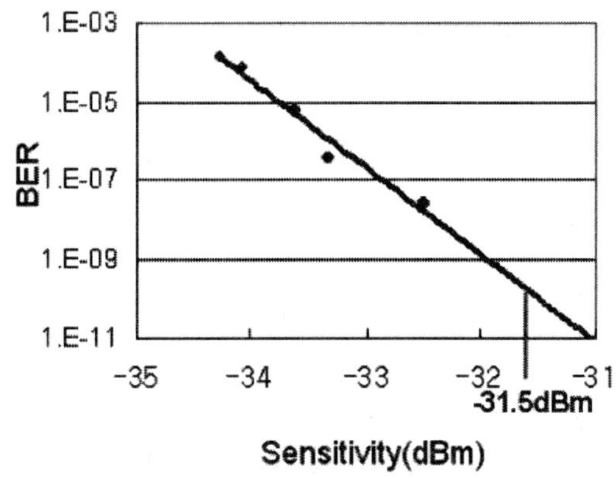


Data Rate : 622Mbit/s
Data Pattern : NRZ PRBS

$2^{23}-1$

## 5.10.3 EYE-DIAGRAM ANALYSIS

1) Eye-diagram

- BER 테스트는 전송링크의 품질을 측정하는 데 유용하나 문제점을 찾아 보완하는 데는 어려움.
- 기존의 오실로스코프는 single-value displays
  - 실제 통신 신호는 반복 신호라기보다는1과 0의 불규칙적인 신호로 구성
  - 패턴에 의존하는 문제점들(overshoot등)이 존재
  - 디지털 통신의 파형을 관찰하는 데는 single-value displays가 유용하지 않다.

- eye diagram(또는 eye pattern)
  - 모든 가능한 1과 0의 배합을 중첩시켜 나타냄
  - multi-value displays
- 디지털 오실로스코프의 종류
  - real-time sampling : 실제 파형을 나타냄
    A/D 변환기의 속도 제한으로 수GHz가 한계
  - equivalent-time sampling : 파형을 반복 샘플링하여 신호 구현
    고속 신호 측정 가능 가격이 저렴, 정보의 손실이 있다.

2) Eye 변수 분석

- Eye-parameter analysis : 기본적인 파형 특성 측정
  (rise time, overshoot, jitter등)

그림 5.37
Concept of an eye diagram

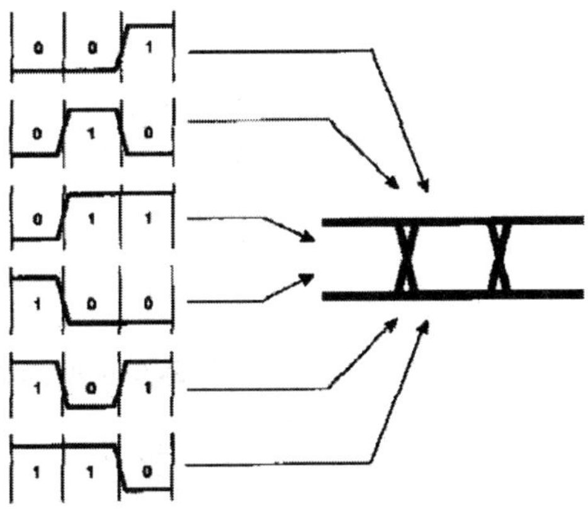


- 디지털 오실로스코프의 종류
  - real-time sampling : 실제 파형을 나타냄
    A/D 변환기의 속도 제한으로 수GHz가 한계
  - equivalent-time sampling : 파형을 반복 샘플링하여 신호 구현
    고속 신호 측정 가능 가격이 저렴 정보의 손실이 있다.

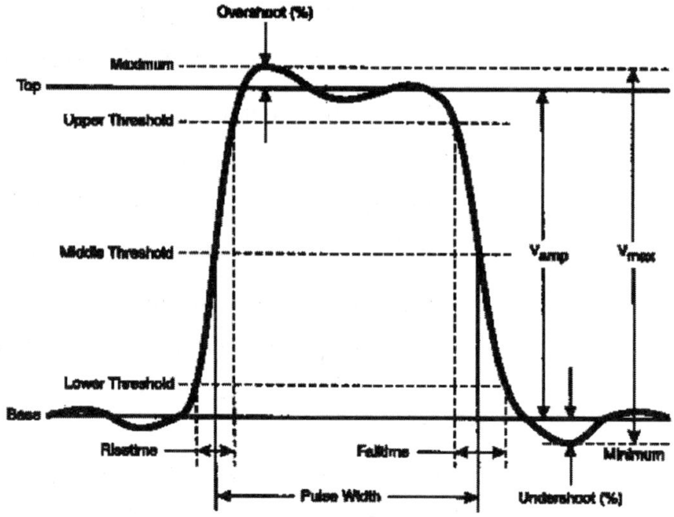


그림 5.38
Pulse parameter

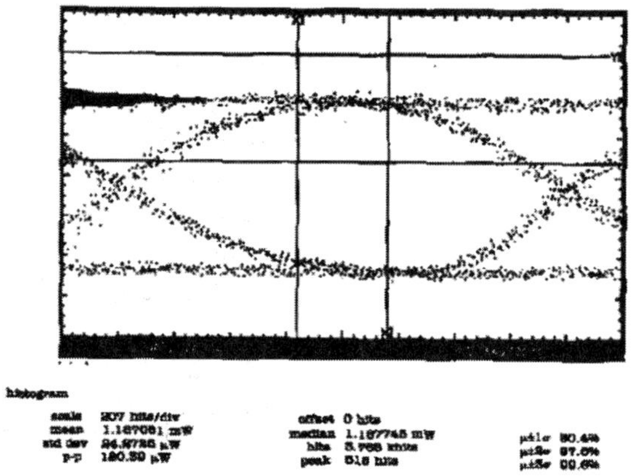

그림 5.39
Histogram windows for finding eye parameters Voltage histogram window for one level

- One Level : 논리 1 신호의 평균값을 측정하는 것 1신호를 시간 축 기준으로 40%에서 60% 사이까지 측정하여 수직 히스토그램 작성
- Zero Level : 논리 0 신호의 평균값 1 신호와 동일하게 측정
- Eye Crossing : crossing time과crossing amplitude로 구성

bit 구간의 시작은 시간상 rising과 falling edge가 교차되는 점으로 정의 이 점을 찾기 위하여 rising edge에서 falling edge까지 수평 히스토그으로 분석 이 히스토그램의 평균이 crossing time이고 표준편차가 jitter이다. crossing amplitude를 찾기 위하여 같은 윈도우에서 수직 히스토그램을 만든다.

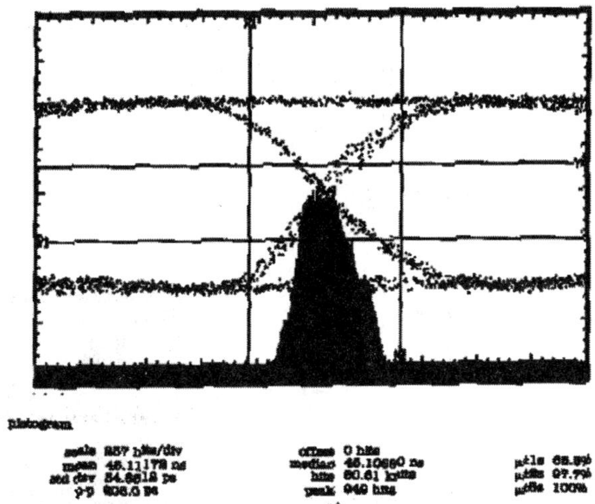

그림 5.40
Time histogram window for eye crossing time

- Rise Time/Fall Time : rise time은 rising edge가 최종 진폭의 10%에서 90%까지 증가하는 데 걸리는 시간으로 정의

fall time은 falling edge가 최종 진폭의 90%에서 10%까지 감소하는 데 걸리는 시간으로 정의 광신호의 경우 잡음과 jitter 문제로 통상적으로 20%, 80% 간격을 측정 근사적으로 $T_{10-90}=1.25\times T_{20-80}$로 구할 수 있다.

- Overshoot : 1-0 조합에 따라 다르게 나타남.

overshoot값을 overshoot의 peak 또는 평균으로 구하는 방법이 있으나 주관적임.

신호의 평균 광출력 Extinction ratio : 1(P1)을 신호의 평균 광출력(P0)으로 나눈것

$$ER=\frac{P_1}{P_0}$$

$$EX=10\log(ER)\qquad \text{dB값}$$

- 진폭의 크기를 측정하는 것으로 광통신시스템에서 신뢰성있게 전송할 수 있는 거리에 영향을 준다.
- 레이저에서 turn-on delay가 발생하지 않도록 0 신호일 경우에도 bias를 가해주며 이로 인하여 적은 양의 광출력이 발생한다.
- 고성능 광수신기+디지털 오실로스코프로 측정
- 이론적으로 간단하나 정확하게 측정하기가 매우 어렵다.

- Mask 측정 : 미리 정의된 마스크와 eye 형태를 비교
  - 생산공정에서 사용
  - 산업 표준 Mask

3) 측정 예

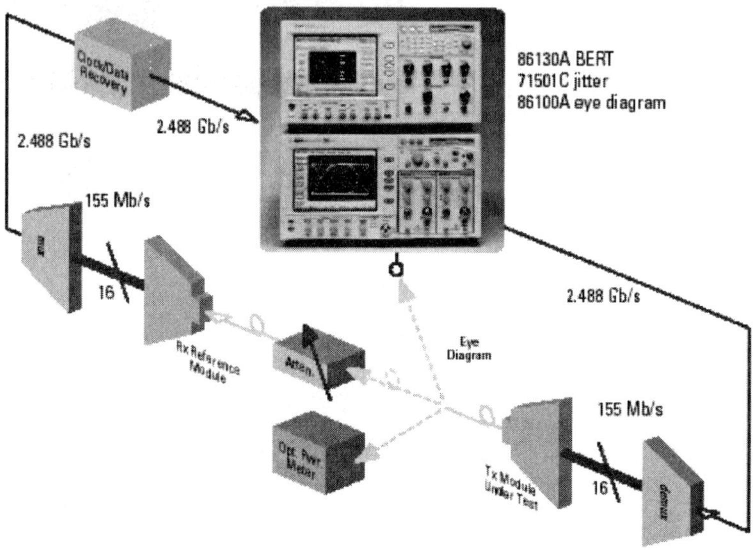


그림 5.41
측정 장치

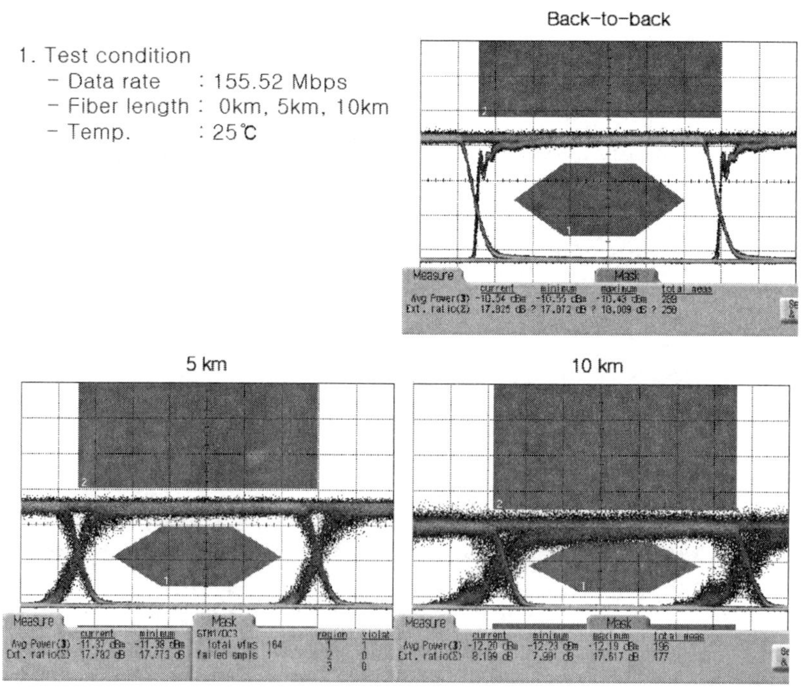


그림 5.42
측정값

4) JITTER 측정

• Jitter 정의 : 디지털 신호 전송에서 신호의 순간 변화에 따른 짧은 위상변화

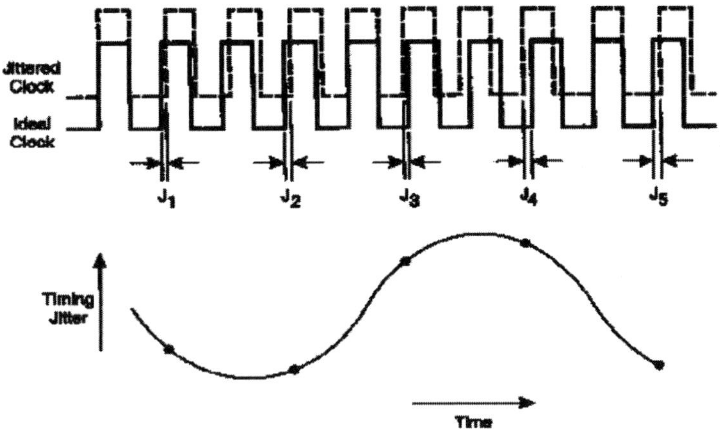


그림 5.43
Jitter time function derived from comparing a jittered clock with an ideal clock.

- unit interval(UI) 단위로 표시
- SONET/SDH 장비는 intrinsic jitter가 0.01UI(RMS) 이하를 요구
- Eye Diagram Analyzer로 측정 가능

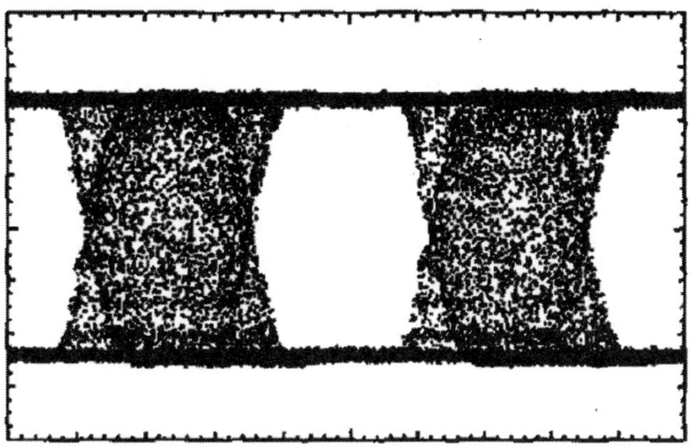

그림 5.44
Eye diagram with 0.5 UI of Jitter international impressed upon the data

LED 통신 시스템

Chapter

# 06 VLC를 위한 Line coding 기술

가시광 통신에서의 line coding 기술들을 알아본다.

## 6.1 개요

그림 6.1은 기본적인 실내 환경에서의 VLC 모델을 나타내고 있다. 이러한 시스템은 두 가지의 광 소자로 구성되며, 다운 링크 채널에서 넓은 범위를 커버하기 위해 사용되는 다수의 백색 LED와 업 링크 채널에서 사용되는 독립적인 백색 LED로 구성된다. 이러한 LED는 조명으로서의 역할을 할 뿐 아니라 통신 시스템의 역할을 하게 된다. 이런 두 가지의 기능은 LED의 빠른 스위칭으로 인해 가능하며 각각의 광(光)은 통신 환경에 따라 적절히 변조된다. 스위칭의 속도는 사람이 인식 할 수 있는 범위를 넘어서기 때문에 사람의 눈으로 인지할 수 없는 상태에서 통신이 이루어진다.

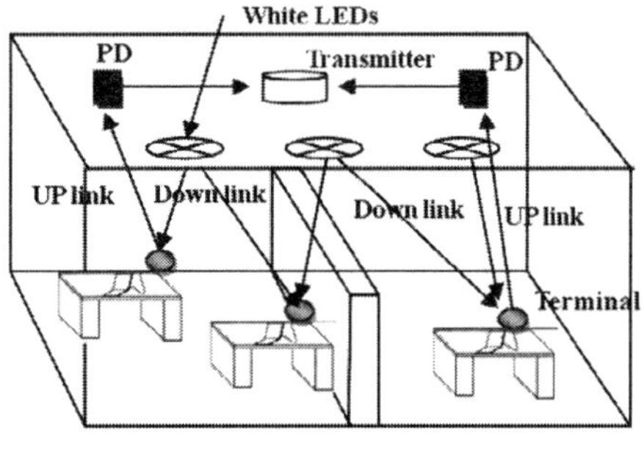


그림 6.1
실내환경에서의 VLC 모델

Line coding이란 말의 어원은 전화상에서 이진 정보를 구리 전화선으로 전송할 필요성을 느끼면서부터 시작되었다. 하지만 line coding의 개념은 빠르게 진보하여 전송로나 무선 채널까지 확장하게 되었다.

다양한 채널 특성이 존재하는 만큼 원하는 시스템 성능을 위해서 line coding 기법에 관한 연구가 진행되어왔다. 예를 들어 line coding을 이용하여 원치 않는 DC 성분을 제거할 수 있으며, 시스템 동기화 측면에 있어서 간단한 coding 으로 수신된 데이터의 타이밍을 보상할 수 있으며 동일한 데이터 전송속도를 가정했을 때 대역폭을 효율적으로 이용할 수 있다. 또한 line coding 기법을 이용하여 수신된 데이터들의 오류를 검출 할 수 있으므로 시스템 성능 측면에 있어서도 효율적이라 할 수 있다.

각각의 line coding 기법들은 자신들의 독특한 특성을 가지고 있으므로 채널 상태 및 대역폭 또는 동기화 문제에 맞게 선택하여 사용할 수 있다. 이러한 여러 고려할 사항 중에 line code 기법을 택하는데 있어서 기준이 되는 조건으로는 1) 동기화 2) DC 성분 3) 파워 스펙트럼 4)에러율 등이 있으며 세부적으로는 다음과 같다.

1) 동기화 : Line code화 된 파형들은 충분한 동기화 정보를 가지고 있어서 수신단에서 수신된 비트들의 동기화가 가능하다. 하지만 1의 비트 또는 0의 비트 다수가 연속적으로 열을 생성하게 되면 동기화에 있어서 어려움이 따를 수 있다.
2) DC 성분 : 전화 통신상에서의 전송은 AC방식이기 때문에 DC성분이 없는 것이 바람직하다. 만약 DC 성분이 존재하게 되면 수신되는 신호의 파형이 원치 않은 모양으로 변형 될 수 있다.
3) 파워 스펙트럼 : 전송 신호의 대역폭과 파워 스펙트럼은 심각한 왜곡을 피하기 위해 채널의 응답과 매치되어야 한다. 또한 파워 스펙트럼은 가능하면 좁은 대역폭에 포함되어야 하며 그럴수록 전송 효율이 높아진다.
4) 에러율 : 주어진 전송 파워에 대해 에러율을 낮아야 한다. 이 점은 line code의 신뢰성을 반영한다.

# 6.2 일반적인 line coding

## 6.2.1 Unipolar NRZ

NRZ란 1또는 0을 나타내는 하나의 펄스 파형 시간간격을 하나의 주기와 같게 한 부호화 방식을 말한다. 이러한 코드의 PSD는 다음과 같다.

$$S_1(f)=\frac{V^2T}{4}\left(\frac{\sin \pi fT}{\pi fT}\right)^2+\frac{V^2}{4}\delta(f) \tag{6.1}$$

여기서 V는 이진수 1 voltage레벨이고 T=1/R는 bit duration, R은 비트 시간당 bit rate이다. 1인 확률이 p라면 0인 확률이 (1−p)에서 이 코드의 PSD의 경우 대체적으로 $4p(1-p)S_1(f)$이다. Unipolar NRZ의 스펙트럼은 다음과 같다.

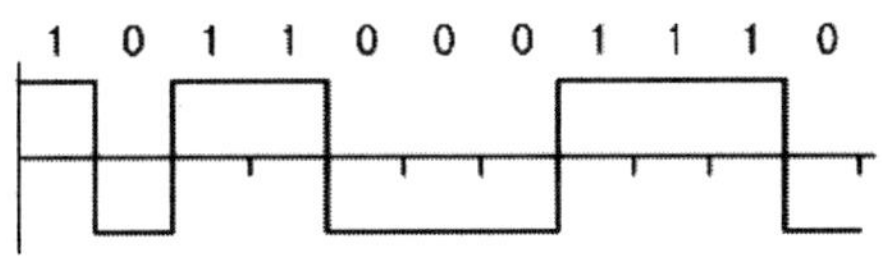


그림 6.1
Unipolar NRZ의 파형

PSD는 두 면에 스펙트럼되지만 효과적으로 표시하기 위해 반만 나타내었다.

$$P_e=\frac{1}{2}\text{erfc}\left(\sqrt{\frac{E_b}{2N_0}}\right) \tag{6.2}$$

위의 식으로 에러 수행율을 구할 수 있다. 통상 수신측은 신호의 전이가 일어나는 순간에 동기를 취하게 되므로 NRZ은 신호의 전이가 있는 경우에는 동기에 용이하나, 같은 값을 계속 유지하는 경우에는 아무 소용이 없게 되는 단점이 있다.

데이터를 보낼 때 신호의 있고(1) 없음(0)으로 구분하여 전송하는 방식으로 디지털 통신에서는 이를 흔히 OOK(On Off Keying)이라고도 한다. Unipolar NRZ는 구현 구조가 매우 간단하게 할 수 있어 가장 널리 쓰이는 방식으로 광통신의 IM/DD(Intensity Modulation/ Direct Detection) 전송의 대표적인 변조방식으로 쓰여져 왔다.

### 6.2.2 Unipolar RZ

RZ방식은 디지털 신호에 대한 부호화(인코딩)방식의 한 형태로써 신호중 1(High) 신호가 들어왔을 경우, 1비트 정도 후에 다시 0(Low) 신호로 복귀하는 형태의 신호로서 일반적으로 전송시스템의 선로 부호로서 많이 사용된다.

$$S_2(f)=\frac{V^2T}{16}\left(\frac{\sin \pi fT}{\pi fT/2}\right)^2+\frac{V^2}{4\pi^2}$$
$$\left[\frac{\pi^2}{4}\delta(f)+\sum_{n=\infty}^{\infty}\frac{1}{(2n+1)^2}\delta(f-(2n+1)R)\right] \quad (6.3)$$

1인 확률이 p이고 위의 식에서 PSD의 연속함수분배는 $4p(1-p)$이고 불연속의 크기는 $4p^2$이다.

비트 펄스 사이에서 반드시 일정시간 동안 0전위를 유지한 후 다음신호를 전송한다. RZ의 데이터 전송율은 전기적인 대역폭과 동일하다. 즉, 64kbps의 RZ디지털 신호는 64KHz의 대역폭을 갖는 시스템이 필요하다. RZ(Return to Zero)은 NRZ(Non Return to Zero)에 비해 대역폭이 2배가 소요된다.

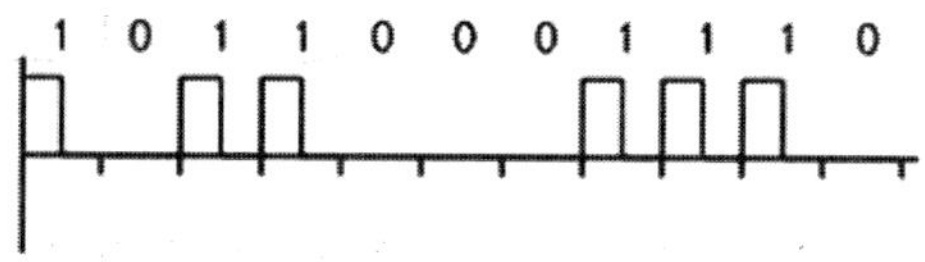


그림 6.2
Unipolar RZ의 파형

### 6.2.3 Polar RZ(AMI)

AMI 방식은 복극성(Bipolar) 부호라고도 하며 주로 DS-1/DS-1C 캐리어(T1 1.544Mbps) 에 사용되는 선로부호화 방식을 말한다. 다음 식에 의해 PSD가 구할 수 있다.

$$S_{4p}(f)=2p(1-p)R\,|G(f)|^2\left(\frac{1-\cos 2\pi fT}{1+(2p-1)^2+2(2p-1)\cos 2\pi fT}\right) \quad (6.4)$$

$G(f)$은 이진수 1의 표현으로 나타낸 펄스의 퓨리에 변환이다. P는 1의 확률이다. P=0.5, V의 제곱값과 연속 T/2이 이진수 1을 나타낼 때 PSD는 다음과 같다.

$$S_{4p}(f)=\frac{V^2T}{4}\left(\frac{\sin \pi fT/2}{\pi fT/2}\right)^2\sin^2(\pi fT/2) \quad (6.5)$$

에러율은 다음 식에 의해 구할 수 있다.

$$P_e \approx \frac{3}{4}\text{erfc}\left[\sqrt{\frac{E_b}{2N_0}}\right] \quad E_b/N_0 > 2 \tag{6.6}$$

0(No signal)은 0 Voltage로, 1은 +Voltage와 −Voltage를 서로 교번하여 부호화 즉, 전송중에 데이터 비트 0은 펄스가 없는 0V로 간주되고, 1은 처음에는 +V, 그 다음에는 −V로 서로 상반되게 극성을 대응하는 형태를 취한다.

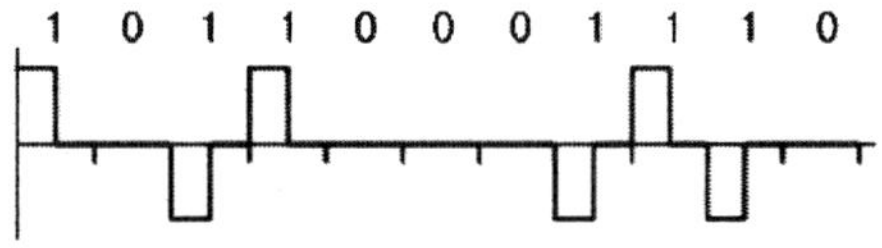


**그림 6.3**
Polar RZ의 파형

15개 이상의 연속적인 0 비트가 존재하지 않도록 하며 비트 1의 평균 밀도가 1/8 이상을 유지하여야 한다. 0이 계속 반복될 때 8번째 0을 강제로 1로 바꾸어서 부호화 한다.

### 6.2.4 Polar NRZ

PSD는 다음 식에서 구할 수 있다.

$$S_3(f) = V^2T\left(\frac{\sin \pi fT}{\pi fT}\right)^2 \tag{6.7}$$

1인 확률이 p이고 p가 0.5가 아닐 때, dc 구성요소가 존재한다. PSD는

$$S_{3p}(f) = 4V^2Tp(1-P)\left(\frac{\sin \pi fT}{\pi fT}\right)^2 + V^2(1-2P)^2\delta(f) \tag{6.8}$$

이 된다.

P=0.5일 때의 선형부호의 에러 확률은

$$P_e = \frac{1}{2}\text{erfc}\left(\sqrt{\frac{E_b}{N_0}}\right) \tag{6.9}$$

이다. Polar NRZ의 이점은 적은 bandwidth를 가진다.

### 6.2.5 Manchester

맨체스터 부호는 수신측 동기화의 용이성을 강조한 선로부호화 방식을 말한다. 맨체스터 파형의 PSD다음 식에 의해 얻어진다.

$$S_5(f)=V^2T\left(\frac{\sin \pi fT/2}{\pi fT/2}\right)^2 \sin^2(\pi fT/2) \tag{6.10}$$

PSD의 연속적인 분할은 폭을 줄이고 R=1/T, 비트 rate의 정수배에 구성표현이 불연속한다

PSD의 결과는

$$S_{5p}(f)=V^2T\,4p(1-p)\left(\frac{\sin \pi fT/2}{\pi fT/2}\right)^2 \sin^2(\pi fT/2)+V^2(1-2p)^2 \sum_{n=-\infty,\, n\neq 0}^{\infty}\left(\frac{2}{n\pi}\right)^2 \delta(f-nR) \tag{6.11}$$

이다

Polar 이진수 선로부호의 broad type은 다음 식 에 의해 구해진다.

$$S_{BP}(f)=4p(1-p)R|G(f)|^2+(2p-1)^2R^2\sum_{n=-\infty}^{\infty}|G(nR)|^2\delta(f-nR) \tag{6.12}$$

$$S_{GP}(f)=p(1-p)R|G_1(f)-G_2(f)|^2 + R^2\sum_{n=-\infty}^{\infty}|pG_1(nR)+(1-p)G_2(nR)|^2\delta(f-nR) \tag{6.13}$$

맨체스터 부호화 방식은 주로 LAN이더넷(10Mbps) 방식에서 사용하고 있다.

항상 매 비트 마다 펄스의 변화가 있게 끔하여 수신측에서 동기 타이밍을 쉽게 찾도록하여 준다. 맨체스터 신호의 극성은 각 비트의 중앙에서 반전되며 천이되는 방향이 논리(Logic) 상태를 결정하게 된다. 즉, 높은 레벨에서 낮은 레벨로의 천이가 1을 나타내며 낮은 레벨에서 높은 레벨로의 천이가 0을 나타낸다.

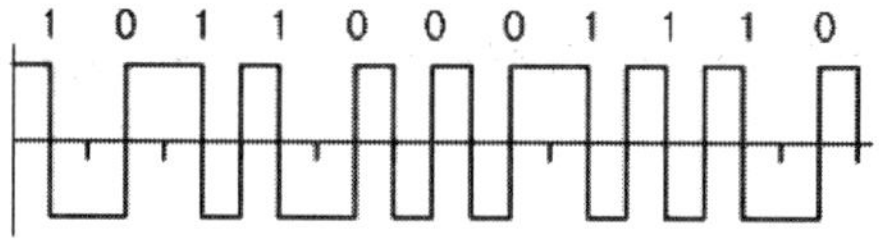


그림 6.4
Manchester의 파형

# 6.3 Alternate line codes

앞서 언급한 대부분의 line code들 중 AMI와 Manchester를 제외한 나머지 line code들은 비 기억 code 들이다. 이제 언급할 alternative code는 모두 기억 code로스 앞, 뒤 레벨에 따른 레벨 위치의 변화를 보여준다.

## 6.3.1 Delay modulation(Miller code)

이 line code는 1의 비트는 비트 중간 지점에서 천이하고, 0의 비트는 비트중간 위치에서 천이하지 않는다. 하지만 0비트 이후 곧바로 0비트가 연속적으로 들어오는 경우에는 전 비트의 끝 지점에서 천이가 발생한다.

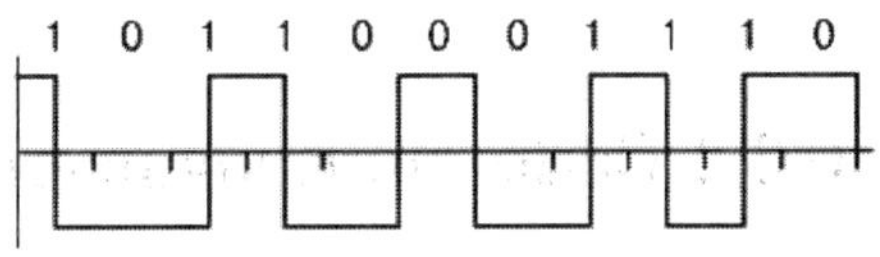


그림 6.5
Delay modulation의 파형

Miller line code는 대역폭의 확장 없이 좋은 동기화 성능을 가진다. Miller line code의 장점은 대부분의 에너지가 0.5R이내에 속해 있어서 더 작은 대역폭을 필요로 하며 dc 성분이 제거됨을 알 수 있다. 또한 에러 성능도 일반적인 line code들과 비교하였을 때 우수한 성능을 가진다. 하지만 에러 검출 능력은 없다는 것이 단점으로 지적된다.

## 6.3.2 Split phase(Mark)

이 code는 중간 비트지점에서 항상 천이한다는 점에서는 Manchester code와 비슷하다. 따라서 이 code는 dc 성분이 없으며 또한 쉬운 동기화가 가능하다. 하지만 Manchester code와 다르게 전 비트 주기 동안의 천이에 의해서 다음 비트의 천이가 결정된다. 만약 1의 비트는 전 비트의 천이와 관련하여 그것의 역으로 천이하며, 0의 비트는 역으로 천이하지 않는다. 명백히 기억 code인 것이다.

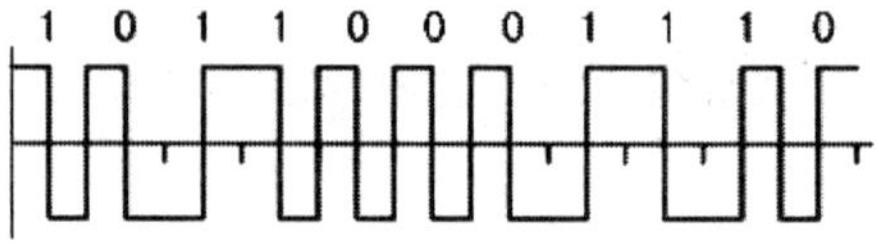


그림 6.6
Split phase의 파형

### 6.3.3 Biphase

이 code는 1의 비트에서 비트의 중간지점에서 천이하고, 0의 비트에서 천이하지 않는 Miller code와 유사하다. 하지만, 이 code는 항상 비트의 시작지점에서 한번 천이한다. 따라서 dc 성분 없이 쉬운 동기화가 가능하다.

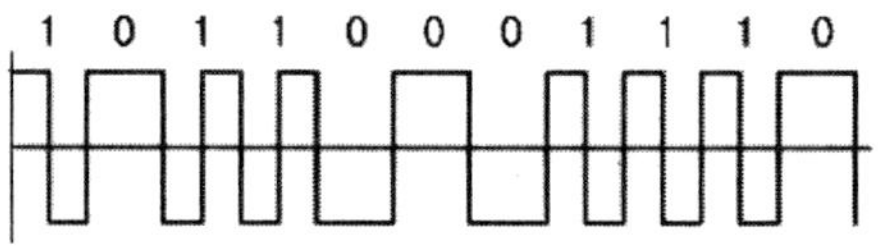


그림 6.7
Biphase의 파형

### 6.3.4 Code mark inversion(CMI)

이 code는 CCITT(Consultative Committee on International Telegraphy and Telephony) 다중화기의 인터페이스로 사용된다. 1의 비트는 +V와 −V 교대로 NRZ 부호화 되며, 0의 비트는 비트의 중간지점에서 천이한다. 이 code는 Biphase code보다 더 좋은 동기화 효율을 가진다.

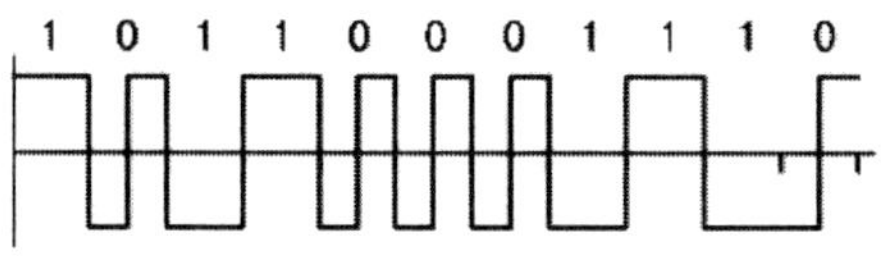


그림 6.8
Code mark inversion의 파형

### 6.3.5 NRZ-I

이 code는 전 비트에 대해 1에서 0로 또는 0에서 1로 전환됨에 따라 NRZ-M(Mark) 또는 NRZ-S(Space)로 구분된다. NRZ-M은 1의 비트에서 해당 레벨을 전환하고, 0의 비트에서는 전환하지 않는다. 이와는 반대로, NRZ-S는 0의 비트에서 전환을 하며, 1의 비트에서는 전환하지 않는다. 이것은 차등 변조 기법과 유사하며 대역폭 효율은 polar NRZ에 비해 우수하지만 동기화 측면에서는 비효율 적이다.

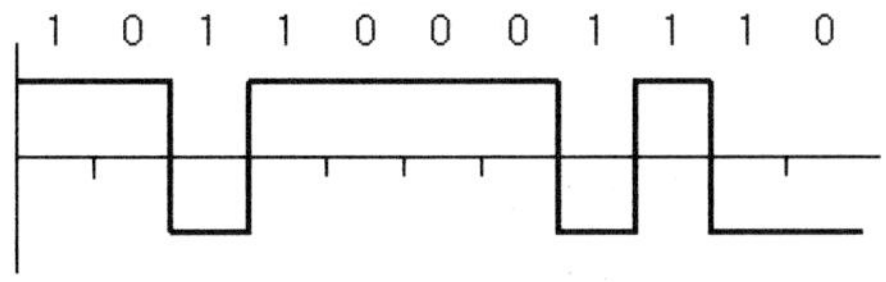


그림 6.9
NRZ-M의 파형

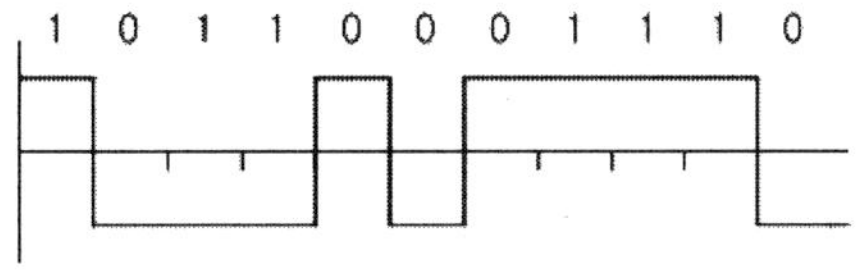


그림 6.10
NRZ-S 파형

## 6.3.6 Binary N zero substitutions(BNZS)

일반적인 code인 AMI code는 line code의 좋은 특성들을 가지고 있다. 하지만 AMI code의 가장 큰 단점은 0의 비트가 연속적으로 다수의 비트가 입력되면 동기화를 할 수 없다는 점이다. BNZS는 N개의 0의 비트 열을 특별한 code로 대체시켜AMI code를 향상시켰다. 이 특별한 code는 1의 비트를 포함하고 있는 것처럼 보이지만 1의 비트는 AMI 펄스 집단의 알림 목적으로 사용된다. 두 개의 연속적인 같은 극의 비트들이 입력되면 2개의 연속적인 비트들 중 0의 비트의 수와 독립적으로 AMI 펄스 집단을 알린다. 이러한 알림들은 수신단에서 검출 가능하며, 이 특별한 code들은 N개의 0의 비트들로 대체된다. 이러한 특별한 code들은 다수의 0의 비트 열이 입력이 되어도 동기화함에 있어서 편의를 제공한다. AMI와 비교하였을 때 BNZS의 유일한 단점은 입력 비트 열이 길어지면 비트 레벨의 천이가 자주 발생하여 그만큼 에너지가 소비된다는 점이다.

BNZS에서 'N'은 그 사용에 따라 가변적이며 보통 전화상에서는 B6ZS, B3ZS 그리고 B8ZS 이렇게 3 종류의 code를 사용한다. B6ZS code에서 6개의 0의 비트 열은 다음과 같은 규칙으로 특별한 code로 대체된다.

- 만약 마지막 펄스가 + 이면 á 0 + - 0 - +
- 만약 마지막 펄스가 – 이면 á 0 - + 0 + -

B6ZS code의 사용 예는 다음과 같다.

Original data 1 0 0 0 0 0 0 1 1 0 1 0 0 0 0 0 0 1 1
B6ZS format + 0 + − 0 − + − + 0 − 0 − + 0 + − + −

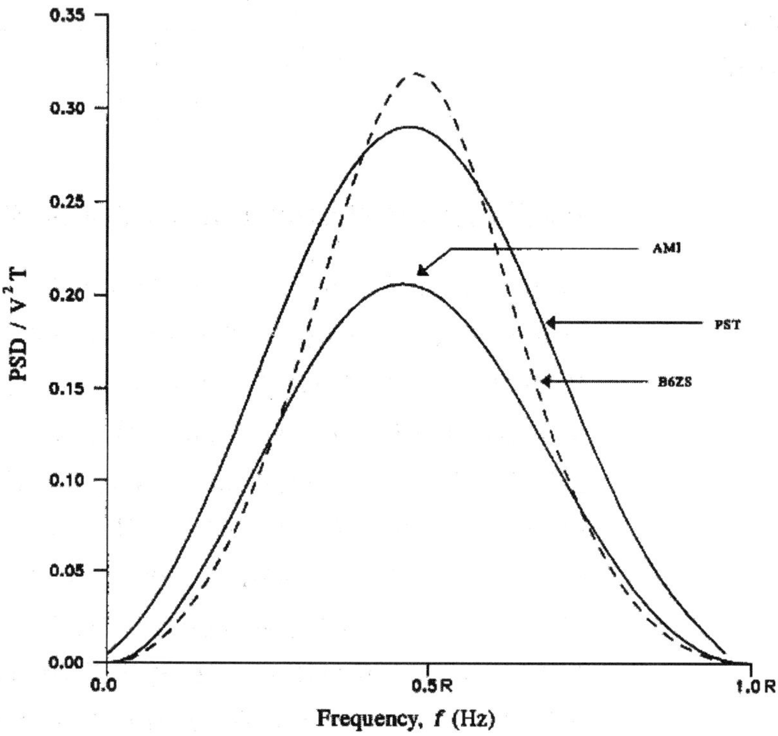


**그림 6.11**
Line coding 기법에 따른 파워 스펙트럼

Chapter

# 07 VLC를 위한 Channel coding 기술

가시광통신을 위한 채널 코딩 기술의 원리와 방법 등에 대하여 알아본다.

## 7.1 개요

시스템 성능을 향상시키기 위해서는 앞 장에서 설명한 Line coding 기술 이외에 Channel Coding 기술을 이용할 수 있다. Channel Coding 기술은 에러를 최소화 하고 요구를 시스템 요구를 충족시키고 Shannon의 한계에 근접하는 성능을 나타내는데 목표를 두고 있다. 본 교재에서는 Channel Coding 중에서 Turbo codes에 대한 내용을 살펴보기로 한다.

## 7.2 Turbo codes

복잡도는 낮으면서 효과적으로 복호 가능한 부호화 기법인 Turbo codes는 Berrou 등에 의해 제시되었다. AWGN 환경에서 비교적 간단한 복호 알고리즘을 사용하여 18번의 반복 복호 시에 Shannon의 이론과 비교해서 0.7dB에서 BER이 $10^{-5}$라는 이전 결과에 비해 획기적인 성능을 나타내 많은 관심을 불러일으켰다.

Turbo codes는 기본적으로 convolutional code를 병렬 연접하는 방식으로, 이것은 두 개 이상의 component encoder에 같은 시퀀스의 서로 다른 배열을 적용하는 것이다. 즉 원래 연구되어 오던 직렬 연접 부호는 전송하고자 하는 시퀀스에 하나의 부호를 적용하여 부호화한 다음 이 부호화된 시퀀스에 다른 부호를 적용하여 다시 부호화하는 이중 부호화의 과정이었다던 것에 비해 새로 제안된 Turbo codes는 같은 시퀀스를 배열만 바꿔서 서로 다른 부호화기에 적용하는 방법이다.

Turbo codes의 복호화는 soft output iterative decoding 방법을 이용한다. 지금까지 Convolutional code에서 일반적으로 사용되어온 Viterbi 알고리즘은 시퀀스 오류를 최소화하는 데에는 최적의 방법이었지만 비트 단위의 정보를 발생시킬 수는 없었다. 복호화 과정의 기본 개념이 복호화 기간 내에 각 비트에 대한 정보를 교환하여 이를 다음 복호에 이용함으로써 성능을 향상시키는 것이기 때문에 Turbo codes의 복호화 과정에서는 soft output을 얻는 것이 필요하다. 이를 위하여 Turbo codes 복호 알고리즘은 1974년, Bahl 등이 제시한 알고리즘을 변형한 것으로 MAP(Maximum A Posteriori) 알고리즘이라 불린다. 이상으로부터 Turbo codes는 연접 부호화 소프트 출력 반복 복호 알고리즘의 개념을 적절히 결합한 새로운 부호화 기법임을 알 수 있다.

## 7.2.1 Turbo codes의 원리

단순화한 Turbo Codes의 한 종류로 두 개의 convolutional encoder를 병렬로 연결 시켜 놓은 turbo encoder가 있다. 입력 정보들은 두 번째 부호화기로 들어가기 전에 scramble 된다. turbo code의 codeword들은 그림 7.1에 나타나 있는 것처럼 첫 번째 부호화기로부터 생성된 패리티 체크 비트에 따르는 입력비트(규칙적인 비트들)와 두 번째 부호화기로부터 얻어진 패리티 비트들로 구성된다.

그림 7.1의 간단한 turbo encoder는 오직 두 개의 가지를 갖고 있다. 일반적으로 다중 turbo encoder는 두 개 이상의 가지를 가질 수 있는데, 각 가지들에 위치한 convolutional encoder는 성분 부호로 일컬어진다. 그리고 각각의 성분 부호들은 유사하거나 또는 다른 부호의 발생 함수를 포함할 수도 있다. 본 교재에서는 같은 성분 부호를 갖는 두 개의 가지의 구조에 대해 살펴보기로 한다. 그림 7.1에 나타나 있는 PAD는 부호화기로 들어오는 모든 정보 비트들에 '0' 의 신호를 적절히 덧붙이는 역할을 한다. 이것은 만약 처음과 마지막 비

그림 7.1
간단한 터보 부화화기 구조

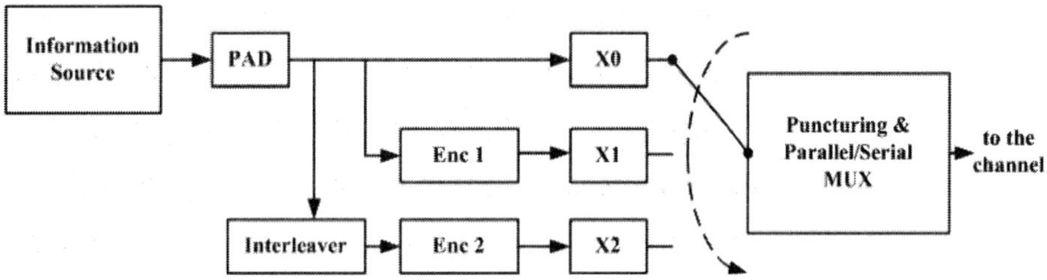


트들을 사용하게 되면 convolutional encoder는 블록 부호를 발생시킬 수 있기 때문이다. 만약에 오직 하나의 부호화기만을 이용한다면 꼭 필요한 마지막 비트는 메모리 차수 'm' 과 같은 길이를 갖는 연속적인 '0' 의 비트들이 된다.

일반적으로 첫 번째 부호화기 전에 또 다른 인터리버를 가질 수 있지만 대게 인터리버는 그 인터리버의 지연에 해당하는 만큼의 지연 라인으로 대체되며 이것은 각각의 가지들이 동시에 작업을 수행할 수 있도록 해 준다. Puncturing은 기본 구조를 가지는 부호화기의 부호비율을 넘어선 convolutional 부호비율을 가능하게 해 준다. 나눠진 구역은 인터리빙과 puncturing이 전담한다. 귀납적 부호라 일컬어지는 어떤 부호들은 내부의 천이 레지스터의 상태에 따라 과거의 출력 부호들에 의존한다. 그림 7.2는 귀납적인 규칙적인 부호들에 대응하는 비 귀납적이고 비체계적인 convolutional 부호들을 나타낸다.

그림 7.2
(a) 비 귀납적인 비체계적 부호, (b) 귀납적인 체계적 부호

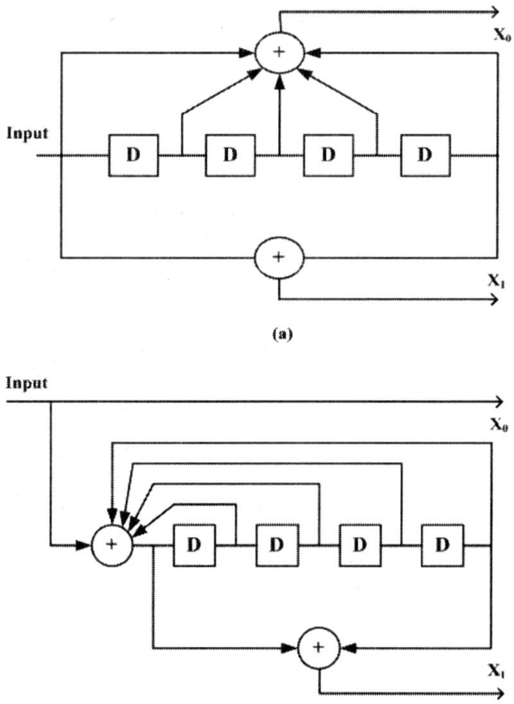

$X_0$와 $X_1$은 체크 비트들이고 체계적인 convolutional decoder에서는 출력 비트들 중 하나인 $X_0$가 정확히 연속적인 입력 비트들과 같게 된다. 터보 부호에서는 귀납적인 체계적 컨볼루션 부호화 방법이 비 귀납적인 터보 부호화 방법에 비해서 더 효과적인 성능을 나타낸다. 귀납적인 체계적 컨볼루션 부호화기는 출력비트들 중 하나를 feedback하여 입력 신호와 같게 함으로서 비 귀납적인 비체계적 부호화기를 얻을 수 있다. 격자배열과 자유 거리 또한 앞선 두 개의 부호와 같게 된다. 물론 두 개의 함수 발생기가 서로 같지 않기 때문에 출력 비트들은 두 개의 입력 비트들과 같게 대응되지는 않는다.

## 7.3 Turbo Codes의 복호화 과정

단순화한 Turbo Codes의 한 종류로 두 개의 convolutional encoder를 병렬로 연결한 터보 부호의 복호기는 그림 7.3에서 보는 바와 같이 각각의 구성 부호기에 대응되는 구성 복호기가 인터리버와 역인터리버를 사이에 두고 직렬 연결된 형태로 구현되며 부호기에서와 같이 프레임 단위로 복호가 이루어진다. 그리고 반복 복호(iterative decoding)를 하기 위해서 각각의 구성 복호기는 연판정출력(soft output)이 가능하여야 한다.

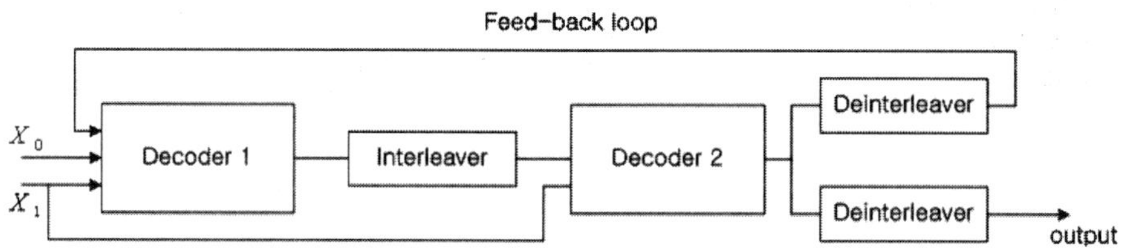


**그림 7.3**
터보 부호 복호화 구조

그림 7.4는 이러한 터보 부호의 실질적 하드웨어 구현을 표현한 그림이다. 여기서는 복호화 방법으로 SOVA(Soft Output Viterbi Algorithm)를 사용한 경우를 나타내었다. SOVA의 구체적인 알고리즘은 다음 절에서 자세히 언급하기로 한다. 그림 7.4에서 보이는 바와 같이 터보 코드 전체 block 중 가장 큰 비중을 차지하는 부분은 복호기 구조가 되고 그러한 구조는 복호 알고리즘에 따라서 크게 달라진다. 따라서 다음 절에서 복호 알고리즘을 간략히 살펴보도록 하겠다.

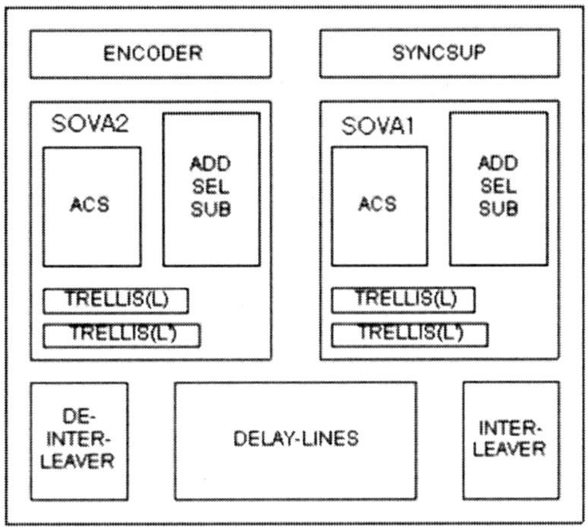


그림 7.4
Floor-plan of the chip

## 7.3.1 MAP(Maximum a posteriori probability) algorithm

MAP algorithm은 정보 비트의 사후(a posteriori) 확률 값을 계산하여 이 확률 값이 최대가 되도록 복호하는 방식을 말한다. MAP algorithm은 convolutional code에 사용하면 성능이 우수하지만 계산량이 많아서 1974년 발표된 이후, 실제 시스템에서 쓰인 적은 거의 없지만 터보 부호가 제안되면서 새롭게 주목을 받게 되었으며, 현재 실제 구현을 위해서 계산량을 줄이기 위한 많은 연구가 이루어지고 있다.

## 7.3.2 SOVA(Soft Output Viterbi Algorithm)

SOVA는 말 그대로 Viterbi algorithm에 바탕을 둔 것으로 기존의 Viterbi algorithm을 적용하여 얻을 수 있는 hard-decision한 값에 신뢰도 값을 더 계산하여 성능을 개선시키는 방식이다. SOVA는 Hagenauer 등에 의해 처음 제안된 이후로 많은 발전된 형태들이 발표되고 있다. 우선 SOVA는 trellis 상에서 survivor path와 concurrent path의 부호의 동일 여부에 따라 HR(Hagenauer Rule)-SOVA와 BR(Battail Rule)-SOVA로 나누어 생각할 수 있다. 즉, update 과정에서 두 path의 부호가 다른 경우에만 update를 시켜주는 것이 HR-SOVA이고, 부호가 같은 경우에도 update를 시켜주는 경우가 BR-SOVA이다. 따라서 모든 경우에 대해 update를 시켜주는 BR-SOVA가 HR-SOVA에 비해서는 성능은 우수하지만, 복잡도 측면에서는 단점을 가지게 된다. 그리고 그림 7.4에서도 살펴보았듯이 실제 구현에서 많이 사용되고 있는 방식으로 two-step

SOVA를 생각할 수 있다.

이러한 two-step 방식은 Berrou와 Meyr등에 의해 각각 제안되었는데, Two-step SOVA의 기본개념은 decoding depth의 모든 state를 대상으로 update를 시켜주는 기존의 방식들과는 달리 일정길이 동안의 trellis T(L) 동안은 기존의 Viterbi algorithm을 사용해서 ML(maximum likelihood) state를 찾은 후, 나머지 trellis T′(L′)동안만 그 결정된 state에서부터 update를 시켜주는 방식이다.

본 절에서 간략하게 살펴본 바와 같이 MAP algorithm은 복호를 위해 확률값을 이용하는 반면 SOVA에서는 Viterbi algorithm과 같이 metric값을 이용한다는 점이 가장 큰 차이점으로 생각할 수 있다. 지금까지 실제적으로 hardware를 제작할 때, 성능은 MAP algorithm에 비해서는 떨어지지만 복잡도 면에서 상당히 우수한 SOVA를 많이 사용해왔지만 최근의 hardware기술의 발달에 따라 MAP algorithm을 사용한 경우도 많이 발표되었다.

Chapter

# 08 VLC를 위한 동기화

가시광통신에서 동기화의 필요성과 원리 방법 등에 대하여 알아본다.

일반적으로 동기라함은 자신과 상대간에 서로 정보를 일치시킨다는 의미를 갖는다. 이때의 일치시키려는 정보는 위상, 주파수, 시간, 부호 등이 될 수 있다. 이 장에서는 동기화에 대해서 종류, 구분, 비동기식 방식과의 차이점 등을 알아보고 또한 가시광 통신을 위한 적합한 동기화 방식을 알아보고자 한다.

## 8.1 동기화란?

동기화는 일반적으로 자신과 상대 간에 서로 정보를 일치시킨다는 의미 이외에도 송신측 및 수신측 간의 데이터를 주고받는 시점을 일치 시키는 것을 말한다.

동기식 디지털 전송의 경우에 일련의 비트 흐름으로 전송되어서, 통상적으로 수신되는 매 바이트 마다 동기를 취하는 비동기 전송 방식과는 달리, 통상적으로 패킷(또는 프레임)이라 불리는 보다 긴 일련의 비트들을 단위로하여 동기를 유지한채 통신토록 효율을 개선하고 속도를 높이기 위해 설계된 방식이다. 한편, 이 과정에 필수적인 것이 동기화(Syncronization)이며, 이는 송신측 및 수신측 간의 데이타를 주고받는 시점(시간적 관계)을 정확하게 일치(유지)시키는 것을 말한다. 사실상, 디지털 통신 시스템에서의 동기화는 필수적이며 정확한 동기화 알고리즘이 없다면 신뢰성있는 데이터 전송은 불가능하다. 동기화라는 의미는 상황에 따라 또한 문맥에 따라 약간씩 다른 의미를 가질 수 있다.

### 8.1.1 동기화 필요성

작은 회로망 내에서는 하나의 발진된 주파수로 전체 회로 소자가 이를 공유하므로 전체 회로 소자 간에 동기화하기가 용이하게 된다.

보다 큰 회로망(즉, 통신망) 내부에서의 동기화는 거리가 임의로 떨어진 송신/수신기 간에 동기를 맞추는 일은 어렵고 복잡하여, 멀리 떨어진 양자 간의 통신에 동기화할 수 있는 수단 및 방법이 반드시 필요하게 된다.

특히, 디지털 통신 시스템에서의 동기화는 필수적이며, 송수신 간에 정확한 동기화 능력이 없다면 신뢰성있는 디지털 데이터 전송은 사실상 불가능하다.

### 8.1.2 동기화 단위

디지털 통신에서 동기화는 어떤 단위량을 기준으로(통상 비트, 바이트, 프레임 등의 데이터량 단위로) 동기화를 이룬다.

비동기 디지털 통신에서는 비트, 바이트 단위의 동기화.

동기식 디지털 통신에서는 비트, 바이트, 프레임 단위로 동기화를 이루지만 동기식에서는 보다 장기적으로 동기화를 지속해야 하는 특징이 있다. 따라서, 동기식 디지털 통신은 구현이 복잡하고 비용이 많이 든다.

## 8.2 동기 및 비동기, 용어상의 혼란

### 8.2.1 동기식 디지털 전송/비동기식 디지털 전송 방식

이때의 동기/비동기식이라는 용어는 과거에 전화모뎀 및 유선전송선로 등에 주로 사용되는 2계층 데이터링크계층 상에서의 비동기식/동기식 전송 방식 간의 차이점을 주로 설명하고 있다. 주의할 점은 비동기식 전송 방식이라하여도 수신측에서는 여전히 동기화 행위를 하고 있다는 점이다. 다만, 비동기식은 수신되는 일련의 정보(Stop Bit, Start Bit) 속에서 매번 동기화 정보를 찾는다. 이와는 달리 동기식 전송은 비동기식 전송에 비해 일련의 비트들을 하나의 프레임 단위 등으로 동기화를 이루어서 비록 빠른 전송속도를 제공하지만 그만큼 구현이 복잡하여 비동기식에 비해 비용이 높은 편이다. (BSC, HDLC 등)

### 8.2.2 동기식 검파 및 비동기식 검파

동기식 검파(Coherent Detection) 방식은 수신기에서 송신측이 사용한 것과 같은 동일하다고 추정되는 주파수와 위상을 갖는 반송파를 곱해서, 이를 저역 필터로 여파하여 원래의 정보를 얻는 검파 방식을 말하며, 비동기식 검파(Noncoherent Detection) 방식은 반송파 위상이 필요하지 않는 검파 방식(포락선 검파)이다.

### 8.2.3 비동기전달모드(ATM, Asynchronous Transfer Mode)

고정길이의 셀을 이용하여 고속의 경우에는 연속하여 보내고 저속에서는 빈 셀/ 빈 정보(빈 셀인 경우 빈 셀의 헤더부분이 비어있음을 표시하여 둠)를 유효정보 셀 에 조합시켜 연속하여 보냄에 따라, 정보 가치가 있는 정보를 항상 일정한 간격으로 보낼 필요가 없다는 점에서 ATM을 비동기라고 부른다. 즉, 셀과 셀의 위치관계, 또는 네트워크의 프레임 위상과 셀의 위치가 항상 어떤 종류의 동기관계를 유지할 필요가 없다는 점에서의 비동기이다. 결국, 서비스 이용 측면에서 송신자와 수신자간 정보 전달방식이 비동기임을 말한다.

### 8.2.4 광대역 이동통신 방식(W-CDMA)에서의 동기식 및 비동기식

기지국 등이 GPS를 가지는지 여부 즉, 기지국 간에 동기를 맞추는지 여부에 따라, 동기식 CDMA 방식(GPS 이용) 및 비동기식 CDMA 방식(GPS 이용안함) 으로 구분한다. 물론, 기지국과 단말 간에는 반드시 동기가 이루어져야 함은 필수적이다.

기지국에서 보내는 하향링크의 경우에 무선단말이 취하는 동기화는, 프리엠블 등을 이용하여 타이밍 동기, 주파수 동기, 셀 탐색 등이 이루어진다.

### 8.2.5 멀티미디어에서의 동기화

멀티미디어에서의 동기화는 매체내(intra-media) 동기화 및 매체간(intermedia) 동기화로 구분한다.

- 미디어 간 동기화 : 서로 다른 미디어인 영상 및 음성을 일치시키는 동기화
- 미디어 내 동기화 : 개별 미디어를 통해 전송되는 정보열의 시간적 관계를 유지시키는 것

### 8.2.6 PDH/SDH : 비동기식디지털계위/동기식디지털계위

PDH는 각각의 디지털다중화장치들이 각 다중화 단계에서 주로 자체 발진기의 클럭을 사용하여 DS-n급 신호들을 만들어 가는 디지털전송기반(체계)을 말한다. SDH는 기본신호인 STM-1(155 Mbps)로 모든 신호가 동기식 디지털 계위를 이루며 다중화되어 전송되는 방식으로, 이 과정에서 전체 망노드 간의 안정된 동기 클럭이 매우 중요하다. 물론, PDH 방식이 비동기식 방식이라고 하나, 실제적으로는 동기 클럭이 제공될 수 있는 유사 동기식(Plesio-chronous, 여분을 주는 동기식) 방식이며, 다만 통상적인 속도의 백만분율(ppm) 단위로 수십 정도의 오차를 허용하는 다소 정밀하지 못한 동기 체계를 따를 따름이다.

## 8.3 동기화의 원리와 방법

동기화는 변조 신호를 복조할 때 필요한 반송파의 위상 · 주파수 동기, 정보 비트를 복원할 때 필요한 비트 동기, 여러 채널의 정보가 시분할 다중화된 신호에서 특정 채널의 정보만을 추출하기 위해 채널의 위치를 파악하거나 블록 부호화된 정보를 복호화하기 위해 블록의 시작 위치를 찾고, 코드분할 다중화된 신호에서 코드의 시작 위치를 찾을 때 등 비트열의 구조를 알아내기 위한 프레임 동기 등이 있다. 이 장에서는 이와 같은 동기화의 원리와 방법에 대해서 살펴보고자 한다. 우선, 첫 번째로 반송파 동기 기술에 대해 고찰해 본다.

### 8.3.1 반송파의 동기화

데이터를 전송하기 위해 반송파를 사용하는 디지털통신 시스템에서 반송파 신호를 동기 복조시키기 위해서는 위상 동기된 기준 반송파가 필요하게 된다. 변

조된 신호의 스펙트럼에 반송파 성분이 존재한다면 PLL을 사용하여 간단히 반송파 동기를 얻을 수 있다. 이 루프에서 변조 전력의 역효과를 최소화하기 위해 전형적으로 분할 위상 변조 형태가 종종 사용된다. BPSK처럼 반송파 성분이 존재하지 않는다면 대체 가능한 두가지 방식은 양측파대 변조에 대한 제곱 루프와 Costas 루프이다. 그러나 디지털 데이터 복조가 사용되었을 때 이러한 루프 메커니즘은 아날로그 메시지 신호의 복조에서는 발생하지 않던 문제를 야기한다. 루프 입력이 $\pm d(t)\cos\omega_c t$ 라고 가정하면 어느 루프나 입력 신호와 동기될 것이다. 대개 복조기 출력에서의 이런 부호의 모호성을 해결하기 위해서는 어떤 다른 방법이 필요하다. 이러한 하나의 방법은 변조 전에 데이터 스트림을 차동부호화하고 비록 신호 대 잡음비에서 약간의 손실은 있지만 이것을 검출기 출력에서 차동 복호화하는 것이다. 이것을 차동 부호화된 BPSK의 위상 동기 검출(coherent detection)이라 하며 BPSK의 차동 위상 동기 검출과는 다른 것이다. Costas와 제곱 루프와 유산 회로는 QPSK에 대해서도 구성할 수 있다.

이러한 위상 추적 장치에서 잡음의 영향에 대해 알아보자. 위상 오차는 루프 입력에서 신호 대 잡음비가 크면 평균이 0인 가우시안으로 근사화될 수 있다. 이런 여러 가지 경우에 대한 위상 오차의 분산을 표 8.1에 나타내었다. 이러한 결과는 불완전한 위상 기준에 의한 평균 성능 저하의 척도가 된다. 모든 경우에 대해 은 정수 전력으로 끌어올린 신호 대 잡음비에 반비례하고 위상 추정을 하는 루프에 의해 기억되는 심벌의 유효수에 반비례한다.

다음은 비트 동기화 방법에 대해 알아보자. 표 8.1에 사용된 단어는 다음과 같이 정의된다.

**표 8.1 추적 루프 오류 분산**

| 변조방식 | 추적 루프 오차 분산, $\sigma_\phi^2$ |
|---|---|
| 비변조(PLL) | $\frac{N_0 B_L}{P_c}$ |
| BPSK(제곱 또는 Costas 루프) | $\frac{1}{L}\left(\frac{1}{z}+\frac{1}{2z^2}\right);\ z=\frac{E_s}{N_0},\ L=\frac{1}{B_L T_s}$ |
| QPSK(4배 또는 데이터 추정 루프) | $\frac{1}{L}\left(\frac{1}{z}+\frac{9}{2}\frac{1}{z^2}+\frac{6}{z^3}+\frac{3}{2}\frac{1}{z^4}\right)$ |

$T_s$ = 심벌 지속 시간
$B_L$ = 단측파대 루프 대역폭
$N_0$ = 단측파대 잡음 스펙트럼 밀도
L = 위상 추정에 사용된 심벌의 유효수
$P_c$ = 신호 전력
$E_s$ = 심벌 에너지

### 주파수 동기 및 위상 동기

- 주파수 동기(Frequency Synchronization)는 반송파의 주파수 즉 주기를 맞추는 일($f_A=f_B$)
- 위상 동기(Phase Synchronization)는 수신되는 반송파 신호와 수신기의 국부 발진 신호가 동시에 0을 통과하게되는 즉, 위상이 동기화되는 것을 말한다. 결국, 위상 동기는 매 시점(시작점)을 일치시키는 것이다.

그림 8.1
주파수 동기 및 위상 동기

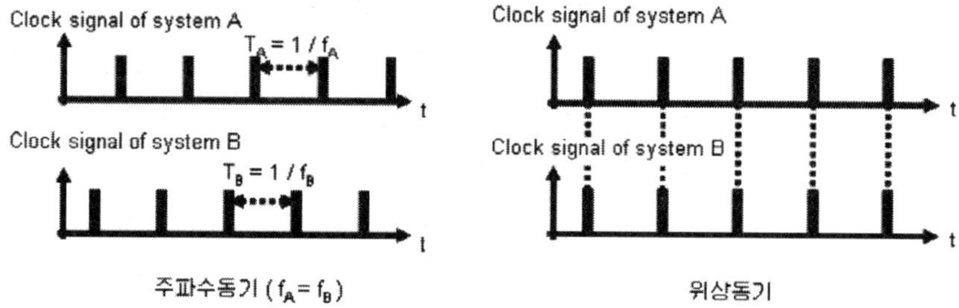


## 8.3.2 비트 동기화

비트 동기화를 얻는 방법에는 1차 또는 2차 표준형부터 유도하거나, 분리된 동기 신호 이용, 아래 그림과 같이 나타난 것처럼 자동 동기화라고 하는 변조 자체로부터 유도하는 방법 등이 있다. 지연 곱 과정에 의해 일어나는 비선형 동작 때문에 에너지는 비트 주파수의 두 배에서 발생한다. 이 주파수에 PLL을 동기시키고 그것을 2로 나누어 클록을 얻는다. 이 루프의 구성은 BPSK 파형으로부터 반송파를 얻는 제곱 루프와 유사하다. Costas 루프와 유사한 형태로 비트 동기화를 얻는 루프 형태도 있다.

그림 8.2
랜덤 비트 스트림과 동기를 맞추기 위한 클록을 유도하는 시스템의 블록도

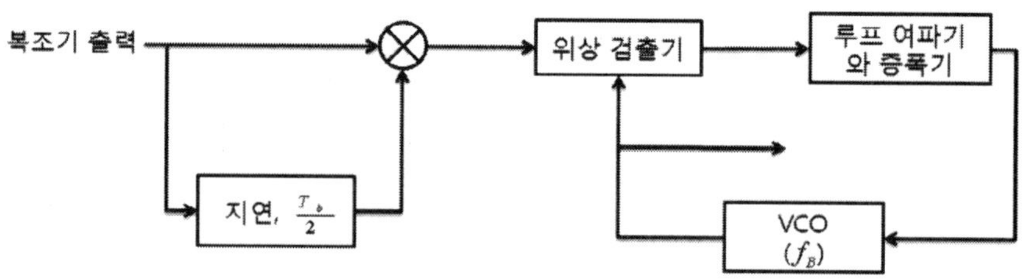


### (가) 비트 동기의 필요성

수신기는 수신되는 디지털 신호로부터 어떻게 0, 1을 판별해낼까?

그림 8.3에 ±3, ±1의 레벨을 가지는 4진 디지털 신호를 전송한 경우의 예

를 나타냈었다. (a)는 송신측에서 보낼 디지털 정보를 NRZ 형식으로 나타낸 것이다. NRZ 신호는 한 심볼 구간 동안 일정한 레벨을 유지하는 구형 파형을 가지므로 심볼 구간 어디에서나 쉽게 그 값을 판별할 수 있다. 그러나 이 신호를 전송할 때에는 선로의 특성을 고려하여 파형을 정형화하여 송신하므로, 심볼 구간 중 특정한 위치에서만 그 심볼의 값을 정확히 판별할 수 있다. (b)는 심볼의 레벨값을 정확히 판별할 수 있는 타이밍을 제공하는 클럭을 나타내고, (c)는 수신기에서 실제로 수신되는 파형을 정확한 타이밍에 맞추어 판별한 예이다. 그림에서 보는 바와 같이, 심볼을 판별하는 타이밍이 정확한 경우 복원된 심볼 값은 원래의 값을 정확히 나타낸다. 그러나 (d)와 같이 심볼을 판별하는 타이밍이 $\theta$만큼 틀려지게 되면 원래의 심볼 값을 정확히 복원할 수 없게 된다. 따라서 수신 신호로부터 정확한 비트 값을 복원하려면 수신기는 송신 신호에 대해 정확한 비트 타이밍 동기가 유지되어야 함을 알 수 있다.

**그림 8.3**
디지털 신호 복원시 비트 동기의 문제

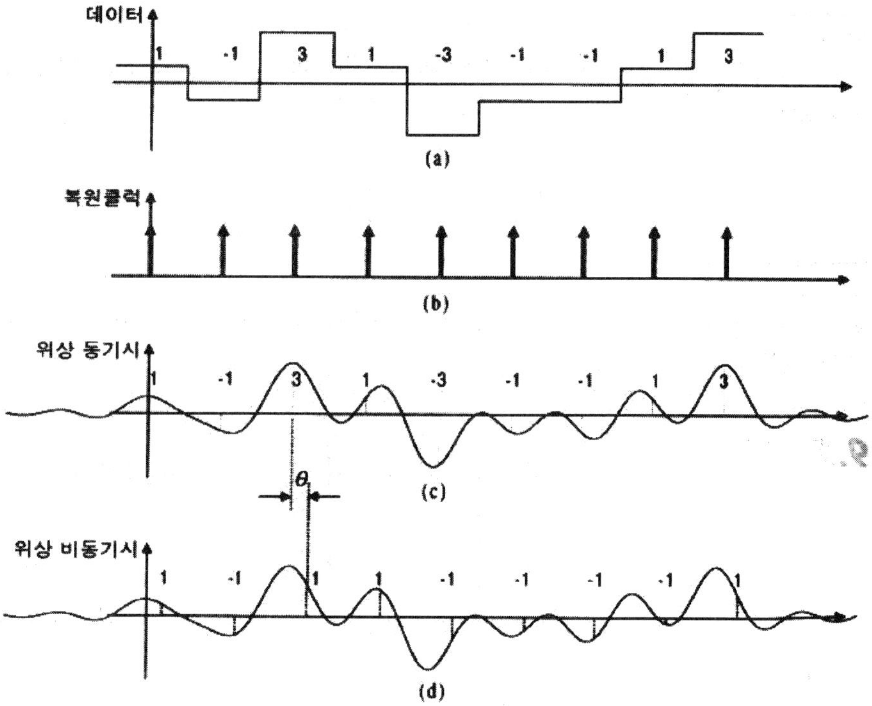


## (나) 비트 동기 방법

비트 동기 방식도 반송파 동기 방식과 마찬가지로 크게 개방 루프 동기화 방식과 페루프 동기화 방식을 들 수 있다. 각각의 대표적인 예를 들어 살펴보도록 하자.

(1) 개방 루프 동기화 방식

그림 8.4에 개방 루프 방식의 심볼 동기 회로를 나타내었다. 이 회로는 Biphase나 Bipolar-RZ 방식과 같이 심볼 구간마다 신호 극성의 반전이나 영교차가 발생하는 선로 부호 방식에 적합하다. 이러한 선로 부호를 적용한 신호는 영교차 부분의 기울기가 크므로 미분기에 입력하면 영교차 부분에서 진폭이 큰 펄스 신호가 발생한다. 그런데, 영교차는 수신 신호에 섞여 있는 잡음 성분에 의해서도 발생할 수 있으므로, 입력단에 저역 여파기를 두어 잡음의 영향을 최소화한다. 미분기에 의한 펄스는 신호의 기울기에 EK라 (+) 또는 (−)의 부호를 가지므로 제곱회로를 이용하여 단극성으로 변환한다. 이 신호를 다시 중심 주파수가 심볼 속도와 같은 협대역 대역 통과 여파기를 통과시키면 동일한 주파수의 정현파가 얻어진다. 이 신호를 진폭 제한기에 입력하여 입력 심볼 열에 동기화된 구형 펄스 클럭을 발생시킬 수 있게 된다.

**그림 8.4**
개방 루프형 비트 클럭 동기 회로

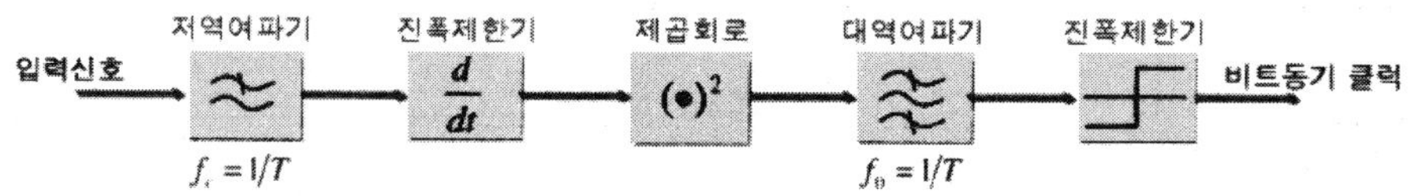


(2) 폐루트 동기화 방식

**그림 8.5**
선행 지연 게이트 방식의 비트 클럭 동기 회로

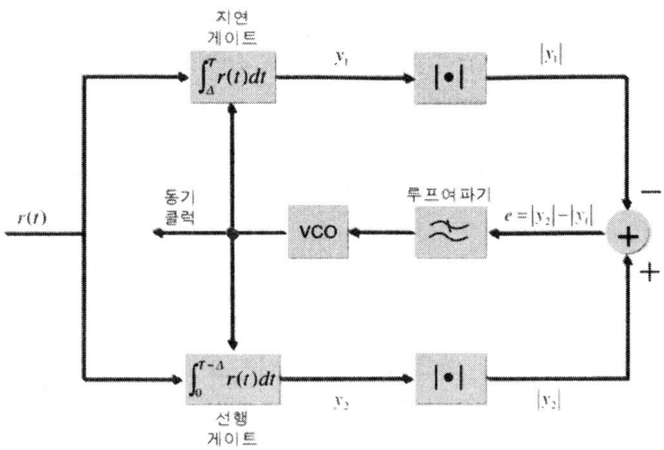


루프 동기화 회로는 대부분 PLL을 응용한다. 그림 8.5에 대표적 예인 선행 지연 게이트 방식의 동기 회로를 나타내었다.

그림에서 VCO는 입력 신호가 0일 때 수신되는 디지털 신호 r(t)의 심볼 속도와 동일한 주파수의 자주 발진 클럭을 발생한다. 선행 게이트는 VCO의 발진 출력인 동일한 주파수의 자주 발진 클럭을 발생한다. 선행 게이트는 VCO

의 발진 출력인 동기 클럭에 맞추어 입력 심볼을 적분하는데, 적분 구간은 심볼 구간 T보다 $\Delta$만큼 짧은 T−$\Delta$ 동안이다. 즉, VCO의 발진 클럭을 기준으로 0~(T−$\Delta$) T구간 $\Delta$동안 적분을 한다. 지연 게이트는 선행 게이트보다 $\Delta$ 만큼 지연된 구간을 적분한다. 즉, VCO 클럭을 기준으로 $\Delta$~T 동안 수신 심볼을 적분한다.

선행 지연 게이트 방식의 동기 회로의 동작을 설명하면 다음과 같다. 먼저, 입력 데이터 심볼의 위상과 VCO의 동기 클럭 위상이 일치한다고 가정해 보자. 그림 8.6의 (a)에 이러한 상황에서 각 게이트의 적분 구간을 나타내었다. 선행 게이트는 VCO의 동기 클럭을 기준으로 적분을 하게 되는데, 이 클럭과 입력 심볼의 위상이 일치하므로 데이터 심볼을 기준으로 0~(T−$\Delta$) 동안 적분을 하는 것과 같다. 따라서 적분 구간은 하나의 데이터 심볼 구간 내에 있고 심볼의 값은 1이므로 적분 결과는 $y_2$=T−$\Delta$이 된다. 지연 게이트의 적분 구간도 동일한 심볼 내이고 적분한 결과도 마찬가지로, $y_1$=T−$\Delta$이 된다. EK라서 오차 신호는

$$e = |y_2| - |y_1| = 0 \tag{8.1}$$

이 된다. 그러므로 VCO의 입력 신호는 0이 되고, VCO는 동기 클럭 발진 주파수의 변동이 발생하지 않는다. 따라서 입력 심볼과 VCO 동기 클럭의 위상은 그대로 일치 상태를 유지하게 된다. 이제는 입력 데이터 심볼의 위상보다 VCO의 클럭 위상이 $\theta(\theta < \Delta)$ 만큼 앞서는 경우를 생각해 보자. 이 경우에는 그림 8.6의 (b)에서 보는 바와 같이 선행 게이트의 적분 구간이 동일한 심볼 내에 있지 않고 두 개의 심볼 구간에 걸쳐져 있게 된다. 즉, 적분 구간은 입력 심볼을 기준으로 바로 이전 심볼의 마지막 $\theta$동안과 현재 심볼의 0~(T−$\Delta$−$\theta$) 구간이다. 그리고 그림에서 이전 심볼과 현재 심볼의 값은 각각 −1, +1이므로 이 구간의 적분 값은 0이 됨을 알 수 있다. 그러나 이 경우에도 지연 게이트의 적분 구간은 하나의 심볼 구간 내에 있으며 그 값은 1이므로 적분 값은 $y_1$=T−$\Delta$이 된다. 오차 신호는 $e = |y_2| - |y_1| = -2\theta$의 음수 값이 된다. 따라서 VCO의 입력이 음수가 되어 VCO의 발진 주파수가 감소하고, 그 결과 VCO의 발진 클럭의 위상이 입력 심볼의 위상에 일치되고 VCO의 발진 주파수는 다시 입력 심볼의 속도와 같아진다. 입력 데이터 심볼의 위상보다 VCO의 클럭 위상이 $\theta$만큼 뒤지는 경우와 유사한 메카니즘을 통하여 동기 상태가 되도록 VCO가 조절된다.

$$y_2 = (-\theta) + (T - \Delta - \theta) = T - \Delta - 2\theta \tag{8.2}$$

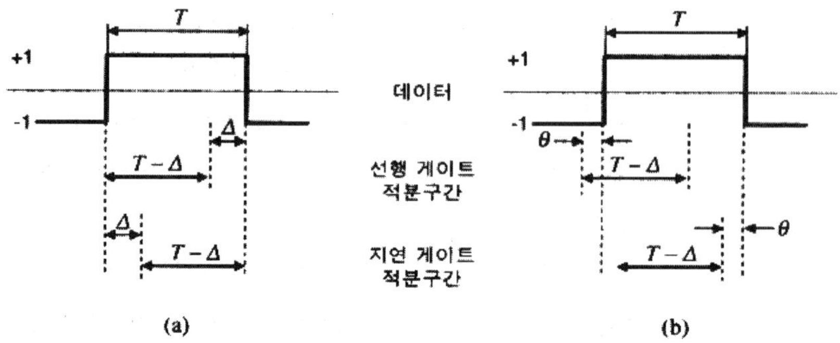


**그림 8.6**
VCO 클럭의 위상에 따른 게이트의 적분구간

### 8.3.3 프레임 동기

다음의 예를 통해 프레임 동기에 관한 문제를 소개한다. 이 예를 통해 프레임 동기에서 발생되는 다양한 문제와 요구조건 그리고 파라메타 등을 보인다. 표 8.2에 2비트를 갖는 프레임을 전송하는 디지털 시스템을 생각해 본다.

**표 8.2 2비트를 갖는 프레임**

| | |
|---|---|
| 1 | 00 |
| 2 | 01 |
| 3 | 10 |

허용되지 않는 프레임은 2진계열 11이다. 그러나 프레임 2와 프레임 3이 겹쳐 질대 2진계열 11이 발생할 수 있다.

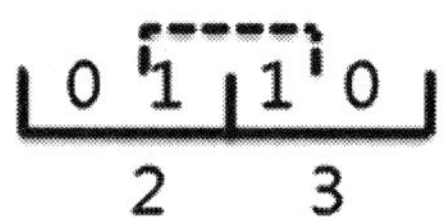


수신데이타에 오류가 없을 경우, 단순한 프레임 알고리즘은 다음과 같다. 즉, 프레임 도기는 비트열상에 연속된 비트 1 사이에서 일어난다. 프레임 동기의 전제조건은 비트 동기가 사전에 이루어져야 한다는 것이다 앞 절에서 잡음이 존재하는 경우에 비트 동기화기의 성능을 고찰한 바 있다.

잡음이 존재하는 경우 다음과 같은 오류가 발생될 수 있다.

- 대체오류(Substitution error) : 비트 동기화기가 0과 1을 잘못 인식한다.
- 삭제오류(deletion error) : 비트클럭이 주기를 놓치거나 데이터비트가 유실된다.

- 삽입 오류(insertion error) : 비트클럭이 여부의 펄스를 갖거나 여분의 비트를 생성한다.

이러한 유형의 오류로 인해 프레임 동기과정에서 데이터 파괴가 일어날 수 있다. 그림 8.7에 이로 인한 효과를 나타내었다. 전송오류 (1)과 (2)에 의해 비트 동기 및 프레임 동기를 잃게될 수 있다. 이는 탐색모드(search mode)에서 클럭 제어를 방해한다. 세 번째 전송오류는 프레임 동기의 오류를 초래한다. 이 예에서 채널오류는 보상하기가 매우 어렵다.

그림 8.7
4가지 이상 현상에 대한 프레임 동기 예

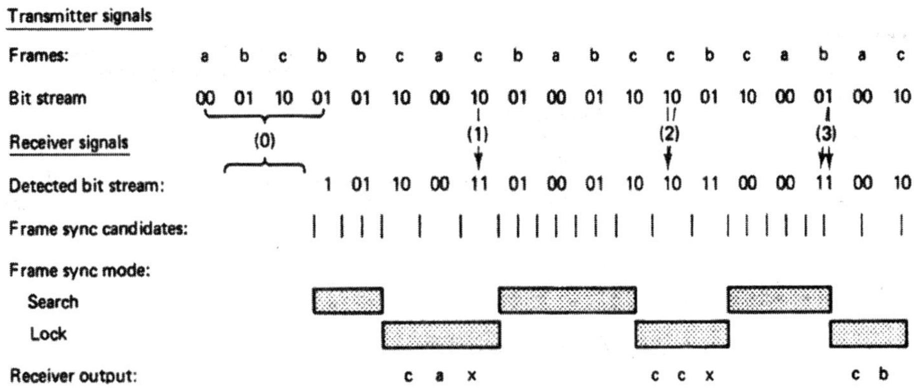


(0) 비트동기 탐색중의 비트 유실.

(1) 대체오류

(2) 삭제오류

(3) 삽입오류

(기호 x는 허용될 수 없는 프레임을 뜻한다.)

앞의 예에서 보듯이, 프레임 동기가 실패하면 동기화 회로는 탐색모드로 들어간다. 동기화 패턴이 감지되면 검증방법이 초기화 된다.

이 방법들은 연속되는 많은 프레임 동기 신호들이 예정된 타임슬롯에서 검출되도록 하는 것과 같이 단순하다. 여러 형태의 프레임 동기방식들이 제안되었다. Bell 시스템 T1 디지털 캐리어 시스템에서 사용되는 프레임을 그림 8.8에 나타내었다. 각각의 T1프레임은 각각 8비트로 구성된 24채널과 동기용비트가 합쳐져서 총 193비트로 구성된다. 동기 비트는 연속된 프레임에 0과 1이 교대로 적용된다. 대역폭이 4kHz인 음성신호에서 샘플링 정리가 유지되기 위해 매초마다 8000프레임이 전송되어야 하므로

$$BR=(193\text{bits/frame})(8000\text{frames/s})=1{,}554{,}000\text{bits/s} \quad (8.3)$$

이 된다. 193번째 비트로부터 프레임 동기 패턴을 결정하는데 있어서 디지털화된 음성에서는 010101… 형태의 비트 패턴이 발생되지 않는다. 이는 음성신호가 4kHz 대역성분이 포함되어 있음을 의미한다. 저역통과 여파기는 디지털화 되기전의 음성신호를 대역제한 시키는데 사용된다.

프레임 비트열상에서 수신장치는 193비트 떨어져 있는 비트들을 검사한다. 만일 101010… 형태의 비트열이 발견되면 이는 프레임 펄스로 가정한다. 192비트 위치를 모두 검사하면 프레임 시간은 대략 50ms 정도가 된다. 만일 동기화가 실패하면 이 사실은 프레임 동기 회로에 의해 0.4~0.6ms 내에 감지된다.

그림 8.8
BELL 시스템 T1 PCM 프레임

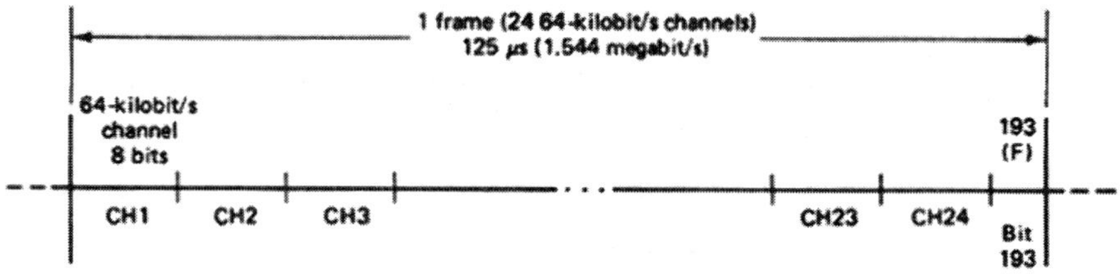


## 8.3.4 워드 동기화

비트 동기화에서 사용되었던 것과 같은 원리가 워드 동기화에도 적용될 수 있다. 이러한 방법들은 1차 또는 2차 표준형으로부터 유도, 분리된 동기화 신호 이용, 자기동기화이다. 여기서는 두 번째 방법만 살펴보도록 하자. 1과 0의 시퀀스로 구성된 이진 부호어 중 임의의 시퀀스를 천이시켰을 때 이것은 또 다른 부호어가 되지 않는다. 이런 경우 수신기에서 부호어에 대한 적절한 배열은 단지 부호 사전에 있는 모든 부호어들과 수신된 디지털 시퀀스의 가능한 모든 시간 천이와 비교하고 가장 큰 상관값을 갖는 부호어를 선택함으로써 이루어진다. 길이가 긴 부호어는 시간의 소비가 매우 많다. 더욱이 좋은 부호어를 만드는 것은 단순한 일이 아니며 어떤 경우 컴퓨터를 활용하는 과정이 필요하다.

분리된 동기화 신호가 적용된다면 이 신호는 데이터 전송을 위한 채널과는 다른 채널을 통해서 전송되거나 데이터 워드 사이에 동기화 신호를 주기적으로 삽입하여 데이터 채널 위에서 전송된다. 첫 번째 방식이 적용된다면 동기화 신호의 파형은 자신의 순회치환과 작은 상호 상관을 가져야 한다. 두 번째 방식은 각각의 데이터 워드 앞에 perfix라고 불리는 이미 알고 있는 시퀀스를 삽입함으로써 얻을 수 있다. 이 경우 동기화 신호 파형에 대해 간단히 논의할 것이다. 분리 채널과 접두어를 적용하는 두 경우 모두 동기화를 하는데 많은 전력이 소비된다. 따라서 자기 동기화는 전력 소비가 많은 경우에 더 좋은 방법이다. 예를 들면 자기 동기화 부호어는 NASA의 우주 임무에 사용되었다.

두 번째 방법이 어떻게 이루어지는가를 알아보기 위해 간단히 의사 잡음 시퀀스에 대해 알아보자.

### 8.3.5 의사 잡음 시퀀스(PN sequence)

의사 잡음(PN) 부호는 이진 값을 갖는 잡음과 비슷한 시퀀스이다. 이 시퀀스들 중에 1은 앞면을 나타내고 0은 뒷면을 나타내는 동전 던지기 시퀀스와 비슷하다. 그러나 그것들의 장점은 귀환 시프트 레지스터로 쉽게 생성되고 지연이 0인 경우 가장 높은 값을 가지며 다른 지연의 경우 거의 0에 가까운 값을 갖는 상관 함수를 가진다는 것이다. 따라서 먼 위치에 있는 파형의 동기화에 적용된다.

그림 8.9는 길이가 3단인 시프트 레지스터를 사용하여 만들어지는 길이가 $2^3-1=7$인 PN 부호의 생성을 나타낸다. 시스프 레지스터의 내용을 오른쪽으로 시프트한 후 두 번째와 세 번째 단의 내용은 Exclusive-OR(XOR) 연산을 통하여 첫 번째 단의 입력을 생성하는데 사용된다. XOR 회로에 의해 실행되는 논리적 연산이 표 8.3에 주어져 있다.

**표 8.3 XOR 연산에 대한 진리표**

| 입력1 | 입력2 | 출력 |
|---|---|---|
| 1 | 1 | 0 |
| 1 | 0 | 1 |
| 0 | 1 | 1 |
| 0 | 0 | 0 |

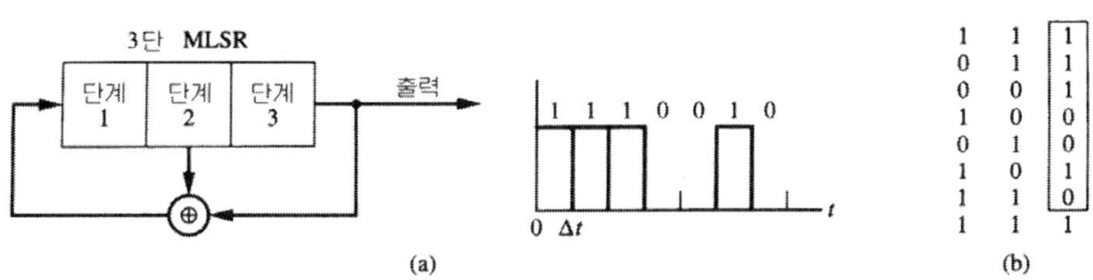


**그림 8.9** 7-비트 PN 시퀀스 생성 : (a) 생성, (b) 시프트 레지스터 내용

그림 8.9(b)의 첫 번째 열에 나타난 것처럼 시프트 레지스터의 초기값이 1 1 1이라면 7번의 연속적인 시프트에 대한 값들이 이 표의 나머지 열에 주어

진다. 시프트 레지스터는 $2^3-1=7$번 시프트 후에 1 1 1 단계로 돌아온다. 이것은 또한 3단 시프트 레지스터의 출력 시퀀스의 길이이다. 적절한 귀환 연결을 가지는 n단 시스트 레지스터는 길이 $2^n-1$인 PN 시퀀스를 만들 수 있다. 몇 개의 n값에 대한 적절한 귀환 연결들을 표 8.4에 나타내었다.

**표 8.4 PN 부호 생성을 위한 귀환 연결**

| n | 시퀀스 길이 | 시퀀스(초기 상태 : 모두 1) | 귀환 디지트 |
|---|---|---|---|
| 2 | 3 | 110 | $x_1 \oplus x_2$ |
| 3 | 7 | 11100 10 | $x_2 \oplus x_3$ |
| 4 | 15 | 1110 00100<br>11010 | $x_3 \oplus x_4$ |
| 5 | 31 | 11111 00110<br>10010 00010<br>10111 01100 0 | $x_2 \oplus x_5$ |

그림 8.9(a)의 시프트 레지스터를 무한히 동작시켜 얻어지는 주기적 파형의 자시 상관 함수를 고려하면 출력 펄스폭 $\Delta = n\Delta k$의 정수배에 대한 값은 다음과 같다.

$$R(\Delta) = \frac{N_A + N_U}{\text{시퀀스 길이}} \tag{8.4}$$

여기서 $N_A$는 시퀀스와 n개의 펄스들로 천이된 시퀀스에서 같은 값을 갖는 디지트의 수이고, $N_U$는 시퀀스와 n개 펄스들로 천이된 시퀀스에서 다른 값을 갖는 디지트의 수이다. 최대값이 단위량으로 정규화된다면 시프트 레지트러의 출력은 이진값이 된다. 그림 8.10은 그림 8.9(a)에 있는 귀환 시프트 레지스터에 의해 생성된 시퀀스의 자기상관 함수를 나타낸다. 자기 상관 함수의 정의를 적용하면 그림 8.10에 나타난 것처럼 지연이 정수가 아닌 값에 대한 형태를 쉽게 알 수 있다. 일반적으로 길이 N을 갖는 시퀀스에 대해서 최소 상관값은 $\frac{-1}{N}$이다. PN 시퀀스의 상관 함수는 지연이 0인 곳에서 좁은 삼각형을 이루고 다른 곳에서는 반드시 0의 값으로 구성되므로 대역폭이 역펄스 폭과 비교하여 작은 어떤 시스템을 구동하기 위해 사용될 때 백색 잡음과 유사해진다. 이것이 '의사 잡음' 이라 불리는 이유이다.

그림 8.10
PN 부호의 상관 함수

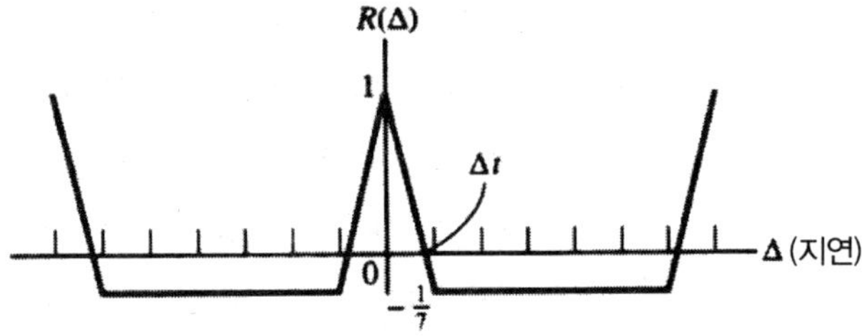


| | |
|---|---|
| 전이될 부호 | 1 1 1 0 0 1 0 |
| 한 번 반복한 부호와 덧셈 | 1 1 1 0 0 1 0 1 1 1 0 0 1 0 |

본래의 문제로 돌아가서 멀리 떨어진 곳에서 파형의 동기화에 대하여 그림 8.11(a)에 나타낸 시스템을 고려해 보자. 송신기가 분할 위상 부호화된(1과 0 대신 +1과 −1을 갖는) PN 시퀀스를 전송한다고 가정한다. 분할 위상 부호화를 PN 시퀀스의 펄스폭과 같은 주기를 갖는 구형파 클록과 시퀀스의 곱으로 생각할 수 있다. 대부분의 시스템에서 행해지는 변조와 동기 복조의 동작은 나타나지 않고 간단하게 기저 대역에서의 시스템의 동작만 알아보자. 처음에 송신기와 수신기의 클록은 비동기되어 있지만 거의 같은 주파수에서 동작한다고 가정한다. 그러므로 수신기에서 생성된 PN 시퀀스는 수신된 분할 위상 부호화된 PN 시퀀스에 의해 천천히 미끄러질 것이다. 만일 수신된 시퀀스가 분할 위상 부호화된 것이 아니라면 각각의 시퀀스가 미끄러지기 때문에 루프 여파기의 출력은 시간에 비례하는 지연을 갖는 시퀀스들의 자기 상관 함수일 것이다. 그러나 전송된 시퀀스를 클록으로 곱했기 때문에 루프 여파기 출력의 오류 신호는 그림 8.11(b)와 같은 결과를 나타낼 것이다. 결국 VCO의 입력은 이 오차 신호의 음의 기울기 영역이 될 것이다. 그리고 VCO의 주파수는 루프가 0지연

그림 8.11
PN 부호의 동기 :
(a) 동기를 위한 PN 송수신분
(b) VCO에서의 오류 신호

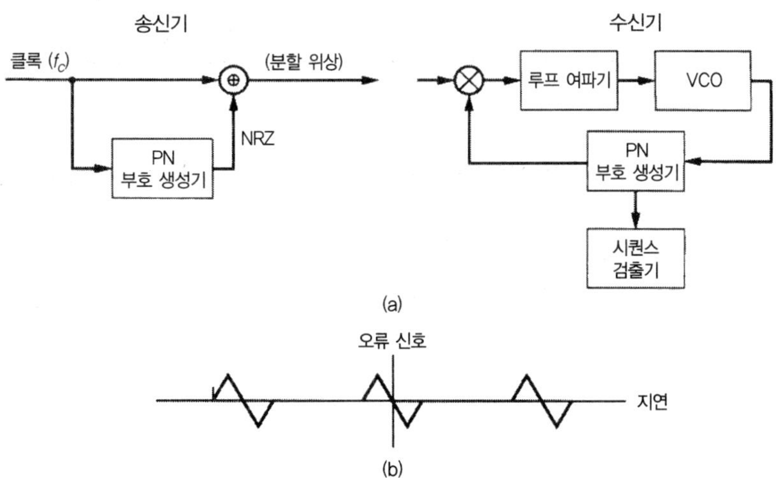

에 동기화 되도록 적절한 방향으로 동작할 것이다. 이때 VCO 출력은 송신기 클록에 동기될 것이며 채널 지연을 배제하면 송신기와 수신기에 PN 시퀀스는 시간 일치될 것이다. PN 시퀀스의 동기화에는 더 일반적이 기술이 있다.

위에 설명된 시스템이 송신기와 수신기가 같이 위치하고 멀리 떨어지 위치에 있는 트랜스폰더가 무엇을 수신하든지 단순히 재송신한다면 두 점들 사이의 범위를 측정하는데 사용될 수 있다는 것을 쉽게 알 수 있다. 실제로 이 기술은 위성 위치 추적 시스템에 사용된다.

이 시스템을 워드 동기화에 사용하려면 분할 위상 부호화된 PN 시퀀스를 각 워드의 시작부에 삽입하기만 하면 된다. 수신기에서 생성된 PN 시퀀스는 평균적으로 데이터와 낮은 상관을 가진다. PN 시퀀스가 각 데이터 워드 앞에 접두어로 삽입된다면 주기적 상관 함수가 중요한 것이 아니라 그림 8.10에 있는 과거의 주기적 확장보다는 지나간 시퀀스 자체를 미끄러트림으로써 얻어지는 비주기 상관 함수가 더 중요하다. 좋은 비주기 함수 상관 특성을 갖는 시퀀스는 Barker 부호이다. 불행이도 알려진 Barker 부호 중 길이가 가장 긴 것이 13이다. 표 8.5는 알려진 모든 Barker 시퀀스를 나타낸다. 상관 특성이 좋은 다른 디지털 시퀀스는 적절하게 선택된 PN 시퀀스의 조합으로부터 만들어질 수 있다. 이것을 Gold 부호라고도 한다.

**표 8.5 Barker 시퀀스**

| | | | | | | | | | | | | |
|---|---|---|---|---|---|---|---|---|---|---|---|---|
| 1 | 0 | | | | | | | | | | | |
| 1 | 1 | 0 | | | | | | | | | | |
| 1 | 1 | 0 | 1 | | | | | | | | | |
| 1 | 1 | 1 | 0 | 1 | | | | | | | | |
| 1 | 1 | 1 | 0 | 0 | 1 | 0 | | | | | | |
| 1 | 1 | 1 | 0 | 0 | 0 | 1 | 0 | 0 | 1 | 0 | | |
| 1 | 1 | 1 | 1 | 1 | 0 | 0 | 1 | 1 | 0 | 1 | 0 | 1 |

## 8.3.6 망 동기(Network Synchronization)

망 동기는 디지털 통신망에서 교환 또는 전송 단국의 타이밍 슬롯 교환, 회선의 분리 삽입을 처리하기 위하여 망내 각국의 주파수 및 위상을 일치(동기) 유지시키는 네트워크화된 동기체계를 말한다.

## (가) 망 동기 방식 구분

(1) 독립 동기 방식(Plesiochronous Synchronization Operation) : 각 노드를 각 노드의 자체 클럭에 의해 독립적으로 운용하는 방식.

**그림 8.12**
망 동기 방식에서 독립 동기

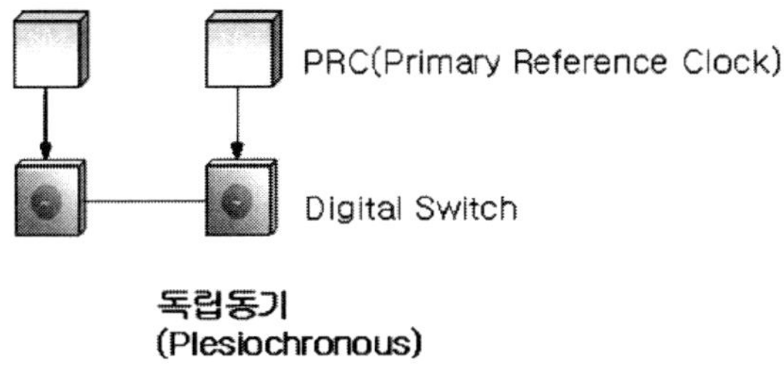


(2) 동기적 운영 방식(Synchronous Operation)
- 외부 기준 동기(External Synchronization) : 외부에서 매우 정확한 기준 동기 클럭을 제공하는 방식(例 : GPS)
- 상호 동기 방식(Mutual Synchronization Method) : 기준 클럭이 여러군데 있고, 상호 상관 관계를 형성하여 그 결과를 자체 클럭에 대한 기준으로 삼는 방식
- 종속 동기 방식(Master Slave Synchronization) : 중심국에서 매우 안정된 클럭을 설치하여 주클럭(Master Clock)으로 삼고, 하위국들은 이 주노드에서 전송되어온 클럭정보를 다시 PLL 등으로 복원하여 자체 클럭원으로 사용하는 방식이다.

## (나) 종속 동기 방식

각 나라들 대부분이 종속 동기 방식을 채택하여 운용하고 있다.

(1) 단순 종속 동기 방식(SMS; Simple Master Slave)
- 종속동기방식 중 가장 간단한 구성으로 기준클럭을 갖는 하나의 Master국과 여러 개의 Slave국이 있어서 Master국에서 Slave국에 클럭을 공급하는 방식으로 소규모의 성형망에 적합하다. 망 구성이 복잡하지 않고 안정도가 높으나 신뢰도가 문제가 된다.

(2) 계층 종속 동기 방식(HMS; Hierarchical Master Slave)
- 단순 종속 동기 방식에서 한 단계 발전한 형태로 하위국의 클럭은 상위국의 클럭을 받아 운용되며 이때 하위국은 그 아래에 있는 하위국의 Master로 운용되는 방식으로 망형 통신망에 적합하고 망 구성이 간단하다.

- 채택국가 : 일본

(3) 팜즈방식(PAMS, Preassigned Alternate Maste Slave)
- SMS방식과 HMS방식을 절충한 것으로, Primary 동기 링크 고장시 프로그램에 입력되어 있는 우선순위에 따라 대기용 우회링크로 자동절체되도록 하는 방식으로 안정도, 신뢰도, 이용도가 매우 높으나 관리비가 많이 드는 단점이 있다.
- 채택국가 : 한국, 미국, 이태리, 스위스 등

(4) 셀프오가나이징 종속 동기 방식(Self-Organizing Maste Slave)
- 동기 방식중 가장 진보된 형태로 HMS방식의 기능에 추가로 공통 채널을 두어 동기 링크 고장시 클럭 분배망을 자동식으로 재배분하기 위한 제어 신호를 각 교환국간에 양방향으로 송수신하는 기능을 가진 방식으로 안정도, 신뢰도가 높으나 설치비가 비싸다.
- 채택국가 : 캐나다 등

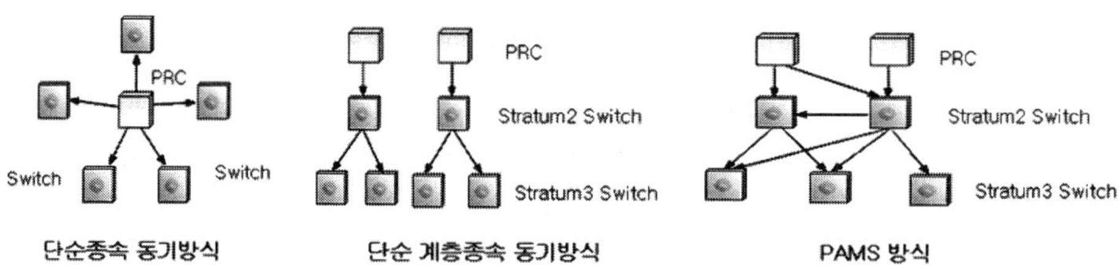


그림 8.13 종속 동기 방식의 종류

## (다) 국내 망 동기 방식

국내 디지털 통신 동기망 KRF(Korea Reference Frequency)를 중심으로 4계위로 구성되어 있다.

(1) ITU-T G.811에 의하면 국제간은 독립 동기 방식을 적용토록 권고하고 있다.
- 이에 따라 국제관문국은 독립 동기 방식이 적용되고 있으며,
- 기본 공급 주파수는 2.048 MHz이다.

(2) 망동기 방식은 종속 동기 방식(Master Slave Synchronization) 중에 PAMS(Pre Assaingned Master Slave) 방식을 적용하고 있다.
- 국내 동기망은 Maste/Slave 형태로 각 노드별 정해진 마스터가 이상이 생길 경우 미리 정해진 예비 순서에 따라 마스터를 변경 사용하는 PAMS 방식으로 되어 있다.
- 국사 내 장비의 동기를 위해 각 국소에 DOTS가 설치되어 동기 클럭을 제공하고 있다.

Chapter

# 09 VLC를 위한 송수신기 구현 기술

가시광통신에서 송수신기 구현, 간섬광 및 잡음 제거기술, LED 칩 기술과 VLC를 위한 MAC 기술들을 알아본다.

## 9.1 LED 공정

### 가. LED 에피성장

LED 에피성장은 사파이어(sapphire)와 SiC와 같은 기판 위에 LED구조(p-n접합구조)를 갖는 박막을 성장하는 단계로 구조의 결함, 계면, 도핑 등 박막품질을 제어하는 LED성능을 근본적으로 좌우하는 중요한 단계이다. 주로 MOCVD(metal organic chemical vapor deposition)방법이 가장 많이 사용되는데 MOCVD란 가스 상태의 원하는 원료를 고온에서 화학반응을 통해 박막형태로 성장시키는 방법으로 Ⅲ족의 MO가스와 V족의 hydride가스를 고온에 반응시켜 Ⅲ-Ⅴ고체 상태의 화합물 반도체를 성장시킨다.

LED 에피성장은 LED의 휘도를 결정하여 LED의 품질을 결정하는 핵심적인 단계이므로 에피성장을 통해 기판 위에 화합물 반도체를 내부결합을 최소화하면서 박막을 증착시킬 수 있는 기술력이 요구된다. LED에피성장은 전체 LED제조 공정에서 중에서 가장 기술적 난이도가 높고 부가가치가 높은 공정이다.

그림 9.1
에피성장 및 소장공정 기술(좌)과 에피웨이퍼 단면도(우)

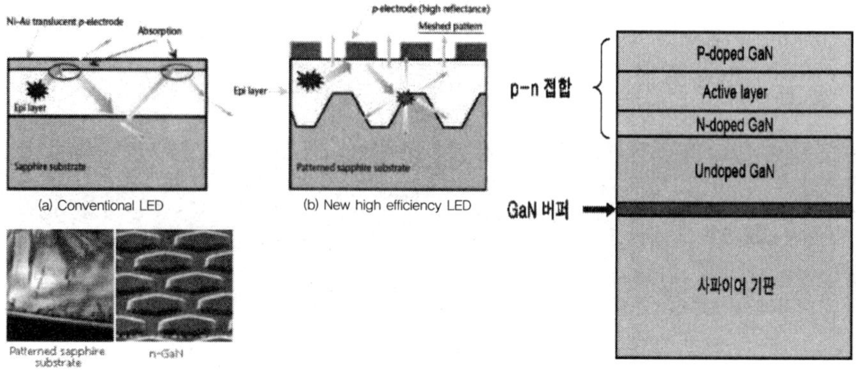


자료 : 한국광기술원(www.kopti.re.kr)

## 나. LED 칩 공정기술

칩 공정기술은 내부에서 생성된 광자를 최대한 많이 칩 밖으로 추출하는 것이 핵심이다. LED 칩 공정기술은 오믹전극 기술, 칩 shaping, 기판본딩 기술, 광자결정 기술, 투명전극 기술 등이 다양하게 적용되고 있으며 이들 칩공정기술은 특허회피를 위한 아이디어가 필수적이기 때문에 디자인 기술이라고 해도 과언이 아니다.

에피성장을 통해 제작된 에피웨이퍼는 노광(Photolithgraphy), 식각(etching), 금속전극증착(metallization), 후면가공(lapping/polishing), 칩절단(scribing/breaking)등의 정밀 단위 공정을 통해 0.3~1mm크기의 개별 칩으로 분리된다. LED칩의 성능은 주입된 전기 에너지 대비 방출되는 광에너지의 비로 평가되며 이러한 광자비를 높이기 위해 전극의 종류, 배치형태, 칩 형태를 설계하는 연구가 진행되고 있다.

그림 9.2
Epi Waper에서 LED 칩 생산과정)

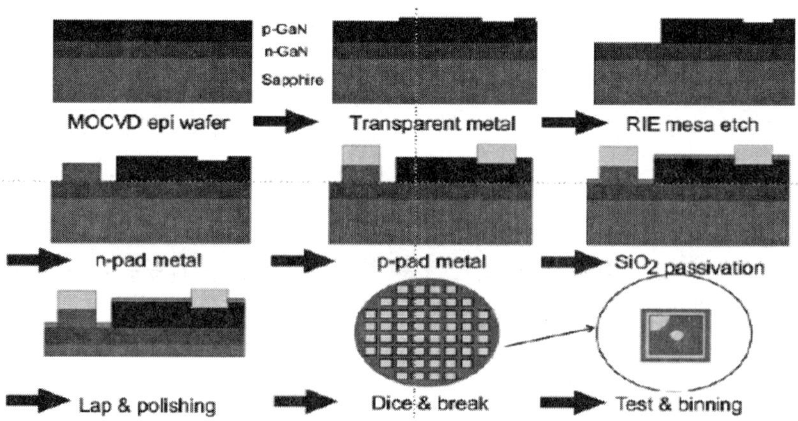


자료 : 광주과학기술원

### 다. LED 패키징 기술

칩 공정기술을 통해 분리된 칩은 개별 패키징 공정을 통해 구동회로 및 광학기구와 조립되어 모듈 및 시스템으로 제작되는데 패키징 단계는 칩을 기계적, 환경적, 전기적 위험 요소인 외부로부터 보호하는 역할을 하며 광의제어 및 활용도 개선을 위한 광학설계가 필요하다. 이외에도 LED패키징은 효율적인 열방출이 가장 중요한 포인트이므로 칩에 형성된 전극에 와이어 본딩(Wire Bonding)을 하고 열을 방출하기 위한 Heat Sink 설계, 균일한 색상 구현을 위한 형광체 도포, 빛 발산을 위한 렌즈 장착 등의 공정이 필요하다. LED패키징은 SMD(Surface Mount Device)와 COB(Chip On Board)로 구분되는데 고출력 고집적 LED모듈은 COB형태의 패키지가 주종을 이루고 있으며 COB패키지는 SMD패키지보다 열전달 면에서 적은 발열구조로 연결되어있어 열 특성을 20%이상 개선이 가능하며 응용분야에 따라 다양한 타입의 패키지들이 LED모듈의 특성에 따라 적용되고 있다.

가시광 무선통신은 반도체가 메모리 및 프로세서에 이어 조명으로도 사용하기 시작하면서 조명 빛을 통신 광원으로 사용할 수 있는 기술로 등장하였다. 즉, 가시광 무선통신은 조명과 통신을 융합한 실체이다. 가시광 무선통신은 780nm에서 380nm의 파장(wavelength)을 이용한 무선통신으로 이 파장을 주파수로 바꾸면, 385THz에서 789THz(주파수 대역=빛의 속도(300, 000,000m)/파장(380*1000))에 해되고, 현재 사용 중인 가청(오디오) 주파수 대역은 20Hz에서 20,000Hz에 해당되고, 적외선 파장을 사용하는 IrDA, 2.4Hz의 IEEE 802.11n, UWB, 802.15.4 Zigbee, Bluetooth, 60GHz의 IEEE 802.15-3c 등이 있다. 가시광 무선통신은 800~900nm를 사용하는 IrDA와 가장 유사한 파장을 사용하지만, 조명과 동시에 통신을 할 수 있다는 것이 차이점이며 장점이다.

무선 광통신 기술은 LD(Laser Diode)를 이용하여 무선으로 통신하는 기술로서 건물간 무선통신, FSO(Free Space Optic), IR 통신 등이 있음. 이는 주파수의 특성상 장거리 고속 무선통신이 가능하며, 가시광 무선통신 파장 780nm에서 유선 광통신 파장 1,500nm까지의 파장을 사용하지만, 가시광 무선통신은 사용하는 파장 측면에서 유선 광통신과 무선 광통신과 차이가 있고, 가시광 무선통신은 조명 인프라를 이용한 무선통신인데 반하여, 유선 광통신과 무선 광통신은 보이지 않은 파장대역을 사용함으로써 조명과 함께 사용할 수 없다. 가시광 무선통신은 광통신에서 개발된 많은 핵심 원천 기술을 이용하여 적용할 수 있으며, 기존의 광통신은 송신 및 수신 광원이 하나인 점에 비해 가시광

무선통신은 광원이 여러 개인 점이 달라서 하나의 송신 기술은 받아 들이고, 여러 개의 광원 송신 또는 수신 기술에 대하여는 추가로 개발하여야 한다.

가시광 무선통신 PHY는 조명 가시광을 통신을 위해 변조하고 복조하는 송수신 기술과 조명 인터페이스 기술이 있고, 가시광 무선통신 L2 MAC 기술은 가시광 무선통신 데이터 무결성을 위한 계층 2(Layer 2) 프로토콜 기술로서 Infrastructure mode MAC과 Peer-to-Peer mode MAC을 구분하여 정의한다. 가시광 무선통신 응용 프로토콜 기술은 가시광 무선통신에서 제공할 수 있는 자동차 안전, 초정밀 측위, M-to-M, 초고속 센서 등의 응용 서비스를 적용하기 위한 프로토콜 기술 등이 있다.

현재 가시광 무선통신 PHY는 가시광 무선통신 송신 물리적 접속 및 신호규격 송신 PHY, 가시광 무선통신 수신 물리적 접속 및 신호규격 수신 PHY, 가시광 무선통신과 LED 조명간의 인터페이스 LED 등으로 새로운 표준 규격을 정의하고 있으며, MAC은 데이터 무결성을 위한 Layer2 프로토콜 기술로서, 가시광 무선통신 Layer 2 Infrastructure mode MAC 프로토콜, 가시광 무선통신 Layer 2 Peer-to-Peer mode MAC 프로토콜 등으로 새로운 표준 규격을 정의해야할 기술이다. IP/TCP/UDP 등은 국제 표준에 정의된 기술이 사용될 것이다.

## 9.2 VLC를 위한 송수신기

무선통신 시스템의 기본 성능은 출력 전력, 출력 안테나 이득 및 효율, 수신 안테나 이득 및 효율, 초단 수신기 감도(잡음 지수 및 증폭도)에 의하여 결정된다. 이들과 비교되어 대응되는 광무선 통신 시스템의 요소들은 각각 LED/LD 광원, 송신 광학계, 수신 광학계, 직접검파(direct detection) 광검출기(photo detector)이다. 비교 대상인 근거리 무선통신 시스템의 출력 안테나는 일반적으로 짧은 파장의 쌍극 안테나(short dipole antenna)를 사용한다. 무선통신 시스템용 쌍극 안테나는 중심에서 보어사이트(boresight)로 향하는 도넛형 방사 특성을 갖는 반면에, 광무선 통신에서 광원으로 사용하는 LED/LD 등의 방사 특성은 개구면(aperture) 안테나의 방사 특성을 따른다. 즉, 혼(horn) 혹은 카세그레인형 안테나 방사 특성을 가지므로, 광무선 통신 안테나는 보어사이트 후면으로의 전력 방사가 없다. 이러한 점은 매우 작은 출력 전력에서 동작하여야 하는 근거리 무선통신 장치에서 바람직한 특성이다. 무선통신 및 광무선 통신은 넓은 서비스 제공 범위(coverage)를 위하여 수신 안테나로 가급적 무지향성 안테나를 사용하며, 한 개의 안테나로 송신 및 수신 기능을 병용한다. 이러한 조건에서 수신 안테나의 높은 지향성은 바람직하지 않은 특성이다. 이에 따라 수신 안테나의 성능은 가능한 많은 방사 전력을 수집할 수 있도록 넓은 유효 개구면(effective aperture)을 가지도록 설계되어야 한다. 짧은 쌍극안테나의 유효 개구면은 동작 파장의 제곱에 비례한다. 구체적인 예로 802.11b/a 무선랜 동작 주파수인 2.4GHz, 5.3GHz 마이크로파용 쌍극형 안테나의 유효 개구면은 각각 ~18cm$^2$ 및 ~4cm$^2$ 정도의 면적이다. 반면에 보편적인 휴대용 광무선 통신 송수신 광학계의 유효 개구면(렌즈 유효 면적)은 ~1cm$^2$ 정도의 면적으로 제한된다. 즉 광무선 통신용 입력 광학계는 마이크로파 무선통신 수신 안테나에 비교하여 약 6~12dB 정도 수신 성능이 떨어진다.

그림 9.3
VLC 송수신 모듈

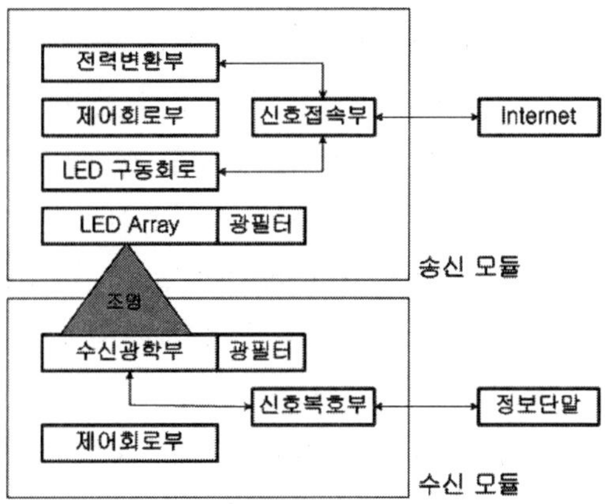


가시광 무선통신의 송수신모듈은 그림 9.3과 같다. 송신모듈은 데이터 신호를 변조 시키는 신호접속부, LED 구동회로 및 LED Array로 구성되며, 수신모듈은 PD 및 Amp. 등이 주요 구성품인 수신광학부 및 변조된 데이터 신호를 복호시키는 신호복호부로 구성된다.

## 가. 광수신기

광수신기는 광에너지를 전기 에너지로 변환하는 소자로서 그 대표적적인 것으로 다음 그림에 보여주는 PIN 포토다이오드와 에벌런치 다이오드의 2가지 종류가 있다.

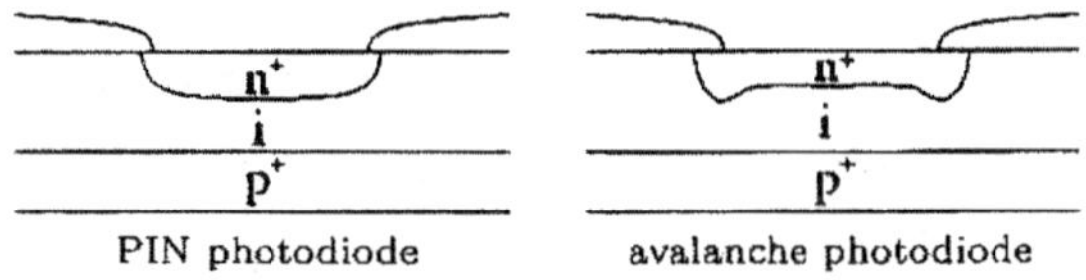


그림 9.4
포토다이오드의 종류

① PIN 포토다이오드

PIN 포토다이오드는 PN 다이오드의 기본형으로 P형 층과 n형 층의 중간에 불순물을 대부분 혼합하지 않는 층(I층)이 있다. 이 I층은 자유 캐리어가 적지 않고 PN 다이오드에 의해 입사 광자의 흡수 효율을 좋게 하기위하여 많은 캐리어가 외부 전류에 조기 변환되어 그 결과 효율이 좋은 입사광이 전류에 변환된다.

일반적인 PIN 포토다이오드의 동작 원리는 다음과 같다. 포토다이오드에 빛이 가해지지 않은 상태(즉 열적 평형 상태)에서 작은 역 방향 전압을 걸어주면 포토다이오드에는 역 포화전류에 해당하는 전류가 흐르게 된다. 이때 흐르는 전류를 암전류라고 정의한다. 그러나 만일 같은 경우에 포토다이오드에 빛이 가해진다면 열적 평형 상태는 더 이상 유지되지 않으며 광생성(photogeneration)에 의하여 생성된 전자-정공쌍이 전류가 되어 흐르는 전류는 증가하게 된다. 이때 흐르는 전류를 광전류(light current)라고 정의한다. 광생성에 의하여 생기는 전자-정공쌍의 양에 의하여 암전류와 광전류의 차이가 결정되므로 암전류와 광전류와 차이가 광 세기(light intensity)의 정보를 알려줄 수 있게 되며 따라서 포토다이오드에 가해진 광의 세기를 전류로 알 수 있게 된다.

PIN 포토다이오드의 크기는 수신 속도에 의존하여 현재 기술로는 직경이 400um로 약 1Gbit/s, 직경 800um로 약 500Mbis/s의 수신이 가능하다. PIN 포토다이오드의 한계 감도는 10uW의 광이 거의 한계에 있어 그만큼 출력 가시광을 렌즈들에 집광하여 입사시켜 광변조의 출력을 충분한 레벨로 맞추어야 한다.

② 애벌런치 포토다이오드

일반적인 정류 다이오드의 경우 순방향 전압에 동작점을 결정하고 동작하게 되지만 포토 다이오드의 경우에는 역방향 전압 영역에 동작점을 정하고 동작하게 된다. 동작전압에 따라 일반적인 금속-반도체-금속(metal-semiconductor-metal:MSM) 구조의 포토다이오드 및 PIN 포토다이오드는 작은 역 방향전압(약 −1~−3V)에서 동작시키며 에벌런치 다이오드는 일반적으로 항복전압의 75~80% 전압영역에서 동작한다. MSM 포토다이오드의 경우는 만들기 쉽고 플래너 구조로 집적화가 용이하며 적은 캐패시턴스값을 가지나 누설전류의 값이 다른 구조보다 큰 단점을 가지고 있다. MSM 포토다이오드의 응답속도는 캐리어의 전이속도에 의하여 결정되며 SUBMICRON 구조의 MSM 포토다이오드인 경우에는 350GHz의 밴드폭을 가질 수 있다. PIN 포토다이오드의 경우에는 pn 접합 사이에 순수반도체(intrinsic semiconductor) 영역을 추가하여 응답 시간을 향상시켰으며 이 경우 순수 반도체 영역을 약하게 도핑함으로서 에벌런치 포토다이오드를 만들 수 있다. 에벌런치 포토다이오드는 PIN 포토다이오드와는 달리 훨씬 큰 역 방향 전압에서 동작하며 에벌런치 현상에 의하여 많은 영의 전자-정공쌍이 형성되어 광 전류를 증폭시키게 되고 포토다이오드의 감도를 향상시키게 된다. 항복 포토다이오드는 단순한 PIN 구조로부터 광흡수 분리 구조, 경사 완화구조, 전하층 삽입 구조, 및 증폭층 구조를 가지는 SAGCM 구조로 만들 수도 있다. 또한 최근 들어 수십 Gbps의 고속동작을 위해 캐패시턴스값이 작은 광 도파로형 포토 다이오드 구조를 제작하고 있다.

애벌런치 포토다이오드는 I층의 일부에 강력한 전계가 있어 흡수 광자에 의해 만들어진 1차 캐리어는 그 전계에 의해 가속되어 원자와 충돌하여 전자를 격리시켜 이것이 전자 사태(애벌런치)를 반복하여 큰 출력 전류가 된다. 애벌런치 포토다이오드는 이 전자 사태에 의해 PIN 포토다이오드와 비교하여 변화가 큰 응답성을 가진다. PIN 포토다이오드가 통산 0.4A/w에서 0.6A/w인데 대하여 애벌런치 다이오드는 통산 75A/w로 100배 이상의 응답성을 가진다.

## 9.3 VLC의 변복조 및 신호 검출

높은 주파수로 인하여 경제적인 코히런트(coherent) 통신 시스템 구현이 매우 어려운 광통신에서는 전통적으로 광원의 세기 변조(optical Intensity Modulation : IM) 방식과 광검출 다이오드(Photodiode : PD)를 이용한 광 세기 직접 검출(Direct Detection : DD) 방식으로 신호를 변복조한다. IM/DD 방식은 기간망 및 액세스망용 유선 광통신 장치에 널리 적용되어 운용되고 있으며, IM/DD를 위한 드라이버, 광원, 변조기, 광검출기 및 초단증폭기용 요소 기술들도 널리 상용화되어 현 시점에서 가장 경제적인 시스템 구성이 가능하다. 따라서, IM/DD 방식은 고성능 저가격 시스템을 지향하는 광무선 통신 시스템에서 우선적으로 검토되고 있는 변복조 방식이다.

광 세기 변조는 LED/LD의 구동 전류원에 신호를 실어 출력 광 진폭을 신호 파형으로 만드는 직접변조 방식, 일정한 광을 방사하는 LED/LD와 결합된 전계효과 감쇄기(EAM)에 신호를 실어 간접 변조하는 방식이 있다. 이들 중 직접 변조 방식은 동작 성능 및 경제적인 원인으로 광무선 통신 시스템에 적합한 방식으로 널리 연구되고 있다. IM/DD 방식을 전달함수로 모델링하면 입력 변수로 신호 광 전력 세기 p(t) 및 RMS 잡음 전류 n(t) 그리고 광 검출기 응답 특성이 포함된 채널 임펄스 응답 h(t)로 표현할 수 있다. 이러한 경우 종속(출력) 변수는 y(t)는 $h$(t)와 p(t)의 컨볼루션 량에 잡음 전류 n(t)가 합하여진 것이며 물리 단위는 전류이다. 여기서 p(t)는 광 전력 세기이므로 Watt이며, n(t)는 Ampere, n(t)는 Ampere/Watt의 단위들을 가진다. 이는 일반적인 선형 시스템의 전달함수 모델과 동일한 것이다. 따라서 광 변복조기 전달 특성은 선형 시스템 특성을 가진다.

$$y(t)=h(t)\otimes p(t)+n(t) \tag{9-1}$$

위식은 퓨리에 변환하여 표현한 Y(w)는 채널 전달 함수 H(w), 입력 신호 PSD P(w), 잡음 전류 스펙트럼 N(w)로 구성된 1차 함수이다. IM/DD 시스템 전달함수의 특징은 출력 전류가 입력 전력에 비례하는 점이다. 즉 입력 전류의 제곱에 출력 전류 응답이 비례하는 제곱형 검출기 특징을 가진다. 일반적인 전자파 원거리 방사 특성에서, 안테나에 수신되는 전류 및 전압에 대응될 수 있는 전기장 및 자기장의 세기는 전파 거리에 반비례한다. 또한 전력량은 전파거리의 제곱에 반비례하는 점을 감안하면, IM/DD 변복조 방식을 사용하는 광무선 채널의 전파 감쇄는 전파 거리의 제곱에 비례한다. 따라서, 라디오 및 초고주파를 사용하는 무선통신 채널의 감쇄특성에 비교하여, IM/DD를 사용하는 광무선 통신채널은 전파거리의 4제곱에 반비례하는 높은 감쇄특성을 가진다. 이러한 특성은 광무선 통신 시스템의 통달거리를 짧게 하며, 송신 전력 요구량을 증가시키는 주요인으로 작용한다.

링크 마진 설계 시 자주 사용하는 채널 경로 손실(path loss)은 출력광 전력과 수신광 전력비를 말하며, 데시벨 단위로 표기 시 전력비이므로 10을 로그 계수로 사용한다. 데시벨 단위 채널 전달 함수는 분모가 전류량인 관계로 20을 로그 계수로 사용한다. 따라서 DC 채널 전달 함수 응답 H(0)은 경로 손실에

PD 응답도를 곱하여 계산될 수 있다. 광무선 통신 세기 변조 세부 방식들은 NRZ(Non Return to Zero) 혹은 RZ(Return to Zero) 신호 파형의 "1"을 광 신호 방사, "0"을 광 신호 소거로 표현하는 점멸방식(On-Off Keying : OOK), n개의 이진 신호군을 2n개의 광 펄스 위치 시간으로 표현하는 펄스 위치 변조 방식(Pulse Position Modulation : PPM), n개의 이진 신호군을 2n개의 광 펄스 위치 시간 간격으로 표현하는 펄스 간격 변조 방식(Pulse Interval Modulation : PIM), PIM의 인식 펄스를 두가지로 한 DHPIM(Dual Head PIM), 특정된 주파수의 정현파에 위상 변조(PSK), 진폭 변조(ASK) 등 일반적인 디지털 통신 방식으로 변조한 후 이를 아날로그 광원의 세기로 재 변조하는 부반송파 변조방식(Sub-Carrier Modulation : SCM) 등의 동작 예시를 그림 9.5에 나타내었다. 즉, 일반적인 통신 변조 방식들이 SCM 변조 방식을 통하여 IM/DD 방식 광무선 통신 변복조 방식으로 사용될 수 있다.

그림 9.5
광무선 통신용 광변조 방식 예시

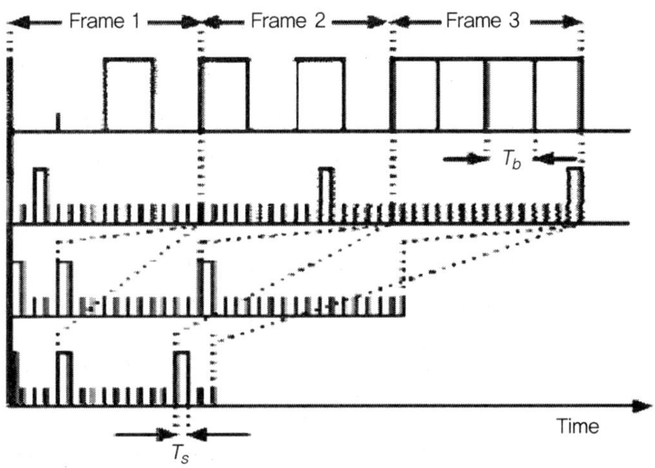


이들 변복조 방식들 중 PPM 방식은 높은 에너지 효율성으로 IrDA에서 표준 변복조 방식으로 사용하고 있으며, 높은 사용 주파수로 인한 ISI 문제들을 해결하기 위하여 등화기, 트렐리스 선로 부호(Trellis Coded Modulation : TCM)와 비터비 알고리즘에 기반한 최대 우도 신호열 검출 기법(Maximal Likehood Sequence Detection : MLSD)들이 연구되었다. 이들 결과에서 채널 부호기와 TCM PPM을 사용하는 시스템은 일반적인 PPM 방식에 비교하여 약 6.3dB의 채널 이득이 확보됨을 보고하고 있다. 단순성으로 인하여 유선 광통신에 널리 사용되는 OOK 방식 연구 결과로 최소 평균 잔류 제곱오류(Minimum Mean Squared Error : MMSE) 기준 최적 등화기에 의한 백색 잡

음 증가 현상을 회피할 수 있는 비선형 등화기인 zero forcing, 혹은 MMSE 기준 DFE(Decision Feedback Equalizer)을 채용한 50Mbps급 광무선 링크들에 대한 연구결과들이 발표되었다. OOK 방식 50Mbps 광무선 시제품은 단순한 DFE에 의하여 약 7dB의 채널 이득이 확보됨을 발표하였으며, 이들 연구 결과에서 10Mbps 이상의 광무선 통신 송수신기에는 ISI 회피 대책이 필수적임을 보이고 있다. 최근 OOK 및 웨이브렛 신호 분석 그리고 신경회로 판정기를 사용한 확산형 링크 개발이 이루어지고 있다. OOK 방식은 단순성 및 주파수 효율성으로 CDMA 등 새로운 신호 예측 및 검출기법들을 사용한 연구 결과들이 계속 보고되고 있다. PIM 방식은 심볼 동기가 용이한 점 및 PPM에 비하여 단위시간 당 정보 전달 효율이 높은 점(주파수 효율성이 높은 점)에 착안하여 영국 쉐필드 할렘(Sheffield Hallam) 대학 연구진을 중심으로 전송오류 특성, 신호 스펙트럼 분포 특성 등에 관한 기초연구들이 최근까지 보고되고 있다.

OFDM 방식 무선랜에 대한 높은 관심 및 Open Lab 등 표준 CATV 신호 분배 전송에 적합한 SCM방식에서는 낮은 에너지 효율을 높일 수 있는 적응형 직류 바이어스 전원 인가법, 적응형 코드 기법들에 대한 기초 연구들이 보고되고 있으며, CATV 신호 분배 시스템의 경우 한국전자통신연구원에서 "초고속 광가입자망 기술 개발" 사업의 일환으로 개발되어 2003년 광주 광산업단지에 시범 서비스를 실시한 바 있다. 예리한 주파수 특성 조합이 가능한 SCM 방식을 안전하게 광무선 통신에 이용하기 위해서는 광원의 방출 광 전력 밀도를 낮추면서 전체광 전력량을 크게 할 수 있는 송신 광원이 필요하며 이는 고출력 LED/LD에 확산기를 사용하여 실현 가능하며, 홀로그램 기반 광 확산기 연구가 보고되고 있다. 효율적이고 저렴한 광 확산기 연구는 실용적인(compact) 광무선 통신 시스템 구성을 위해 꼭 필요한 부분이다. 최근 전기 조명보다 에너지 효율성 및 내구력이 우수한 전자 조명과 결합된 광무선 통신을 위한 타당성 연구들이 일본 학계 연구진들에 의하여 보고되고 있다.

## 9.4 간섭광 및 잡음

가시광선 및 근적외선 대역은 태양, 백열전등, 형광등 등에 의한 간섭광이 실내외 동작 환경에서 항상 존재한다. 표 9.1과 다음에 기술된 광무선 채널연구 결과에 의하면 간섭광에 의한 광무선 통신 수신단 조도(irradiance)는 1Watt로 송출되는 신호 조도보다 약 35dB 크다. 보다 현실적인 비교를 위하여 광출력 전력을 10dBm으로 낮추는 경우 간섭광 조도 대 신호 조도 비는 약 55dB로 광무선 시스템의 성능에 심각한 영향을 준다. 표 9.1은 간섭광이 존재하는 환경에서의 수신 성능을 분석한 것이다. 태양에 의한 간섭 광량은 대낮의 옥외 환경에서 측정하였고, 형광등 간섭 광량은 $5 \times 6m^2$ 넓이 실내의 천정에 위치한 8개의 36Watt 형광등 아래 2.2m에서 측정하였으며, 백열등 간섭 광량은 60Watt 백열등에서 1m 떨어진 지점에서 측정한 값이다. 측정 시 사용된 광 필터는 저역 통과 필터로 800nm 차단 파장을 가지며, 측정용 광검출기(PD)는 $0.85cm^2$ 유효 개구면을 가지는 Si PD를 사용하였다. 표 9.1에서 직사 및 반사광의 차단율 차이는 광필터의 입력 각도에 따른 대역 통과 특성에 기인한다. 또한 백열등과 형광등의 필터 차단율 차이는 백열등이 낮은 주파수 대역 광 출력량이 많음을 보여주고 있다. 태양 간섭광의 세기는 전체 간섭량을 결정하며 간섭광은 PD에 의하여 광무선 수신기의 산탄 잡음(shot-noise)으로 변환되어 수신 감도를 결정하는 주 요인이다.

**표 9.1 간섭광에 의한 PD 바이어스 전류**

| | 간섭광 PD 전류 | | | 간섭 대 신호비(dB) | |
|---|---|---|---|---|---|
| | 필터링 없음 | 필터링 | 간섭 차단율 | 무필터 | 유필터 |
| 직사 태양광 | 5100 μA | 1000 μA | 5.1 | 35 | 28 |
| 반사 태양광 | 740 μA | 190 μA | 3.6 | 27 | 21 |
| 백열등 | 84 μA | 56 μA | 1.5 | 18 | 16 |
| 형광등 | 40 μA | 2 nA | 20 | 14 | 1.4 |

간섭광의 파장 대역 특성은 태양광과 백열등의 경우 각각 500nm, 1000nm 파장에 첨두치가 있는 흑체 방사 스펙트럼 분포를 보이며, 백열등 스펙트럼이 태양광에 비교하여 보다 완만하다. 이러한 특성에 따라 백열등 간섭광은 차단 필터에 의한 간섭 차단율이 낮다. 형광등은 발광 구조가 흑체 복사와 다른 관계

로 다른 간섭광들에 비교하여 긴 파장 대역의 스펙트럼 성분이 적은 특성을 가진다. 표 9.1에서 "간섭 대 신호 비"는 보편적인 실내 동작 환경에서의 광 신호 전력량인 2.4$\mu$W에 기준하고 PD에서의 간섭 대 신호 전류 비이며, 간섭광 제거가 광무선 통신 수신기의 성능 향상에 핵심 요소임을 보여주고 있다.

인위적인 간섭원인 백열전등과 형광등은 구동 전원(AC)의 특성에 의하여 진폭 변조된 간섭광을 방사하며, 변조된 간섭광은 산탄 잡음 이외에 유색 잡음(colored noise)을 수신단에 인가한다.

백열등 간섭광에 의한 유색 잡음은 교류 전원 주파수의 짝수 고조파, 즉 우리나라의 경우 120, 240, 360Hz 등으로 구성되며, 잡음 존재 대역은 약 2kHz이고, 2차 고조파 대 8차 고조파 잡음 비는 약 60dB이다. 또한 백열등 간섭광에 의한 PD 전류 대 유색잡음 비율은 약 8.7배에 달한다. 즉 표 9.1의 간섭대 신호 비율이 16~18배임을 감안하면 백열등에 의한 낮은 주파수 유색 잡음치가 매우 큼을 알 수 있다.

형광등은 방전관 점화식과 전자 점화식으로 구분된다. 방전관 점화식 형광등(방전관형)에 의한 유색잡음 스펙트럼은 구동 전원 주파수에 대한 모든 고조파 잡음들이 존재하며, 잡음 존재 대역이 백열등에 비하여 넓어 약 20kHz에 이르며, 100차 고조파인 5kHz에서도 기본 주파수 잡음 전력밀도 대비 약 50dB 작은 크기의 잡음 전력밀도 크기를 보인다. 수신단 간섭광 차단 필터에 의한 방전관형 간섭광의 차단율은 11~20이고, 유색 잡음 차단율은 4.7~8.9에 이른다. 이는 형광등 간섭광의 시불변 조도와 시변 조도의 발광 구조가 다르며, 간섭 차단 필터가 저역 통과 특성임을 감안하면 시변 발광원의 파장이 짧음을 의미한다. 전자 점화식 형광등(전자식)은 20~40kHz의 구동 전원에 의하여 동작하는 관계로, 방전관형에 비교하여 더욱 높은 주파수 대역인 1.0MHz까지 유색 잡음이 존재하며, 방전관형이 가지고 있는 낮은 주파수 대역 유색 잡음도 존재한다. 동일한 전구를 사용하는 경우 전자식 형광등의 전체적인 유색 잡음 전력량은 방전관식에 비교하여 3~4배 낮은 값을 보인다.

인위적 간섭광들에 의한 유색 잡음을 유발하는 간섭의 수학적 모델이 정립되어 있으며, 간섭 모델은 퓨리에 급수 형태를 가지고 이들 급수에 대한 진폭 및 위상 계수들에 대한 95% 신뢰도 간격의 통계평균치들이 보고된 바 있다.

## 9.5 LED 칩 기술

LED(Light-Emitting Diode)는 p-n접합 다이오드의 일종으로 순방향으로 전압이 걸릴 때 단파장광(monochro-matic light)이 방출되는 현상인 전기발광효과(electroluminescence)를 이용한 반도체 소자이다. 즉 순방향 전압 인가 시 n층의 전자와 p층의 정공(hole)이 결합 하면서 전도대(conduction band)와 가전대(valance band)의 높이차이(에너지 갭)에 해당하는 만큼의 에너지를 발산하는데, 이 에너지는 주로 열이나 빛의 형태로 방출되며, 빛의 형태로 발산되면 LED가 되는 것이다.

그림 9.6
LED 구조

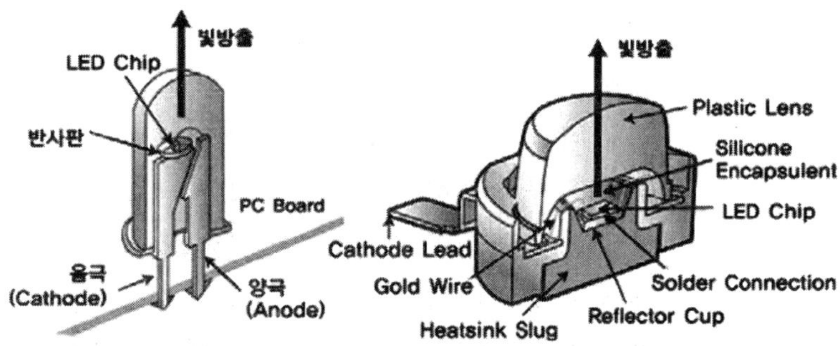


그림 9.7
LED 제조 공정

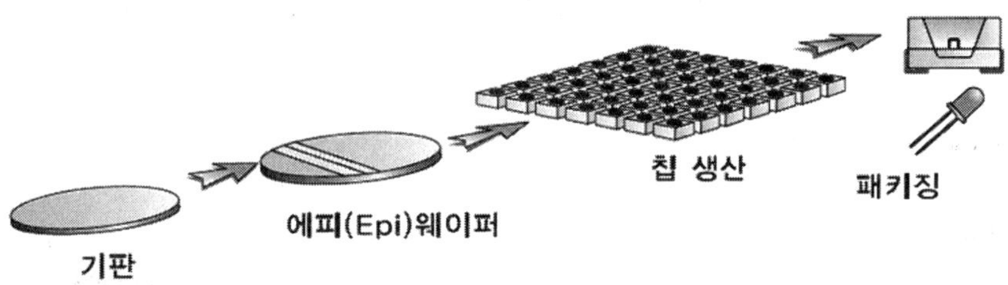


LED 제조공정은 에피(Epi)웨이퍼 제조→칩생산→패키징→모듈 등으로 진행한다.

### 가. 기판

상용화된 LED 에피 웨이퍼는 Sapphire와 SiC 기판에서 성장하여 제작되나. 광효율 향상 및 고출력화에 따른 방열 특성확보를 위해 새로운 기판 상 성장하는 방법이 활발하게 개발 중이다. 이러한 신기판은 Sapphire 및 SiC 기판 상 LED를 성장하는데 있어 현 LED Major 업체인 Nichia, Cree, Toyoda 등의 핵심 특허를 회피할 수 있는 해결책이 될 수 있다.

- GaN기판 : Sapphire 및 SiC는 GaN 물질과의 이종기판으로 성장시 격자 상수 차이로 인한 결함을 최소화하기 위해 동종기판인 GaN 기판상 에피 웨이퍼를 성장시킨다. GaN 기판상 LED는 저결함 특성을 지닌 고품질 LED 성장이 가능 하나, 고가로 인해 양산까지는 시간이 필요하며, 07. 3월 Matsushita는 GaN 기판을 이용한 업계 최고 수준인 255mW 청색 LED를 발표하였다.
- ZnO기판 : GaN와 격자상수 차이가 비슷하고, 전기 전도성이 좋으며, Rohm 등 일본업계 중심으로 개발중이다. 2010년 이후 상용화를 목표로 하고 있다.

## 나. 에피웨이퍼 제조

기초 소재인 기판위에 MOCVD(Metal Organic Chemical Vapor Deposition, 유기 금속화학 증착법) 장비를 이용하여 화합물 반도체를 성장시켜 에피 웨이퍼를 제조하는 단계이다. 에피 웨이퍼 제조 공정을 청색 LED를 예를 들어 설명하면, 청색을 내는 반도체 재료로는 GaN가 있으며, Sapphire(AI2O3)나 SiC 기판 상에 N형 반도체(G-GaN)와 활성층(InGaN), P형 반도체(P-GaN)가 MOCVD로 차례로 증착 된다. 그 윗면에는 전압을 거어 주기 위한 (+)전극이 형성되어 있으며, (−)전극은 절연체인 기판상에 형성될 수 없으므로, Dry 에칭방식으로 가장 위쪽에서 N-GaN의 일부분까지 식각 한 후, (−)전극(Ti/AI)을 형성한다.

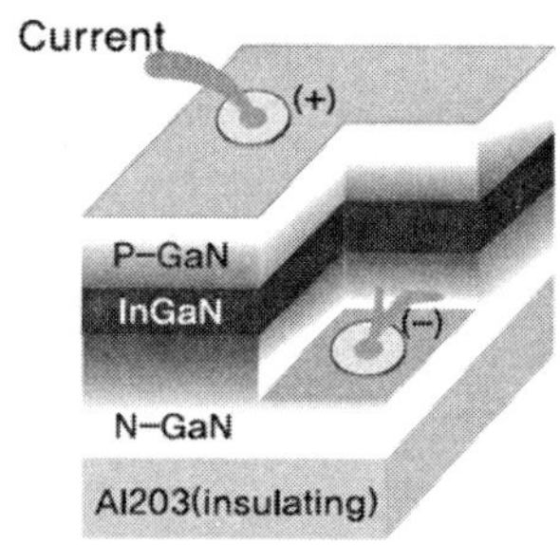


그림 9.8
청색 LED

## 다. 칩생산

칩생산 공정은 전극을 형성하고 개별 칩으로 절단하는 단계이다. 중대형 LCD 백라이트 및 조명용으로 백색 LED 사용량이 급증할 것으로 예상된다. 그리고 고출력 LED 필요성이 증가함에 따라, 칩 사이즈도 대형화되고 있어 칩의 면적 증가는 광효율 및 생산이 저하된다.

- Nichia는 small chip을 적용한 100lm/W급 LED를 07년 양산하기로 발표하였다.
- 그러나 Lumileds는 07. 2월 large chip을 적용하여 small chip을 능가하는 115lm/W급의 LED를 개발하였다고 발표하였다.

## 라. 패키징 및 모듈 공정

LED 산업의 중심축은 과거 Epi-chip 중심이었으나, 패키징 및 모듈 중심으로 이동하고 있다. 패키징 공정은 제조된 칩과 리드(lead)를 연결하고 빛이 최대한 외부로 방출되도록 패키징하는 단계이며, 모듈 공정은 패키징이 완료된 LED를 이용하여 일정한 프레임에 LED를 부착시키는 단계이다.

모바일 및 전자기기는 인가 전류가 20mA 정도로 저전류를 사용하나 조명용 및 중대형 백라이트용 LED는 100mA이상의 고전류를 사용함에 따라 고신뢰성 및 방열 특성확보가 중요하다.

- 방열 특성향상을 위해 Heatsink를 배치하고, metal PCB 위에 실장하여 열저항을 최소화 하였다.

최근에는 다수의 Chip을 Ceramic-Metal PCB에 탑재한 멀티 패키징이 등장하였다.

## 마. 형광체

백색 LED구현은 청색 LED에 황색 형광체를 사용하며, 형광체에 따라 업체별로 특허를 보유하고 있어 백색 LED 제조를 위해서는 형광체에 대한 license를 확보해야 한다.

- 과거 Nichia(일), Osram(독)등 Major 업체 중심으로 형광체 특허를 보유하고 사용하였으나, 최근 중소 형과체 개발 업체가 등장하여 백색 LED공급 업체가 확대되고 있다.
- 색 재현성 향상에 대한 요구가 증가함에 따라 황색 형광체가 아닌 청색 LED에 적색, 녹색 형광체를 적용하여, CRI 값을 85이상으로 증가시키고, UV LED에 적,녹,청색 형광체를 적용하는 기술이 개발 중이며, 신 형광체는 광변환 효율을 극대화하는 방향으로 개발되고 있다.

고 휘도 LED칩의 성능은 칩의 내부에서 광자를 얼마나 많이 생성시키는가(내부양자효율)와 생성된 광자들을 칩 외부로 얼마나 많이 뽑아내는가(광추출

효율)로 결정된다. 여기에 전기에너지 주입 시 주입되는 전자의 효율(전류주입 효율)이 고려되며 이들 효율을 모두 곱하여 외부양자효율로 최종 칩의 성능을 평가하게 된다.

$$\text{칩 외부양자효율} = \text{내부양자효율} \times \text{광추출효율} \times \text{전류주입효율} \qquad (9\text{-}2)$$

패키징된 LED의 성능은 칩의 외부양자효율 외에 구동회로의 효율과 봉지재 외부로 방사되는 광의 방사효율을 감안하여 입력 power(인가전력) 대비 출력 power의 비로 표시되는데 이를 Wall Plug 효율로 정의한다.

$$\text{Wall Plug 효율} = (\text{Pout}/\text{Pin}) \times 100(\%) \qquad (9\text{-}3)$$

그림 9.9
LED 소자의 광 방출 경로에 따른 성능지수

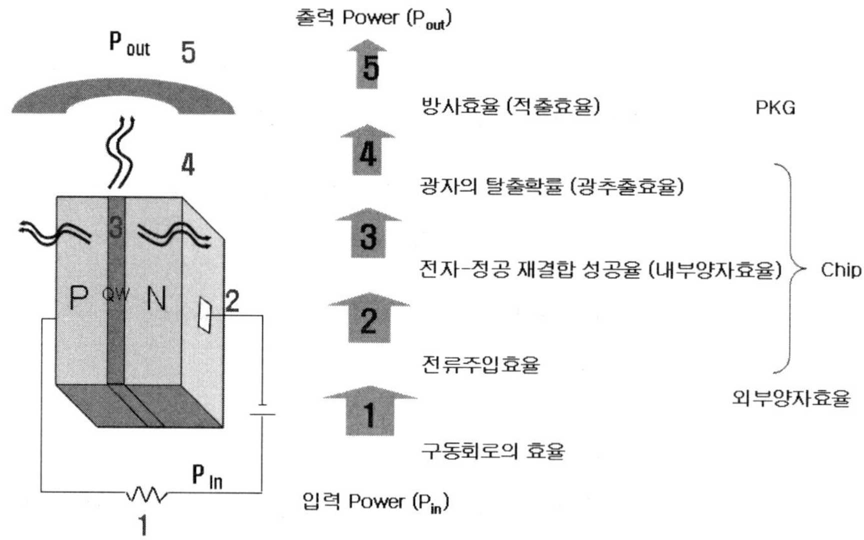


LED 응용제품에서 고려되어야 하는 성능은 출력, 전기적 특성, 배광특성 등 다양하지만 소자관점에서는 외부 양자효율의 개선이 가장 중요하며 이는 에피성장 기술과 칩 공정기술의 개선으로 해결해야 하는 문제이다. 응용제품 관점에서는 배광 특성, 열 특성 등과 같이 칩뿐만 아니라 패키지/모듈설계에서 결정되어지는 성능들이 있다. LED 기술개발은 결국 그림 9.9처럼 이들 세 가지 축으로 발전되고 있으며 이를 개선시키기 위해서 매우 다양한 기술들이 개발되어지고 있다.

LED 광 효율은 파장에 따라서 매우 다르게 나타난다. 이는 LED를 구성하는 재료의 고유한 특성과 실험적인 어려움으로 인해 나타나는 현상인데 그림 9.11과 같이 녹/황색(550nm)을 기준으로 단파장 쪽은 청색-근자외선(450nm~405nm) 근처에서 최고 효율을 보여주며 장파장 쪽으로는 650nm에

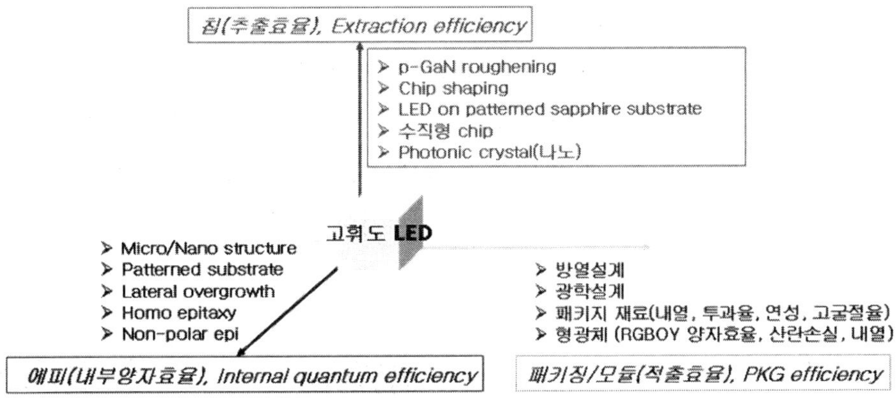


**그림 9.10** 고 휘도 LED 효율개선을 위한 기술개발 방향

서 정점을 이루어 포화되는 경향을 보인다. 그림 9.11에서 실선은 파장에 따라 인간의 눈이 감지하는 시감도이며 우연하게도 550nm에서 가장 좋은 시감도를 보인다. 이는 550nm의 파장이 인간의 눈에 가장 잘 띈다는 의미이다. 따라서 녹색-황색 영역의 LED는 현재 기술개발 수준이 다른 파장에 비해 뒤떨어져 있지만 인간의 눈에는 잘 보이기 때문에 결국 낮은 효율임에도 불구하고 신호등이나 전광판에서 녹색 LED가 잘 활용되고 있는 것이다. 그러나 RGB 다색 칩을 이용한 광색 가변 LED 제품이나 LCD BLU처럼 색 제어가 필요한 제품에서는 부족한 출력을 보완하기 위해서 두개 이상의 녹색 LED를 1 픽셀 안에 집적시키기도 한다.

**표 9.2 LED 장단점**

| 장점 | 단점 |
|---|---|
| - 광변환효율이 높아 소비전력이 낮음<br>- 수명은 1만~5만시간에 이르며 점등 및 소등속도가 빠름<br>- 필라멘트, 유리벌브등을 사용하지않아 견고하고안전<br>- 형광등에 사용되는 수은(Hg)을 사용하지않아 환경친화적임<br>- 점광원(點光源)으로 다양한 형태로 집적화와 정교한 디자인이 가능 | - 기존광원에 비해 상대적으로 높은가격<br>- 많은열이 발생하며 온도상승시 허용전류와 광출력이 감소<br>- 광학적으로 선명한 단색광을 보여줌으로써 연색성이 나쁨 |

LED는 광색제어, 에너지 절감, 친환경 측면에서 이상적인 광원으로 반도체 소자의 디지털 제어 성능과 고효율, 장수명 등 장점을 기반으로 응용분야를 조명, 가전, 차량, 의료용 등 다양한 분야에 활용 가능한 특징을 가지고 있다.

LED Module의 특징

- 에폭시수지 제작으로 인한 방수성
- 원하는 크기와 형태를 자유자재로 제작 가능
- 두께가 얇아 조명디자인 및 인테리어 적용의 용이 함
- 모듈 자체만으로도 조명기기의 역할(등기구 요소의 제외 가능)

그림 9.11
파장에 따른 LED 광 효율의 변화

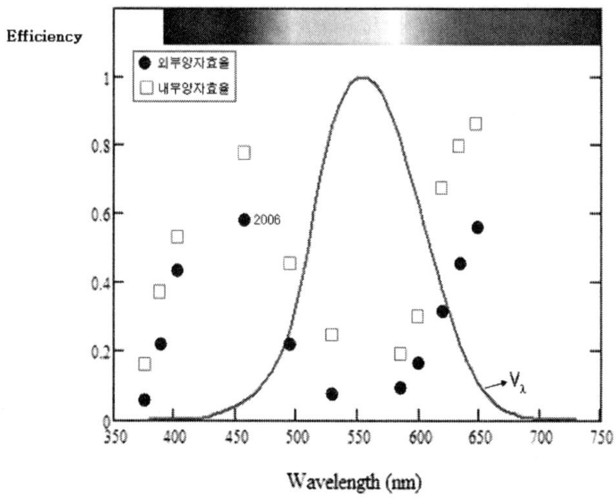


## 9.5.1 백색 LED 기술동향

백색 LED를 제작하는 방법에는 Red, Green, Blue(RGB) LED 세 개의 칩을 조합하는 방법과, 청색 LED에 황색(또는 다색 추가) 형광체를 사용하는 방법, UV LED에 RGB 세가지 형광체를 조합하는 방법 등이 있다.

- LED조명이 활성화 될 경우 전구를 교환하여 사용하는 조명산업구조에 큰 변화
  - 현재 조명제품은 전구업체, 조명설치 업체를 통해 소비자에게 유통되고, 이후 전구의 수명이 다하게 되면 전구만 교체하는 구조로 되어있다.그러나, 수명이 반영구적인 LED조명이 활성화될 경우 전구를 교체하는 과정은 사라질 가능성이 있다
- 부품을 교체하는 유통과정이 사라진 산업구조의 변화는 TV의 사례에서 찾아볼 수 있다.

- 진공관을 부품으로 사용하던 TV의 경우 진공관이 고장나면 진공관을 교체
- 수명이 긴 트랜지스터가 진공관을 대체한 TV가 출시되어 고장률이 낮아지면서 장기간 TV를 사용하고 신제품 TV로 신규 구매하는 구조로 변하게 된다.
- 수명이 반영구적인 LED조명이 활성화 될 경우 전구를 교체하여 사용하는 구조에서 조명기구 일체를 신규 구매하는 구조로 전환될 가능성이 있다.

그림 9.12
Line of Sight

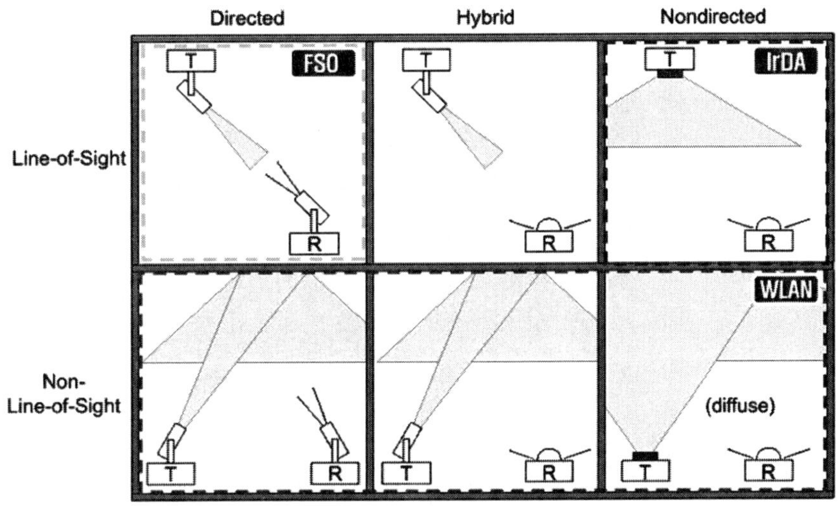


그림 9.13
One-chip type & Multi-chip type white LED

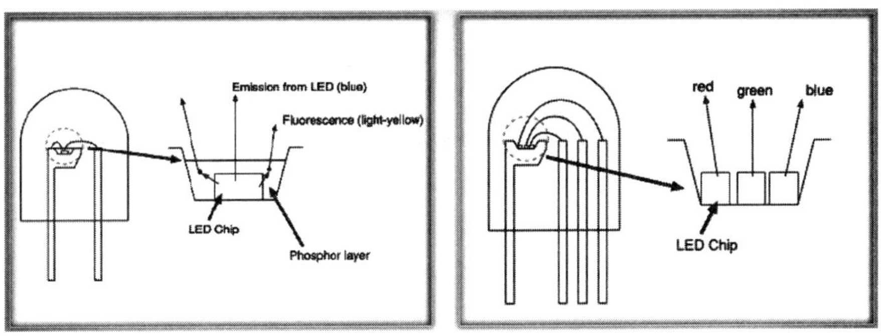


(a) One-chip type white LED (b) Multi-chip type white LED

LED는 사용하는 재료의 종류에 따라 전자가 올라갔다 내려가는 준위의 차이가 나타내며 이런 준위차이가 만들어지는 에너지의 차이로 이어져 결국 같은 빛이라도 높은 에너지 준위에서 만들어지는 빛은 짧은 파장을 가지고 있어 청색으로, 낮은 에너지 준위에서 만들어지는 빛은 긴 파장을 가진 적색으로 나

타나 3원색인 적, 녹, 청 소자를 조합해 컬러를 구현하게 된다.

LED는 발광하는 색에 따라 가시광선(400~700nm)LED, 적외선(700~1,000,000nm) LED, 자외선(100~400nm)LED등으로 구분 가능하며 파장에 따라 그 응용범위가 다르다. LED는 파장별로 개발이 가능하며 가시광선 LED가 전체 LED 시장의 90~95%를 차지하고 있고 적외선 LED는 전체의 5% 수준이며, 자외선 LED는 2%미만의 규모를 차지하고 있다. 가시광선 LED는 현재 가장 많이 개발된 소자로써 디스플레이 표시소자로 널리 이용되고 있으며, 조명 및 Illumination분야 등 응용분야를 확대하면서 채택 범위가 빠르게 늘어나고 있다.

가시광선 LED중에서 적색 LED가 가장 먼저 개발되었으며 이후 녹색, 백색 LED등이 개발되어 총천연색 구현이 가능하게 되었다. 특히 2000년 이후로 RGB 및 백색 LED의 효율과 출력이 빠른 속도로 증가하면서 다양한 분야로 응용 분야가 확대되고 있다. 적외선 LED는 LED파장대가 증가하면서 광통신, 검출기(자동 개폐시), 적외선 사진기, 감정, 위조, 근육치료, 농산품 건조기, 공기정화, 탈취 등 다양한 수요시장이 생성 가능해졌으며 특히 근거리 광통신용 IR LED는 적은 비용으로 인해 각광받을 것으로 예상되고 있다.

그림 9.14
Wide FOV Receivers

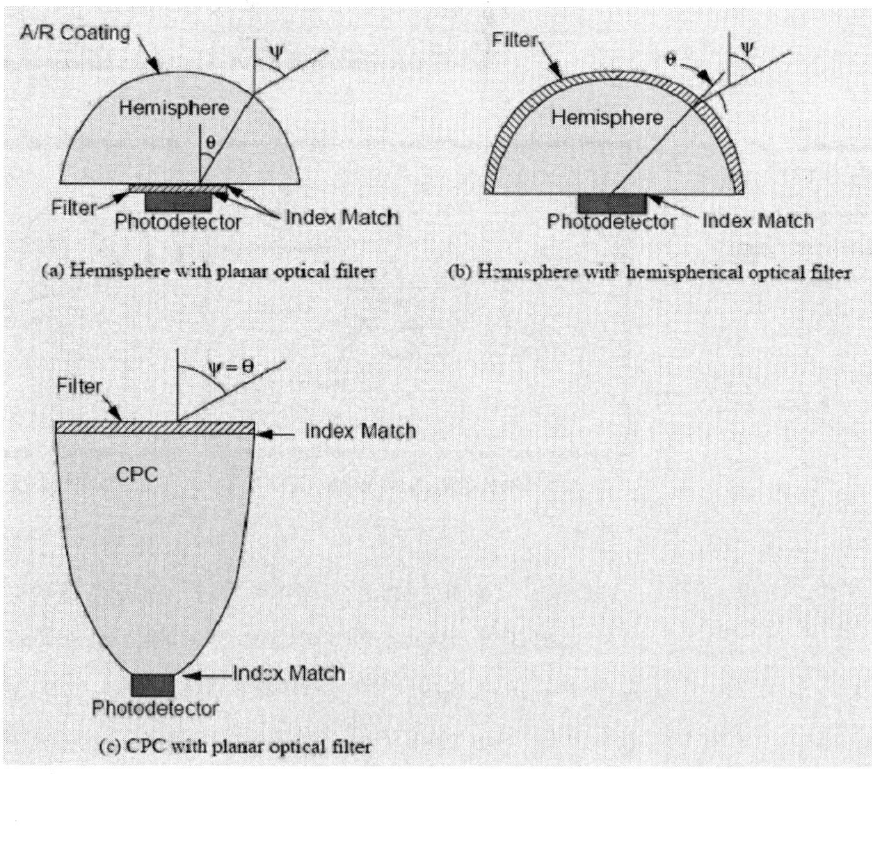

자외선 LED는 파장대가 과거의 405nm에서 현재 200~405nm로 파장대가 확대되면서 응용시장 또한 확대되고 있다. 아직 응용시장이 초기 단계에 머물고 있으나 향후 살균(물, 공기), 폐수처리, 탈취, 의료용, 피부병 치료, 위폐감별, 조명, 섬유/화학 산업, 환경 센서 등에 응용 가능할 것으로 예상되고 있다.

BLU용 LED는 색상 구현 방식에서 RGB LED와 백색 LED제품으로 구분되며 RGB LED는 빨강(R), 녹색(G), 파랑(B)의 3원색을 켜서 색을 구현하는 방식으로 사람의 눈으로 보는 것처럼 선명한 화질을 구현할 수 있으나 화질의 우수성에도 불구하고 낮은 신뢰성과 복잡한 설계로 인해 생산 수율이 낮은 것이 단점으로 지적되어 왔다.

백색 LED는 파랑색 LED를 켜놓고 빨강과 녹색의 형광체를 덮는 방식으로 가격 경쟁력이 높고 설계가 비교적 단순하여 BLU뿐만 아니라 가장 큰 응용분야인 내부 조명으로 쓰일 수 있을 것으로 전망됨에 따라 더 효과적인 백색LED 구현이 LED산업의 이슈가 되고 있다.

**표 9.3 LED의 분류**

| 구분 | 파장 규모 | 응용분야 |
|---|---|---|
| 가시광선 LED (적색, 녹색, 청색, 백색 LED 등) | 400~700nm | 휴대폰, 노트북, LCD TV, 자동차, 조명, 표시소자 등 |
| 적외선 LED | 700~1,000,000nm | 리모컨, 적외선 통신(IrDA), 광통신, 검출기(자동개폐기 등), 적외선 사진기, 위조, 감정, 근육치료, 농산품 건조기, 공기정화, 탈취 |
| 자외선(UV) LED | 100~400nm | 살균(물, 공기), 피부병치료, 의료용, 섬유/화학 산업, 폐수처리, 탈취, 위폐감별, 환경 센서 등 생활 · 보건 분야 |

자료 : 삼성경제연구소

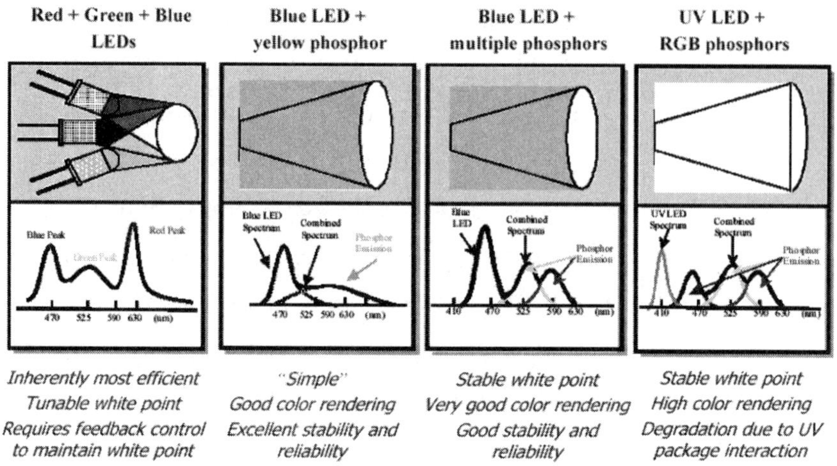


그림 9.15
다양한 백색 LED 구현 방법

## RGB LED 혼합칩 방식

하나의 LED 패키징 내에 RGB 3개 LED 칩을 혼합하여 백색 LED를 얻는 방식으로 빛의 3원색을 단일 패키징 내에 탑재하여 3색의 LED 점등 방식에 따라 백색을 포함하여 다양한 색을 내는 것이 가능하다. 대형 LCD의 BLU 및 총천연색 LED 전광판 등에 사용되고 있다. 최근 감성조명 제어기술의 발전으로 색순도와 연색성이 폭넓게 제어되기 때문에 인간의 심리상태에 따른 조명을 가능하게 하여 미래형 조명기술로 평가받고 있다.

## 청색 LED+황색 YAG계 형광체

현재 대부분의 백색 LED는 이 방식으로 제조되고 있다. 청색 LED와 황색 YAG : Ce3+ 형광체를 조합한 것으로, 수지에 배합된 YAG계 형광체의 농도를 조정함에 따라 청색광과 황색광의 배합비율을 혼합, 백색의 광색 변화가 가능하다. 그러나 이 방식의 백색 LED에서는 몇 가지 단점이 있는데 요약하면 다음과 같다.

- 색 좌표 상에서 단지 1개의 자유도만 존재한다 - 색순도 변화의 제약
- 낮은 연색성(CRI 65~75) 및 색온도(CCT ~6000K)
- 청색/황색 색 분리에 의한 "Halo" 효과
- 표시용에는 적합하지만 조명용으로는 눈에 피로를 주는 백색

따라서 조명을 이용한 가시광 통신용 광원으로는 적합하지 않는 광 특성을 보인다.

### 청색 LED+복수형광체

현재 주로 사용하는 청색 LED+황색 YAG계 형광체를 사용하는 백색 LED는 색온도 및 연색성이 좋지 않기 때문에 이를 보완하기 위해 복수형광체를 사용하여 연색성과 색온도를 개선하고 있다. 이 방식은 형광체뿐만 아니라 칩의 파장을 변화시켜야만 RGB 독립적 제어에 의한 완벽한 광색 가변이 가능하다.

### UV LED+RGB 형광체

UV LED에서 발생하는 자외선으로 RGB 3색의 형광체를 여기 함으로써 색변화를 쉽게 하거나, 온도에 따른 색변화를 적게 할 수 있어 연색성 및 색온도 특성이 좋다. 현재로서는 UV LED의 성능 문제와, LED 수지의 재료선정, 자외광의 누출 방지 대책, 자외 영역내의 파장당 효율면을 포함한 형광체 개발에 난점등이 존재하며 향후 UV LED의 효율향상 및 고출력화가 이루어진다면 단기간 내 시장 확대가 기대되는 방식이다.

## 9.5.2 RC LED 기술동향

LED가 근거리 통신용으로 사용가능한 이유는 저렴한 제작비용과 좋은 스펙트럼 특성 그리고 반도체 레이저에 버금가는 switching time 일 것이다. 그러나 실생활에 응용 가능한 통신용으로 사용하기 위해서는 여전히 특별한 칩 구조의 설계가 필요하다. 우선 상대적으로 넓은 선폭을 갖는 스펙트럼을 좁혀야 될 필요가 있으며 넓은 대역의 변조폭을 갖기 위해서는 활성층의 두께를 작게 해야 할 필요가 있다. 그리고 안정적인 동작속도를 유지하기 위해서는 높은 특성온도를 가져야한다. 이러한 특별한 구조를 갖는 LED를 RCLED(resonant cavity LED)라고 하는데 그림 9.16에 전형적인 RCLED 구조를 나타내었다.

RCLED는 현재 650nm~850nm 대역의 파장이 주류를 이루고 있는데 상용화된 제품은 156Mbps급의 대역폭을 갖는다. 최근에는 플라스틱 광섬유의 최저 손실 영역이 510nm~570nm인 것으로 알려지면서 GaN를 기반으로 하는 이 파장대의 RCLED가 개발되고 있다. RCLED는 그림 9.16과 같이 통상적인

**그림 9.16**
RCLED 기본구조 (a)GaAs 기반 RCLED, (b)GaN 기반 RCLED

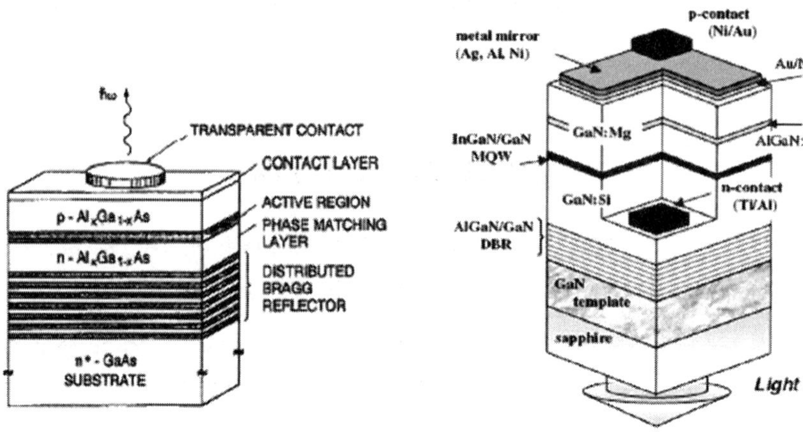


(a) (b)

LED가 갖는 스펙트럼에 비해 우수한 통신용 대역폭을 갖으며 반도체레이저에 비해 저렴한 제작비용이 들기 때문에 근거리 통신용으로 좋은 광원으로 평가받고 있다.

**표 9.4 전통조명과 LED 광원 비교**

| 구분 | 전통 조명 | LED 광원 | | |
|---|---|---|---|---|
| 장점 | On/Off 제어 | 多색 및 多단계 밝기 제어 | ⇒ | 지능 · 감성 조명 |
| | 느린 응답속도(형광등 : 1~3초) | 빠른 응답속도(~10나노초) | | |
| | 소형화 한계 | 소형 · 슬림화(칩 : 0.3~1nm) | ⇒ | 휴대폰 LCD BLU |
| | 광전환 효율 낮음<br>(백열등 5%, 형광등 40%) | 광전환 효율 높음<br>(최고 90% 잠재효율) | ⇒<br>⇒ | 고효율 광원<br>$CO_2$ 저감 |
| | 수은 사용(기체광원) | 無수은(고체광원) | ⇒ | 親환경 |
| | 발광대역 집중 불가 | 발광대역 집중화 | | 특수조명 활용<br>(가전·의료·농수산) |
| | 짧은 수명(3천~7천 Hr) | 긴 수명(5만~10만 Hr) | ⇒ | 유지관리 용이 |
| 단점 | 내열 성능 우수 | 열에 취약 | ⇒ | 별도 방열설계 |
| | 가격 저렴(형광등 : 약 3천명) | 높은 가격(3만원~30만원) | ⇒ | 보급 애로 |

자료 : 지식경제부 보도자료

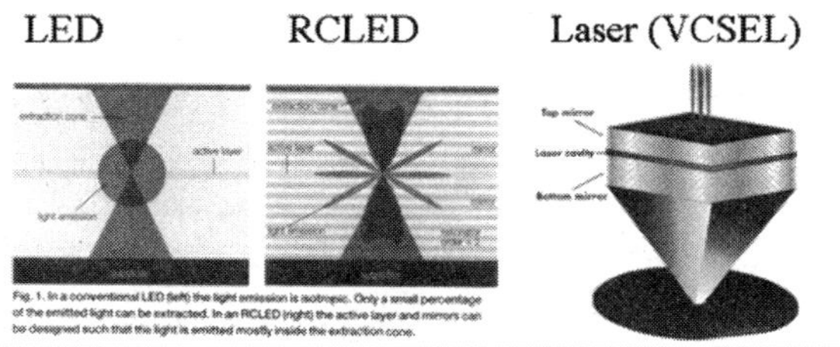


| Speed | < 10 Mbps | < 500 Mbps | > 1 Gbps |
|---|---|---|---|
| Cost | < 1 NTD | 1 ~ 2 NTD | 10 ~ 20 NTD |
| Performance | Low speed and short distance | Good in POF | Good in GOF |

**그림 9.17**
LED, RCLED, VCSEL의 성능비교

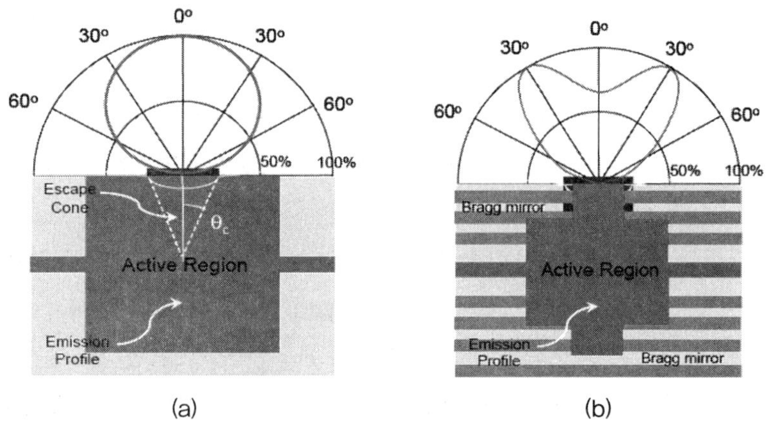


**그림 9.18**
(a)통상적인 LED와 (b)RCLED의 배광특성

RCLED구조의 가장 큰 특징은 스펙트럼을 좁게 하기 위해 DBR과 같은 거울층을 성장하여 파장 선택성을 준 것이다. 그리고 활성층의 두께를 광학파장의 1/2 정수배로 맞추어 공진기의 역할을 하게 한다. 그림 9.18에 통상적인 LED와 RCLED의 배광특성을 비교하였다. RCLED의 배광특성은 통상적인 LED와는 다른 특성을 갖는다. RCLED의 목적상 플라스틱 광섬유와의 coupling efficiency를 높이기 위해 직진성이 좋은 배광특성을 보여주어야 하기 때문이며 이는 DBR층을 이용한 파장의 선택성으로 인해 구조적으로 당연한 결과이기도 하다. 보통 제작되는 RCLED는 수직방향에서 ±30도 이내의 좁은 far field pattern(FFP)을 가지는데 이는 가시광 통신에서 요구하는 빛의 방향성을 잘 충족시켜주는 특성이라고 할 수 있다. 이런 구조의 LED는 GaAs를 기판으로 하는 적색 LED(650nm)에서는 문제가 없으나 질화물계 LED(400nm~530nm)의 경우 몇가지 해결해야할 문제가 있다. 우선 DBR 층을 이루는 AlGaN/GaN 층간의 열적, 결정학적 부정합으로 인하여 과도한 스트레스가 걸리게 되며 결과적으로 전위나 크랙과 같은 구조적 결함이 발생하기 쉽다. 이를 방지하기 위하여 AlN/GaN 초격자 구조를 삽입하거나 AlGaN 그레이딩 층을 성장하여 스트레스를 완화해야 하기 때문에 에피구조가 복잡하게 된다. 따라서 분자선 증착법(MBE)과 같은 저온성장법으로 열적 스트레스를 제거하는 방법을 쓰지만 이는 상용화된 LED를 성장하기에는 알맞지 않은 성장법이라는 단점도 있다. RCLED는 구조적으로 좋은 스펙트럼 특성을 갖지만 광출력 관점에서는 불리한 구조이다. 따라서 이를 극복하기 위해서는 광추출효율을 개선해야 될 필요가 있는데 최근 개발되고 있는 고휘도 LED 칩 공정기술의 활용이 필요하다. 최근에는 광추출효율을 높여줄 뿐만 아니라 빛의 방향성을 개선시켜주는 기술로서 광자결정(photonic crystal) 제조공정법이 시도되고 있다. 이는 광학적 파장 관점에서 규칙적인인 거리를 갖는 격자내에서 진행하는 빛은 거의 100% 반사시키거나 투과시킬 수 있다는 이론에 근거한 것으로 이미 고휘도 LED 칩 제조에 그 실효성이 인정되고 있으며 RCLED에서도 똑같은 원리가 적용될 수 있다.

가시광 통신용으로 사용되는 LED는 결국 조명용으로 사용가능하면서 동시에 통신용 광원의 역할을 해야 하므로 현재 수준에서는 백색 LED를 이용하여 양쪽을 만족시키기가 매우 어렵다. 또한 RGB 칩을 이용한 광색가변 LED를 이용할 경우 green, blue 와 같은 질화물계 LED의 DBR 성장기술이 완숙하지 않으므로 삼색의 조합이 균형적이지 않다. 따라서 초기단계에서는 Red → blue → green의 순으로 개별 광원을 이용한 통신시스템의 활용이 적절하고 단계적으로 삼색칩의 개발을 완료한 뒤 백색 LED 또는 RGB LED를 이용한 조명용

**그림 9.19**
다양한 형태의 광자결정을 이용한 RCLED

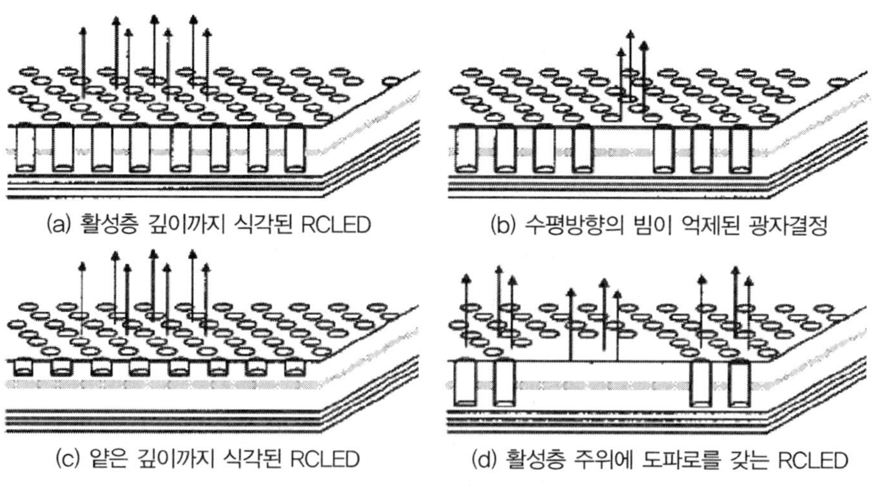

(a) 활성층 깊이까지 식각된 RCLED
(b) 수평방향의 빔이 억제된 광자결정
(c) 얕은 깊이까지 식각된 RCLED
(d) 활성층 주위에 도파로를 갖는 RCLED

LED를 이용한다면 일반 가정이나 공공장소에서 활용 가능한 가시광 통신 시스템이 구성 가능할 것으로 보인다.

## 9.6 VLC를 위한 MAC

### 처리량을 위한 MAC 요구사항

가시광 무선 통신의 처리량 향상을 위해서 MAC 계층에서는 지능형 access points에서 다중 접속과 자원 관리 알고리즘을 관리해야 하며, RGB color에 따라 다른 데이터를 전송하는 parallel 전송 방식을 이용한다. 또한, 송신기와 수신기의 거리(전송거리)에 따라 전송 데이터율을 프레임 구조의 변화를 주어 단거리의 전송을 위해서는 높은 데이터율를 사용하는 전송을 하고 장거리의 전송을 위해서는 낮은 데이터율을 가지고 안정적인 전송을 할 수 있도록 한다.

**표 9.5 VLC를 위한 MAC 요구사항**

| VLC 링크 특성 | VLC MAC 요구사항 |
|---|---|
| 독립적인 up/down 통신 | bi-directional과 full-duplex 통신 지원 |
| 가시광 반사 간섭 | 나쁜 반사환경에서 half-duplex 통신 지원 |
| Asymmetric up/down 통신 링크<br>– up : point to point 통신<br>(단일 LED, 좁은 방향성)<br>– down : broadcast 채널<br>(LED arrays, 넓은 방향성) | 독립적인 up/down 링크 속도 와 자원 관리<br>– up : 자원 할당과 출동 방지 알고리즘<br>– down : 자원 할당 알고리즘 |
| 단말 노드의 위치에 의존한 빛 광도(RSSI) | 능동적 rate 조절 및 duplex 모드 변화 구조 |
| 방해물에 의한 링크 단절 | 링크 단절 및 패킷 에러 검출 알고리즘<br>– 링크 단절 : fast link recovery<br>– 패킷 에러 : fast retransmission |

LED 통신 시스템

Chapter

# 10 VLC의 응용 분야

가시광 통신 시스템의 실내외 응용분야에 대해 살펴본다.

## 10.1 LED의 응용분야

LED는 고휘도 및 White구현과 가격하락 등에 힘입어 이동통신, 옥내외 전광판, 자동차 조명, 신호등, 건물 외곽등, 중대형 LCD 광원 및 각종 조명용 표시장치, 가전제품의 디스플레이, 휴대폰, PDA, 초박막액정표시장치(TFT-LCD) 등의 백라이트 광원으로 널게 쓰이고 있을 뿐 아니라 최근에는 형광등을 능가하는 밝기와 긴 수명, 낮은 전력 소모율 등을 장점으로 잠재시장인 세계 조명램프 시장으로 시장을 넓혀갈 것으로 전망되고 있다. LED는 가장 큰 광원 시장인 조명용 기기 시장에 서서히 접목되기 시작하였는데 최근 LED조명이 고급 주택과 오피스텔에 채택되는 사례가 급증하고 있다.

LED는 주로 노트북 및 휴대폰 LCD BLU 광원으로 사용되면서 차세대 미래 산업으로 급부상했으나 일반 조명에 비해 4배이상 높은 단가 및 밝기 문제 때문에 일반 주택 시장에는 거의 공급되지 못하였다. 그러나 최근 대형 건설사를 중심으로 고급 주택 및 아파트, 대형 빌딩 경관으로 채택되는 사례도 늘고 있으며 LED의 단가 하락이 이어지고 있어 LED의 단가하락 정도와 기술발전에 따라 점차 일반 조명시장으로 응용분야를 넓혀갈 수 있을 것으로 전망되고 있다.

그림 10.1
LED 적용 범위의 확대

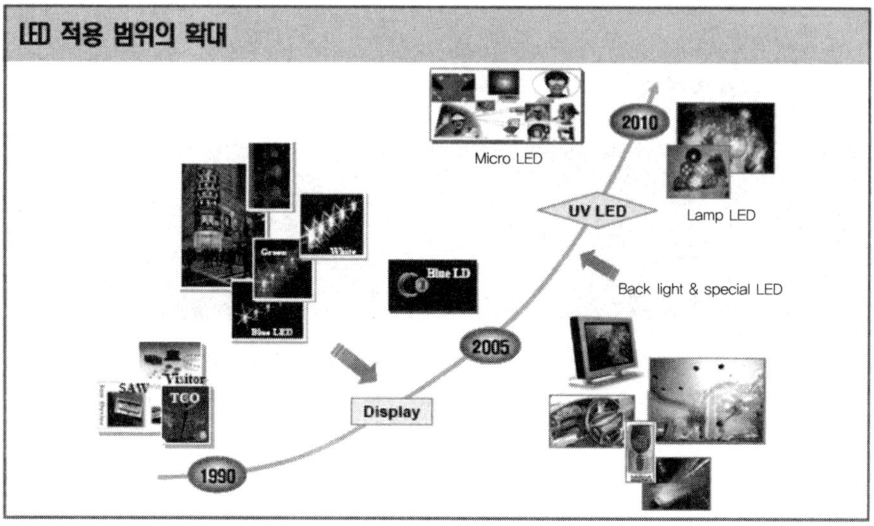


자료 : 대신증권, '서울반도체(2007.09)'

LED 통신은 조명용으로 사용되는 LED를 무선통신의 AP로 활용하여 실내 · 외의 단거리 통신 인프라로 활용하는 융합 신기술 창출 및 실내의 복잡한 유선을 제거하여 공간의 효율적 사용을 유도하며, 친환경적인 홈 네트워킹 기술에 활용되어 조명통신에 의한 융합 IT 산업창출이 이루어질 것이고, 기존의 free RF 대역인 ISM RF 대역의 사용급증으로 인해 실내통신 환경은 RF의 범람 시대가 되는데, 가시광통신 기술의 발전으로 친환경적인 무선통신 인프라를 제공할 수 있으려면 데이터 전송의 신뢰성이 보장되어야 한다. 따라서 통신에 적합한 채널 코딩 알고리즘과 H-ARQ 기법은 대용량의 데이터 전송시 신뢰성을 보장하여 효율적이고 안정적인 실내 · 외 단거리 통신 인프라의 구축을 활성화 시킬 것이다.

또한, 앞으로 LED 소자 기술개발이 진전됨에 따라 중국의 노동력을 바탕으로 한 대규모 LED 생산물량은 LED 소자 가격을 더욱더 저가화할 것이다. 따라서 알고리즘을 사용해 대용량의 데이터를 신뢰성을 가지고 통신이 가능한 프리미엄급 LED 조명기구 개발에 의한 시스템기술 확보는 중국에 대한 기술적 장벽구축과 고부가가치 가격대를 유지할 수 있을 것으로 예상된다.

LED가 발신하는 데이터를 전송하는 네트워크 후보로는 여러 가지를 생각을 할 수 있지만, 가시광통신용으로 생각하는 것은 전력선을 이용하는 것이다. 전력선은 조명, 유도전등, 비상전등에 직접 연결되어 있기 때문에 back up, network에도 최적이다. 조명기기가 인터넷 등에 접속되면 휴대전화의 전파를 이용해서 조명 측의 정보를 불러내는 것도 가능하다. 예를 들면 방송에서 흘러

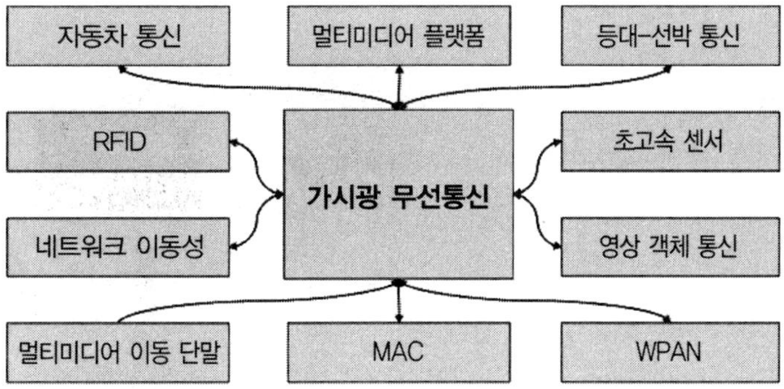


**그림 10.2**
가시광 무선통신의 적용 영역

나오는 정보보다도 상세한 정보를 가시광으로부터 얻을 수도 있다. 현재 휴대단말기가 많이 보급되었고, 기억용량도 수~수십G정도로 많이 증가하고 있다. 이들 기기에 고속으로 대용량의 정보를 입출력하기 위한 요구가 증대되고 있다. 대용량의 정보를 수초 정도에 주고받을 수 있는 간단한 방법으로는 케이블 전송 방법이 있으나 접속의 불편함이 문제이다. UWB나 LAN은 수 GHz의 중심주파수를 이용하기 때문에 전송로가 보이지 않아도 이용할 수 있다. 그러나 1Gbps의 전송속도를 내기 위해서는 신호처리를 나눠야 하는 복잡한 문제가 있다. 가시광통신의 전송방법은 송신하고자 하는 기기와 수신하고자 하는 기기가 수cm정도 떨어져 있을 때 가시광을 변조시켜 조사함으로써 데이터를 전송하는 방법이다. 빔사이즈(beam size)를 작게 해서 수광부에 조사하는 방법뿐만 아니라 넓은 면적의 수광부에 조사하는 방법도 채용될 수 있다. 고속화를 염두에 두면 LED보다는 반도체 레이저를 사용하는 편이 좋다. 정보를 출력하는 휴대기기에는 고속으로 변조할 수 있는 가시광의 반도체 레이저를 붙이고, 레이저광을 상대방의 수광부에 일치시키면 된다. 가시광이기 때문에 광축을 일치시키기도 쉽다. 정보를 보내는 쪽도 받는 쪽도 구조가 단순하다. 교통신호기나 자동차전구의 광을 변조해서 정보를 송신하면 ITS에 사용할 수 있다. 현재 교통의 안전성을 높이는 ITS는 무선기술이 중심이지만, 독일 자동차회사에서는 LED를 사용한 자동차 테일램프(tail lamp)를 ITS에 이용하는 연구를 진행하고 있다. 이것은 자동차 테일램프의 LED를 변조해서 앞차에서 뒤차로 경고를 보내는 것이다. 전파를 이용하지 않고 테일램프 상태를 그대로 활용하기 때문에 시스템이 간단하다. 뒷차에서 수신하는 정보가 어디에서 왔는지를 알기가 쉽다.

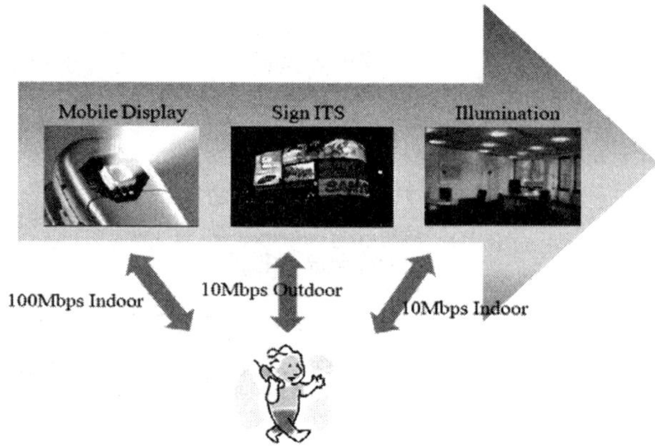


**그림 10.3**
VLC 적용 사례

1) 간판용 LED

| | |
|---|---|
| 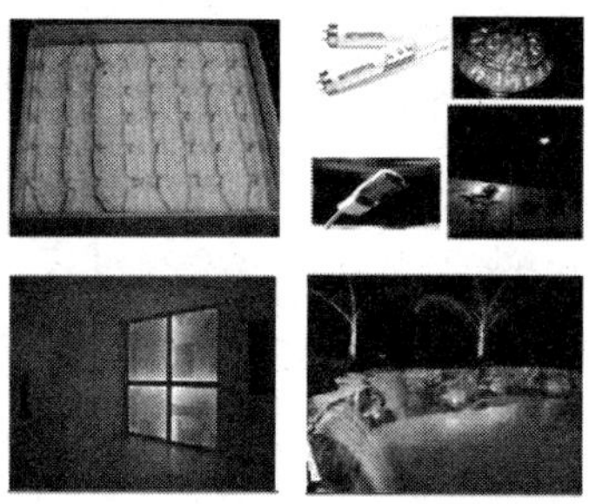 | 조명분야, LED 백열등(엘광등), 백색 LED기술 이용, 친환경적 수은배출이 없다. 반영구적으로 사용가능하고(5~10만시간) 조명용품은 백열전구, 무대조명, 감성조명, 간판용, 교통신호등과 같은 제품으로 사용한다. 또한 LED조명을 이용한 풀장조명이 가능하다. 전 세계적으로 친환경 정책에 힘이어 연구가 활발히 진행되고 있는 분야이며, 가장 주목받는 있는 분야중 하나로 시장성은 매우 높다. 온도에 따른 다른 컬러 구현이 가능하고 원하는 컬러로 풀장의 색이 조절가능하다. |

2) 차량용 샤크 안테나

| | |
|---|---|
| 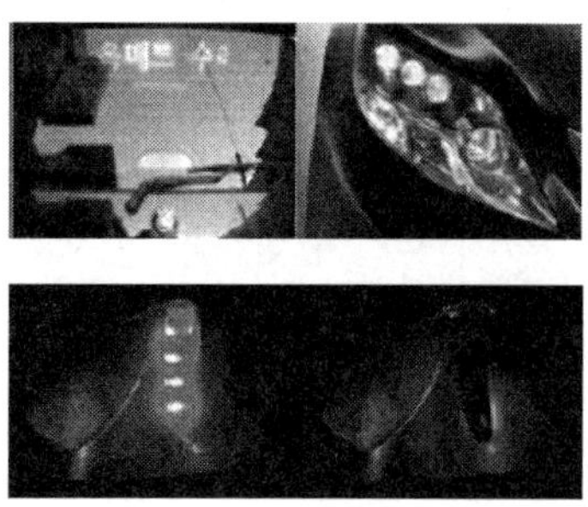 | 자동차용 LED, 전후방등에 LED 기술, 광고용 차량 LED사용, 차량용 부품 관련에 사용되고 차량용 부품에 LED사용이 점점 증가하는 추세이다. 이전에는 내부 감성조명등 형태였으나 현재는 전후방 등에도 사용하며 차량용 소모품으로 발광 LED기술 접목으로 발전가능하다. |

3) LED 스탠드

| | |
|---|---|
| 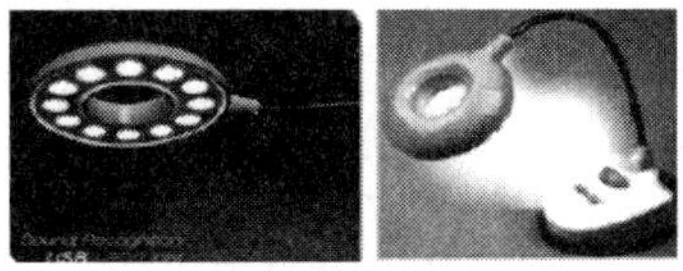 | 백색 LED 스탠드로 조명기술의 일부분이다. 백색 LED가 접목된 스탠드로 향후 형광등 뿐만 아니라 스탠드도 LED로 교체될 전망이다. |

4) 태양과+LED접목

| | |
|---|---|
|  | 태양광+LED 접목, 라이트 및 태양에너지를 이용한 충전기이다. 향후 녹색정책에 따라 LED 뿐만 아니라 태양광을 이용한 기술도 이슈화될 전망이다. |

5) LED사워기/세면기

| | |
|---|---|
|  | RGB LED 제품을 이용한 샤워기/세면기로 욕실의 느낌을 살리수 있는 방법으로 공공시설이나 젊은층이 선호하는 분야이다. 온도에 따른 색상변화가 가능하다. |

6) LED 휴대폰

| | |
|---|---|
| 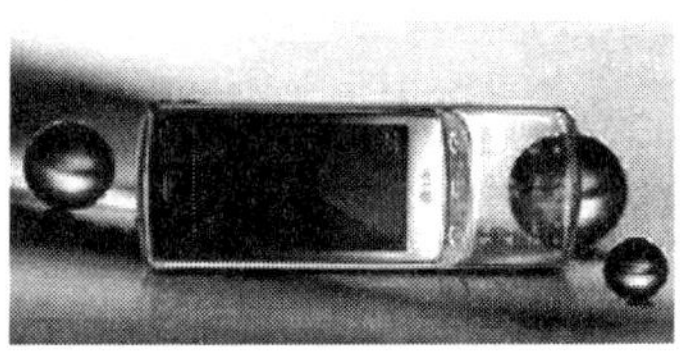 | LED 백라이트 기술이 자판에 적용된 휴대폰으로 LED를 이용한 화면을 구현하는 방식이 아닌 자판에 적용한 방식이다. 향후 이런 식의 휴대폰으로 발전이 가능하다. |

7) LED 비상구

| | |
|---|---|
|  | 백색 LED를 이용한 소방용품(비상구 표시등)으로 고가의 제품으로 가격 경쟁력 확보시 소방용품의 특성상 충분한 시장 가능성이 있다. |

8) UV LED 제품

| | |
|---|---|
|  | UV LED를 이용하여 식물을 재배하는 방법으로 RGB 컬러를 이용하여 비타민 함류와 개화시기등을 조절 가능한 방법이다. UV LED는 살균소독 기능이 있어 향후 많은 발전 가능성이 있는 분야이다. UV LED가 내장된 살균소독 기능이 있는 청소기, UV LED를 이용한 의료용 안경, UV LED가 사용된 냉장고, UV LED를 이용한 냉장고로 식품등의 농약을 제거하는 효과가 있다. |

9) LED 의류 및 스포츠 용품

| | |
|---|---|
|  | UV LED를 이용하여 식물을 재배하는 방법으로 RGB 컬러를 이용하여 비타민 함류와 개화시기등을 조절 가능한 방법이다. UV LED는 살균소독 기능이 있어 향후 많은 발전 가능성이 있는 분야이다. UV LED가 내장된 살균소독 기능이 있는 청소기, UV LED를 이용한 의료용 안경, UV LED가 사용된 냉장고, UV LED를 이용한 냉장고로 식품등의 농약을 제거하는 효과가 있다. |

10) LED 시계

|  | RGB LED를 이용한 시계 건전지 반영구적 사용이 가능하고 현재 고가의 물품이지만 젊은층이 선호하는 형태로, 향후 가격 시장성 충분한 분야이다. 여러 다른 모양으로 출시되고 있다. |
|---|---|

11) LED신발

| 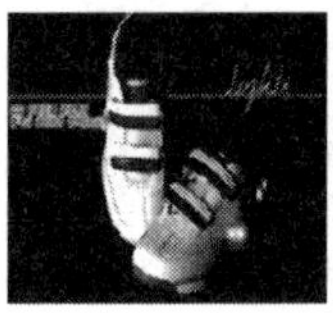  | LED가 장착된 운동화/ 실내 슬리퍼로 제품화가 가능하고 아동용 운동화 제품으로 가능하며, 야간 활동시 용이하다. 어린 아동층을 타겟으로 하여 제품 생산시 시장성이 충분한 제품이다. |
|---|---|

12) LED 가방

|  | RGB LED를 이용한 가방으로 색상의 구현이 가능하고, 글자의 표현이 가능한방식으로 아동용 제품으로 가격 경쟁력 확보 시 시장성이 충분한 제품이다. |
|---|---|

13) LED 명찰

|  | RGB LED를 이용한 명찰로 색상/ 컬러 및 다양한 글자표현이 가능하다. 현재는 유흥업소의 명찰등으로 주로 이용하고 유아용, 아동용 제품으로 제품을 적용하여 판매가능하다. |
|---|---|

14) LED 탁자

<table><tr><td></td><td>움직임에 따른 열 감지 기능이 내장된 탁자를 이용하여 LED발광하는 제품으로 아이디어 상품으로 많은 변형이 가능한 제품이다. 열에 따른 색상 변화와 주방용품으로 확대가 가능하다.</td></tr></table>

15) 무게감지 LED

<table><tr><td>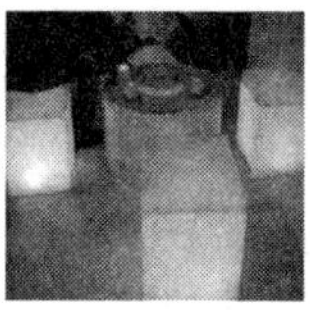 </td><td>무게 감지 기능이 내장된 쿠션으로 무게에 따라 LED 컬러를 조절하는 방식으로 LED를 이용한 공원의자이다. 공공장소나 카페등에 사용시 분위기 연출이 가능한 방식이다.</td></tr></table>

16) LED우산

<table><tr><td>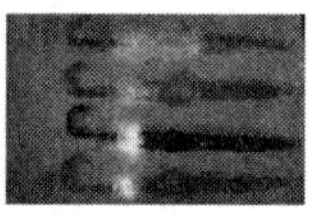 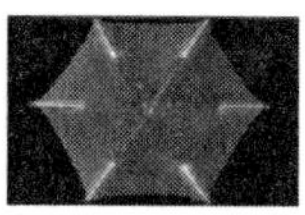</td><td>RGB LED를 접목시킨 아이디어 형태의 우산으로시중에 유통된 상태는 아니고 일부 유적들이 자체적으로 조립하여 사용, 향후 비의 양에 따라서 색상을 다양하게 구현하는 방식으로 사용가능하다.</td></tr></table>

17) LED 셔틀콕

<table><tr><td>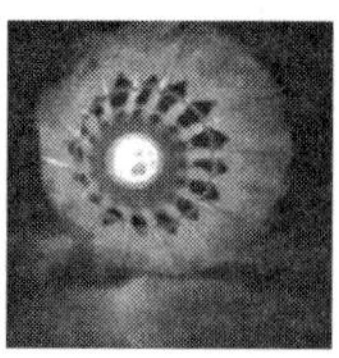</td><td>LED가 접목된 셔틀콕으로 야간운동시 사용가능하다. 발광 특성을 이용하여 야간 운동시 사용가능한 제품으로 소모성이 강한 제품이며, 다른 제품으로 발전가능하다. (테니스, 골프, 볼링 등)</td></tr></table>

18) LED 벨트

| | |
|---|---|
|  | LED 접목된 벨트로 색상 구현이 가능하고 유행에 민감한 젊은 층을 시장 공략가능하다. 아동용 및 장애인 제품으로 사용 가능하다. |

19) LED콤팩트

| | |
|---|---|
|  | LED 접목된 콤팩트로서 젊은 여성 시장을 공략한 제품이다. 어두운 곳에서도 사용이 가능한 제품으로 화장품 수명보다 LED의 수명이 더 길다. |

20) LED 자전거

| | |
|---|---|
|   | LED를 이용한 자전거로 야간 운동시 안전 및 개성을 살린 제품으로 자전거 인구의 증가로 인하여 LED를 접목시킨 자전거 용품 시장이 활성화될 추세이다. 자전거 뿐만 아니라 바퀴가 있는 모든 제품에 접목이 가능하다. |

21) LED 컴퓨터 용품

| | |
|---|---|
|  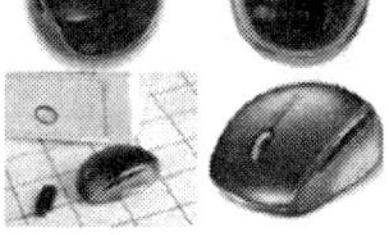 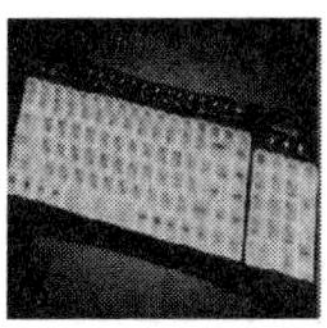 | LED가 접목된 셔틀콕으로 야간운동시 사용가능하다. 발광 특성을 이용하여 야간 운동시 사용가능한 제품으로 소모성이 강한 제품이며, 다른 제품으로 발전가능하다. (테니스, 골프, 볼링 등) |

22) LED MP3/라디오

| | |
|---|---|
| 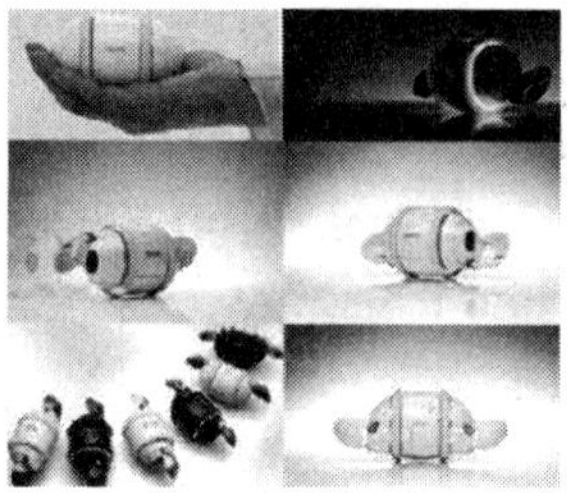 | LED 이용한 MP3/라디오 플레이어, 소리에 따라서 색상을 변화게 가능하고 젊은 층을 타겟으로 형성된 제품으로 크게 시장성이 없다고 사료된다. |

23) LED 컨트롤러

| | |
|---|---|
| 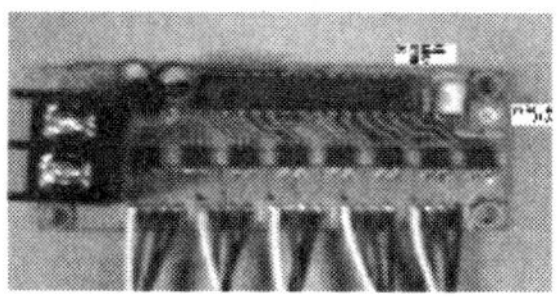 | LED 컬러 컨트롤러로서 LED 색상을 조절할 수 있는 컨트롤러로 감성 조명이나 조명의 색상을 유동적으로 바꿀 때 필요한 기술로 이부분에 대한 연구도 중요하다. |

## 10.2 가시광 무선통신 기술응용 분야

가시광 무선통신기술은 차세대 조명으로 각광을 받고 있는 반도체 조명 LED(Light Emitting Diode)를 사용하여, 조명 기능 이외에 추가적으로 정보전달 기능을 부여한 새로운 광-무선 기술로써 조명이 존재하는 어느 장소에서나 원하는 정보를 획득할 수 있는 이른바 유비쿼터스(Ubiquitous) 정보통신 기술이다. 가시광 무선통신은 주로 인간 눈에 인지되는 빛을 이용하므로 데이터의 전송가능범위를 인지할 수 있으며, 전자파가 나오지 않아 인체에 무해한 친환경 기술이며 다음과 같은 특징이 있다.

- 가시광을 이용한 기존의 산업인프라를 그대로 사용하여 어디서나 다양한 서비스를 이룰 수 있다는 점이 가시광 무선통신 기술의 장점이며 유비쿼터스 환경구현에 적합한 기술
- 가시광기술은 기존의 무선 통신기술(802.11b/g : near 2.45 GHz) 또는

RFID(860 MHz~960 MHz and 2.45GHz)이 갖는 물분자 반응성(Nature Resonance Frequency in Water : 915 MHz and 2.45 GHz)이 없어 인체에 무해한 친환경 무선기술

- 조명용 발광다이오드를 이용 시 국소지역에 국한된 서비스가 가능한 보안성이 뛰어난 기술이며, 전력선 기술 또는 기존 네트워크기술과의 연동이 용이하여 서비스 범위의 확장이 용이한 기술
- 조명산업과의 연계를 통해 통신뿐만이 아니라 기존의 조명, 디스플레이, 휴대용기기, 복지, 정보서비스 등에 새로운 가치창출 및 파급효과가 큰 차세대 전략산업 기술이며, 이에 대한 국내 · 국제 표준화가 시급히 요구되는 전략기술

위와 같은 가시광 무선통신의 장점을 고려할 때, 응용산업 분야는 다음과 같이 구분할 수 있다.

그림 10.4
VLC의 무선통신 응용 분야

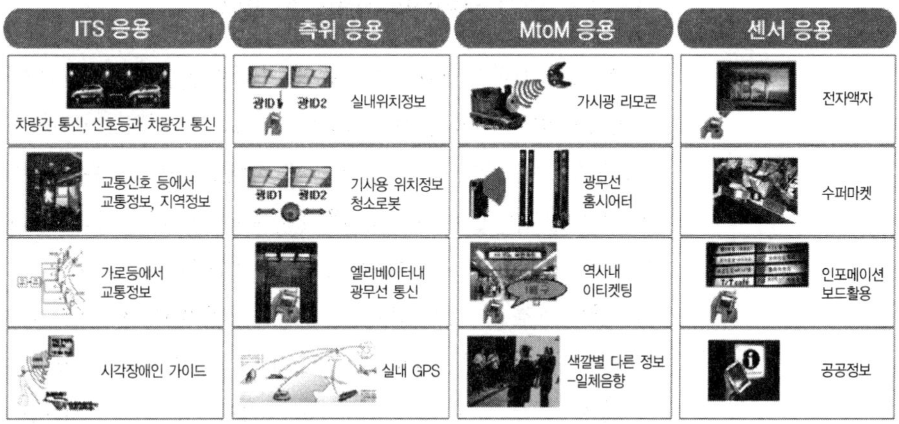


- ITS 응용 : 교통신호등에서 교통정보 제공, 차량간 충돌방지 통신
- 측위 응용 : 창고내 위치 정보제공, 실내 로봇 위치정보 제공등
- M-to-M 응용 : 데이터 단말기간의 M-to-M 통신
- 센서 응용 : LED 조명 또는 디스플레이 인프라를 활용하는 초고속 센서를 사용하여 거대 쇼핑몰 상점 정보, 공항 또는 역 내 출발도착 정보 제공

## 10.3 실내 VLC 응용 분야

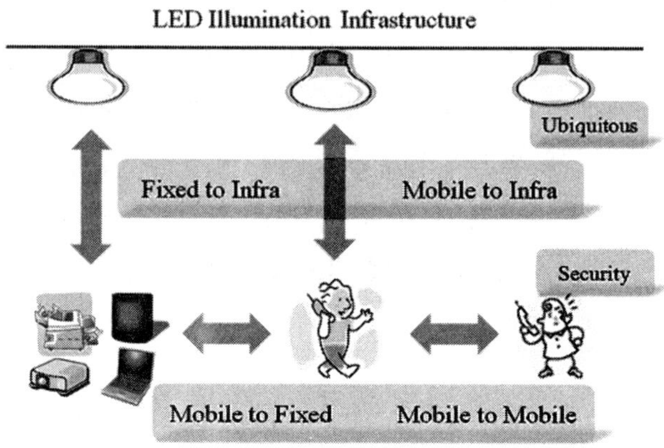


그림 10.5
실내 VLC 적용

### 10.3.1 무선 홈 네트워킹 서비스

홈 네트워크란 가정내의 모든 기기, 즉 컴퓨터 관련 기기, A/V 기기, 홈 오토메이션을 위한 제어나 보안 기기, 게임기와 같은 오락기기 등을 가정내의 통신망으로 묶어서 정보를 공유하고 제어하는 시스템을 말한다. 그리고, 최근에 제시되고 있는 홈 네트워크의 개념은 종래의 저속의 데이터통신에 중점을 둔 가정자동화 개념과는 구별되는 고속의 인터넷 통신 및 디지털 가전기기를 수용할 수 있는 새로운 개념의 댁내 통신 기반으로 정의할 수 있다. 최근에 홈 네트워크의 가장 유력한 후보 중에 하나가 무선 채널을 이용한 댁내 통신 기반의 구축이며, 이를 위한 무선 홈 네트워크 기술에는 Home RF, 무선 LAN, Bluetooth 등의 기술 등이 있다.

#### Home RF

Home RF(Home Radio Frequency)는 PC, 주변기기, 통신, 소프트웨어, 반도체 등의 산업을 주도하는 기업들을 회원으로 하고 있는 Home RF WG에서 표준화를 진행하고 있으며, SWAP(Shared Wireless Access Protocol) 1.1 규격에 대한 표준이 완료된 상태에 있다. 이러한 Home RF는 가정 내의 PC와 소비자 전자 장치들을 연결하려는 욕구가 출현하고 있음을 인식하여 1998년 3월에 출범하였으며, 현재까지 총 회원 수는 약40여 개 업체에 달한다. 전통적인 무선 LAN 벤더들과 PC 및 가전제품 제조업체로 구성된 창립 멤버들은 802.11을 기초로 한 기존 제품들이 기업 환경에 맞춰져 있고 가정환경의 특수 요구에 맞추기에는 가격이나 전력 면에서 너무 높다는 인식 하에 그룹을 형성하였다. 가정환경에서 이러한 장치들을 연결하기 위한 결과적인 HomeRF 스펙이 SWAP이며, 무선 및 데이터 네트워킹을 지원하는 공통의 인터페이스를 제공하는 것을 목표로 하고 있다.

HomeRF는 하이브리드 데이터 프레임을 사용하여 데이터 및 음성 트래픽 모두를 지원하며, 좀더 가격에 민감한 소비자시장을 위해 가격을 낮추기 위하여 802.11로부터 PHY를 취하여 홈네트워크에 사용할 수 있도록 약화시키고 있다. SWAP 1.1은 데이터 통신을 위한 IEEE 802.11 Wireless LAN 기반의 MAC 계층과 음성과 같은 등시성서비스를 위한 TDMA(Time Division Multiple Access) 기반의 DECT(Digital European Cordless Telephone)를 근간으로 하고 있다.

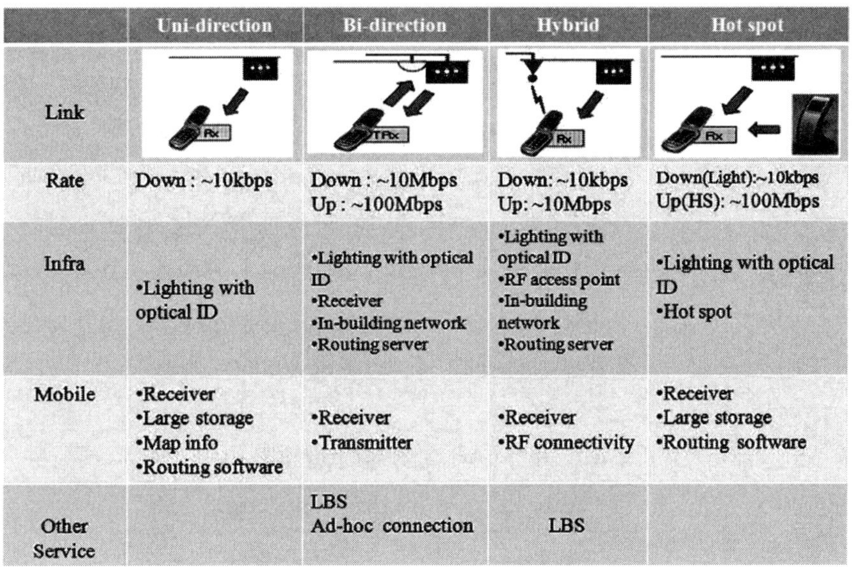

| | Uni-direction | Bi-direction | Hybrid | Hot spot |
|---|---|---|---|---|
| Link | Rx | TRx | Rx | Rx |
| Rate | Down : ~10kbps | Down : ~10Mbps<br>Up : ~100Mbps | Down: ~10kbps<br>Up: ~10Mbps | Down(Light):~10kbps<br>Up(HS): ~100Mbps |
| Infra | •Lighting with optical ID | •Lighting with optical ID<br>•Receiver<br>•In-building network<br>•Routing server | •Lighting with optical ID<br>•RF access point<br>•In-building network<br>•Routing server | •Lighting with optical ID<br>•Hot spot |
| Mobile | •Receiver<br>•Large storage<br>•Map info<br>•Routing software | •Receiver<br>•Transmitter | •Receiver<br>•RF connectivity | •Receiver<br>•Large storage<br>•Routing software |
| Other Service | | LBS<br>Ad-hoc connection | LBS | |

그림 10.6
실내 VLC 통신 방식

SWAP은 초당 50회의 주파수 호핑을 사용하며, 데이터 프레임은 등시성(isochronous)및 비동기(asynchronous) 모드의 혼합이다. 등시 모드는 DECT 표준의 확장을 기초로하고 기지국과의 통신을 위해 TDMA 서비스를 이용한다. 비동기 전송은CSMA/CA(Carrier Sense Multiple Access/Collision Avoidance)를 기초로 하는데, Ethernet 프로토콜과 상당히 비슷하다.

이러한 HomeRF는 100mW의 출력으로 2.4GHz ISM(Industrial, Scientific

and Medical) 대역을 이용하여 초당 50 Frequency Hop을 통해 2FSK를 사용하는 경우에는 0.8 Mbps, 4FSK를 사용하는 경우에는 1.6Mbps의 속도로 최대 127개의 장비에 대한 접속을 제공하고 있으며, 동시에 6개의 Full-Duflex 음성 연결의 지원이 가능하다. 보안문제는 40bit 암호화 코드를 통해 지원하고 있다.

그리고, 2000년 8월에 실질적으로 더 높은 네트워킹 속도를 실현할 수 있는 5MHz까지 주파수를 변조하고, 최대 125MW까지 파워를 증가시킬 수 있는 SWAP 2.0에 대한 승인을 받았다. SWAP 2.0D은 최대 데이터 처리속도가 10Mbps이고, 약 50m 범위를 가진 8개의 오디오(8개의 드셋을 갖춘)와 비디오 스트림을 동시에 제공할 수 있다.

HomeRF WG은 2002년까지 비디오 테블릿과 HDTV를 지원하기 위해 최대 속도를 20Mbps까지 증가시킬 계획을 가지고 있으며, HomeRF가 실질적인 무선 홈네트워킹 표준이 되기 위해 경쟁하고 있고, OEM 제품에 HomeRF 기반 솔루션 통합이 적합하도록 지속적인 개발을 추진하고 있다.

## 무선 LAN

무선LAN은 기존 유선LAN을 대체 또는 확장한 유연한 데이터 통신시스템으로 무선 주파수(RF) 기술을 이용하여 유선망 없이도 데이터를 주고 받을 수 있는 기능을 제공 한다. 즉, 유선망에 구속됨이 없이 Ethernet이나 토큰링과 같은 전통적인 LAN 기술의 모든 이점과 기능을 제공한다.

무선 LAN은 주로 구내 통신용으로 이미 개발되어온 기술로서 특히 주파수 대역별로 다양한 표준기술이 있다.

**표 10.1 무선 LAN 표준기술 개발현황**

| 주파수 대 | 방식 구분 | 표준화 및 기술 특성 |
|---|---|---|
| 900MHz | 독자방식 | 1Mkps 이하 |
| 2.4GHz | 독자방식 | FHSS 1Mbps |
| | IEEE 802.11 | 1997.6 표준화 2Mbps |
| | IEEE 802.11T Gb | 1999.5 표준화 11Mbps |
| 5GHz | 독자방식 | 10Mkps(5.7GHz) |
| | IEEE 802.11T Ga | 1999.5 표준화 OFDM |
| | ATM | 25Mbps HiperLAN2 |
| 60GHz | ATM | 155Mkps 완전 ATM |

무선LAN은 전파를 전송매체로 사용하므로 단말기가 빈번히 이동하는 경우 또는 배선의 설치가 어렵거나 단기간 사용을 목적으로 하는 경우에 유용하게 사용된다. 다른 무선기술과 차별화 되는 무선LAN 시스템의 특징으로는 일반 이동전화 단말기가 발산하는 전력보다 낮은 저전력(low power) 사용, 전세계적으로 인정된 비허가 주파수 대역(license-free radio)의 사용, 신호간섭이 존재하는 곳에서도 매우 수신강도가 강한 속성(very resilient reception attributes)을 가지는 대역확산기술(spread spectrum techniques)의 이용 등을 들 수 있다. 따라서 무선 LAN은 특정 구내에서의 활용에 유용하며, 가정 내에서는 전체 네트워크를 수용할 수 있는 구조로 설치되기에는 주파수간섭이나 전달 영역 한계의 모호성, 보안 및 데이터 노출에 의한 불안전성 등의 문제점이 지적되고 있어 일부 영역을 소화하는 범위에서 응용되는 것이 안정적이다. 무선LAN을 구성하는 IEEE 802.11x의 기술특징을 살펴보면 다음과 같다. 먼저, 무선 Ethernet 또는 Wi-Fi로 불리는 802.11b는 기업의 무선 네트워킹 표준으로 출현한 후 현재 많은 기업과 대학에서 이용되고 있으며, 802.11b표준은 WECA(Wireless Ethernet Compatibility Alliances)에서 관리되고 있다. IEEE 802.11b는 FHSS(Frequency Hopping Spread Spectrum), DSSS(Direct Sequencing Spread Spectrum), 그리고 적외선물리계층과 MAC계층을 그 표준화 영역으로 하고 있으며, 현재 2.4GHz ISM 밴드를 이용하여 DSSS방식으로 11Mbps의 전송속도를 제공하고 있다. 그리고, 이 규격에는 CCK(Complementary Code Keying)이라는 새로운 변조방식을 채택하고 있다. 현재의 802.11b 표준은 QoS에 문제를 갖고 있으며, 같은 주파수 대를 갖는 다른 제품들로 인해 상당한 주파수간섭을 받는다. 이는 데이터에는 영향을 미치지 않으나, 음성, 스트리밍(streaming) 오디오, 비디오와 같은 애플리케이션에서 문제가 발생한다. 이러한 문제점의 해결책으로 802.11e를 모색 중이다. ShareWave의 Whitecap 프로토콜을 기반으로 한 802.11e는 부가적인 보안 특징과 QoS를 향상시킬 것으로 예상된다. 또한, 802.11g 역시 고려 중인데, 이것은 22Mbps까지의 전송속도 증가를 목표로 한다. 이러한 시점에서 몇 개의 다른 계획 역시 연구 중에 있다.산업계가 802.11a로 이동하기 시작함에 따라 누가 이것을 수용할 것인지는 아직 불분명하다. 차세대 무선 네트워크로 발표된 802.11a는 802.11b와 HomeRF 네트워킹 기술의 대체용으로 설계되었으며, 상호간에 역호환되지 않는다. 그러므로 기존의 802.11b네트워크는 최신 NIC와 AP로 업데이트될 필요가 있다. 802.11a 표준은 6, 12, 24Mbps의 데이터 처리속도와 36, 48, 54Mbps 선택적인 증가속도를 필요로 하는 다중 대역폭 옵션을 필요로 하며, 이러한 특징으로 애플리케이션에 최적화가 가능하다. 또한, 데이터 전송을 위해 많은 채널 수를 갖고 있는데, 802.11b가 3개를 가지고 있는 반면 802.11a는 12개를 가지고 있다.

802.11a와 802.11b의 가장 큰 차이점은 802.11b가 2.4GHz ISM 대역을 사용하는 반면에 802.11a는 5.2GHz ISM 대역을 사용한다는 점이다. 802.11a가 5.2GHz ISM 대역을 사용하기 때문에 다른 주파수대역과의 간섭문제가 발생할 수 있다. 그러나, 802.11a는 북미지역에서는 승인이 이루어졌으나, 현재 유럽에서는 인가가 나 있지 않으며, 일본 또는 그 외의 지역에서는 별 문제가 없는 상태이다.

그림 10.7
실내 VLC 환경에서 시스템간의 통신

| | Mobile to Mobile | Mobile to Fixed | Mobile to Infra | Fixed to Infra |
|---|---|---|---|---|
| Link | Bi-direction | Bi-direction | Bi or Uni direction | Bi or Uni direction |
| Distance | ~1m | ~1m | ~3m | ~3m |
| Rate | ~100Mbps | ~100Mbps | ~10Mbps | ~10Mbps |
| Application | Contents sharing | File transfer<br>Video streaming<br>M-commerce | Indoor navigation<br>LBS<br>Networked robot | Data broadcast |
| Alternative | IrDA<br>Bluetooth<br>UWB | IrDA<br>Bluetooth<br>UWB | | WLAN |

## Bluetooth

Bluetooth란 휴대용 장치간의 양방향 근거리통신을 복잡한 케이블없이 저가격으로 구현하기 위한 근거리 무선통신 기술, 표준, 제품을 총칭하는 용어로서 2.4GHz ISM 대역의 라디오 주파수를 사용함으로써 장애물이 있을 경우에도 무선 데이터통신을 구현한다. Bluetooth는 0~10m 단대다(point-to-multi-point) 네트워크인 피코넷에서 데이터와 음성을 통신하는 저비용, 저전력, 단거리(short-range) 무선 통신이 가능한 특징을 가지고 있다. 그리고, 2.4GHz ISM 밴드를 이용하여 최대 721kbps의 데이터 통신과3개의 음성채널을 제공하고 있으며, HomeRF와 다른 FHSS상의 호핑 레이트를 사용한다.

Bluetooth는 특히 이동전화 단말기/PDA 등 개인 통신기기, 헤드셋 · 키보드 · 주변기기 프린터와 같은 주변기기, 유선으로 PC에 접속된 기기들과 같은 개인용 네트워크(PAN : Personal Area Network)로 디자인되었다. Bluetooth의 개발 초기에는 적용범위의 제약을 받았으며, 최근에는 더 넓은 지역의 방대한 네트워크를 향한 Bluetooth의 기능이 요구되고 있다.

이와 같이 Bluetooth가 시장에서 주목받고 있는 이유는 다음과 같다.

첫째, 휴대폰 탑재를 통한 단기간 대량 생산이 가능하다. 즉, 세계적인 이동전화 단말기 제조업체들이 모두 채용을 표명하고 있으며, 특히 Ericsson과 Nokia가 Bluetooth SIG의 주도회사로 적극적으로 탑재할 것임을 명확히 하고 있다.

둘째, 면허를 따로 취득할 필요가 없는 2.4GHz대의 ISM 대역을 사용함으로써 거의 세계 공통으로 사용할 수 있는 송수신 모듈을 제조할 수 있기 때문에 전세계를 대상으로 판매가 가능하다.

셋째, 저가격으로 제조할 수 있다는 점이다. 통상적으로 고주파로 갈수록 관련된 부품 등의 가격이 상승하므로 대중화에 한계를 가져오게 되었다. 저가격으로 제조가 가능하다는 것은 Bluetooth 인터페이스를 2001년에는 CMOS LSI로 1칩화를 실현할 수 있다는 점이다. 그 이유는 Bluetooth 인터페이스 LSI의 설계조건이 IEEE 802.11이나 HomeRF만큼 엄격하지 않기 때문인데, 전송거리를 10m로 할 경우 IEEE 802.11이나 Home RF에서는 필수인 전력 공급기기가 Bluetooth에서는 불필요하며 이로 인하여 저소비 전력화가 가능한 것이다. 그러나, Bluetooth는 802.11b 네트워킹 장비와 간섭이 발생할 수 있다는 문제점을 갖고 있다. 또한, Microsoft가 Windows XP에서 Bluetooth를 지원하지 않을 것을 결정함에 따라 Bluetooth를 이용하기가 쉽지 않으며, 기술개발이 늦어져서 제품들의 출시가 지연되었고, 칩셋 당 5달러로 제공하겠다던 초기의 약속을 지키지 못 하고 있다.

Bluetooth SIG(Special Interest Group)는1998년 5월, Bluetooth 기술개발을 위해 결성되었으며, Ericsson, Intel, IBM, Nokia, Toshiba 5개사에 의해 설립되었고, 1999년 12월에 Motorola, Microsoft, Lucent, 3Com 4개 회사가 추가로 프로모터 그룹에 가입하였다. Bluetooth SIG는 Bluetooth 기술을 하나의 규격으로 발전시키기 위해 각자의 핵심 역량을 결집시키고 있다. Bluetooth는 작고, 저가이며, 짧은 전송거리를 갖는 무선 이동용 장비에 대한 표준 제정을 목표로 하고 있으며, Ericsson, Nokia 등 세계적인 이동전화단말기 제조업체의 표준화 주도하에 근거리 무선 통신의 세계적인 표준 규격으로 자리잡아 가고 있다. Bluetooth 워킹 그룹은 2001년 2월에 1.1 규격을 발표했다.

최근 Bluetooth 1.1 스펙을 이용한 제품들이 시장에 진입하기 시작했는데, 최근 3Com은 소매가 149달러의 Bluetooth PC 카드 발표했으며, Dell은 자사의 Inspiron 노트북 PC에 Bluetooth 카드를 추가하는 옵션을 제공한다.

현재 단거리 통신 표준제정을 위해 구성된 IEEE 802.15 WG에서 Bluetooth를 근간으로 하여 2.4 GHz 또는 5GHz 주파수 대역에서 20Mbps급의 속도제공을 목표로 하고 있다.

## 10.3.2 VLID(Visible Light Identification)

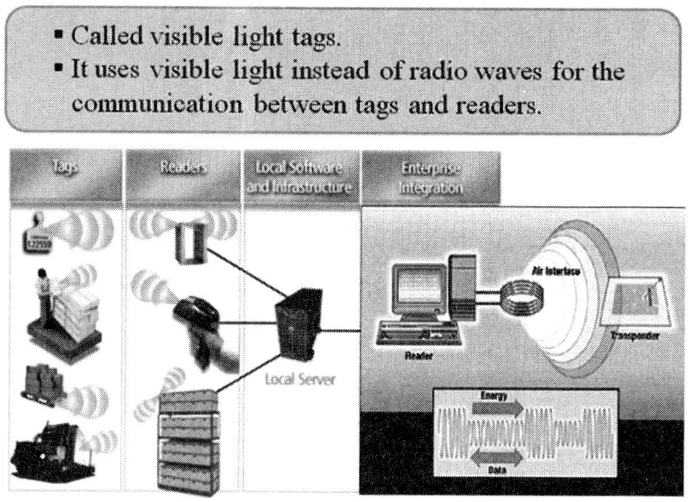


그림 10.8 VLID (Visible Light Identification)

표 10.1 RFID와 VLID의 비교

| | RFID Tag | VLID Tag |
|---|---|---|
| Communication Type | Frequency | Light |
| Signal Direction | NO | Straight |
| Signal Reflection | Easily | Normal |
| Recognition Distance | 10m~100m | ~1m |
| Sensing | Yes | Yes |
| Cost | Cheap | ? |
| Standardization | Yes | ~ing |
| Service | Over All | Restriction |

# 10.4 실외 VLC 응용분야

LED 통신은 3가지 형태로 실외응용이 가능하다. 그 첫 번째가 전광표시판이나 디스플레이와 같이 표시기기나 조명기기를 이용해서 통신하는 유비쿼터스 가시광통신, 둘째로 교통신호기나 자동차 점등에 사용하는 LED를 이용해서 고속으로 통신기능을 갖도록 한 ITS가시광통신, 셋째로 옥내외의 조명기기를 송신기기로 사용하는 조명광통신을 들 수 있다.

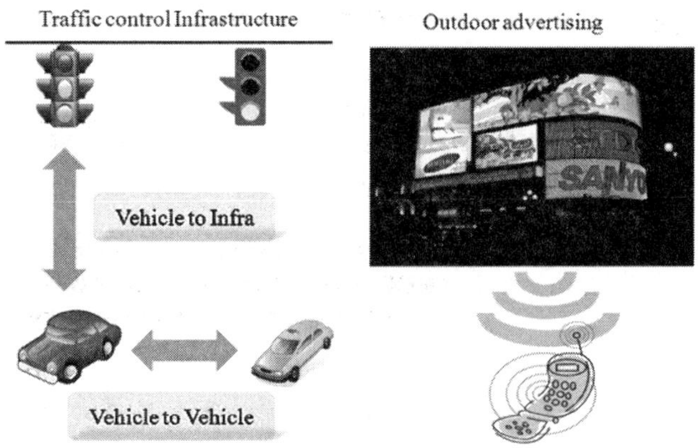


그림 10.9
실외 VLC 적용

## 10.4.1 ITS

### 지능형 교통시스템(ITS)의 개요

문명의 발달로 현대 사회를 살아가고 있는 우리들의 삶은 향상되고 윤택해졌으나, 날로 증가하는 차량으로 인하여 교통 환경은 날로 악화되고 있다. 당면한 각종 교통문제를 해결하고 날로 증가하는 교통수요를 충족시키기 위한 꾸준한 노력에도 불구하고 교통 시설 투자와 재래식 해결방식만으로는 그 한계를 극복하기 어렵게 되었다.

지능형 교통시스템(ITS, Intelligent Transport System)은 도로와 차량 등 기존 교통의 구성 요소에 첨단의 전자 · 정보 · 통신 기술을 적용시켜 교통 시설을 효율적으로 운영하고 통행자에 유용한 정보를 제공하여 안전하고 편리한 통행과 전체 교통 체계의 효율성을 기하도록 하는 교통 부문의 정보화 사업이다. 즉, 도로와 차량 등 하드웨어 중심의 기반시설에 통신, 전자, 제어, 컴퓨팅 기술 등의 소프트웨어 기술을 결합함으로써 차량 및 기본 교통시설이 상호보

완적으로 작동하여 안전하고, 쾌적하고, 효율적인 교통을 실현 가능하게 하는 교통 네트워크와 정보통신 네트워크 간의 통합시스템을 의미한다. 이러한 ITS는 안전 및 교통제어를 목적하며, 새로운 통신시스템 및 차량 센서를 적용하여 소기의 목적을 달성할 수 있도록 함으로써 기반시설의 확충이 절대적이다.

그림 10.10은 ITS의 구성을 나타낸 것으로 첨단교통관리분야(ATMS), 첨단교통정보분야(ATIS), 첨단대중교통분야(APTS), 첨단화물운송분야(CVO), 첨단차량 및 도로분야(AVHS)로 구분할 수 있다.

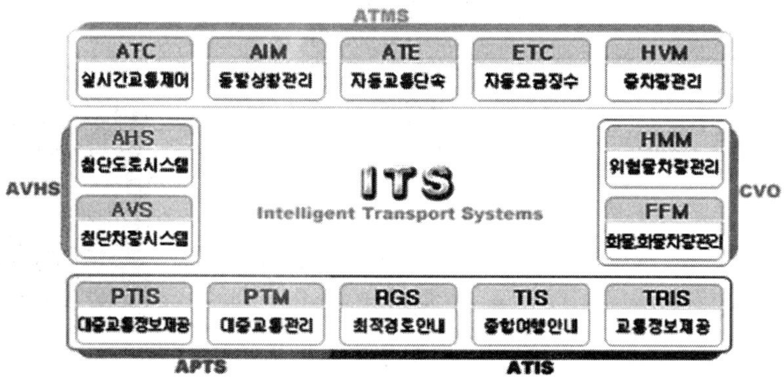


그림 10.10 지능형 교통시스템의 구성

첨단교통관리분야(Advanced Traffic Management Systems)에서는 교통량 변화에 실시간으로 대응하여 신호시간, 고속도로 진입 등을 자동조절하는 실시간 교통제어(ATC : Advanced Traffic Control)와 교통사고, 차량고장, 혼잡 등 각종 돌발상황을 조속히 인지 · 처리하는 돌발상황관리(AIM : Advanced Incident Management), 톨게이트 통과시 정상주행(non-stop)상태에서 통행료, 혼잡통행료 등 요금을 자동으로 징수하는 자동요금징수(ETC : Electronic Toll Collection) 그리고 주행 중 차량의 중량을 자동 계중하여 중차량의 위험교량진입 통제 및 과적차량 단속 · 관리하는 중차량관리(HVM : Heavy Vehicle Monitoring)등의 기능을 갖는다.

첨단교통정보분야(Advanced Traveler Information Systems)에서는 교통정보를 수집 · 분석하여 다양한 매체를 통하여 제공할 수 있는 교통정보체계를 구축하는 교통정보제공(TRIS : Traffic & Road Information Service), 출발-목적지간의 경로 및 통행시간, 요금 등에 관한 제반 정보를 개별 제공하는 종합여행안내(TIS : Traveler Information Service) 그리고 차량항법장치를 통하여 운전자가 원하는 목적지까지의 교통상황에 따른 실시간 최적경로 제공하는 최적경로안내(RGS : Route Guidance Service)등의 기능을 갖는다.

첨단대중교통분야(Advanced Public Transportation Systems)에서는 노선

정보, 환승정보, 대중교통안내, 버스도착예정시간 등 실시간 대중교통정보를 제공하는 대중교통정보 제공(PTIS : Public Transportation Information Services) 그리고 운수회사가 버스 위치 · 승객 수 등 실시간 운행정보를 수집, 차량 배차 및 운전자 관리를 효율화할 수 있는 대중교통관리(PTM : Public Transportation Management)등의 기능을 갖는다.

첨단화물운송분야(Commercial Vehicle Operations)에서는 화물 및 화물차량의 위치를 계속 추적하고 각종 운전정보를 제공함으로써 공차율을 최소화하고 효율적인 차량 및 배차관리를 하는 화물 및 화물차량관리(FFM : Freight and Fleet Management) 그리고 위험물 적재 차량의 위치를 추적하여 지정노선 운행 감시 및 특정지역 운행제한 등 특별관리하고, 돌발 상황시 교통관리 시스템과 연계 신속한 사고처리를 수행하기 위한 위험물 차량관리(HMM : Hazardous Material Monitoring)등의 기능을 갖는다.

첨단차량 및 도로분야(Advanced Vehicle & Highway Systems)에서는 운전자 시계확대, 전후방 충돌경고 및 자동제어 등 능동적 차량제어기술을 기반으로 한 첨단 차량 개발 · 보급하기 위한 첨단차량시스템(AVS : Advanced Vehicle System) 기능과 각종 센서를 통해 노면 및 도로주변상태를 감지 · 경고하는 등 우선적으로 도로 시설을 지능화하기 위한 첨단도로시스템(AHS : Advanced Highway System)등의 기능을 갖는다.

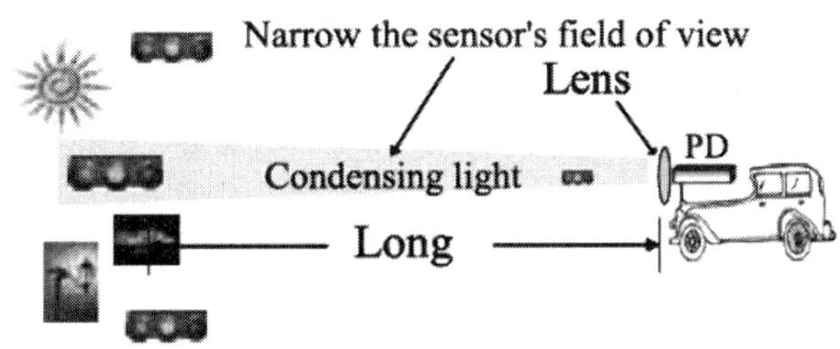


그림 10.11
실외 장거리 측정

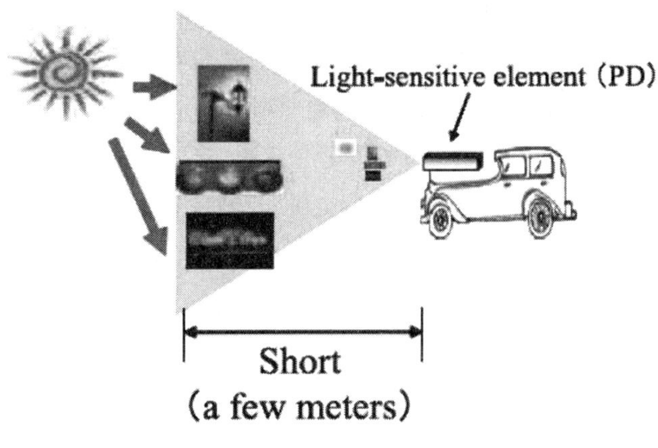


그림 10.12
실외 근거리 측정

그림 10.13
VLC System of vehicles

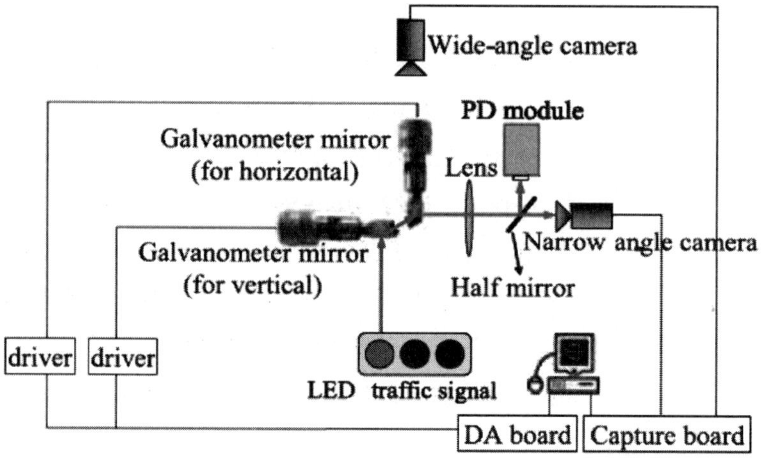


T. Hara et al., roc. IEEE Intelligent Vehicles Symposium, 474(2007)

## 지능형 교통체계 구성

교통이용자의 요구 충족을 위해 국내에서 계획하고 있는 ITS 서비스로 7개 서비스분야, 18개 서비스, 62개 단위서비스로 구분하고 있다. 자세한 내용은 다음과 같다.

### (가) 교통관리최적화 서비스분야

교통관리를 최적화하는 서비스분야로 5개 서비스와 14개의 단위서비스로 구성된다. 교통관리서비스는 교통량, 운행속도 등 실시간 교통정보를 수집 · 관리 · 제공하고 교통시설을 자동 제어함으로써 교통흐름을 최적화하는 서비스이고 돌발상황관리 서비스는 교통사고, 차량고장, 공사 등 비정상적 교통상황에 관한 정보를 실시간으로 수집 · 관리하고 체계적으로 대응 · 처리하는 서비스이며 자동교통 단속서비스는 과속, 버스 전용차로 위반, 신호위반, 과적등 교통법규위반행위를 실시간으로 파악하고 자동으로 행정 처리하는 서비스이고 교통공해관리지원서비스는 대기오염, 소음 등 교통공해정보를 실시간으로 수집 · 관리 · 제공함으로써 교통으로 인한 환경오염을 자동으로 관리하는 서비스이다. 그리고 교통시설관리지원서비스는 도로, 교량, 신호기 등 교통시설물의 상태정보를 실시간으로 수집 · 관리함으로써 교통시설을 효율적으로 관리하는 서비스이다.

표 10.2 교통관리최적화 서비스분야

| 서비스 | 단위 서비스 |
|---|---|
| (1) 교통류 관리 | 1) 실시간 교통제어<br>2) 고속도로 교통류제어<br>3) 광역교통류 제어<br>4) 교통제어정보 제공 |
| (2) 돌발상황관리 | 5) 돌발상황감지<br>6) 돌발상황대응조치<br>7) 긴급차량운행관리지원 |
| (3) 자동교통단속 | 8) 속도위반차량단속<br>9) 전용차로위반차량단속<br>10) 차선위반차량단속<br>11) 신호위반차량단속<br>12) 과적차량단속 |
| (4) 교통공해관리지원 | 13) 교통공해관리지원 |
| (5) 교통시설관리지원 | 14) 교통시설유지, 관리, 운영지원 |

## (나) 전자지불처리 서비스분야

교통시설 이용료를 첨단기술을 사용하여 자동으로 지불하는 서비스분야로 2개 서비스와 4개의 단위서비스로 구성된다.

통행료전자지불 서비스는 유료도로통행료, 혼잡통행료 등 통행요금을 주행상태에서 자동으로 지불하는 서비스이고 요금전자지불 서비스는 시내버스, 지하철, 택시 등 대중교통요금과 주차요금 등 교통편의시설 이용요금을 자동으로 지불하는 서비스이다.

표 10.3 전자지불처리 서비스분야

| 서비스 | 단위 서비스 |
|---|---|
| (6) 교통료 전자지불 | 15) 유료 도로 통화료 전자 지불<br>16) 혼잡통행료 전자지불 |
| (7) 요금 전자 지불 | 17) 대중교통 요금 전자 지불<br>18) 주차요금 전자 지불 |

## (다) 교통정보유통 활성화 서비스분야

개별 시스템이 수집하는 교통정보를 종합 관리 · 제공하는 서비스분야로 2개의 서비스와 2개의 단위서비스로 구성된다. 기본교통정보제공서비스는 ITS시스템이 일반적으로 수집하는 교통정보를 일반 교통이용자에게 제공하는 서비스이고 교통정보관리 · 연계서비스는 ITS시스템이 수집 · 관리하는 기본교통정보를 종합하여 타 시스템 및 부가사업자에게 제공하는 서비스이다.

**표 10.4 교통정보유통 활성화 서비스분야**

| 서비스 | 단위 서비스 |
|---|---|
| (8) 기본 교통 정보 제공 | 19) 기본 교통 정보 제공 |
| (9) 교통 정보 관리 연계 | 20) 교통 정보 관리 연계 |

## (라) 여행자정보 고급화 서비스분야

기본교통정보에 부가정보를 추가하여 특정 교통이용자에게 제공하는 서비스분야로 2개 서비스와 9개의 단위서비스로 구성된다.

**표 10.5 여행자정보 고급화 서비스분야**

| 서비스 | 단위 서비스 |
|---|---|
| (10) 차량여행자 부가 정보제공 | 21) 여행자 정보 제공<br>22) 출발전 여행 정보 제공<br>23) 운전중 교통정보 제공<br>24) 주행안내<br>25) 주차정보제공 |
| (11) 비차량 여행자 부가정보 제공 | 26) 보행자 경로 제공<br>27) 자전거 경로 안내<br>28) 장애자 경로 안내<br>29) 기타 부가정보 제공 |

차량 여행자 부가정보제공서비스는 차량 및 차량여행자에게 교통상황, 최적경로, 주차 등 여행에 필요한 교통정보를 출발 전 또는 주행 중에 제공하는 서비스이고 비차량 여행자 부가정보제공 서비스는 보행자, 자전거이용자 등 차량을 이용하지 않는 여행자에게 여행경로, 교통이용 안내 등 교통정보를 제공하는 서비스이다.

## (마) 대중교통 서비스분야

대중교통의 정시성 확보와 관련 운행정보를 관리 · 제공하는 서비스분야로 2개 서비스와 10개 단위서비스로 구성된다.

표 10.6 대중교통서비스분야

| 서비스 | 단위 서비스 |
|---|---|
| (12) 대중교통정보 제공 | 30) 시내버스정보 제공<br>31) 고속버스정보 제공<br>32) 시외버스정보 제공 |
| (13) 대중교통관리 | 33) 시내버스운행관리<br>34) 고속버스운행관리<br>35) 시외버스운행관리<br>36) 좌석예약관리<br>37) 환승요금관리<br>38) 대중교통안전관리<br>39) 대중교통시설관리 |

대중교통정보제공 서비스는 시내 · 고속 · 시외버스의 도착시간, 위치, 환승정보 등 대중교통운행정보를 제공하는 서비스이고 대중교통관리 서비스는 시내 · 고속 · 시외버스의 운행위치,운행간격, 사고상황 등 버스운행정보를 수집 · 관리하여 배차간격 조정, 운전자관리, 예약 등 버스운행을 최적화하는 서비스이다.

## (바) 화물운송효율화 서비스분야

효율적 화물운송체계를 구축하여 물류비 절감 및 사고를 예방하는 서비스분야로 3개 서비스와 9개의 단위서비스로 구성된다.

표 10.7 화물운송효율화 서비스분야

| 서비스 | 단위 서비스 |
|---|---|
| (14) 문류정보관리 | 40) 화물추적관리<br>41) 화물차량운행관리<br>42) 화물차량안전관리지원<br>43) 화물차량경로안내 |
| (15) 위험물 차량관리 | 44) 위험물사고처리<br>45) 위험물관리<br>46) 위험물차량 경로안내 관리 |
| (16) 화물전자행정 | 47) 화물전자통관<br>48) 화물 전자행정 |

물류정보관리 서비스는 화물 및 화물차량의 위치 · 종류 · 적재량 등 물류정보를 수집 · 관리하여 화물운송을 최적화하는 서비스이고 위험물차량관리 서

비스는 위험물 적재차량의 운행경로, 사고상황 등 실시간 운행정보를 수집·관리하여 위험물을 효율적으로 관리하고 사고발생시 체계적으로 대처하는 서비스이며 화물전자행정서비스는 화물통관절차를 자동화하고 화물관련 행정처리를 최적화하는 서비스이다.

### (사) 차량·도로첨단화 서비스분야

차량과 도로의 첨단화를 통해 교통안전, 차량운전자 편의를 증진하고, 도로이용효율을 증대하는 서비스분야로 2개 서비스와 14개의 단위서비스로 구성된다.

**표 10.8 차량·도로첨단화서비스분야**

| 서비스 | 단위 서비스 |
|---|---|
| (17) 안전운전지원 | 49) 사고발생자동경보<br>50) 차량전후방 충돌 예방<br>51) 차량측방충돌예방<br>52) 교차로충돌예방<br>53) 철도건널목안전관리<br>54) 감속도로구간안전관리<br>55) 차량안전자동진단<br>56) 보행자안전지원<br>57) 장애아안전지원<br>58) 운행자시계향상<br>59) 위험운전방지 |
| (18) 자동운전지원 | 60) 차량간격제어<br>61) 자동조향운전<br>62) 군집운행 |

안전운전지원 서비스는 근접차량 운행상태, 철도건널목의 열차운행상황, 사고상황 등 교통안전과 관련한 실시간 교통정보를 수집·관리·제공하여 차량운전자 및 보행자의 안전을 지원하는 서비스이고 자동운전지원 서비스는 차량이 주행 중 필요한 실시간 교통정보를 수집·가공하여 근접차량과의 간격제어, 운전장치 조작 등 자동주행을 지원하는 서비스이다.

## 가시광통신을 이용한 ITS 서비스 응용

### (가) 도로에 설치된 조명 수단을 이용한 ITS

도로에 많이 설치되어 있는 조명수단을 조명 이외의 용도로 이용하여 원활한 교통을 실현함과 함께 도로 이용자에게 여러 종의 정보를 제공할 수 있는 방법으로 도로에 설치된 조명수단을 점멸 또는 광량, 또는 발광광의 색등의 제어를 통하여 정보를 이용자에게 전달할 수 있다. 예를 들어 도로에서 사고 등의 이상이 발생하는 때 이용자가 이상 발생을 신고하거나 도로제어시스템이 자동적으로 이상을 감지해서 조명수단의 점멸이나 광량, 색등을 제어하여 도로 이용자들에게 사고 등의 이상 발생을 전달할 수 있다. 도로의 조명수단은 수 100미터마다 배치되어 있고 높은 위치에 설치되어 있기 때문에 인식성이 높아 도로상의 이상 발생을 자세하게 검출 및 전달할 수 있다.

또한 조명수단이 반도체발광소자로 구성 되어져 있는 경우, 일반적으로 반도체발광소자는 고속의 응답특성을 가지고 있으므로 정보에 따라서 반도체발광소자에 변조광을 발광 시키는 것에 의해서 대량의 정보를 조명광에 의해 송신할 수 있다. 또한 조명수단은 도로가 어두워지지 않도록 일정 간격으로 배치되어 있어 전체적으로 같은 정보를 송신하면, 이동하는 차량에서도 통신이 끊어지는 경우가 없이 정보를 수신할 수 있으며 반대로 하나의 조명수단이 비교적 좁은 지역을 담당하므로 조명 수단마다 다른 정보를 송신하여 통신에 사용하는 것도 가능하다.

도로조명의 목적은, 도로 위를 밝게 함으로서 차량과 통행인의 안전과 쾌적한 통행을 확보하고 방범등을 위한 것이다. 도로 조명에는 일반적으로, 형광등, 할로겐등, 나트륨등이 이용 되어지고 있으며 최근에는 보다 수명이 긴 LED 등의 반도체발광소자를 이용한 조명도 연구되어지고 실제로 설치되어지고 있다. 이것들은 광의전력효율, 밝기, 수명등의 관점에서 채택되어진 것이고 각각의 조명의 특성에 따라서 넓게 일반도로에서 고속도로에까지 이용되어지고 도로상에 수십미터마다 배치되어져 있다. 일반적으로 이러한 조명의 대다수는 일단 점등되면 장시간 지속해서 사용하고, 빈번히 점멸되지 않는다. 일반적으로 어두워지면 점등되고 밝게 되면 소등한다. 또한, 터널과 같은 장소에서는 주야에 관계없이 장시간 사용 되어진다. 한편 교통신호는 도로조명과는 관계없이 개발되었다. 그 목적은 도로상의 차량과 인간의 교통 흐름을 정리하기 위한 것이다. 교차점과 횡단보도 등에 고정 설치된 것이므로 도로공사용과 가판용등이 있다. 이것들은 도로조명과는 다르며 적색에서 청, 황색으로 색을 바꾸거나 점멸하거나 한다. 그 때문에 종래는 백열전구가 사용되었으며 최근에는 LED가 이용 되어지고 있다.

교통신호로서의 광원은 점멸하기 쉽고 전력효율이 좋으며 수명도 긴 것이 요구 되어진다. 광원으로서 백열전구는 전력효율이 다른 광원보다는 나쁘지만 그 점멸성 때문에 이용 되어져 왔으나 최근에 점멸성, 전력효율, 긴수명의 LED가 이것을 교체하는 추세이다.

도로조명용으로서 이용되어져 왔던 형광등, 할로겐등, 나트륨등 등과 교통신호로 이용되어져 온 백열전구등은 각각 광원의 특성에 따라서 구분되어서 사용되어져 왔으며 도로조명과 교통신호를 겸하여 사용한다는 생각은 존재하지 않았다.

도로상에서의 사고는 매년 엄청난 수가 보고 되고 있으며 사후의 처리도 매우 중요하다. 이것은 반복되는 사고의 방지와 교통정체를 일으키지 않기 위한 목적이다. 앞에서 언급한 바와 같이 교통신호는 교차점과 횡단보도 등에 설치되어져 있고, 설치된 장소에서 교통 흐름을 통제하고 있지만 도로에서 사고 등의 이상이 발생되는 경우에 그 상황에 따라 교통정리를 통제하는 기능은 없다. 따라서 사고 직후에는 후속차량들이 스스로 주의할 수밖에 없는 것이 현실이다. 즉 사고의 통보가 있고 난 후 경찰관이 현장에 도착해서 교통정리가 이루어질 때까지 교통안전은 개인의 주의에 의존할 수 밖에 없기 때문에 부주의한 경우 사고 차에 추돌하거나 사고에 따른 정체의 최후미에서 추돌하는 사고의 재발을 일으킬 가능성이 높다. 일반적으로 사고가 발생하는 경우에 사고 차 후방에 반사판을 설치하나 이 경우 사고 차 근처에서만 확인이 가능하여 멀리서는 보이지 않는다는 문제점이 있다. 또한, 반사판은 인간이 설치해야 하기에 원격조작을 할 수 없는 문제도 있다. 고속도로와 간선 도로 등에서는 정보표시판이 설치 되어져 있어 사고정보와 정체 정보 등을 이용자가 시각적으로 습득할 수 있도록 하고 있다. 이때 표시하는 정보는 원격조작에 의해서 정보표시판으로 전송하여야 하며 조명이나 교통신호등과는 별도로 설치를 하기 때문에 추가로 비용이 들고, 그 설치 숫자도 조명이나 교통신호등과는 비교가 되지 않을 정도로 적다. 그 때문에 정보표지판에 의한 정보의 습득은 대단히 한정된다는 문제가 있다.

도로에 설치된 조명 수단을 이용한 방법은 이상검출부, 조명제어부 그리고 조명등으로 구성된다. 먼저 도로상에서 이상을 검출하는 방법으로 이용자가 비상전화를 이용하여 감시 센터나 경찰에 통보하게 하거나 도로를 감시하는 감시 장치에 의해서 이상을 자동으로 검출하도록 시스템을 구축할 수 있다. 조명제어부는 이상검출부에 접수된 검출결과에 대응하는 조명등의 선택과 선택한 조명등에 대한 조명제어를 한다. 조명의 제어는 조명등의 점멸이나 광량을 조절하여 실행할 수 있다. 또한, 조명등의 발광광의 색변경가능하면 그 색을 제어할 수 있다. 조명등은 일반적으로 도로에 설치되어 있는 조명등과 동일하게 길 위에 복수로 설치되어져 있으며 어두울 때에 도로를 조명하는 역할을 한다. 이러한 조명등의 광원은 종래의 수은등과는 다르게 점멸 또는 광량의 변경의 응답이 수초이하인 광원이 사용되어야 한다. 즉, LED와 LD(Laser Diode) 등의 반도체발광소자가 바람직하다. 또한 광원으로서 3색의 광을 혼합해서 백색광을 발광시키는 방식의 LED를 이용하는 경우 쉽게 발광색을 변경하는 것이 가능하다.

그림 10.14는 이상발생시 조명등이 동작하는 예를 나타낸 것이다.

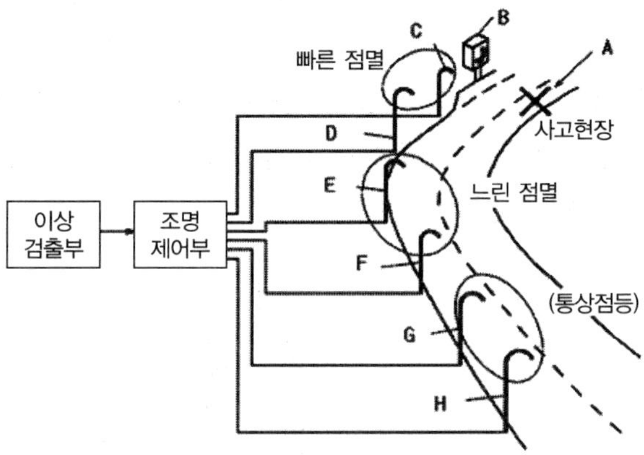


**그림 10.14**
조명등을 이용한 이상발생 경보 시스템

A는 사고 현장, B는 비상전화장치, C~H는 조명등이다. 고속도로위에서 사고가 발생한 경우 도로 옆에 설치되어 있는 비상전화장치로 사고 당사자나 제3자가 사고 발생을 센터 등에 전하게 되면 그 사고 발생 신호가 조명제어부에 전달되어진다. 조명 제어부는 통보가 접수된 비상전화장치의 위치에 설치되어 있는 조명등에 대해서 조명제어를 실시한다. 예를 들면, 두 개의 조명등을 조명군으로 했을 때 사고현장에 가장 가까운 조명등(C, D)의 조명군과, 다음으로 사고 현장에 가까운 조명등(E, F)에 대해서 조명제어를 하는 조명군으로서 선택한다. 즉, 사고현장에 가장 가까운 조명등 C, D에 대하여 빠른 점멸을 해서 사고현장이 가깝다는 것을 운전자에게 전달하고, 조명등 E, F에 대해서는 느린 점멸을 해서 사고현장이 앞에 있다는 것을 운전자에게 전하도록 제어할 수 있다. 또는 조명등에서 조명색의 제어가 가능하다면 사고현장에 가장 가까운 조명등 C, D에 대해서는 조명색을 적색으로 변경해서 사고현장이 가까운 것을 운전자에게 전달하고, 조명등 E, F에 대해서는 조명색을 황색으로 변경해서 운전자에게 주의를 환기하도록 제어할 수 있다. 이와 같은 조명등의 조명제어를 함으로써 사고현장에 근접하는 차량의 운전자에게 주의를 환기할 수 있고, 일종의 교통 통제 신호로서의 기능을 하게 할 수 있다. 특히, 조명등은 도

로상의 높은 위치에 설치되기 때문에 멀리서도 양호하게 시각적으로 인식하는 것이 가능하다. 이와 같은 조명제어는 사고 발생 후 바로 실행할 수 있기 때문에 경찰관의 도착을 기다릴 필요 없이 주의 환기에 의해서 이차적인 사고를 방지할 수 있다. 또한, 조명등은 일반적으로 도로상에 설치되어 있는 것이기에 사고 발생을 운전자에게 알리기 위하여 별도의 표시 수단을 설치할 필요 없이 기존에 설치된 인프라를 유용하게 이용할 수 있다. 이 예에서는 비상전화장치 조작에 의해서 조명등의 조명제어를 하는 방법을 설명했지만 비상전화장치 이외에 감시 카메라 등으로 사고를 인식하여 관리자가 시스템을 동작시킬 수도 있다. 비슷한 예로써 정체시 차량 행렬 끝부분에서 사고가 많이 발생하므로 이 근처에서 조명등의 조명제어를 해서 운전자에게 주의를 환기할 수도 있고 공사구간에서도 별도 주의등을 설치하는 대신 조명등의 조명제어에 의해서 주의를 환기할 수 있다.

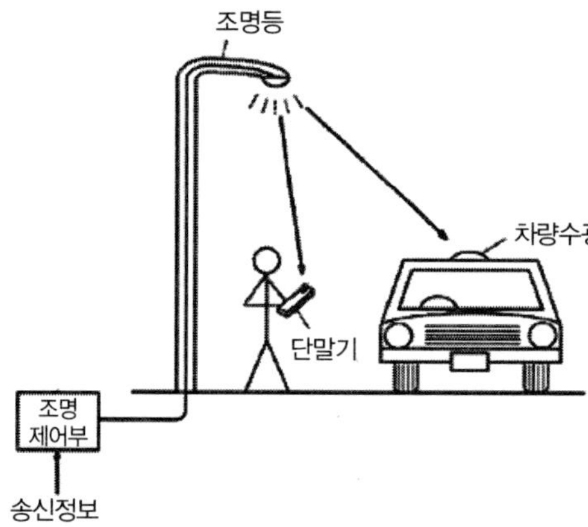


**그림 10.15**
조명등을 이용한 통신 시스템

그림 10.15는 도로조명제어시스템의 실시형태를 나타낸 구성도이다. 앞에서 설명한 바와같이 조명등의 조명제어를 통하여 운전자에게 주의 환기등의 정보를 전할 수 있다. 이러한 조명제어를 고속으로 하면 조명등을 이용하여 대량의 정보를 전달하는 통신에 적용할 수 있다. 특히 조명등에 LED와 LD등의 반도체 발광소자를 이용하면 고속으로 점멸 또는 광량의 제어를 행할 수 있다. 어느 정도 이상의 속도에서 점멸 또는 광량의 제어를 행하는 경우, 인간의 눈에는 점멸과 광량의 변동은 감지할 수 없기 때문에 조명등은 연속점등하고 있는 듯이 느껴지며 도로 조명으로서의 기능을 충분히 발휘할 수 있다. 이러한 경우 빛을 이용한 통신 속도는 인간의 눈으로 확인할 수 있는 정도(수Hz이하)에서부터 수100MHz이상의 통신까지도 실행할 수 있다. 그림 10.15에서 조명제어부에 송신해야 할 정보가 전달된다. 이러한 송신 정보에 따라서 조명제어

부는 조명등의 점멸, 광량 또는 색등을 제어하여 변조된 조명광을 발생시킨다. 한편, 도로를 통행중의 차량에 설치된 차량수광부에서 변조된 조명광을 수광하여 전기신호로 변환한 후 복조 과정을 통하여 정보를 습득할 수 있다. 일반적으로, 조명등은 도로에 일정 간격으로 배치되어 있으므로 여러 개의 조명등에 같은 정보를 동시에 송신하면 차량이 주행 중이어도 일정한 정보를 습득하는 것이 가능하다. 전송되는 정보로는 교통정보와 뉴스, 음악 등이 가능할 것이다. 또한, 통행인이 수광부를 구비한 휴대단말기를 가지고 통행하는 경우, 그 휴대단말기를 통하여 조명등에서의 조명광을 수광할 수 있으며 이를 통하여 조명등에서 보내져 오는 정보를 습득할 수 있다. 통행인을 향해 정보를 송신하는 경우, 하나의 조명등이 조명하는 지역은 그만큼 넓지 않기 때문에 송신하는 정보를 조명군마다 변경함으로서 비교적 좁은 지역에 정보를 전송하는 것도 가능하다. 예를 들면, 조명등의 위치정보와 주위 지도 정보 등을 배송하거나 그 부근의 가게와 공공기관 등의 정보를 배송하는 등의 것이 가능할 것이다. 한편 조명등에 광부를 설치해 둠으로서 광에 의한 쌍방향 통신도 가능하다. 쌍방향 통신을 가능하게 되면 차량에서 주행 중에 인터넷을 이용하는 것이 가능해진다. 또한 차량에서 정보를 보내어 교통제어와 교통감시시스템과 연동하는 것도 가능해진다.

### (나) 이동체 광통신시스템 ITS

가시광통신을 고속전철과 같은 이동체에 정보를 송신하는 이동체 광통신시스템에 적용하는 것이 가능하다. 하나의 예로써 표면으로부터 광신호를 발산하는 누설광섬유를이동체의 이동경로를 따라 설치하고 이동체에는 발산되는 광신호를 수광하는 부분과 변조된 신호를 복조하여 정보를 얻는 부분을 탑재한다. 이 시스템의 누설광섬유에서 정보를 이동체로 송신하는 것이 가능하며 연속된 누설광섬유가 설치되어 있는 구간에는 누설광섬유에서 같은 광신호가 발산되기 때문에 이동체가 움직이는 경우에도 같은 광신호를 수신할 수가 있다. 이때, 이동경로를 따라서 광신호가 발산되는 누설광섬유와 이동체와의 거리를 일정하게 유지할 수 있으며 근거리 통신이 가능하기 때문에 고품질의 통신이 가능하다. 또 광신호를 이용하기 때문에, 전파와 같은 멀티패스 페이징 영향이 나타나지 않아 터널 내에서도 통신품질을 유지할 수 있다. 또한 이동체에서 정보를 송신하는 경우 정보를 변조하는 변조수단과 변조된 정보를 광신호로서 방사하는 발광수단 그리고 방사된 광신호가 진행하며 표면에서 방출되는 누설광섬유로 시스템이 구성되며 이동 경로를 따라 누설광섬유에서 방출되는 광신호를 수신하고 전기신호로 변환해 주는 수광수단이 일정한 간격으로 설치된다. 이때 이동체가 이동하여 누설광섬유 위치가 변하더라도 누설광섬유 길이에 해당하는 구간에서는 같은 광신호가 방출된다. 따라서 이동 경로에 설치된 여러 개의 수광수단 가운데 한 개라도 이동체 누설광섬유에서 방출된 광신호를 수광할 수 있으면 이동체로부터의 정보를 수신 할 수 있다.

열차등의 이동체와 지상사이에서 광을 이용한 통신을 하는 예를 그림 4에 나타내고 있다. 열차등의 이동체와 지상을 연결하는 통신수단으로서는 종래부터 무선통신이 이용 되어지고 있다. 일반적으로 휴대전화등에서 이용되고 있는 방법으로는 기지국을 설치하고 그 기지국과의 사이에서 통신을 행하고 있다. 그러나, 터널내등에서는 전파가 차단되기 때문에 통신을 하기 어려워 통화가 끊기거나 데이터통신을 하는 경우 세션이 끊기는 문제가 발생한다. 또한, 기지국과의 거리에 따라서 전파가 감쇠하기 때문에 그만큼 전송속도를 낼 수 없고 페이딩등의 영향도 받아 통신 품질이 떨어지는 문제점이 있다. 고속열차의 경우 선로 위 또는 선로 옆에 누설동축케이블(LCX : Leaky Coaxial Cable)을 시설하고 공중전화 통신망을 이용하고 있다. 이러한 누설동축케이블은 주행하는 고속 열차에 근접하여 설치되어 있기 때문에 거리에 의한 감쇠량이 크게 변하지 않으며 터널내 통신도 가능하다. 그러나, 터널 내에서는 벽면에 의한 전파의 반사가 발생하기 때문에 멀티패스페이딩의 영향을 강하게 받고 통신특성이 현저히 떨어지는 단점이 있다. 또한, 통신 용량은 2.6Mbps정도로 제한적이다.

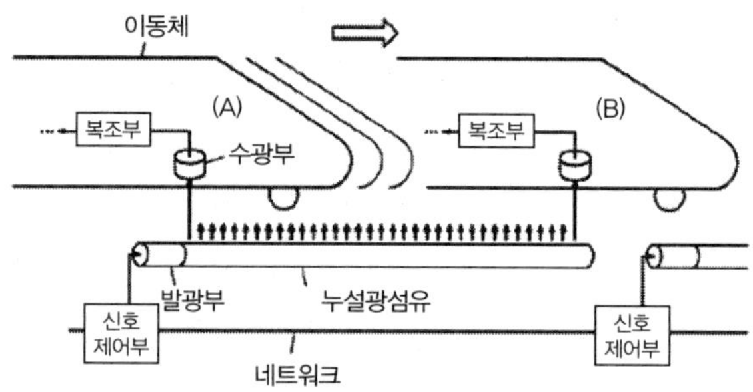


**그림 10.16**
이동체로 정보를 송신하는 경우(다운링크)

한편, 고정국간의 고속대용량의 통신에는 광섬유가 이용되고 있으며 일반적인 광통신에서는 광섬유 손실을 줄여 전송된 빛이 멀리 있는 수광부에 도달하는 연구에 주력해 왔다. 이러한 일반 광섬유와 달리 광섬유의 표면에서 빛이 방출되는 여러 종류의 누설 광섬유도 개발되고 있다. 누설광섬유는 일반적으로 빛 유도용으로 이용하거나 장식용으로 사용되고 있다.

그림 10.16에서 이동체는 열차와 같은 것으로 일정 경로를 이동한다. 이러

한 경로를 따라 적당한 길이의 누설광섬유가 열차의 궤도인 선로 내나 선로 옆 또는 방음벽의 측면 등에 설치된다. 누설광섬유는 빛을 방출하는 특성을 지닌 광섬유로 이동체의 길이와 빛 방출에 의한 감쇠 등을 고려하여 길이를 결정한다. 누설광섬유 끝에는 광신호를 생성하기 위한 발광부가 설치되며 이것은 신호제어부에 의해서 구동 제어된다. 발광부는 LD와 LED등의 광원을 이용할 수 있다. 특히 LD는 지향성이 좋기 때문에 이러한 시스템에 적합하며 고속의 응답특성을 가지고 있어 신호제어부에 의해서 고속으로 ON/OFF 혹은 광량의 제어가 가능하다. 신호제어부는 네트워크에서 이동체로 송신하는 정보에 따라서 발광부를 구동제어하고, 발광부에서 누설광섬유로 광신호를 송출시킨다. 네트워크는 유선 통신케이블 등의 임의의 통신로로 구성할 수 있으며 인터넷망과 접속도 가능하다. 한편, 이동체에는 정보를 수신하기위한 구성으로서 수광부 및 복조부가 설치되어져 있으며 수광부에서는 수신한 광신호를 복조해서 정보를 전달하는 기능을 한다. 수광부는 누설광섬유를 향하도록 설치하여 방출되는 빛을 수광할 수 있도록 하고 원래 신호로 변환한 후 신호제어부로 전달한다. 수광부로서는 PD(Photo Diode)등의 수광소자를 이용할 수 있다. 복조부는 수광부에서 수신된 신호를 복조하여 전달된 정보를 얻으며 이 정보는 이동체내의 컴퓨터나 네트워크로 보내진다. 일반적으로 이동 궤도위에는 태양빛이나 가로등과 같이 주위의 광이 조사되기 때문에 누설광섬유에서 방출되는 광신호를 식별하기가 어렵다. 그러나 궤도에 누설광섬유를 설치하고 열차 등의 이동체가 그 위에 존재하는 경우에는 이동체에 의하여 누설광섬유와 이동체의 수광부 주위가 다른 빛들로부터 차단되는 효과가 있다. 따라서 태양광이나 가로등 등의 외란광의 영향을 현저하게 경감할 수 있고 고품질의 통신이 가능해지고 통신 속도도 높일 수 있다. 누설광섬유가 궤도이외의 위치에 설치되는 경우에는 주위 빛과 함께 광신호를 수광부에서 검출하고 신호처리 과정을 통하여 주위 빛을 제거하는 방법에 의하여 외란광의 영향을 감소시킬 수 있다. 이동체에서는 스파크등과 같은 전기적 소음이 빈번히 발생하지만 광신호는 이러한 영향을 받지 않는 장점이 있다. 이러한 방법을 통하여 정보를 이동체로 송신(다운링크)하는 시스템을 구성할 수 있다.

그림 10.17은 이동체에서 정보를 송신하는 경우(업링크)의 구성 및 동작을 나타낸 것이다. 이동체에서 정보를 송신하는 업링크의 경우도 앞에서 설명한 다운링크의 경우와 마찬가지로 통신을 할 수 있다. 이동체에서 송신하고자하는 정보가 변조부에서 변조되어 발광부를 구동하게 된다. 이때 발생한 광신호는 누설광섬유 안을 진행하며 외부로 방출된다. 그림 10.17의 (A)에서와 같이

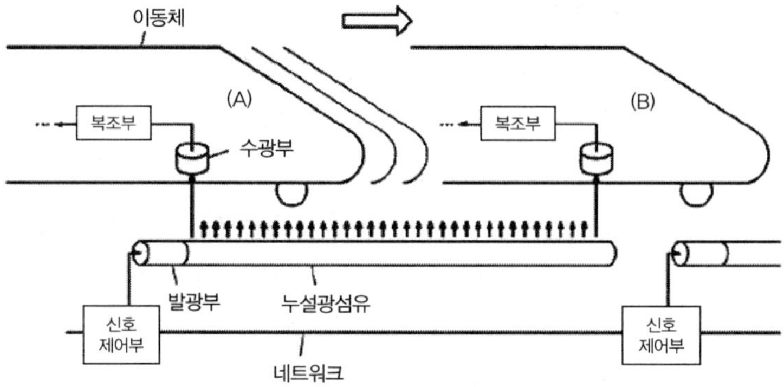


**그림 10.17**
이동체에서 정보를 송신하는 경우(업링크)

이동체에서 방출된 광이 외부의 수광부 영역에 전달되면 수광부가 검출된 광신호를 전기신호로 변환한다. 그 후 신호제어부에서 이 전기신호로 복조하여 정보를 습득한다. 이와 같은 이동체에서의 정보송신(업링크)의 경우에도 앞에서 설명한 다운링크와 마찬가지로 외부 수광부가 선로등의 궤도에 설치되는 경우 외란광의 영향을 줄일 수 있으며 전기 소음과 페이딩 등의 영향을 적게 받기 때문에 고품질 고속의 통신이 가능하다.

이상의 다운링크와 업링크를 동시에 설치하면 이동체와 선로 사이에서 쌍방향 통신이 가능하다. 통신속도는 누설광섬유 길이와 관계가 있으며 업링크 및 다운링크 모두 1Gbps이상 가능할 것으로 예상된다. 이러한 시스템에서는 열차의 운행관리 등의 업무용도 이외에도 이동체에 승차중인 이용자가 단말장치에서 인터넷 등의 서비스를 이용하는 것이 가능해 진다. 이외에도 방송형 시스템을 구축하고 영상정보를 각 이동체로 전송하는 서비스에도 적용이 가능하다.

### (다) 차량용 LED 라이트를 이용한 차량간 거리 측정 기술

이 기술은 차량에 부착되어 있는 2개의 LED 라이트의 깜박임을 이용하여 차량의 자신의 위치를 전송하고, 그 빛을 받는 뒤 차량이 자신을 기준으로 빛을 들어오는 위치와 단방향 시간차를 통해 거리를 측정하는 기술이다. 그림 10.18은 두 차량 간의 거리 측정 개념도를 도시하고 있다. 그림에서 보는 바와 같이 Car A가 전송하는 빛의 깜박임 신호가 Car B의 센서로 수신되면, Car B는 두 차량 간의 거리를 판단한다.

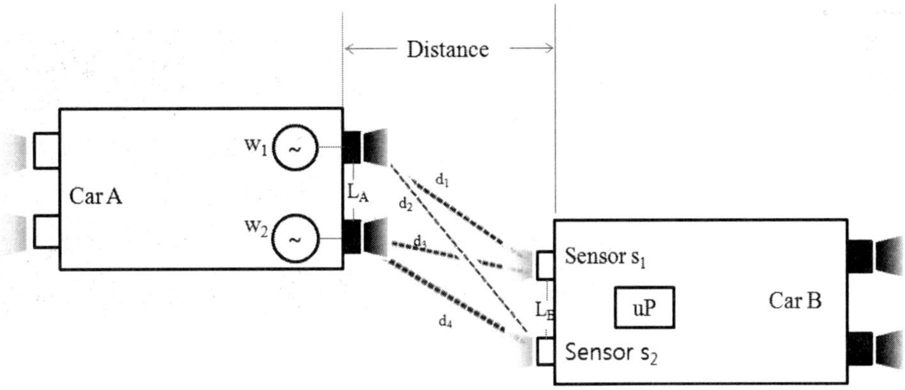


그림 10.18
차량용 LED 라이트를 이용한 거리 측정 기술

## 10.4.2 Lighthouse Sub Project

VLCC는 이미지 센서 통신 기술을 이용한 LED 통신으로 먼 거리의 데이터 전송 실험이 성공적으로 이루어졌다. 전송데이터는 1200bps로 1km와 2km의 거리에서 실험하였다.

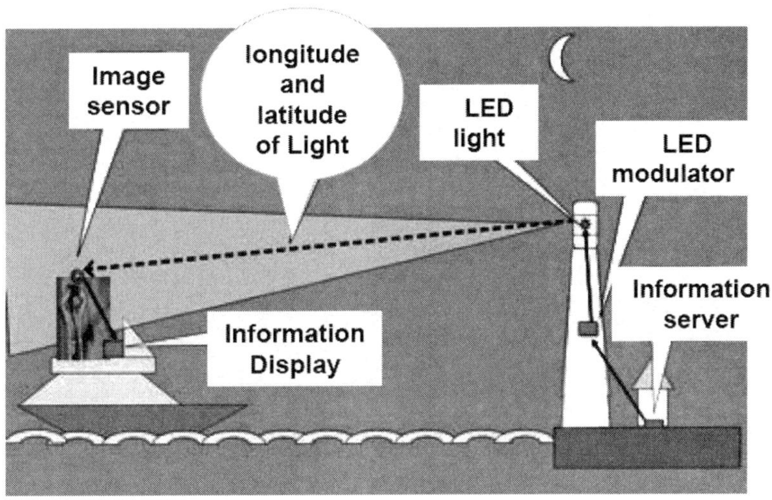


그림 10.19
등대에서의 VLC활용

**그림 10.20**
LED 등대 활용

Chapter

# 11 VLC의 성능분석

VLC 시스템에서 실내외 통신 시뮬레이션 실험 데이터 성능 분석을 알아본다.

가시광통신으로 특정위치를 알려고 할 때는 LED를 사용한 조명기기로부터 나온 빛을 변조하여 휴대전화기의 카메라 렌즈를 통해 위치정보를 받아, 휴대전화기의 디스플레이에 위치를 표시하게 된다. 이때 조명기기의 광이 도달하는 범위가 한정되어 있기 때문에 위치의 정밀도는 높다. 예를 들어 유도전등을 이용한 가시광통신에서는 수m정도로 위치를 정확히 알 수 있다. LED칩을 복수개로 묶어 그룹(group)화 하고, 그룹화 되어 있는 칩을 개별적으로 제어함으로써 정밀도가 높은 특성을 얻을 수 있다. 실제로 복수의 칩을 제어하는 경우 각각의 LED칩에 위치정보를 입력하고, 개개의 LED가 내는 빛을 변조해서 송출한다. 그와 같이 변조한 빛은 렌즈를 경유한 2차원 센 서로 수광되어 발광하는 장소를 패턴(pattern) 인식함으로써 위치를 정밀하게 알아낼 수 있다. 예를 들어 2차원 수광소자의 화소수가 200×200을 넘으면 위치검출오차가 약 2mm정도이다.

## 11.1 실내 LED 통신 시스템

실내 LED 통신 시스템에서의 신호성능 분석을 위해 다수의 빛이 사용될 때 광로차(Optical Path Difference)의 영향을 연구하고 문제에 대한 2가지 접근 방식으로 1과 0의 정보에 따라 반송파 신호를 단속적으로 보내는 OOK-RZ(On-Off Keying, Return-to-Zero)코딩과 상호 직교성을 갖는 복수의 반송파를 사용하여 주파수 이용 효율이 높은 OFDM(Orthogonal Frequency Division Multiplexing)을 사용한다.

## 가. 광로차(Influence of an optical path difference)

다중빛을 이용하는 시스템에서 광로차를 고려되어야 한다. 그림 11.1에서 다수의 전송단 때문에 지연시간이 발생한다.

그림 11.1
광로차에 의한 펄스 지연

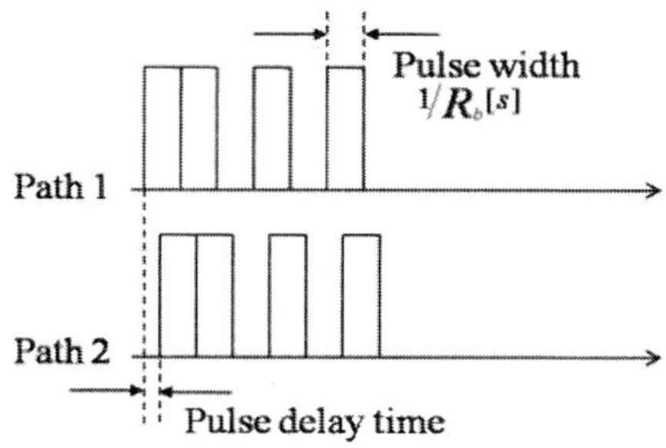


C는 빛의 속도이고 $R_b$[bps]은 광펄스율을 나타낸다. 표 11.1의 파라미터 목록을 적용한다. 광학 신호는 2개의 LOS경로를 통해서 수신단에 도착한다. 두 전송단 사이의 폭은 10.0[m]이고 실내 높이 *h*는 3.0[m]이다. 종단위치 x는 7.5, 6, 5.0[m]이다.

## 나. OOK-RZ

OOK-RZ(On-Off Keying, Return-to-Zero)코딩은 광로 지연을 완화시키기 위해 사용된다. 보통의 OOK는 연속의 펄스를 이용하고 반면에 "1" 펄스는 OOK-RZ코딩에서 제로(0) 주기를 갖는다. 그림 11.2에서 비율 r은 다음과 같이 정의된다.

$$r = \frac{\text{“1” period}}{\text{symbol\_duration}} \tag{11.1}$$

OOK-RZ코딩은 보호시간을 갖고 지연 효과를 완화시킨다. 이러한 펄스는 넓은 전송 대역을 요구한다. 그러나, 광 반송파는 가능한 넓은 대역폭을 가지기 때문에 중요하지 않다.

그림 11.2
OOK-RZ코딩

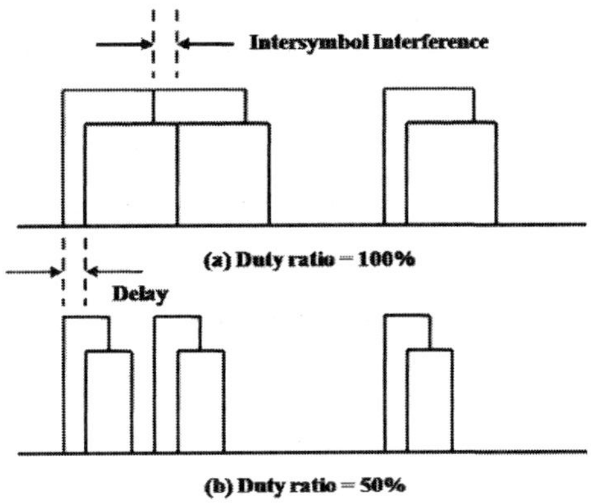


## 다. OFDM

그림 11.3
OFDM 시스템 블록도

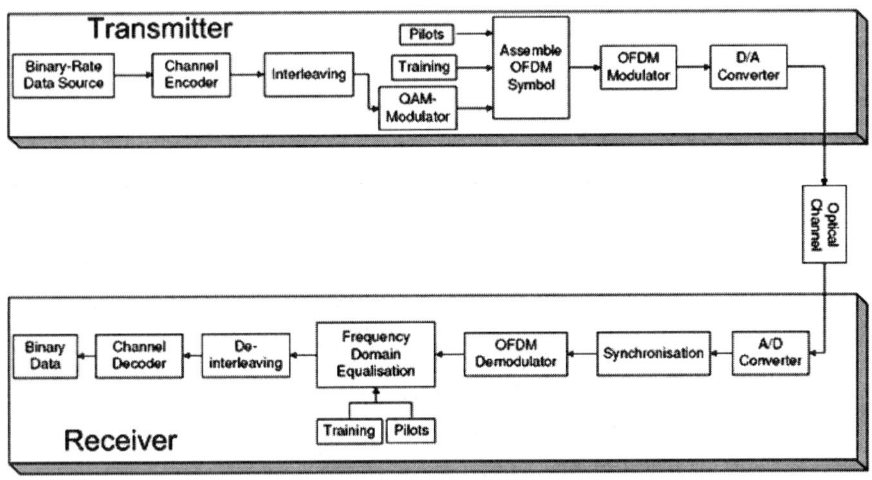


OFDM(Orthogonal Frequency Division Multiplexing)를 사용하여 지연은 OFDM심볼의 보호대역에 의해 병합된다. 그림 11.3에서 발신 데이터 비트는 각 전송단에 복제되어지고, LED의 합성된다. 각 전송단에서 데이터 순차는 S/P(Serial to Parallel) 변환과 각 단의 변조에 N 평행한 심볼을 변환된다. 변조된 평행한 심볼은 IFFT(Inverse Fast Fourier Transform)에 의해 N 다른 부반송파의 합에 변환하고 보호대역이 삽입되어 OFDM 신호가 발생된다. 이러한 신호들은 O/E(Optical to electrical) 변조에 의해 광휘도 변조되어 방출한다. 수신된 광파는 PD에 의해 전기적 파형으로 변조한다. OFDM 변조된 신호 파형은 OFDM 복조기에서 원래의 디지털 신호로 복조하고 원래의 신호가 검색된다.

**표 11.1 파라미터**

| | |
|---|---|
| q = electronic charge | $1.6\times10^{-19}$ |
| $\gamma$ = detector responsity | 0.53[A/W] |
| B = equivalent noise bandwidth | 300[Mbps] |
| $I_{bg}$ = background light current | 5100[$\mu$A] |
| $I_2$ = noise bandwidth factor | 0.562 |
| k = Boltzman's constant | $1.38\times10^{-23}$[J/K] |
| $T_k$ = absolute temperature | 295[K] |
| G = open loop voltage gain | 10 |
| $\eta$ = fixed capacitance of PD | 0.1[pF/cm$^2$] |
| A = physical area of PD | 1cm$^2$ |
| $g_m$ = FET tansconductance | 30[mS] |
| $\Gamma$ = FET channel noise factor | 1.5 |
| | 0.0868 |

| 구분 | 심볼 | 값 |
|---|---|---|
| FOV at a receiver | $\Psi_c$ | 60° |
| Semi angle at half power | $\Phi_{1/2}$ | 50° |
| Transmitted power / a LED chip | $P_t$ | 20mW |
| Physical area of PD | A | 1cm$^2$ |
| Optical filter gain | $P_t(\Psi)$ | 1 |
| Reflective index | N | 1.5 |

표 11.1에 준하여 실험하였으며 수신단과 송신단의 거리 x에 따른 입사각과 발광각에 변화에 따라 다음과 같은 실험 결과를 얻었다. 또한 OOK-RZ코딩과 OFDM변조를 사용하여 수신단의 거리에 따른 BER을 비교하였다.

그림 11.4은 송신단의 거리(x)가 5m값이 주어질 때 송수신단의 거리(d)는 5.83m와 입사각($\psi$) 59.0°을 갖고 OOK-RZ 코딩과 OFDM변조에 따른 BER을 비교할 수 있다. 그림 11.5에서는 송신단의 거리(x)가 6m값이 주어질 때 송수신단의 거리(d)는 5m와 입사각($\psi$) 53.1°을 갖고 그림 11.6에서는 송신단의 거리(x)가 7.5m값이 주어질 때 송수신단의 거리(d)는 3.90m와 입사각($\psi$) 39.8°을 갖고 OOK-RZ코딩과 OFDM변조에 따른 BER을 비교를 나타낸다.

그림 11.4
송신단의 거리($x$)가 5m값에 따른 BER 성능 비교

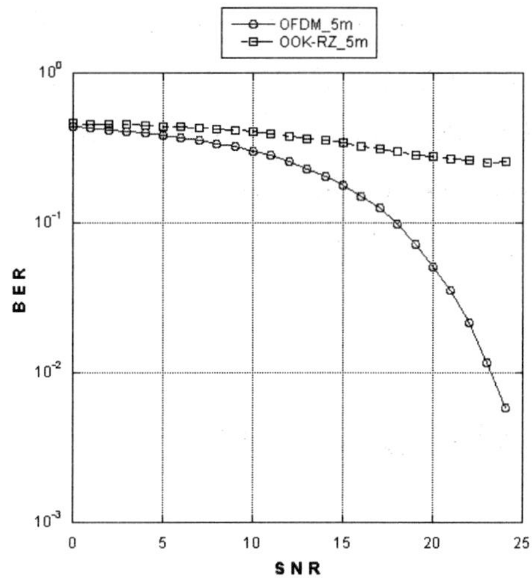


그림 11.5
송신단의 거리($x$)가 6m값에 따른 BER 성능 비교

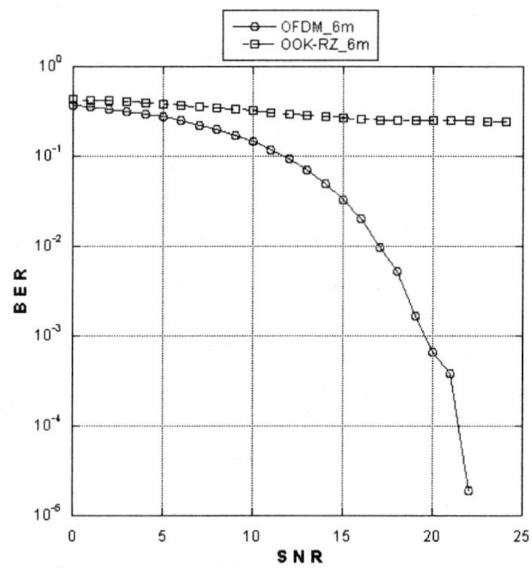


그림 11.6
송신단의 거리($x$)가 7.5m값에 따른 BER 성능 비교

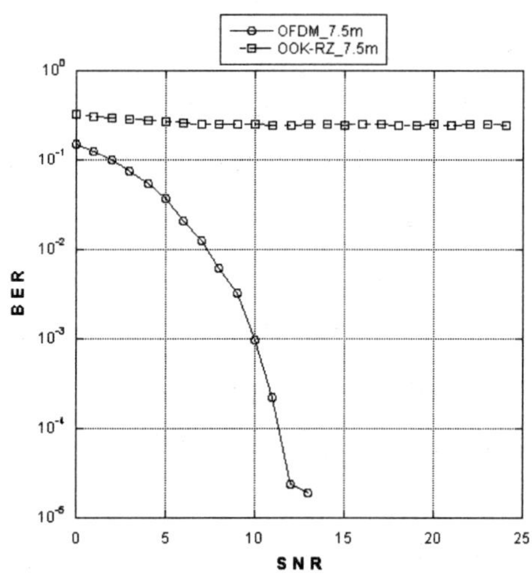

실내 가시광 무선 통신 시스템에 대한 분석을 통하여 시스템에서 송신단과의 거리(x)에 따른 조건에 따른 발광각($\phi$)과, 입사각($\psi$)의 영향과 성능 분석을 위해 OOK-RZ와 OFDM변조을 이용하여 성능 비교하였다. 실험결과에서 보이듯이 OFDM에서의 성능 우월을 보이고 송수신단의 거리(d)가 가까울수록 수신률이 좋음을 보인다.

## 11.2 실외 LED 통신 시스템

최근 교통체계의 효율적인 운용을 위하여 지능형 교통시스템인 ITS(Intelligent Transport Systems)가 주목을 받고 있다. 기존의 도로 교통 정보 시스템은 길가 표지판에 교통 체증 정보, 교통 메시지를 주로 사용하였으나 작은 양의 정보를 전송하므로 효율성이 떨어졌다.

한편, 차량 정보와 통신 시스템이 1996년 이후부터 실용적으로 사용되어왔다. 멀티미디어 서비스에 의해 제공되는 교통 정보는 자동차 네비게이션 시스템에서 시작되었다. 교통 정보 시스템에서 LED 통신은 교통 통제, 교통 체증, 건설, 규제 등 정보 제공을 위해 광학 검출을 사용한다. 최근에 발광 다이오드의 개발로 LED기반의 교통신호등에 사용되어 조명되고 있다. LED 기반의 교통신호등의 이점은 전력 효율이 좋고 램프의 수명이 길다. 이러한 이유로 정보 전송의 LED 신호등의 활용이 특허를 받았다.

LED교통 신호등의 사용으로 정보 전송 시스템, 요구되는 SNR, 데이터 수신양과 성능 분석과 다수의 빛이 사용될 때 광로차(Optical Path Difference)의 영향을 연구하고 상호 직교성을 갖는 복수의 반송파를 사용하여 주파수 이용 효율이 높은 OFDM(Orthogonal Frequency Division Multiplexing)을 사용한다. 도로의 1차선 대한 수신율을 분석하고 컴퓨터 시뮬레이션을 통하여 LED을 이용하는 무선광학 통신을 가능하게는 접근방식을 찾아낸다.

전송단으로서의 LED신호등과 수신단의 사이는 line of sight(LOS) link를 갖는다. 제안된 시스템에서는 수신차량과 신호등의 사이에는 달리는 차량과의 통신 가능한 속도를 고려하지 않는다. 광신호는 모든 LED색상에서 휘도 변조(Intensity Modulation, IM)하고 사람이 알아차릴 수 없는 짧은 주파수를 갖고, 이러한 신호는 교통 통제에 영향을 주지 않는다.

LED $\Phi_{1/2}$의 half power semi-angle은 30°을 갖고 실제 LED 교통 신호와

같다. 수신단은 차량 앞 패널 중앙에 위치시키고 차량의 기울기는 $\theta$, field of view(FOV)는 $\Psi_c$이다. 차량의 위치는 차량 방향 안에 거리 x에 의해 표현되고 폭은 y이다. 만약 도로 폭의 3.5m, 차량의 폭이 1.8m이면 옆 차선과의 차량 위치는 y≤4.1m에 위치한다.

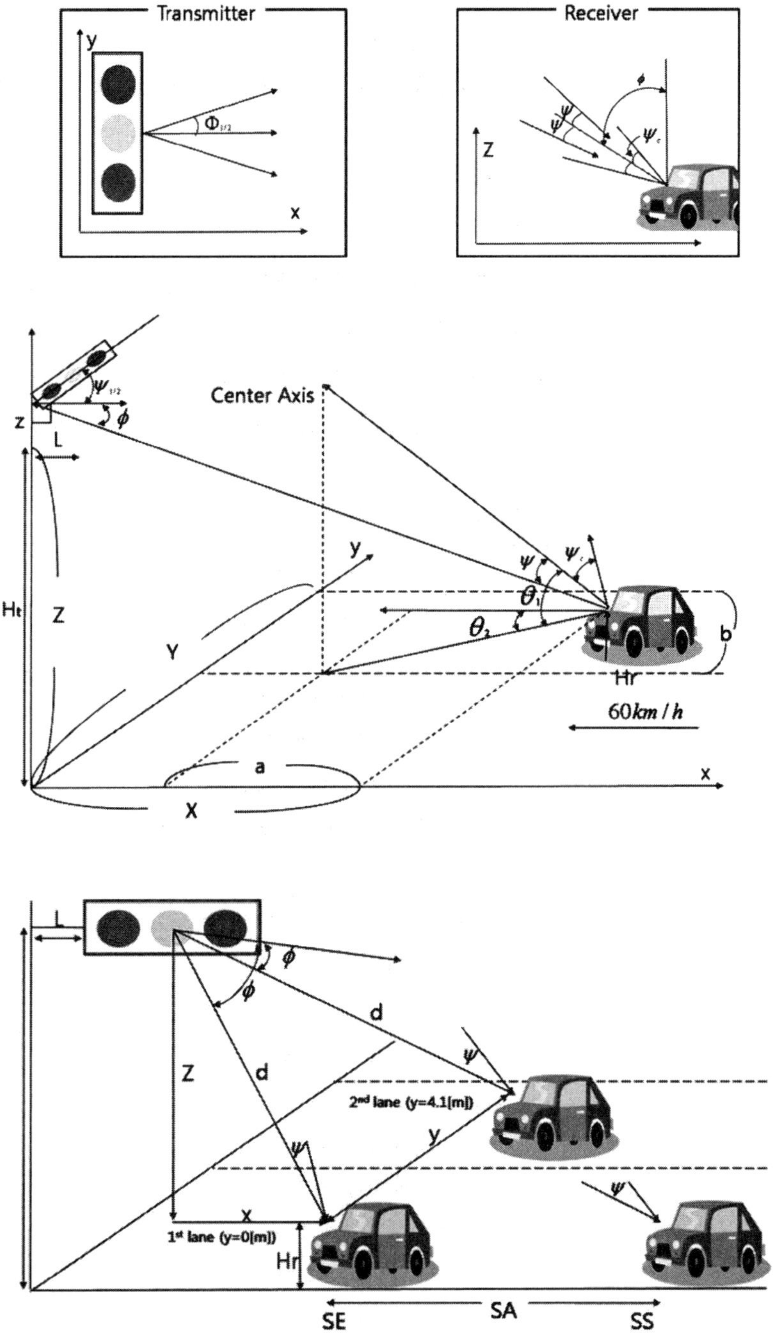


그림 11.7
실외 가시광 시스템 모델

모의실험에서 차량이 1차선에 있음을 가정하여(y=0[m]) 차량의 수신단과 신호등 송신단이 일직선상에 있음을 나타내고 송수신단과의 LOS경로 d는 4.379[m]로 계산된다. FOV of Receiver $\Psi_c$이 7.6[°]을 갖고 Vertical Inclination $\theta$값은 79.1[°]을 가짐을 본다. 이것의 따른 수신단의 입사각 $\psi$은 68.2[°]로 계산된다.

표 11.2에 준하여 실험하였으며 LED용량의 변화에 값에 따라 OOK-RZ코딩과 OFDM변조를 주어 서로 비교하였다. 그림 11.8은 OOK-RZ코딩에 LED 용량의 변화에 따른 성능분석을 나타내고 그림 11.9는 OFDM변조에 LED 용량의 변화에 따른 성능분석을 나타내었다.

OOK-RZ에서의 성능을 보면 LED 100과 150의 차이가 심함을 보이며 이는 실제 설계시 100이상의 LED를 사용함으로서 성능의 이득을 알 수 있다. 그러나 150과 200의 성능 이득이 비슷해짐을 보임에 따라 150이상의 사용은 불필요해 보인다. 그림 11.8, 11.9를 통해 OFDM변조에서의 BER이 좋음을 알 수 있듯이 VLC 시스템에서의 적합한 변조방식을 갖는다.

**표 11.2 실외 통신 파라미터**

| Channel Model | AWGN |
|---|---|
| Modulation Scheme | OFDM-BPSK<br>OOK-RZ |
| Velocity of Vehicle : v | 60[km/h] |
| Length of Traffic Arm : L | 2.0[m] |
| Height of Traffic Light : $H_t$ | 5.3[m] |
| Height of Receiver : $H_r$ | 1.0[m] |
| Distance in Lane Direction | X |
| Position in Width Direction | Y = 4.1[m] |
| Difference between $H_t$ and $H_r$ : Z | 4.3[m] |
| Half-power Semiangle | $\Phi_{1/2}$ = 35[°] |
| Detector Physical Area of PD : A | A = 1.0[$cm^2$] |
| Gain of Optical Filter | $T_S(\psi)$ = 1.0 |
| FOV of Receiver $\Psi_c$ | 7.6[°] |
| Refractive Index | n = 1.7 |
| Absolute Temperature : T | 298[KΩ] |
| O/E Conversion Efficiency : R | 0.35 [A/W] |
| Load Resistance : $R_F$ | 10.0[KΩ] |

**표 11.2 실외 통신 파라미터**

| | |
|---|---|
| Optical Modulation Index : $m_0$ | 1.0 |
| Bandwidth of Optical Bandpass Filter : | $\Delta\lambda$ = 10[nm] |
| Bit Rate : $R_b$ | 1.0[Mbps] |
| Feed back interval of tracking | 1.0[msec] |
| step angle of tracking | 0.5[deg.] |
| Power of different light | 0.2[mW/cm$^2$ nm] |
| Subcarrier Frequency | 5[MHz] |
| Wavelength of LED | 505[nm] |
| Center Luminous Intensity | 600[cd] |
| Angle of Irradiance | $\phi$ |
| Angle of Incidence | $\psi$ |

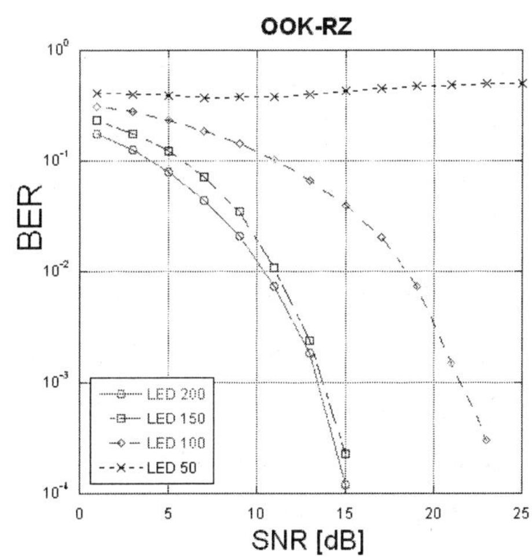


**그림 11.8**
OOK-RZ

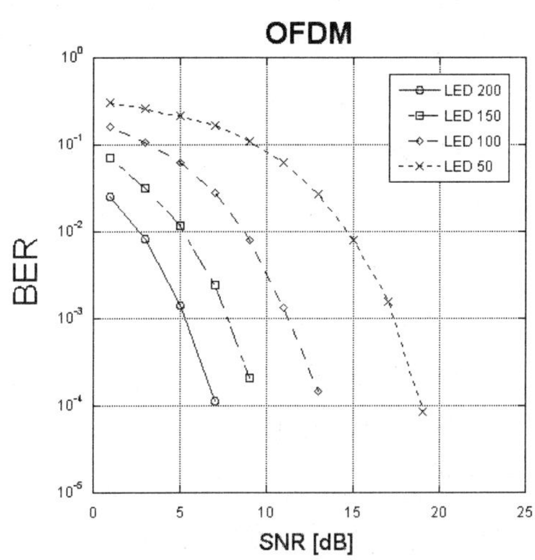


**그림 11.9**
OFDM

LED를 이용한 실외 가시광 무선 통신 시스템에 대한 분석을 통하여 시스템에서 송수신단과의 거리와 LED용량에 따른 조건과 성능 분석을 위한 OOK-RZ와 OFDM을 이용하여 연구하였다. 광로차를 해결하기 위한 OOK-RZ, OFDM 두 가지 방식의 연구를 통하여 OFDM에서의 성능 우월을 보이고 LED 용량의 따른 성능을 비교하였다.

## 11.3 ITS 환경에서 터보 부호화된 OFDM을 적용한 LED 통신 성능 분석

가시광 통신(VLC : Visible Light Communication) 기술은 LED를 이용한 통신 기술이다. LED는 반도체에 의한 빛 발광을 하여 조명과 멀티미디어 통신 서비스를 동시에 제공할 수 있다. 환경 파괴 문제, 긴 수명, 전기 효율 향상 등 장점을 가지고 있어 조명 인프라를 이용하여 통신 환경을 조성한다면 경제적 이득 효과를 가져 올 수 있다. 반면에 , 강한 지향성과 직진성을 갖고 있기 때문에 장애물 투과력이 약해서 Line of Sight(LOS) 조건이 요구되며, 짙은 안개에 대해 감쇠 현상이 일어나 제 기능을 발휘하지 못하는 단점이 있다.

OFDM(Orthogonal Frequency Division Multiplexing)은 DAB(Digital Audio Broadcasting)와 DVB-T(Digital Video Broadcasting - Terrestrial) 등의 표준에 채택되어 있는 기술로 기본적으로 병렬 데이터 전송 방식으로 MCM(Multi-Carrier Modulation)을 구현한 기술이기 때문에 다중 경로 페이딩을 줄일 수가 있어 고속 데이터 전송 따른 ISI(Inter-symbol interference)를 제거하기 위해 제안된 무선통신 변조 방식이다. 효율적인 스펙트럼 사용이 가능하며 Frequency Selective Channel에 강한 장점이 있다.

무선통신 환경에서 채널 부호화 기술은 통신 환경을 개선시키기 위해 필수적이다. 채널 부호화 방법인 터보 부호는 무선 통신 환경에서 발생하는 오류를 최소화하고자 하는 요구를 충족시키기 위해서 Berru 등에 의해 제안된 채널 부호화 기술이다. 이 기술은 AWGN(Additive White Gaussian Noise) 환경에서 비교적 간단한 복호 알고리즘을 가지면서 18번의 반복 복호시에 Shannon 성능과 0.7dB 차이를 갖는 낮은 신호 대 잡음비(SNR : signal to noise ratio)에서 비트 오류율(BER : Bit Error Rate) 이 $10^{-5}$이라는 획기적인 성능을 보임으로써 많은 관심을 불러 일으켰다. 그 후 터보 부호화 기법은 페이딩 채널 상에서도 신뢰성을 보장할 수 있는 강력한 부호화 기법임이 입증되었다.

이 장에서는 위와 같은 기술을 적용한 LED 통신 성능 분석을 하고자 한다. 제안된 시스템 모델은 다음과 같다.

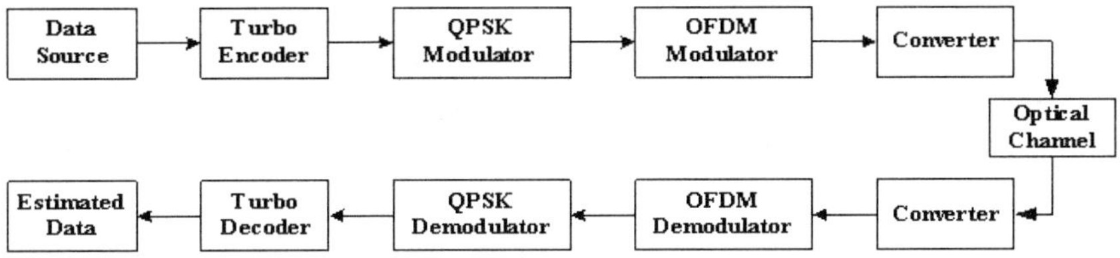


**그림 11.10**
터보 부호화된 OFDM 시스템 모델

이 시스템에서 송신단에서 데이터 비트들은 이중이진 터보 부호기(Double-binary CRSC Encoder : Double-binary Circular Recursive Systematic Convolutional Encoder)단에 들어가고 펑쳐링된 데이터 비트들을 QPSK로 변조한다. 변조된 데이터는 OFDM 변조를 거쳐 아날로그 신호로 변환되어 송신한다. 무선 광 채널을 통과한 시호는 수신단에 들어와 OFDM 복조 된다. 복조된 데이터는 Max-Log MAP(Maximum a Posteriori) 알고리즘을 사용하여 복조화를 수행한다.

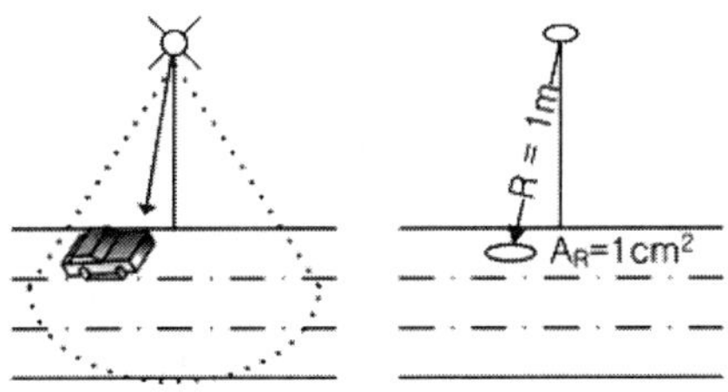


**그림 11.11**
시뮬레이션 모델

## (가) 실험 결과

표 11.3과 같은 파라미터 값을 이용하여 도로면의 가로등과 차량사이의 BER 성능을 분석하고자 한다.

**표 11.3 시뮬레이션 파라미터**

| 파라미터 | 값 |
|---|---|
| 채널 부호 | 이중이진 터보 부호 |
| 변조 방식 | QPSK |
| FFT 크기 | 64 |
| 보호구간 | 16 |
| 수신단의 FOV | 60° |
| Half-angle | 60° |

**표 11.3 시뮬레이션 파라미터**

| 파라미터 | 값 |
|---|---|
| 수신단의 검출기 면적 | 1cm$^2$ |
| O/E 변환 효율 | 0.53[A/W] |
| 무선 광 채널 | Diffused LOS(AWGN) |

입력 데이터 비트 수는 424개로 터보 부호로 6번의 반복 복호를 수행한다. CP의 길이는 FFT 길이의 1/4 이다.

그림 11.3은 mode number에 따른 BER 성능이다. mode number는 Half-angle에 의존한다. Half-angle이 커지면 mode number가 작아짐을 알 수 있다.

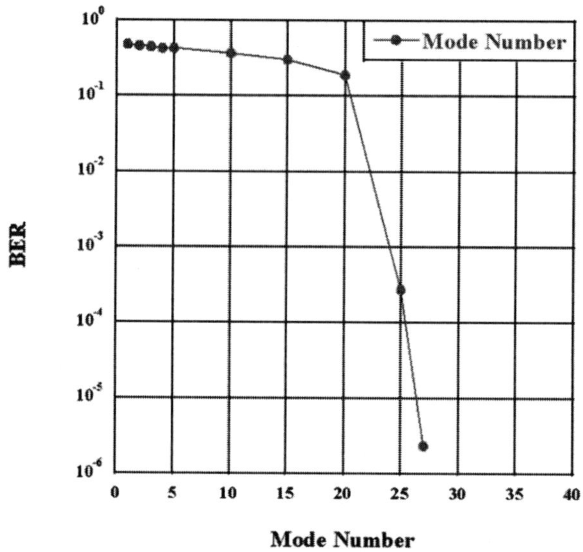


**그림 11.12**
Mode number에 따른 BER 성능

다음 그림은 OFDM 전송 기술이 적용된 것과 OFDM 전송기술에 터보코드를 사용한 것에 따른 성능을 분석한 것이다. 채널 코딩 기술인 이중 이진 터보코드 기술을 함으로써 성능 개선 효과을 얻을 수 있음을 알 수 있다.

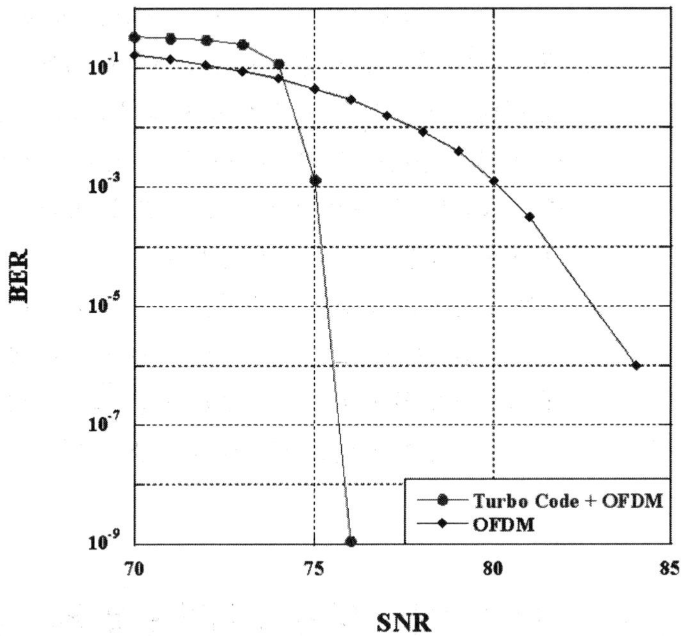


**그림 11.13**
채널 코딩의 유무에 따른 성능 분석

마지막 그림에서는 터보 부호율에 따른 BER 성능을 보여주고 있다. 그림에서 알 수 있듯이 부호율이 증가 할수록 성이 좋지 않음을 알 수 있다.

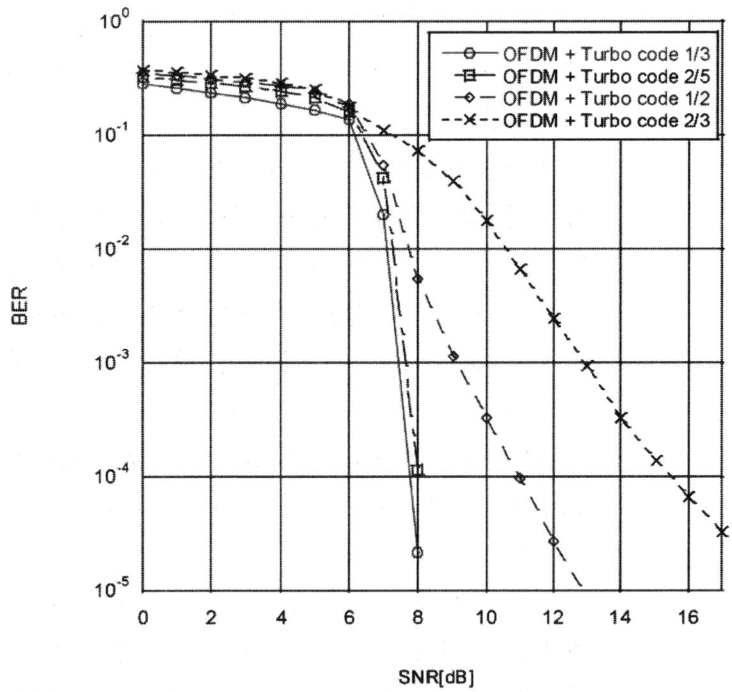


**그림 11.14**
부호율에 따른 터보 부호화된 OFDM의 BER 성능

ITS에 LED 통신 기술을 이용하기 위해서 해결해야할 전송 거리와 채널 상태에 따른 정보의 손실을 줄이기 위해서 제안한 터보 부호화된 OFDM 시스템에 대해서 컴퓨터로 모의 실험한 것에 대해 성능 분석을 해보았다. 모의 실험을 통해서 우리는 모의 실험을 통해 터보 부호율이 증가할 수록 BER 성능이 좋지 않음을 알 수 있었다. 터보 코드와 OFDM 전송 기술을 LED 통신 시스템에 적용한다면 채널에 의한 정보 손실을 줄이고 고속 데이터 전송이 가능해져 정보에 대해 보다 높은 신뢰성을 보장할 수 있을 것이다.

실내환경에서 조명 인프라를 이용한 LED 통신 기술이 실생활에서 다양하게 사용되기 위해서 앞으로 LED 통신만의 광 채널 모델 연구와 송 · 수신단 사이의 전력 손실에 대한 지속적인 연구 및 개선 또한 이루어져 할 것이다.

## 11.4 가시광 통신 시스템을 위한 반복 복호 알고리즘

가시광 통신은 LED 조명 인프라를 이용하여 빛을 통해서 데이터 전송이 가능한 차세대 통신 기술이다. 가시광 파장(wavelength : 380~780[nm], frequency : 385~789[THz])을 이용하기 때문에 신호를 송신하기 위하여 가시광선 LED를 사용하고, 신호를 수신하기 위해서는 광 다이오드(Photo Diode : PD)를 사용한다.

가시광 통신의 장점은 넓은 가시광 대역에서 정보 전송 가능, 물리적 보안성 강화, 고속의 정보 전송 가능, 주파수 허가에 자유로움, 기존 RF 대역과의 혼신 가능성과 사용료 없음, 인체에 무해 등을 들 수 있다. 반면에, 단점으로는 감쇠 특성으로 인한 짧은 도달 거리, 태양광과 인공조명에 의한 간섭 현상, 상대적으로 고가인 부품 등을 들 수 있다. 가시광 통신은 기존의 전파만으로는 제공하기 어려운 기능을 제공함으로써 보안 Point-to-Point 통신, 실내 LBS(Location Base Service), ITS(Intelligent Transportation System), Information Broadcast 등 보안성이 강화되는 4G 및 WLAN 기술로 활용될 수 있다.

많은 장점을 가진 가시광 통신을 실제로 사용하기 위해서는 단점들을 해결해야 한다. 따라서 이 절에서는 통신 환경을 최적화 시킬 수 있는 채널 부호화의 기술인 터보 부호를 이용한 가시광 시스템에 복호 알고리즘에 따른 성능을 비교, 분석하고자 한다.

제안한 터보 부호화된 가시광 통신 시스템 모델은 그림 11.15와 같다. 이 시스템에서 송신단에서 데이터 비트들은 터보 부호기(CRSC Encoder : Circular Recursive Systematic Convolutional Encoder)단에 들어가고 펑처링된 데이터 비트들을 BPSK로 변조한다. 변조된 데이터는 아날로그 신호로 변환되어 송신한다. 무선 광 채널을 통과한 신호는 수신단에 들어와 전기 신호로 변환되고, 복조된 데이터는 Log MAP(Maximum a Posteriori) 알고리즘과 SOVA(Soft Output Viterbi Algorithm)을 사용하여 복호화를 수행한다.

본 절에서 실험 결과 분석은 bounce를 9개까지 고려한 채널 임펄스 응답을 가진 채널에서 실험된 결과를 분석하였다.

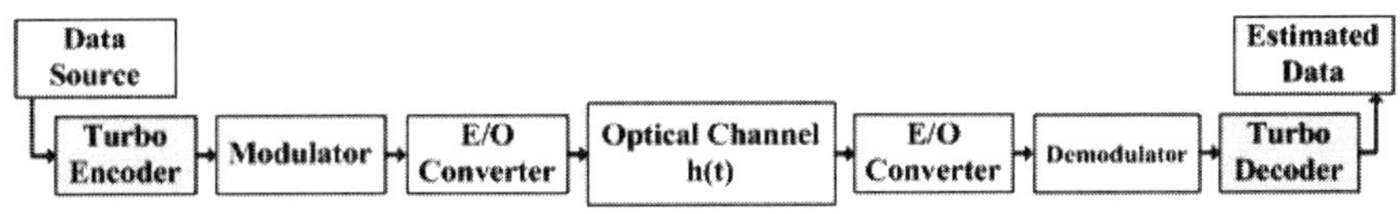


그림 11.15
본 절에서 제안한 가시광 통신 시스템 블록도

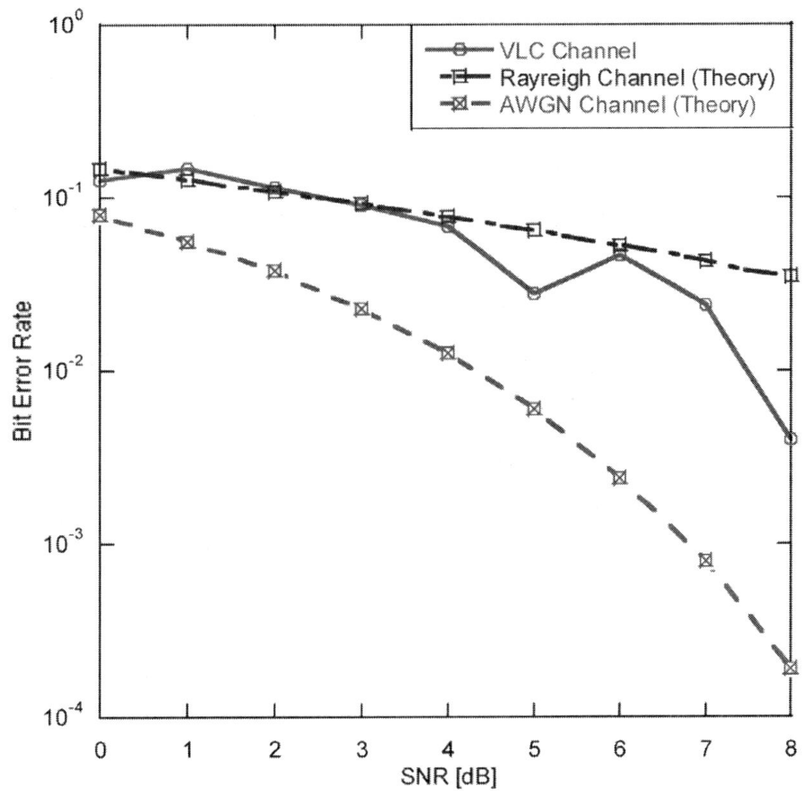


그림 11.16
AWGN, Rayleigh, 가시광 채널의 BER 성능 비교

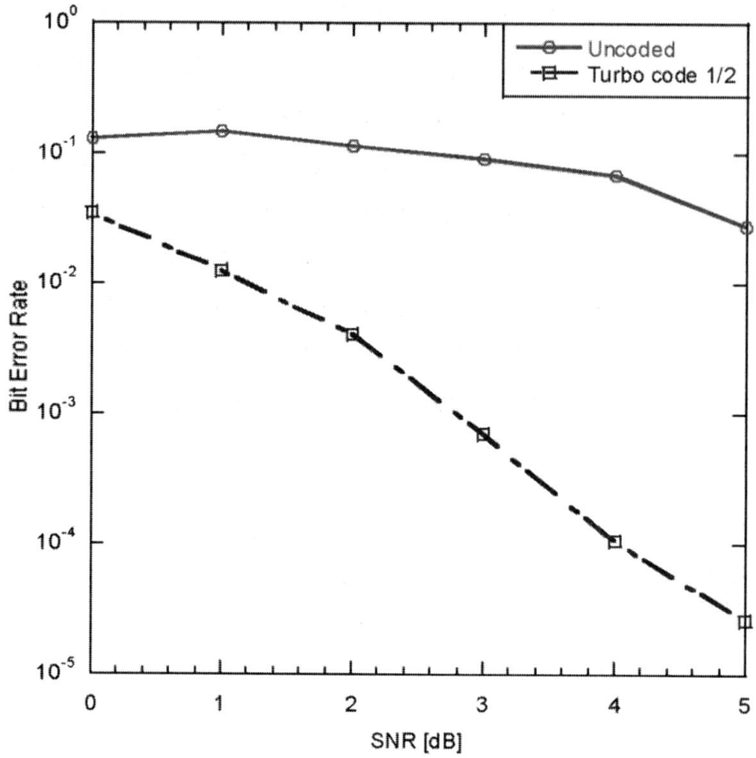


**그림 11.17**
터보 부호를 적용 후 BER 성능 비교

여기서는 가시광 통신 채널의 BER 성능이 Rayleigh 채널에서 4 [dB]까지는 거의 비슷한 채널 상태를 보여줌을 알 수 있다. 이후, SNR이 증가함으로써 가시광 통신 채널이 LOS를 고려하였기 때문에 상대적으로 성능이 BER이 떨어짐을 알 수 있다. 그림 11.17은 채널 부호인 터보 부호를 적용함으로써 BER 성능이 개선됨을 알 수 있다.

그림 11.18은 터보 부호에 Log MAP 복호 알고리즘을 사용할 때, 복호 반복횟수에 따른 BER 성능을 보여주고 있다. 복호 횟수가 증가할수록 BER 성능이 개선됨을 알 수 있다. 그리고 어느 정도의 개선이 이루어지면 성능 개선의 포화를 보여줌을 알 수 있다. 그림 11.19는 터보 부호의 복호 알고리즘으로 Log MAP 알고리즘과 SOVA를 비교한 BER 성능 그래프이다. Log MAP 알고리즘이 SOVA를 이용한 복호방법보다 약 1 [dB] 정도 성능이 개선됨을 알 수 있었다.

그림 11.18
터보 부호의 Log MAP 복호 알고리즘에서 반복 횟수에 따른 BER 성능 비교

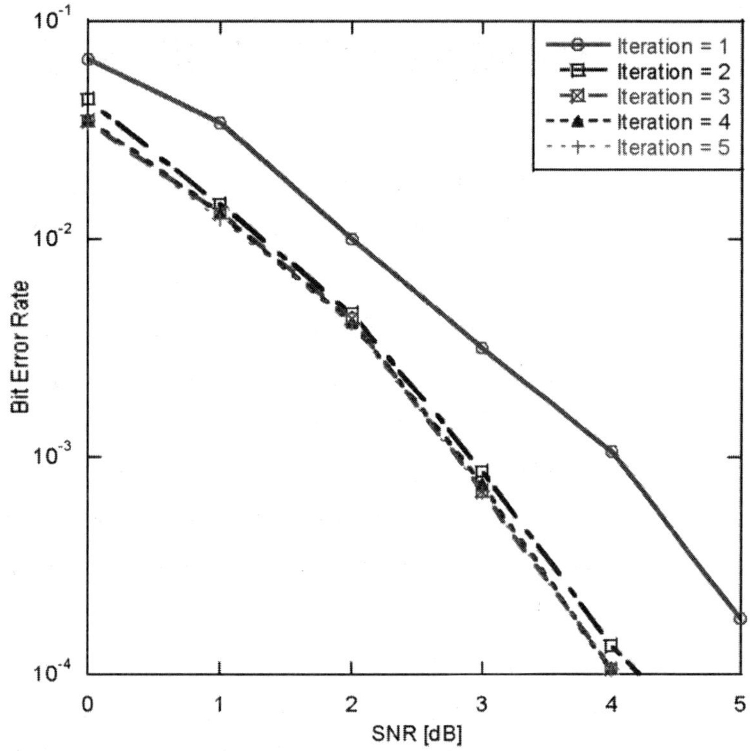


그림 11.19
복호 알고리즘에 따른 BER 성능 비교

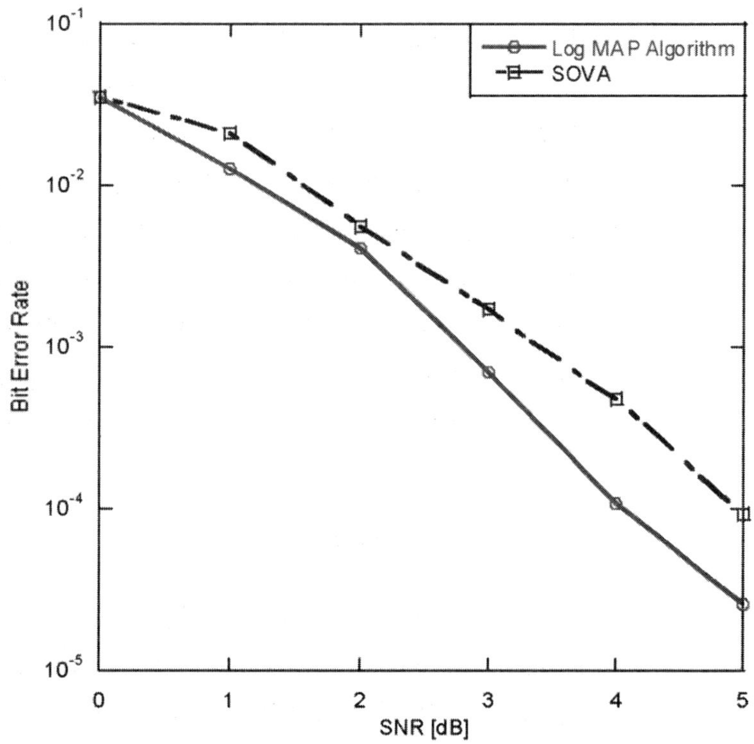

## 11.5 가시광통신을 이용한 주차 정보 시스템

최근 차량의 급격한 수요 증가로 인해 주차 문제가 사회의 이슈로 등장하고 있다 .이에 따라 주차공간은 점점 대형화 및 통합화 되어져 가고 있지만, 기존의 주차관리 시스템으로 인해 많은 사용자들이 어려움을 겪고 있다. 이러한 기존의 주차 관리시스템들을 대체하기 위한 방법으로 가시광통신 기술을 이용한 지능형 주차정보시스템을 소개한다. 가시광통신이란 우리 주위에 존재하며, 눈에 보이는 가시광선(400~700nm)을 이용해 정보를 전달하는 통신 기술로써, 형광등에서 발산되는 빛이나 조명기기 등에서 사용되는 발광 다이오드(LED)의 가시광선을 눈에 보이지 않는 속도로 점멸시켜 정보를 보낸다. 그리고 빛 차단 시 정보가 실외로 새어나갈 염려가 없어 보안성 및 신뢰성이 다른 무선통신 시스템에 비해 높다.

이 장에서 소개하는 가시광을 이용한 지능형 주차정보시스템은 실질적으로 우리의 생활에 실용적인 서비스로 이용될 수 있을 것으로 기대된다. 백화점과 대형마트 등에서 고객의 주차 공간 확보의 편의를 위해 주차관리원을 두고 있지만 많은 비용과 시간 낭비를 초래한다. 하지만 위에서 소개한 주차정보시스템은 차량 전조등으로 사용되는 LED를 통해 가시광통신을 이용하여 입차관제소의 차단기에 설치된 VLC 송 · 수신기로 고객정보를 취득한 후 고개의 휴대단말기 및 네비게이션으로 빈 주차 공간 정보를 제공하고, 각 주차구획에 설치된 VLC 송 · 수신기를 통해 주차된 구획정보를 획득한 후 주차건물의 정보 및 출구정보를 제공한다. 이는 기존에 존재하는 인프라를 이용함으로써, 인건비 절감 효과가 크며 눈에 보이는 가시광 통신을 이용하기 때문에 시각적인 효과를 얻을 수 있는 장점이 있다. 또한 LED가 발신하는 데이터를 전송하는 네트워크로 전런선 통신을 이용할 수 있으며, 전력선과 조합하여 건물 내 통신망을 네트워크 회선 작업을 하지 않고 무선 랜을 이용할 수 있다.

### 11.5.1 시스템 모델

이 절에서 소개한 가시광통신을 이용한 지능형 주차정보시스템의 전체 구성도는 아래 그림 같다. 구성은 크게 3부분으로 나뉘는데, 차량 진입로에 있는 입 · 출차 제어장치, 각 주차구획에 설치된 VLC 송 · 수신기, 그리고 정보를 저장하고 각 장치로 전달하는 중앙처리장치로 구분된다.

그림 11.20
지능형 주차정보시스템의 전체 구성도

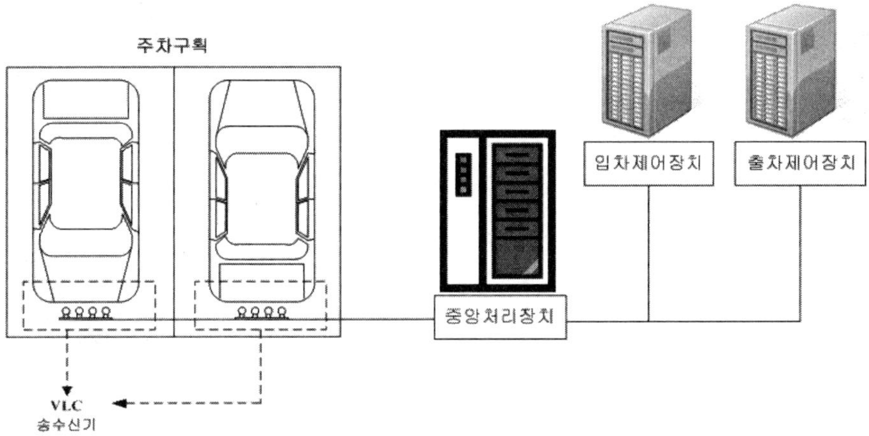


차량이 진입하면 주차관제의 차단기에 설치된 VLC 송·수신기가 고객정보를 수신하여 중앙처리장치로 전달하고, 입·출차 제어장치가 빈 주차구획 정보를 차단기에 설치된 VLC 송·수신기를 통해 고객에게 송신하게 된다. 취득된 고객정보는 중앙처리장치에서 저장되어 고객 DB(Database)를 형성해 맞춤형 서비스를 제공할 수 있다. 그리고 제공된 주차구획의 정보에 따라 차량이

그림 11.21
지능형 주차정보시스템의 동작 흐름도

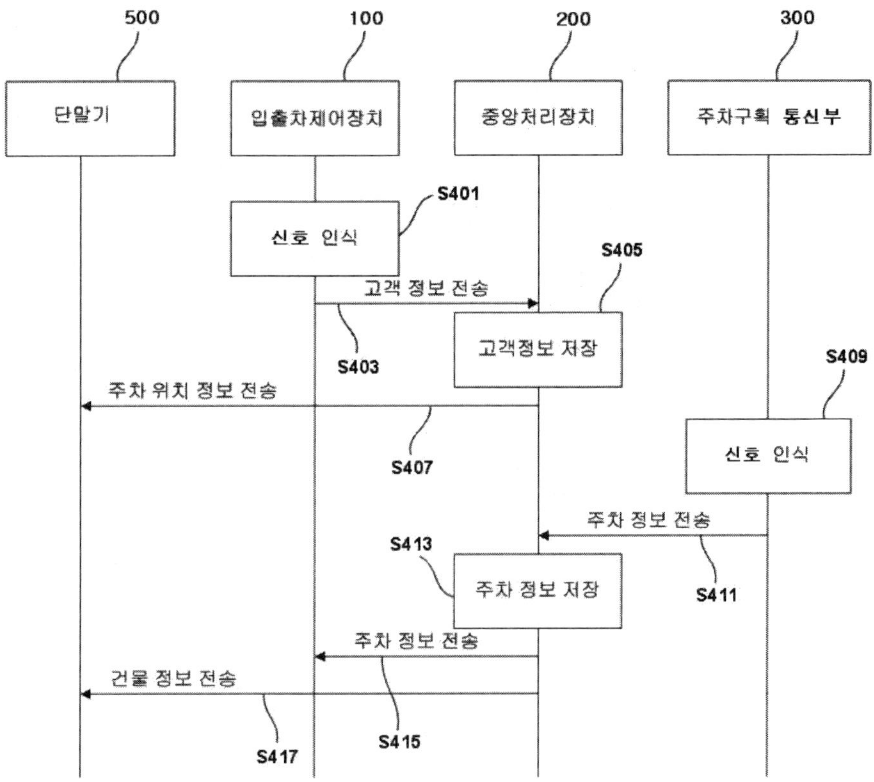

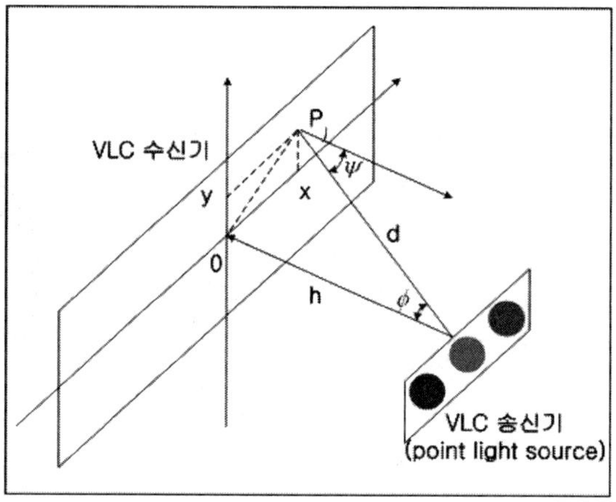


그림 11.22
송 · 수신단 시스템 모델

각 주차구획에 주차하게 되면 각 구획에 설치된 VLC 송 · 수신기가 차량의 유무를 확인하여 중앙처리장치로 전달한다. 이는 중앙처리장치에서 다시 입 · 출차 제어장치로 정보를 전달하여 다른 입차하는 차량에게 빈 주차공간정보를 알려주게 된다. 그리고 동시에 VLC 송 · 수신기를 통해 주차건물 및 출구 정보를 송신하게 된다. 각 시스템의 동작에 따른 동작순서를 시간흐름에 따라 나타내면 다름 그림과 같다.

위의 그림은 지능형 주차정보시스템 모델의 송 · 수신단 시스템 모델이다. 제안된 시스템에서 수신기는 차량의 앞에 고정 시킨 것으로 가정하고 주차구획에 설치된 VLC 송신단으로서의 LED light와 수신기의 사이는 LOS(Line of Sight) link를 갖는다. Multipath fading은 광 무선 채널에서 무시되었으며 정보를 가진 carrier는 약 $10^{14}$Hz 주파수를 가진 빛이기 때문에 다른 RF 신호에 영향을 주지 않는다. 점 P가 VLC 수신기의 위치이고 VLC 송신기와의 거리 d는 아래와 같이 주어진다.

$$d = \sqrt{(X - X_1)^2 - (Y - Y_1)^2 + (H - H_1)^2}$$

이고 $h$는 light source와 VLC 수신기 평면과의 거리이다. 수신단 는 발광각도, 는 입사각이다.

$$\psi = \arccos\left(\frac{h}{d}\right)^2$$

## 11.5.2 모의실험 결과

가시광통신을 이용한 지능형 주차정보시스템에서 VLC 송 · 수신기 간의 거리와 FOV에 따른 SNR 성능을 모의실험을 통해 비교하였다. 모의실험을 위한 파라미터는 아래와 같다.

**표 11.4 모의 실험을 위한 파라 미터**

| | |
|---|---|
| transmitted optical power | 20[mW] |
| semi-angle at half power | 70[deg.] |
| detettor physical area of PD | 1.0[$cm^2$] |
| gain of an optical filter | 1.0 |
| O/E conversion efficiency | 0.54[A/W] |
| open-loop voltage fain | 10 |
| fixed capacitance | 112[$pF/cm^2$] |
| FET channel noise factor | 1.5 |
| FET transconductance | 30[mS] |
| background light current | 5100[μA] |
| absolute temperature | 298[K] |

VLC 수신단 평면 사이즈 5×5m, VLC 송 · 수신단 직교거리 0~3m, FOV 30°~ 90° 환경에서 표 1에 준하여 시뮬레이션 하였다.

광 무선 통신에서 ISI(Intersymbol Interference)는 송신단과 수신단의 data rate와 FOV에 의존한다. 그러나 가시광통신에서는 수신단의 data rate, FOV 뿐만 아니라 송신단의 빛을 내는 방사각도의 폭도 고려해야 한다.

위의 결과는 VLC 송신기와 VLC 수신기 평면 거리가 1.65m일 때, FOV와 ISI가 존재하는 수신된 SNR의 관계를 보여준다. FOV가 30°보다 작을 때는 음영 지역이 존재하고 OOK 변조에서 BER = 을 얻기 위해서 약 SNR = 13.6dB를 필요로 하는데 FOV가 40°에서 60°일 때 얻을 수 있음을 알 수 있다.

위의 결과는 FOV가 60°일 때, VLC 송신기와 VLC 수신기 간 거리와 ISI가 존재하는 수신된 SNR의 관계를 보여준다. VLC 송 · 수신기 간 거리가 멀어질수록 SNR 성능이 감소하는 것을 알 수 있으며 data rate이 100Mb/s일 때 거리가 1.5m 이하에서 원하는 SNR 성능이 나오는 것을 확인 할 수 있다.

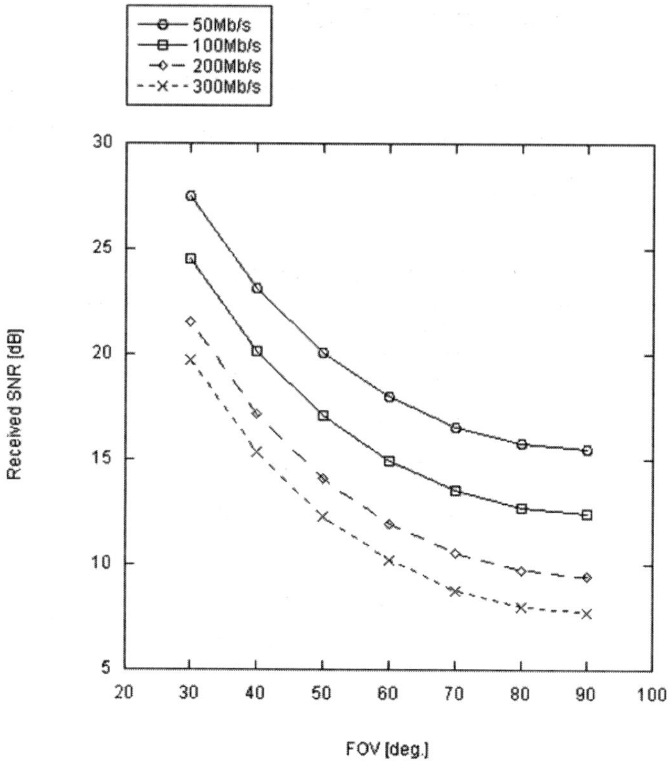


**그림 11.23**
FOV vs. ISI가 존재하는 수신된 SNR

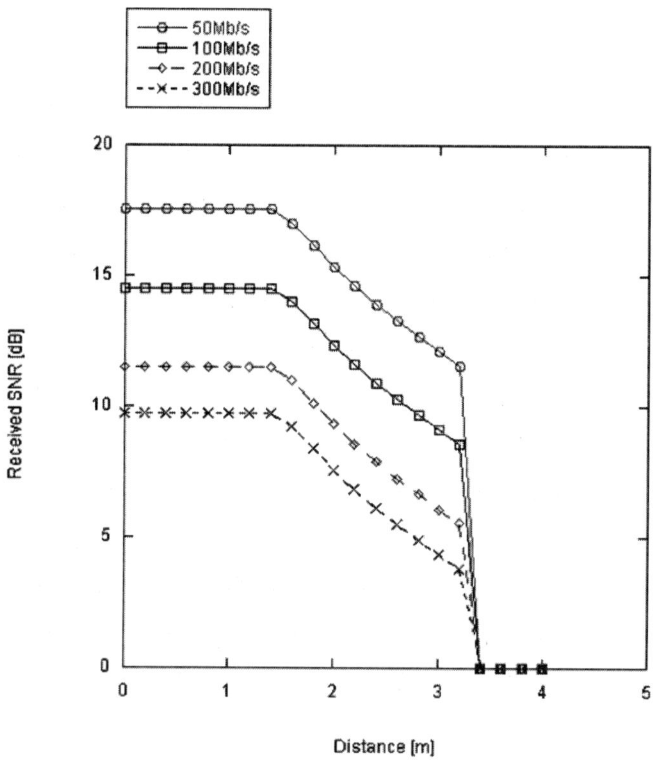


**그림 11.24**
거리 vs. ISI가 존재하는 수신된 SNR

## 11.6 확산 코딩을 이용한 VLC 송수신기의 신호 검출

아래 그림은 하나의 송신기 네트워크에 안에 두 개의 수신기가 존재할 때 발행하는 간섭 시나리오를 도식화 한 것이다. 송신기는 field of view(FOV)를 지니고 있기 때문에 네트워크 범위안에 다수의 수신기가 존재할 수 있다. 이때 수신기는 송신기로부터 원하는 신호를 요청하기 위해 송신기에 신호를 보내게 된다. 하지만 송신기에서는 동시에 여러 수신기의 신호가 들어오기 때문에 간섭상황이 발생하게 된다. 이는 VLC 시스템의 성능열화를 초래하게 된다.

**그림 11.25**
VLC 시스템에서 간섭 시나리오

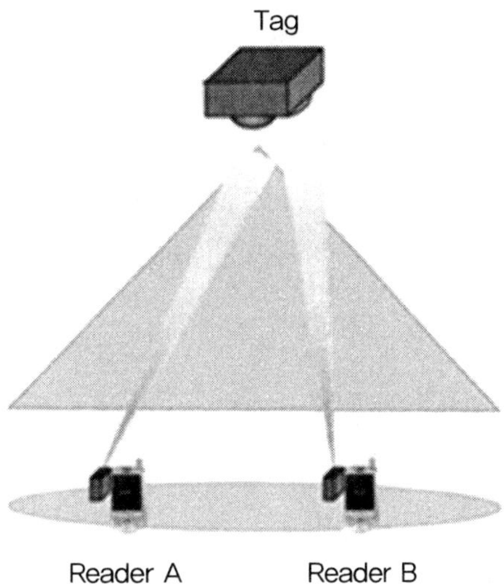


이러한 VLC 시스템에서 Tag간 또는 Reader 간에 발생하는 간섭을 회피 및 효율적인 신호센싱을 위한 M-sequence 기반 블록 다이어그램을 소개한다.

**그림 11.26**
효율적인 신호센싱을 위한 VLC 시스템 블록도

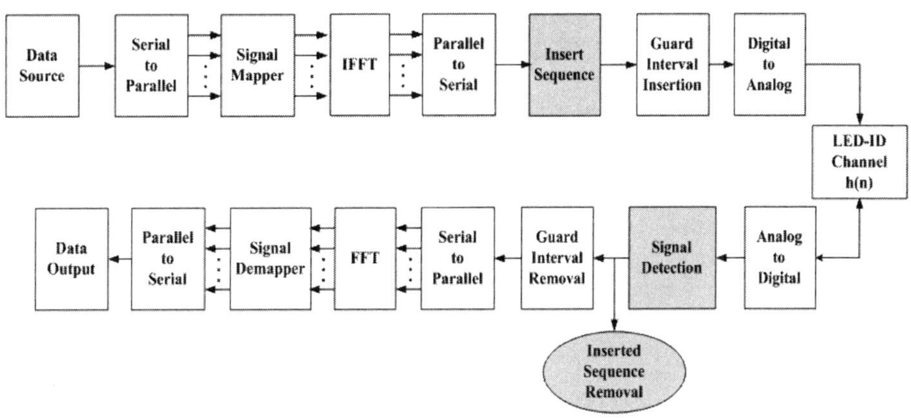

그림 11.27
M-sequence를 삽입한 OFDM 프레임

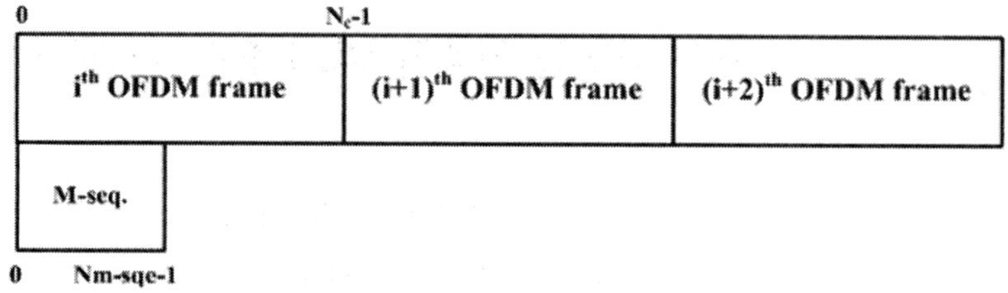


아래 결과는 VLC 시스템에서 효율적인 신호 검출을 위하여 m 시퀀스를 데이터 프레임에 삽입하여 전송하여 수신기 와 송신기의 거리에 따른 상관값 비교를 나타낸 것이다. M 시퀀스는 다른 확산코드보다 자기상관값 특성이 뛰어나기 때문에 신호 검출에 매우 효과적이다. OFDM 데이터 프레임에 m 시퀀스를 삽입하여 전송한 다음 원하는 신호가 들어오게 되면 autocorrelation 값이 발생하는 반면 원하지 않는 신호 즉, 간섭 신호가 들어오게 되면 cross-correlation 값이 발생하게 된다. 또한 VLC 시스템의 송 · 수신기 간의 거리가 멀어지게 되면 autocorrelation 값이 작아지게 되는데 이는 송신기의 신호전력이 거리 제곱에 반비례하기 때문이다.

그림 11.28
송 · 수신기 간 거리가 3m 일 때 Auto-correlation & Cross-correlation 값

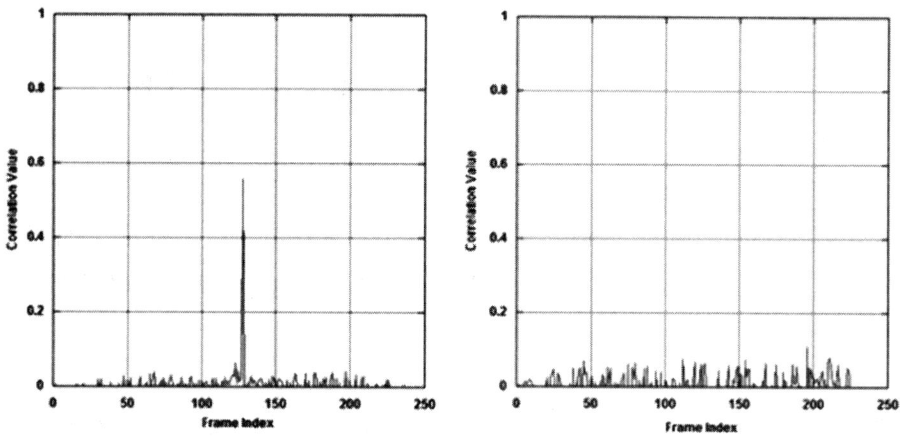

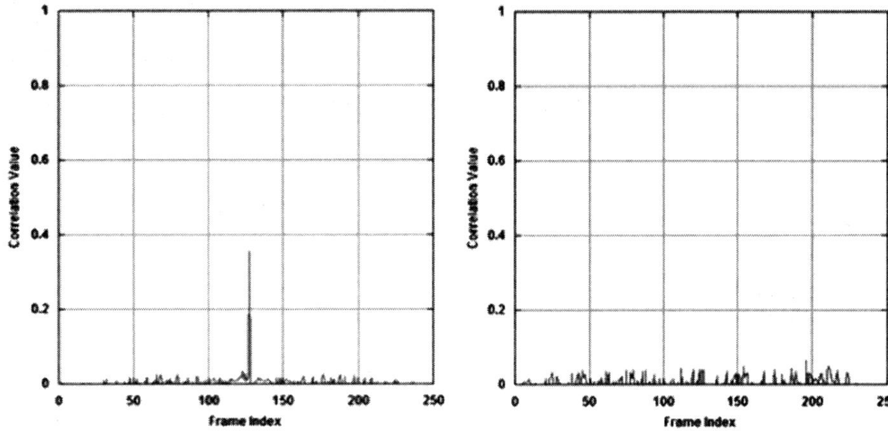


그림 11.29
송 · 수신기 간 거리가 3.7m 일 때 Autocorrelation & Cross-correlation 값

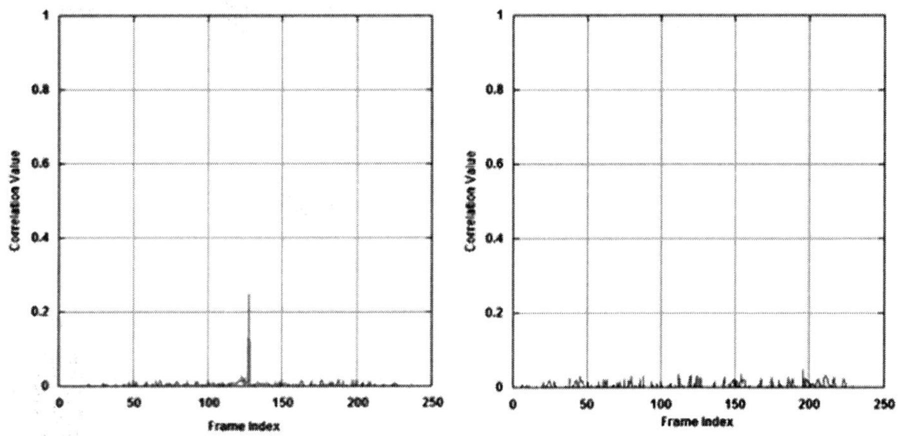


그림 11.30
송 · 수신기 간 거리가 4m 일 때 Auto-correlation & Cross-correlation 값

## 11.7 Relay를 이용한 VLC 네트워크 확대

VLC 시스템에서 VLC network coverage 중심으로부터 많이 떨어져 있는 곳에서는 Tag의 신호가 미약하기 때문에 제대로 검출하기가 어렵다. 또한 VLC network coverage 바깥쪽에 있는 Reader는 Tag의 신호를 받지 못하게 되는 Shadow region이 발생하게 된다. 따라서 이러한 Shadow region 문제를 해결하기 위하여 optical relay 시스템을 소개한다.

다음 그림은 Optical relay 기법을 고려한 VLC 시스템의 구성도이다. Optical relay 기법을 통해 Reader 2가 Tag의 네트워크 범위 밖에 존재 할 경우 범위 안에 존재하는 Reader 1을 Relay로 사용함으로써 Reader 2는 다이버시티 이득 효과 및 네트워크 커버리지 확대의 효과를 얻을 수 있다.

**그림 11.31**
VLC 시스템의 협력 네트워크 모델

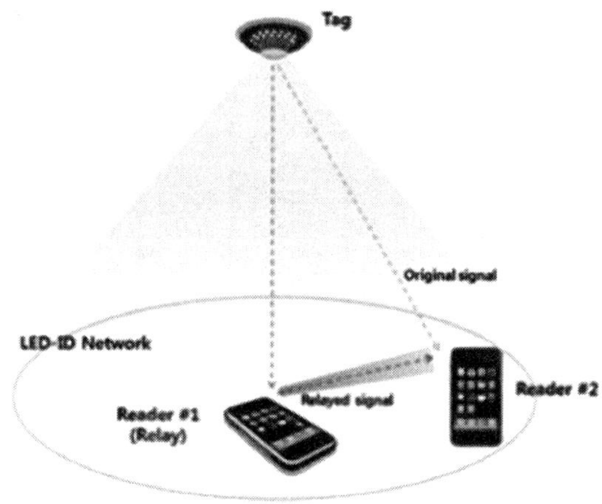


(a) High diversity gain 시나리오

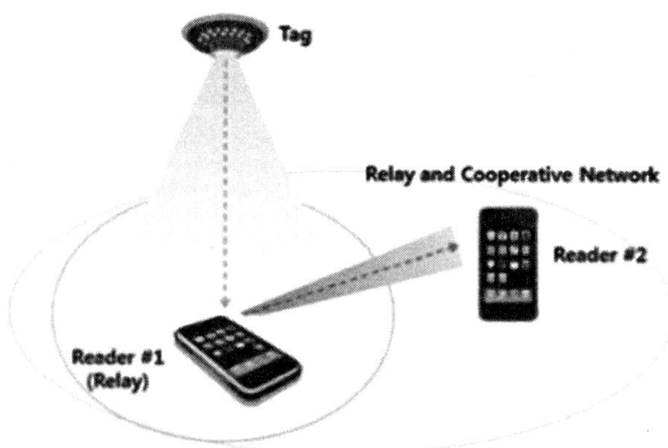


(b) Expanding coverage 시나리오

아래 결과는 optical relay를 사용한 VLC 시스템과 사용하지 않은 VLC 시스템의 BER 성능을 비교한 것이다. Optical relay를 사용한 VLC시스템이 relay로부터 얻은 diversity gain으로 인해 사용하지 않은 VLC 시스템보다 성능이 우수한 것을 알 수 있다. 또한 VLC network coverage가 확장되었기 때문에 VLC 시스템의 용량이 증가한 것을 확인할 수 있다.

그림 11.32
VLC의 BER 성능 비교

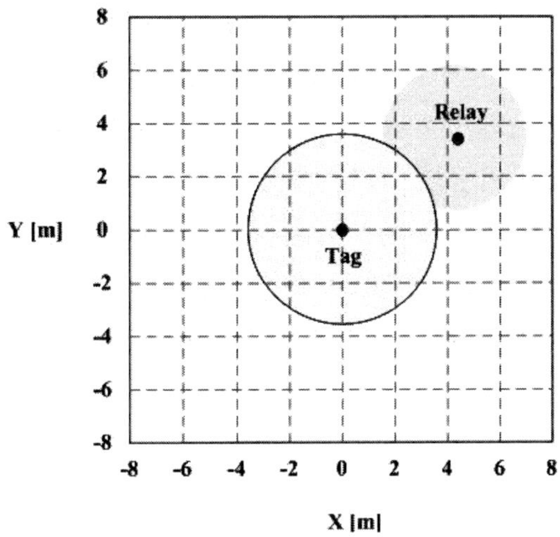


그림 11.33
VLC의 BER 성능 비교

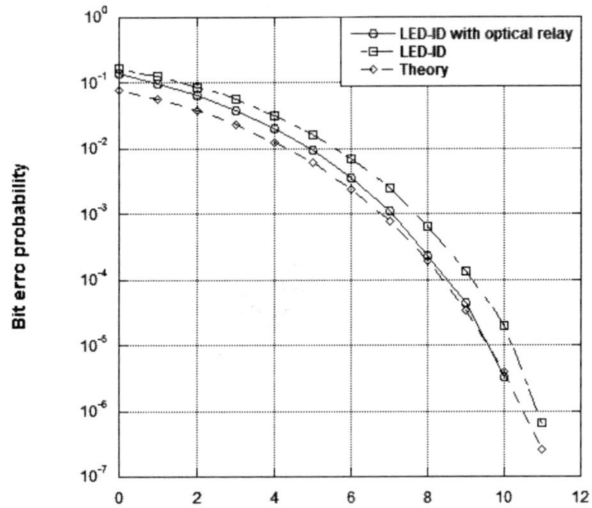


그림 11.34
VLC의 normalized capacity 성능 비교

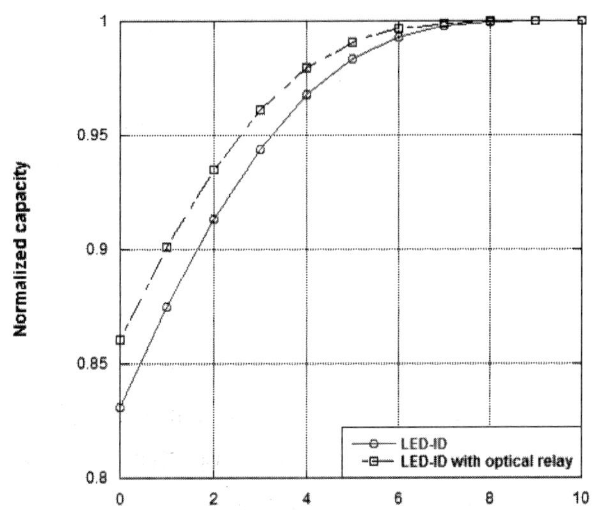

하지만 optical relay 기법를 사용하게 되면 아래 그림과 같이 만약 Reader 2가 다른 정보를 제공하는 Tag 2의 네트워크 범위 안에 존재 할 경우 원하는 Tag 1의 신호에 있어 Tag 2의 신호는 간섭으로 작용하게 된다. 이는 optical relay 기법을 고려한 VLC 시스템 성능의 큰 열화를 가져오며 신뢰성을 잃게 된다. 따라서 이러한 Reader 2에서의 Tag 1 신호(Reader 1을 통한 relay 신호)와 Tag 2 신호 간 간섭을 완화하기 위하여 선형 수신기인 MMSE 알고리즘을 적용하여 수신신호에 선형적인 연산을 가함으로써 간섭을 보완하고, 추가적으로 간섭제거기를 적용하여 보다 완벽하게 간섭을 제거하는 기법을 적용한다.

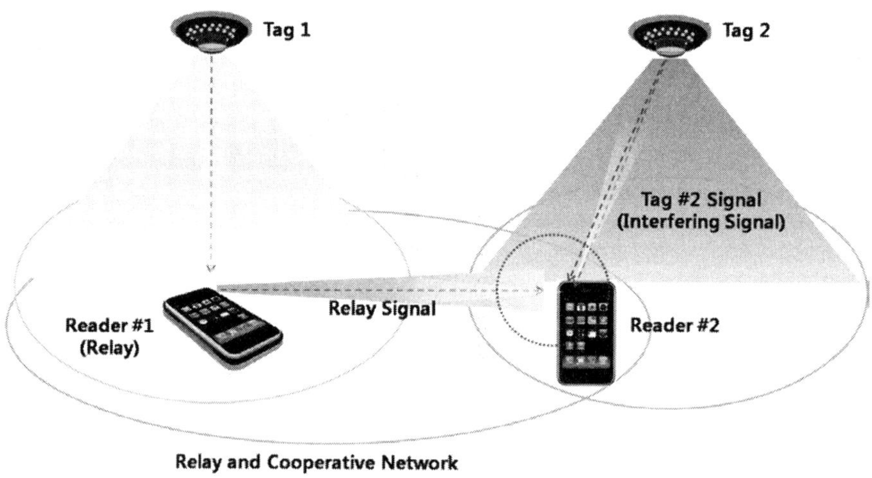


그림 11.35 Optical relay를 고려한 LED-ID 시스템에서의 간섭 시나리오

다음 결과는 optical relay 시스템에서 MMSE를 적용한 경우와 적용하지 않은 경우의 BER 성능을 분석하였다. SNR이 높아질수록 성능차이가 많이 벌어지는 것을 확인할 수 있다. 이러한 간섭환경에서는 간섭제거를 사용하지 않은 기법보다는 간섭제거를 사용한 기법이 보다 더 우수한 성능을 얻는다는 것을 알 수 있다. 따라서 가장 좋은 성능은 MMSE기법과 SIC 기법을 모두 사용한 경우에 얻을 수 있으며 이는 간섭 제거 기법을 적용하지 않은 시스템에 비해 7dB 이상의 성능이득이 있음을 알 수 있다.

다음 결과는 optical relay를 사용한 VLC 시스템과 사용하지 않은 VLC 시스템의 BER 성능을 비교한 것이다. Optical relay를 사용한 VLC시스템이 relay로부터 얻은 diversity gain으로 인해 사용하지 않은 VLC 시스템보다 성능이 우수한 것을 알 수 있다. 또한 VLC network coverage가 확장되었기 때문에 VLC 시스템의 용량이 증가한 것을 확인할 수 있다.

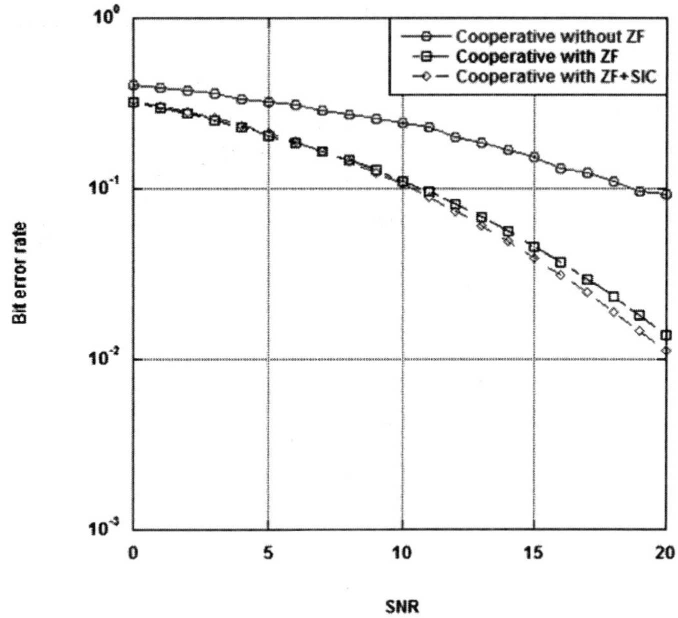


그림 11.36
ZF와 SIC 기법을 적용한 Optical relay 시스템의 BER 성능

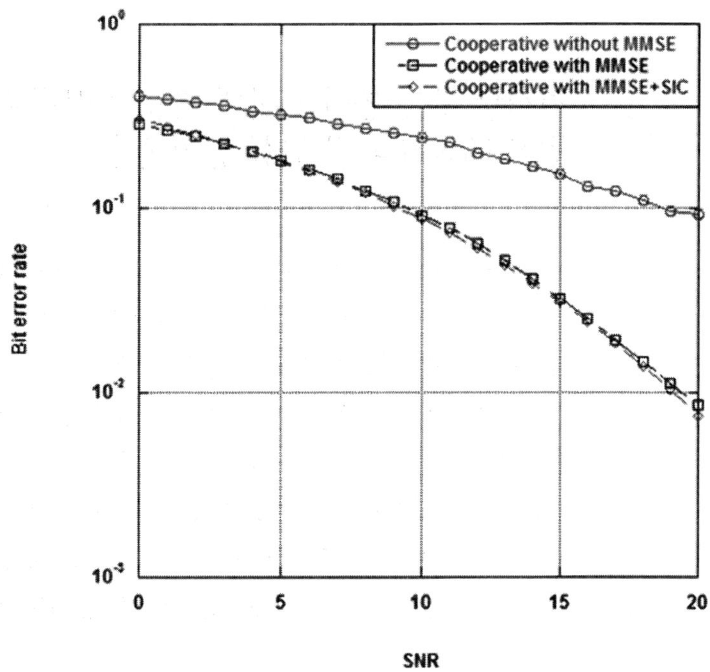


그림 11.37
MMSE와 SIC 기법을 적용한 Optical relay 시스템의 BER 성능

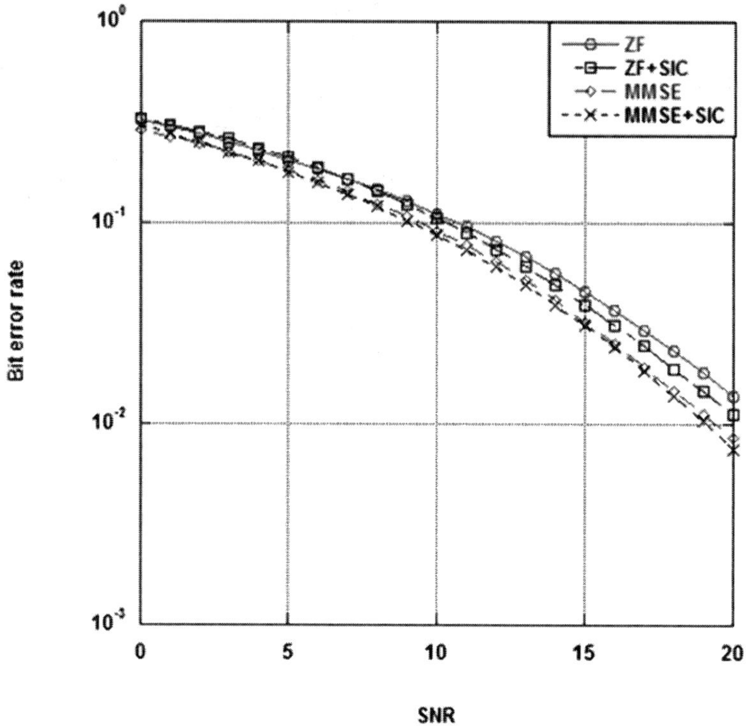


그림 11.38
ZF와 MMSE을 적용한 Optical relay 시스템의 BER 성능 비교

## 11.8 가시광 무선 통신 기반의 항공기 실내 통신에서 인접 네트워크 간 간섭 완화 성능

우리 주변에는 무수한 전파가 그 영역대를 넘나들며 지나다니고 있다. 이로 인해 무선기기가 급증하면서 전파 혼선으로 인한 전자기기의 오동작 사례들이 늘어나고 있다. 특히 항공기는 자동차와는 비교할 수 없을만한 최첨단 항법장비, 통신장비 등을 갖추고 있기 때문에 항공기 내에서의 휴대전화, 노트북 사용으로 인한 기기 비정상 작동 등의 사례는 여러 차례 보고되어 왔다. 더구나 항공기가 이착륙하는 동안은 항공기 무선기기를 가장 많이 사용하는 순간이기 때문에 이착륙 과정에서 관제탑과의 수많은 교신이 이루어지는데, 자칫 휴대전화 전파 혼선으로 인해 중요한 지시를 놓지는 경우 항공기 사고로 직결될 수도 있다.

하지만 가시광 무선 통신을 이용하면 LED 조명이 있는 곳에서는 항상 통신이 가능하기 때문에 병원이나 항공기 내와 같이 통신에 제약을 받는 지역에서

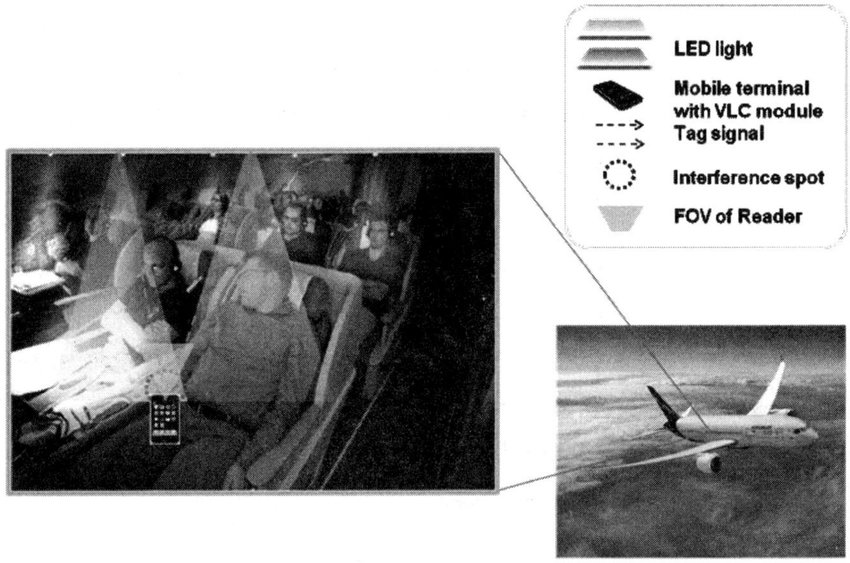


그림 11.39
항공기 실내에서 가시광통신의 인접 네트워크 간 간섭 시나리오

도 활용 할 수 있다. 하지만 그림 11.39와 같이 인접한 LED 조명 사이에 가시광통신 모듈이 장착된 단말기가 존재 할 경우 원하지 않는 신호도 함께 받게 되는 간섭 상황이 발생하게 된다. 이를 해결하기 위하여 선형 등화기를 사용하여 간섭 신호를 완하였다.

그림 11.40은 데이터 속도에 따른 수신된 SNR 성능을 비교한 것이다. 수신

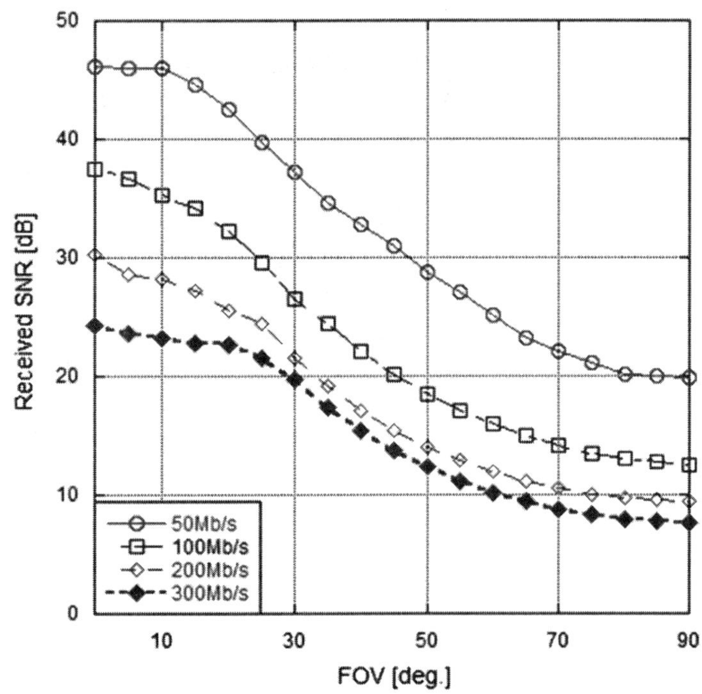


그림 11.40
FOV에 따른 데이터 속도별 수신 SNR 성능 비교

된 SNR은 FOV(Field of View)가 커질수록 감소하게 되는데, 이를 통해 데이터 속도 200Mb/s를 얻기 위해서는 FOV의 범위를 50에서 60사이로 정해야 하는 것을 알 수 있다. 그림 11.41은 송신기와 수신기 사이 거리에 따른 수신된 SNR 성능을 비교한 것이다. 거리가 약 1.5m 이상일 때에는 수신된 SNR 이 급격이 감소하게 됨을 알 수 있으며, 이를 통해 원하는 성능을 얻기 위해서는 가시광 무선 통신 송신기와 수신기 사이의 거리가 최대 1.5m 임을 알 수 있다. 그림 11.64는 선형 등화기를 적용하지 않은 시스템과 적용한 시스템의 성능을 비교한 것이다. 결과에서 MMSE(Minimum mean square error) 가 ZF(Zero-forcing)보다 성능이 더 우수한 것을 확인 할 수 있으며, optimal ordering을 적용한 MMSE-SIC(Successive Interference Cancellation)가 가장 우수한 성능을 나타내었다.

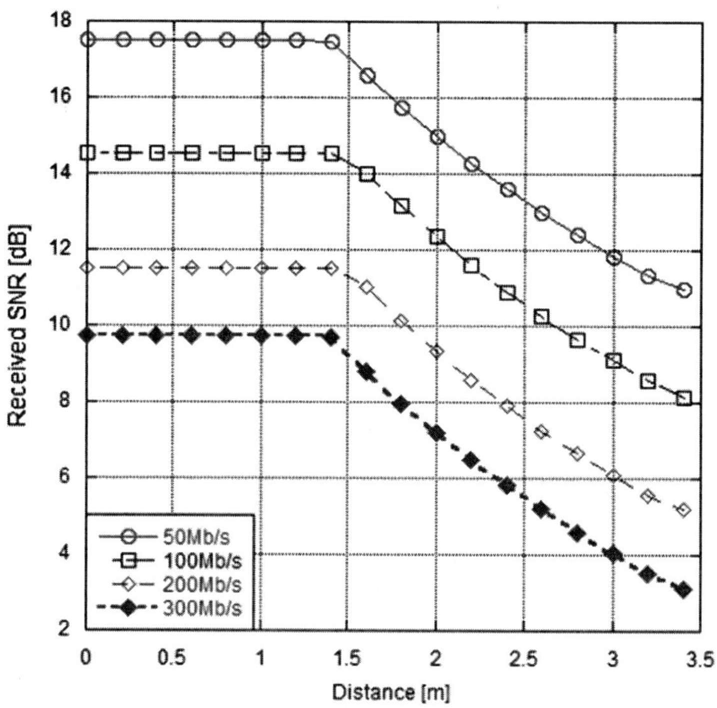


**그림 11.41**
거리에 따른 데이터 속도별 수신 SNR 성능 비교

그림 11.42
ZF와 MMSE을 적용한 간섭 완화 기법 성능 비교

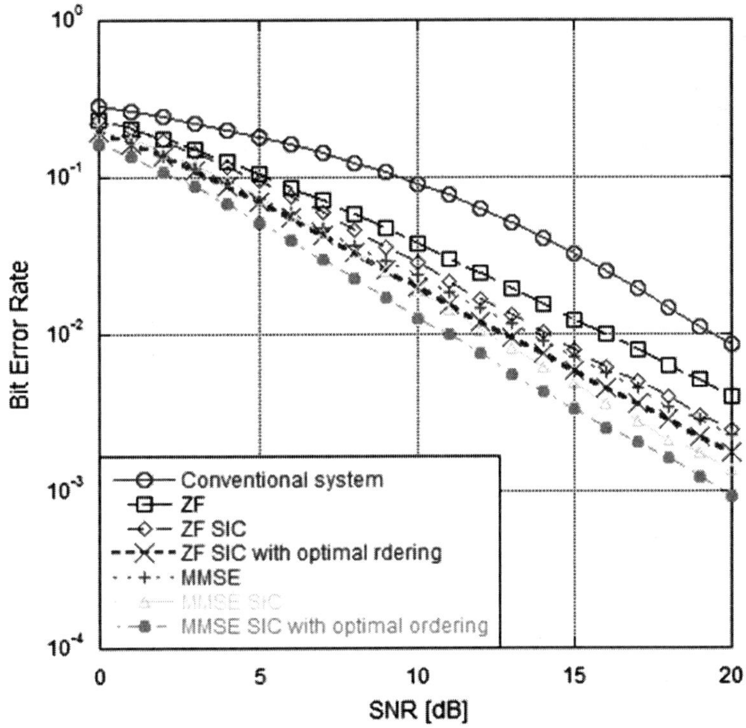


## 11.9 가시광 무선 통신 기반의 실내 위치 인식 알고리즘 성능

가시광 무선 통신은 LED 조명 산업과 무선 통신 산업의 융합기술로써 다양한 응용 서비스가 가능하다. 특히 실내 환경에서는 위치 기반 서비스(LBS : Location Based Service), 국부 방송서비스 그리고 실외 환경에서는 가로등, 신호등을 이용한 ITS(Intelligent Transport System) 등에 활용될 수 있다. 가시광 무선 통신 시스템은 기존의 RF(Radio Frequency) 기반의 무선 통신들의 어려운 환경에 적용이 가능하며, 특히 위치 기반 서비스에서 GPS가 실내 환경에 적용하기 어렵다는 문제와 측위 오차가 증가되는 문제 등을 해결하기 위해 가시광 무선 통신을 이용한 위치 측정 기술이 부각되고 있다.

그림 11.43은 TDoA(Time Difference of Arrival) 알고리즘을 적용한 가시광통신 기반의 LBS 시스템의 개념도이다. 이 방법은 실내 천장에 부착되어 있는 3개 이상의 LED 조명들을 이용해 가시광통신 모듈이 장착되어 있는 모바

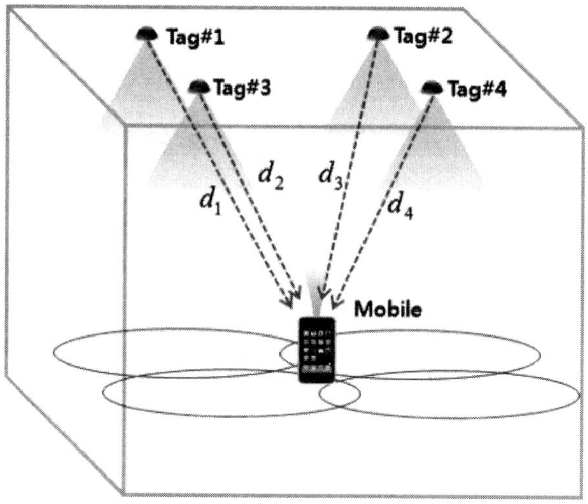


**그림 11.43**
TDoA 알고리즘을 적용한 가시광통신 기반의 LBS 시스템의 개념도

일까지의 거리를 계산하여 모바일의 정확한 위치를 측정 할 수 있다.

그림 11.44는 가시광 무선 통신 채널 환경에서의 OFDM(Orthogonal Frequency Division Multiplexing) 기반 가시광 무선 통신 시스템의 변조 방법에 따른 BER 성능을 비교 한 것이다. 결과에서 알 수 있듯이 BPSK 변조 방법이 가장 성능이 우수한 것을 확인 할 수 있으며 고차변조를 사용할수록 성능이 나빠진다.

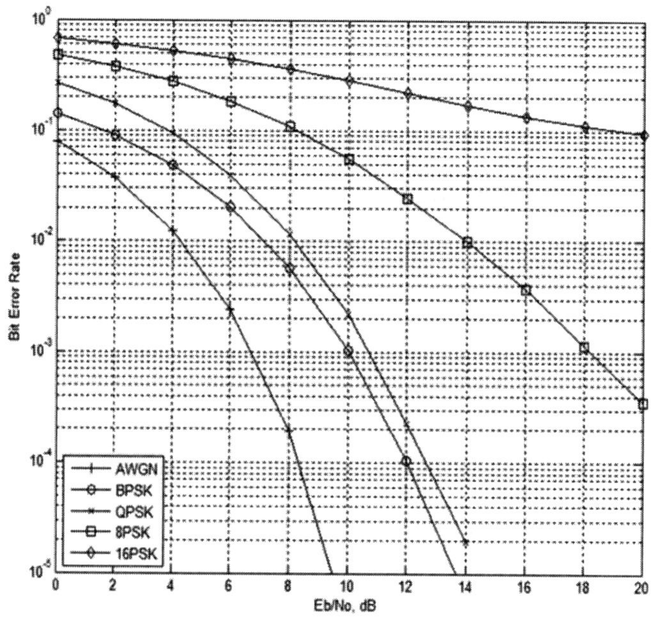


**그림 11.44**
OFDM 기반 가시광 무선 통신 시스템의 변조 방법에 따른 BER 성능 비교

그리고 그림 11.45는 TDoA 알고리즘을 적용한 가시광 무선 통신 기반의 위치 측정 방법의 위치 측정 오류를 점으로 나타낸 것이다. 가정한 시뮬레이션 환경에서는 평균 위치 오류가 약 0.14m를 보였으며, 표준편차는 0.09m를 보였다. 그림 11.46은 위치 측정 오류의 누적분포함수이다. 결과 그림에서 실내 환경에서 RF 기반의 TDoA 알고리즘보다 가시광통신을 이용한 TDoA 알고리즘이 좀더 높은 위치 측정 결과를 얻을 수 있음을 확인 할 수 있다.

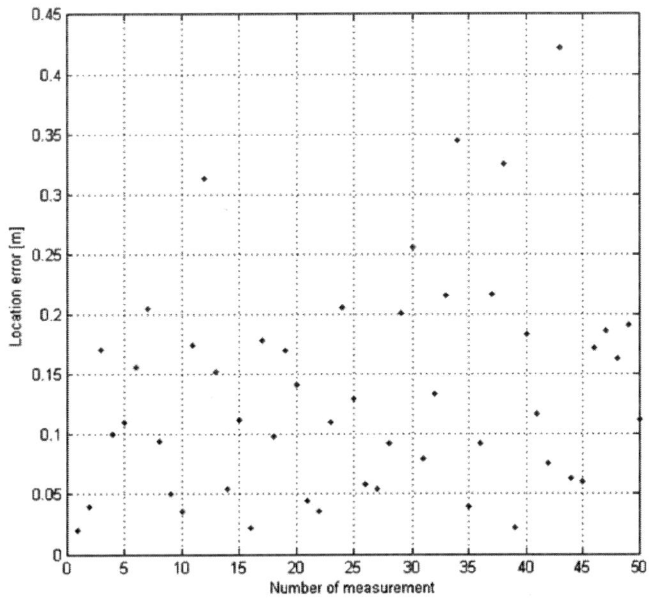


**그림 11.45**
TDoA 알고리즘을 적용한 가시광 무선 통신 기반의 위치 측정 방법의 위치 측정 오류

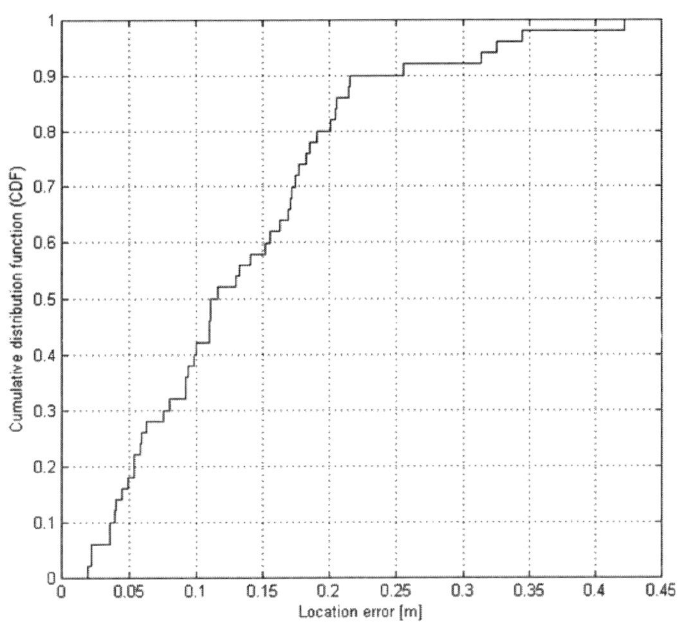


**그림 11.46**
위치 측정 오류의 누적분포함수

LED 통신 시스템

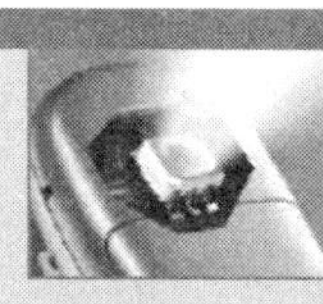

Chapter

# 12 VLC의 발전방향 및 활성화

VLC의 발전방향과 사회적 파급효과에 대해 살펴보고 향후 개발계획에 대해 알아본다.

정부 및 많은 도시에서는 LED 산업 육성에 대한 강의 의지를 가지고 있다. 또한 에너지 절약과 긴 수명의 특징을 가지고 있는 가시광소자인 LED 소자 개발의 기술 개발 발전과 더불어 조명기구를 현재의 백열전구와 형광등에서 LED로의 전환이 2015년까지 진행될 것으로 보이며 현재와 같은 고유가가 지속된다면 그 전환 시기는 더욱 빨라질 것으로 보인다. 현재 LED를 이용한 조명 기구로서 자동차용 전구, 신호등 및 광고용 간판 등에 상용화하고 있다. 2010년 이후 전환되는 조명 기구와 기존에 전환을 추진해온 자동차 및 신호등 등의 인프라를 이용한 가시광 통신에 대한 관심이 크게 높아짐에 따라 이에 대한 경제적 전망은 매우 밝을 것으로 보인다. 이는 별도의 기존의 인프라를 이용하기 때문에 별도의 투자가 필요 없는 친환경성 유비쿼터스 가시광 통신을 이용하여 RF 통신보다 확장이 용이하다는 장점과 주파수 간섭효과가 없으며, 눈에 보이기 때문에 유지관리가 용이하다는 장점을 가지고 향후 크게 성장이 예상된다.

세계 LED시장은 2009년 6조 8000억원에서 2012년에는 17조 3000억원으로 연평균 37%가 늘어날 것으로 예측하고 있으며 특히 조명용 LED 시장은 향후 3년간 연평균 58%이상 성장할 것으로 기대하고 있다. 이에 따라 2012년 시장 규모는 5조 4000억원에 이를 것으로 예상하고 있다. LED조명의 세계시장 전망은 표 12.1과 같다.

표 12.1 LED조명 세계시장 전망(단위 억$)

| 광 기구 | 2008 | 2010 | 2012 | 2015 | 연평균성장률(%) |
|---|---|---|---|---|---|
| 형광등 | 375 | 453 | 453 | 695 | 9 |
| 백열등 | 678 | 662 | 662 | 497 | -4 |
| LED 조명 | 34 | 110 | 221 | 463 | 45 |
| 계 | 1,087 | 1,225 | 1,382 | 1,655 | 6 |

## 12.1 LED 응용 그린 IT 기술 발전 전망

### 가. LED 응용 그린 IT 기술 도출

기존의 반도체 소자를 이용한 메모리와 마이크로프로세서 칩은 컴퓨터, 음악기기, 네이비게이션, 이동통신 단말기, 자동차 제어 장치 등에서 매우 다양하게 이용되고 있다. 그린 IT의 핵심 소자로 분류되는 LED는 빛을 발산하고 이 빛을 디지털로 제어할 수 있기 때문에 아래 표와 같이 다양한 응용이 가능하다. LED 응용은 조명 응용, RGB LED 색상제어 응용, LED 가시광 무선통신 응용, 네트워크 LED 조명제어 응용 등으로 구분 할 수 있다.

표 12.2 LED 응용 그린 IT 분야

| 분류 | 기능 | 응용 분야 |
|---|---|---|
| LED 조명 | 밝게 비추는 기능 | 실내등, 사무실등, 신호등, 가로등, 브레이크등, 전조등, 등대등, 상태등, 전기스탠드 등 |
| RGB LED 색상제어 | 컬러 색상표현 기능 | LED TV, 전광판, 집어등, 식물 생장등, 무드등, 판매대등, 전시등, 색상 유도등 등 |
| LED 가시광 무선통신 | 무선 통신 기능 | M-to-M 무선통신, 실내 측위, 무선 보안통신, ITS 통신, 자동차간 통신, 광 ID 통신 등 |
| 네트워크 LED 조명제어 | 네트워크제어 조명기능 | 실내외 사용자 반응 조명, 센서조명, 경관조명, 테마조명, 상황/환경 적응형 조명등, 그린 스마트 빌딩 조명 등 |

LED 조명 응용은 종래의 백열전구나 형광등과 같이 주로 충분한 조도를 공급하는 백생광(White Color) 조명에 초점을 둔 조명의 응용을 말한다. LED 조명등은 백열전구나 형광등에 비하여 전기 효율이 높아 1530 프로젝트에 따라 기존 등이 2015년에는 약 30%가 LED 등으로 교체될 예정이다. 이미 신호등은 대부분 교체되었으며, 신규 아파트 분양에는 부엌등 또는 식탁등이 LED 등으로 적용되기 시작하였다. 핸드폰, TV, 노트북 등의 디스플레이 광원(BLU : Back Light Unit)로 LED를 사용하기 시작하였다. 자동차 브레이크 등은 신규 고급 자동차에는 모두 적용되고 있다. LED 조명 응용의 핵심 원천 기술은 LED 조명기기로써의 역할과 함께 에너지 효율을 극대화시키는 것이다.

RGB LED 색생 제어 응용은 앞 장에서 설명한 바와 같이 광색변환에 의한 심리, 감성조명기기로 활용 가능하므로 실내 인테리어, 경관조명, 실외 건축조명, 병실조명 등에서 인간의 섬세한 감성에 미의식, 감정순화, 편암함, 감동 등을 유도하는 조명으로 응용 가능하다. RGB LED 색상 제어 응용의 핵심 원천 기술은 온도, 전류 등에 변화가 심한 LED 소자의 특성을 극복하고 표현하고자 하는 색상을 주변과 조화롭게 재현하는 기술이다.

LED 가시광 무선통신 응용은 조명의 신속한 깜박임을 이용하여 데이터를 전달 할 수 있다. 이간의 눈은 깜박임을 인식하지 못하지만 LED와 PD(Photo Diode)는 상호 정해진 프로토콜에 의하여 정보를 주고 받을 수 있다. 이러한 원리를 이용하면 조명으로서 역할을 하면서 동시에 무선통신도 되는 것이다. LED 가시광 무선통신은 M-to-M 무선통신, 실내 측위, 무섬 보안 통신, ITS 통신, 자동차간 통신, 광 ID 통신 등의 응용 서비스를 제공할 수 있다. LED 가시광 무선통신의 핵심 원천 기술은 조명 기능을 상실하지 않으면서 무선통신을 제공하는 것이다.

네트워크 LED 조명제어 응용은 조명기기 간에 네트워크를 통하여 개별적인 어드레싱이 가능하고, 사용자와 상호작용이 가능하도록 하는 응응기술이다. 조명기기 간의 네트워크 연결에 의하여 단일 건물 내의 생활조명과 인테리어 조명으로의 전환 제어가 가능하여 시간대별로 능독적으로 조명 연출이 가능하다. 물론, 능독적인 조명 연출은 인간의 일상 생활과 연계되어 효율적인 전력소모의 제어도 가능하게 한다. 네트워크 LED 조명제어의 핵심 원천 기술은 환경과 가장 조화를 잘 이루게 하기 위하여 네트워화 된 조명기술을 말하며, 앞서 설명한 LED 조명, RGB LED 색상 제어, LED 가시광 무선통신 응용을 융합하는 기술이다.

### 나. 그린 IT 실현을 위한 네트워크 LED 조명제어기술

그린빌딩(Green Building)이란 크게는 친환경적인 삶의 터전을 만들자는 그린디자인화의 전 세계적인 흐름을 의미한다. 또 다른 그린빌딩의 작은 의미는 의식주중에 주로 에너지 효율과 직접적인 관련이 있는 주의 건설과 관련이 되어 조명의 제어를 네트워크에 의해 제어되는 조명은 미학적인 아름다움을 표현하도록 한다.

이러한 그린빌딩은 새로운 표준과 규격을 만들어 내고 있으며 다양한 기술을 출현시키고 있다. 출현하는 새로운 표준과 기술들은 주로 에너지 효율을 중요시하는 조명과 직접적인 관련이 있다. 대표적인 그린디자인 프로그램은 다음과 같이 3가지로 나누어 볼 수 있다.

- LEED(Leadership in Energy and Environmental Design) : LEED는 미국 그린빌딩 위원회에 의해 개발된 인증 프로그램으로 용지 개발, 물 절약, 에너지 효율, 소재 선택과 실내 환경의 다섯 가지 중요 품질에 등급을 정하고 인증하는 위원회이다. 이 인증 프로그램의 경우도 네트워크에 의해 제어되는 LED 조명기기의 사용을 권장한다.
- EPAct 2005(The Energy Policy Act of 2005) : 조명을 포함한 에너지 절약형 기술의 사용을 하면 세금을 감면해 주는 미국의 인센티브 프로그램이다. LED 조명은 빛 자체가 열을 발산하지 않으므로 추가적인 냉방 시스템이 필요 없어 에너지 절약 기술로 사용을 권장하고 있다.
- ENERGYSTAR : 에너지 효율적인 제품을 인증하여 비용을 절약하고 환경을 보호하는 인증 프로그램이다. 인증을 습득한 장치에는 ENERGYSTAR 라벨(label)이 붙으며 주거용 집에서 뿐만 아니라 상업용 빌딩에서도 사용될수 있다. LED 조명의 경우 2008년 9월부터 인증작업이 시작되었다.

## 12.2 사업적 파급효과

### 가. 고부가가치 LED 조명 시스템 기술 확보

앞으로 LED 소자 기술개발이 진전됨에 따라 중국의 노동력을 바탕으로 한 대규모 LED 생산물량은 LED 소자 가격을 더욱더 저가화 할 것이다. 따라서 조명통신이 가능한 프리미엄급 LED 조명기구 개발에 의한 시스템기술 확보는 중국에 대한 기술적 장벽구축과 고부가가치 가격대를 유지할 것이다.

### 나. 친환경 통신 인프라 제공

기존의 free RF 대역인 ISM RF 대역의 사용급증으로 인해 실내통신 환경은 RF의 범람 시대가 되는데, 가시광통신 기술의 발전으로 친환경적인 무선통신 인프라를 제공하게 된다.

### 다. LED 산업의 활성하 촉진

기존의 단순 조명 및 표시등 시장에서 광무선 LED 랜시장 출범으로 인한 LED 시장 확대를 기여하게 되고 저가형 LED 조명기기에서 프리미엄급 LED 수요 확대에 기여할 것이다.

### 라. 조명통신에 의한 융합 IT 산업창출

조명용으로 사용되는 LED를 무선통신의 AP(Access Point)로 활용하여 실내외의 단거리 통신 인프라로 활용하는 융한 신기술 창출하고 조명통신은 실내의 복잡한 유선을 제거하여 공간의 효율적 사용을 유도하며, 친환경적인 홈네트워킹 기술에 활용된다.

### 마. LED ITS 산업 촉진화

교통신호등, 자동차 LED-BLU등에 통신기능을 부가하여 ITS 산업으로의 광산업확대 촉진되고, 광산업의 서비스 산업화 유도하여 광기술이 주도하는 대규모 시장 창출 할 것으로 보인다.

### 바. LED 산업의 차별화와 광통신 사업의 돌파구

LED 조명은 통신이 가능한 조명기구의 출범으로 인해 저가격대의 LED 조명시스템의 차별화를 유도하며, 정체된 광통신 시장은 새로운 광무선 통신 시장 창출에 의한 돌파구를 마련하게 된다.

### 사. 블루오션에 의한 지역산업의 활성화

전략적 신 융합산업기술의 투자에 의한 기술적 리더쉽 확보와 기존의 LED 인프라와 광통신 인프라를 융합한 저비용 인프라 투자에 의한 신산업 경제 활성화를 유도한다.

### 아. VLC기술에 의한 삶의 질의 향상

기존 조명을 대체할 것으로 예상되는 LED를 이용하여 통신시스템을 개발하므로, 도처에 존재하는 유비쿼터스 네트워크 구축이 가능하고 고용량화 하는 휴대용 디지털기기들의 광범위한 응용가능성을 가진다. 또한 고속이며 무선이므로 기기들 간의 연결 호환성이 우수하다.

| | |
|---|---|
| 기술적 측면 | - 가시광 통신에 적합한 오류 제어 기술 도출<br>- 가시광 통신 분야 국내 기술 축적 및 보급 |
| 경제적 측면 | - 가시광 통신 모뎀을 제작시 본 과제로부터 도출된 결론 적용<br>- 가시광 통신 모뎀 국산화에 기여 |
| 정책적 측면 | - 가시광 통신 분야 정책 결정에 기여<br>- 가시광 통신 분야 신기술 개발 촉진<br>- 가시광 통신 분야 기술 인력 양성<br>- 가시광 통신 분야 연구 풍토 활성화 |

## 12.3 향후 개발 계획

(1) 고휘도 LED통신용 고전류 광송신기 개발
- 광송신기 H/W 구조 설계 및 구현
- 300~1000 lux급 고전류 LED driver 회로 개발
- LED array용 색조정 및 통신성능 제어회로 개발

(2) 저잡음 특성을 갖는 가시광선 광수신기 개발
- 광수신기 착탈식 구조 설계
- 10Mbps급 가시광선대역 소형광수신기 개발
- 서비스 인터페이스용 전류-전압 변환회로 개발

(3) 저잡음 광학계 설계 및 시스템성능 측정기술 개발
- LED빔형상 제어를 위한 렌즈광학계 설계
- 광검출기 수신율향상을 위한 렌즈, 집광기, 필터 광학계 설계
- 광간섭현상 감쇠를 통해 저잡음 구현을 위한 광필터 설계
- 제작된 송신기-수신기 성능을 측정하기 위한 측정시스템 개발

(4) 응용서비스, 표준화 및 인터페이스 기술개발
- Ethernet-인터페이스 개발

- IrDA-인터페이스 개발
- PLC-인터페이스 개발
- 표준화 제안

## 12.4 표준화 활동

광통신기술과 LED 조명 기술의 융합기술인 가시광통신기술은 차후 급속히 확산되는 LED 조명 인프라를 5세대 통신 인프라로 활용하려는 시도와 PAN 영역의 다양한 서비스를 친환경적으로 제공할 수 있는 막대한 산업시장 선점을 위해서는 원천기술개발에 의한 IPR 확보와 국제 표준화 규격을 선도하여야 한다. 이를 위해서는 체계적인 표준화 활동을 전개할 필요가 있다.

### 가) 국내 가시광통신 포럼 활동의 활성화

다양한 형태의 가시광통신 서비스 모델을 발굴하고 이에 대한 표준 규격을 제정할 필요성 있다. 이를 위해서는 산학연 연관 기관들 간의 정기적 모임이 활성화 되고, 시범적 실증 실험을 병행 추진함으로서 성과 확산에 노력할 필요가 있다.

### 나) 원천 기술 확보

정부의 초기 SEED 연구개발비를 투자하여 고속 RC-LED 소자, 효율적 광링크 기술 및 변조 드라이버 chip 기술을 개발하여 국내외 학회에 개발 기술을 발표하고 원천 특허를 확보하는 것이 필요하다.

### 다) 전략적 네트워크에 의한 국제 표준화 활동

LED 보급 속도가 비교적 빠른 아시아권역 중심으로 국제 표준화 활동을 전개함으로써 각국의 포럼 매지는 콘소시엄간 교류와 협력을 강화하여 국제 표준화 안건으로 상정될 수 있도록 협력 네트워크를 구축해야 한다.

## 12.5 결론

광무선 통신 기술은 1978년도 처음으로 그 개념이 제안된 이래 많은 연구들이 수행되었다. 이들 연구 결과를 바탕으로 저속 광무선 통신 기술인 IrDA는 휴대 전화, PDA 등의 근거리 통신 수단으로 실용화되어 널리 이용되고 있다. 한편 가시광무선 통신은 광무선 채널 거리의 제곱에 반비례하는 높은 감쇄 특성, 낮은 안테나 이득, 수신 전력의 제곱에 비례하는 신호 대 잡음 특성, 강력한 간섭광 영향, 상대적으로 고가인 고성능 광 부품, 보완 및 경쟁 관계인 무선통신 수단의 급격한 발달 등으로 인하여 아직까지 실험실 연구 단계에 머무르고 있다.

사회 · 경제적 파급 효과가 큰 첨단 통신 서비스인 3D 전자 게임, e-learning, virtual-reality 기반 전자 상거래, 통신 · 방송 융합형 고해상도 멀티미디어, IP 기반 차세대 유무선 통합 전화와 같은 기술들은 미래 통신 시장 및 IT 산업을 견인할 원동력이다. 미래 생활공간은 위치, 방범, 생화학, 건강, 행위 등 각종 센서들이 주변 상황을 인지하고 이들 정보들이 처리되는 안전하고 쾌적한 생활환경으로 발전할 것이다. 미래 산업 현장은 보다 다양한 각종 공정 제어, 안전 제어, 환경 제어용 센서들이 장착되어 효율적이고 안전한 생산 환경을 제공할 것이다. 미래 자동차, 항공기 그리고 선박들은 상호 작용에 의하여 진화 가능한 유기적인 조직체로 발전할 것이다. 미래 전장 환경은 앞서 언급된 모든 기능들이 동적으로 포설되고 기능하여 침략을 방어하고 기능이 다하면 소멸되는 무인 자동화 체제로 발전할 것이다. 유 무선통신 방식에 관계없이 가시광파는 무제한적인 주파수 자원을 가지고 있다. 현재 각종 무선통신 방식들이 이용하는 초고주파 대역은 자원 이용도가 포화 상태에 달하고 있어 새로운 가시광대역 통신이 매우 필요한 실정이다. 이에 따라, 미래 가시광대역 통신망은 유선망이 유기체의 신경망처럼 높은 밀도로 분포하고, 편리한망 접근성을 위하여 사용자 부근의 최종 수 미터 영역이 무선화되는 방향으로 발전될 것이다. 수 미터 이내의 짧은 무선 영역에서는 고밀도 가시광대역 접속을 위하여 전송파 상호 간섭을 최소화하기 위한 기술이 매우 중요하다. 따라서 현재 문제가 되고 있는 가시광무선 통신의 짧은 통달 거리 특성은 미래 가시광대역 통신 환경에서는 장점으로 작용하게 된다. 또한 높은 주파수로 인하여 가시광파가 가지는 가시광대역성은 대중화된(정보 밀도가 높은) Gbps급 무선 접속을 실현하는데 필수적인 성질이다. 가시광무선 통신에서 통신 매체로 사용되는 가시광을 센싱 용도로 재활용하는 것은 자연스런 발상이며, 이들 각종 센싱 기능이 부가된 가시광무선 통신기는 미래 가정, 공장, 이동체 등의 옥내 전송용으로 활용되며, 대외적으로는 유비쿼터스 통신을 실현하는 가시광대역 통합망의 최종점으로 작용할 것이다. 그러나 광대역 가시광무선 통신에 대한 범세계적 연구 결과들은 무선통신에 비교하여 미미한 수준이다. 일례로 광무선 채널 모델링에 사용된 측정 데이터는 유사한 무선 채널 모델링에 비교하여 1,000배 적은 규모이며, 무선통신에서 대중화된 채널 부호기에 대한 연구는 현재 시작 단계이다. 따라서, 많은 응용분야 및 사회적 파급력을 가진 광대역 가시광무선 통신 기술의 확보를 위해서는 언급된 문제점들을 극복하기 위한 연구와 표준화가 조속히 활성화 되어야 한다.

# 참고문헌


[1] 삼성경제연구소, "차세대 광원 LED 의 부상과 대응방안", SERI 경제 포커스, 2007 년 4 월 23 일(제 140 호).

[2] 김지동, "LED 조명기술동향: 기술동향분석보고서," 한국과학기술정보연구원(KISTI), 2004 년 1 월.

[3] 강태규, 김태완, 조현숙, "무선 가시광통신 초정밀 측위에 의한 네트워크 로봇 제어 정보 흐름,"제 11 회 통신 소프트웨어 학술대회, 2007 년 7 월.

[4] Y. Tanaka, T. Komine, S. Haruyama, and M.Nakagawa, "Indoor visible light data transmissionsystem utilizing white LED lights," EICE transaction on communications, vol.E86-B, no.8,pp.2440~2454, August2003.

[5] 한국정보통신기술협회 (TTA), 가시광통신서비스 실무반. http://www. tta.or.kr.

[6] IEEE 802.15 Working Group for WPAN.http://ieee802.org/15/ index.html

[7] Visible light communications consortium. http://www.vlcc.net

[8] 한국산업규격, KSA3011, 조도 기준.

[9] 목산 전자 홈페이지. http://www.moksan.co.kr

[10] J. R. Barry, WirelessInfraredCommunications,KluwerAcademicPublishers,1994.

[11] T. Komine and M. Nakagawa, "Fundamental Analysis for visible-light communication system using LED lights," IEEE Transaction on consumerelectronics, vol.50,no.1,pp.100~107,February2004.

[12] Technical note, PhotodiodeTechnicalInformation,HamamatsuPhotonics.

[13] 한국 고덴시 홈페이지. http://www.kodenshi.co.kr

[14] 강태규, "TTA 가시광통신서비스 실무반 표준활동," 가시광 무선통신 멀티미디어 표준 기술 워크샵, 2007 년 8 월 30 일.

[15] whyfiles.org/173skin_cancer/2.html

[16] www.nepss.org/presentations/ETLlaser.ppt

[17] www.iec.ch

[18] freespaceotic.com/WhitePapers/WP_laser_eye_safety.pdf

[19] Adriano J.C. Moreira et al., "Characterisation and Modeling of Artificial

Light Interference in Optical Wireless ommunication Systems," IEEE Wireless Networks, 1995.

[20] J.R. Barry, J.M. Kahn, W.J. Krause, E.A. Lee, and D.G. Messerschmitt, "Simulation of Multipath Impulse Response for Wireless Optical Channels," IEEE J. Select. Areas in Comm., Vol.11, No.3, Apr. 1993, pp.367-379.

[21] Z. Ghassemlooy, A.R. Hayes and N.L. Seed, "The Effect of Multipath Propagation on the Performance of DPIM on Diffuse Optical Wireless Communications," Proc. of the IASTED Intern. Conf. Wireless and Optical Comm., June 2001.

[22] M.D. Audeh, J.M. Kahn, and J.R. Barry, "Performance of Pulse-position Modulation on Measured Non-directed Indoor Infrared Channels," IEEE Trans. Comm., Vol.44, June 1996.

[23] D.C. Lee, J.M. Kahn, and M.D. Audeh, "Trellis coded Pulse-position Modulation for Indoor Wireless Infrared Communications," in Proc. 7th IEEE Int. Symp. on Personal, Indoor, and Mobile Radio Comm., Taipei, Taiwan, Oct. 1996.

[24] Gene W. Marsh and Joseph M. Kahn, "Performance Evaluation of Experimental 50-Mb/s Diffuse Infrared Wireless Link Using On-Off Keying with Decision-Feedback Equalization," IEEE Tran. of Comm. Vol.44, No.11, Nov. 1996.

[25] M.D. Audeh, J.M. Kahn, and J.R. Barry, "Decisionfeedback Equalization of Pulse-position Modulation on Measured Nondirected Indoor Infrared Channels," IEEE Trans. Communications, June 1996.

[26] R.J. Dickenson and Z. Ghassemlooy, "Bit Error Rate Performance of 166Mb/s OOK Diffuse Indoor IR Link Employing Wavelets and Neural Networks," http://soe.unn.ac.uk/ocr/publications.html

[27] R.J. Dickenson and Z. Ghassemlooy, "A Feature Extraction and Pattern Recognition Receiver Employing Wavelet Analysis and Aartificial Intelligence for Sgnal Detection in Difuse Pptical Wireless Communications," IEEE Wireless Communications, Vol.10, No.2, Apr. 2003.

[28] S. Jivkova and M. Kavehrad, "Holographic Optical Receiver Front End for Wireless Infrared Indoor Communications," APPLIED OPTICS, Vol.40, No. 17, June 2001.

[29] Walter Hirt, Martin Hassner, and Nyles Heise, "IrDAVFIr(16Mb/s): Modulation Code and System Design," IEEE Personal Communications, Feb. 2001.

[30] http://www.irda.org/associations/2494/files/Publications/IrBurst_ MRD.doc, Sep. 2003.

[31] Stuart Williams, "IrDA: Past, Present and Future," IEEE Personal Communications, Feb. 2000.

[32] IrDA, "Infrared Data Association Serial Infrared Physical Layer Specification Version 1.4," May 2001.

[33] http://www.irda.org/associations/2494/files/Publications/UFIR_MRD.doc,Oct.2002.

[34] T. Komine and M. Nakagawa, "Fundamental analysis for visible-light communication system using LED lights," IEEE Trans. Consumer Electron., vol. 50, no. 1, pp. 100-107, Feb. 2004.

[35] Y. Tanaka, T. Komine, S. Haruyama, and M. Nakagawa, "Indoor visible communication utilizing plural white LEDs as lighting," in The 12thIEEEInternationalSymposiumonPersonal,IndoorandMobileRadioCommunications(PIMRC2001), San Diego, CA, Sept. 2001, pp. F81-F85.

[36] J. R. Barry, J. M. Kahn, W. J. Krause, E. A. Lee, and D. G. Messerschmitt, "Simulation of multipath impulse response for indoor wireless optical channels," IEEE J. Select. Areas Commun., vol. 11, pp. 367-379, Apr.1993.

[37] F. R. Gfeller and U. Bapst, "Wireless in-house data communication via diffuse infrared radiation," in Proceedings of the IEEE, Nov. 1979, pp.1474-1486.

[38] T. Komine and M. Nakagawa, "Integrated system of white LED visiblelight communication and power-line communication," The 13th IEEE International Symposium on Personal, Indoor and Mobile Radio Communications (PIMRC 2002), vol. 4, pp. 1762-1766, Sept. 2002.

[39] J. R. Barry, Wireless Infrared Communications. Boston, MA: Kluwer Academic Press, 1994.

[40] T. Komine, M. Nakagawa, "A Study of Shadowing on Indoor Visible-Light Wireless Communication Utilizing Plural White LED Lightings," Int. Sympo. On Wireless Commun., pp. 36-40, 2004.

[41] M.Z. Afgani, H. Haas, H. Elgala, D. Knipp, "Visible light communication using OFDM," Proc. IEEE Symp. on Wireless Pervasive Computing, TRIDENTCOM 2006.

[42] T. Komine, M. Nakagawa, "Fundamental Analysis for Visible-Light Communication System using LED Lights," IEEE Trans. on Consumer Electron., vol. 50, no., pp. 100-107, 2004.

[43] M. Kavehrad, "Broadband room service by light," Scint. American, pp. 82-87, July 2007.

[44] Z. Ghassemlooy, A.R. Hayes, and B. Wilson, "Reducing the effects of inter-

symbol interference in diffuse DPIM optical wireless communication", IEE Proc. Optoelectron, vol. 150, no. 1, pp. 445-452, 2003.

[45] K.K Wong,, T. O' Farrell, and M. Kiatweerasakul, "Infrared wireless communications using spread spectrum techniques," IEEProc., Optoelectron., vol. 147, no. 4 , pp. 308-314, 2000.

[46] J.B. Carruthers, and J.M. Kahn, "Angle diversity for nondirected wireless infrared communication," IEEE Trans. Commun., vol. 48, no. 6, pp. 960-969, 2000.

[47] T. Komine, L.J. Hwan, S. Haruyama, and M. Nakagawa ," Adaptive equalization for indoor visible-light wireless communication systems," Asia-Pacific Conf. on Commun., pp. 294-298, 2005.

[48] G. L. Stuber, J.R. Barry, S.W. McLaughlin,Ye Li M.A. Ingram, and T.G. Pratt, "Broadband MIMO-OFDM wireless communications," IEEE Proc., vol. 92, no. 2, pp.271-294, 2004.

[49] O. Gonzalez, R. Perez-Jimenez, S. Rodriguez, J. Rabadan, and A. Ayala, "Adaptive OFDM system for communications over the indoor wireless optical channel," IEE Proc. Optoelectron., vol. 153, no. 4, pp. 139-144, 2006.

[50] J. R. Barry, J. M. Kahn, W. J. Krause, E. A. Lee, and D. G. Messerschmitt, "Simulation of multipath impulse response for indoor wireless optical channels," IEEE J. Select. Areas Commun., vol. 11, no. 3, pp. 367-379, 1993.

[51] Y. A. A and M. Kavehrad, "MIMO characterization of indoor wireless optical link using a diffuse-transmission configuration," IEEE Trans. Commun., vol. 51, no. 9, pp. 1554-1560, 2003.

[52] S. Rodríguez, R. Pérez-Jiménez, F. J. López-Hernández, O. González, and A. Ayala, "Reflection model for calculation of the impulse response on IR-wireless indoor channels using raytracing algorithm," Microw. Opt. Technol. Lett., vol. 32, no. 4, pp.296-300, 2002.

[53] O. Gonzalez, S. Rodriguez, R. Perez-Jimenez, B.R. Mendoza and A. Ayala, "Error analysis of the simulated impulse response on indoor wireless optical channels using a Monte Carlo-based raytracing algorithm," IEEE Trans. Commun., vol. 53, no. 1, pp. 124-130, 2005.

[54] V. Pohl, V. Jungnickel, and C. von Helmolt, "Integrating sphere diffuser for wireless infrared communication," Proc. Inst. Elect. Eng.-Optoelectron., vol. 147, no. 4, pp. 281-285, 2000.

[55] V. Jungnickel, V. Pohl, S. Nönnig, and C. von Helmolt, "A Physical Model

of the Wireless Infrared Communication Channel," IEEE J. Select. Areas Commun.,vol. 20, no. 3, pp. 631-640, 2002.

[56] J. B. Carruthers and P. Kannan, "Iterative site-based modeling for wireless infrared channels," IEEE Trans. on Ant. and Propag. vol. 50, no. 5, pp. 759-765, 2002.

[57] S. Colieri, M. Ergen, A. Puri, and A. Bahai, "Channel estimation techniques based on pilot arrangement in OFDM systems," IEEE Trans. on Broadcast., vol. 48, no. 3., pp. 223-229, 2002.

[58] S. Song and A.C. Singer, "Pilot-Aided OFDM channel estimation in the presence of the guard band," IEEE Trans. Commun., vol. 55, no. 8, pp. 1459-1465, 2007.

[59] X. Cai and G.B. Giannakis, "Error probability minimizing pilots for OFDM with M-PSK modulation over Rayleigh-fading channels," IEEE Trans. Vehicular Tech., vol. 53, no. 1. pp. 146-155, 2004.

[60] W. Zhang, X.-G. Xia, and P.C. Ching, "Optimal Training and Pilot Pattern Design for OFDM Systems in Rayleigh Fading," IEEE Trans. on Broadcast, vol. 52, no. 4, pp. 505-513, 2006.

[61] J.H. Manton, "Optimal training sequences and pilot tones for OFDM systems," IEEE. Commun. Letter, vol. 5, no. 4, pp. 151-153, 2001.

[62] J. Kim, J. Park, and D. Hong, "Performance analysis of channel estimation in OFDM systems," IEEE Sig. Proc. Letters, vol. 12, no. 1, pp. 60-62, 2005.

[63] J.G. Proakis, M. Salehi, G. Bauch, "Contemporary communication systems using MATLAB and Simulink," 2nd ed.-Belmont, CA; London : Thomson/Brooks/Cole, 2004.

[64] S. Nakamura, "Present performance of InGaN based blue/green/yellow LEDs", Proc. SPIE Conf. on Light-Emitting Diodes: Research, Manufacturing, and Applications, San Jose, CA, 1997, pp.26-35.

[65] Y. Tanaka, T. Komine, S. Haruyama and M. Nakagawa, "Indoor Visible Light Transmission System Utilizing White LED Lights", IEICE Tkans. on Commun., Aug. 2003, vol. E86-B, no. 8, pp.2440-2454. (31 J.R. Barry, Wireless Infrared Communications, Kluwer Academic Press, Boston, MA, 1994.

[66] F.R. Gfeller and U. Bapst, "Wireless in-house data communication via diffuse infrared radiation", Proc. IEEE, 1979, vol. 67, no. 11, pp. 1474-1486. (51 A.P. 'Pang, J.M. Khan and K.P. Ho, "Wireless Infrared Communication Links Using Multi-Beam ₩rammitters and Imaging Receivers", Proc. IEEE Int. Conf. on Commun., Dallas, TX, June 1996, pp. 180-186,

[67] http://www.wireless-world-research.org/?id=92

[68] Visible Light Communications Consortium: www.vlcc.net

[69] http://www.ieee802.org/15/pub/IGvlc.html

[70] T.Komine and M.Nakagawa, "Fundamental Analysis for Visible-Light Communication System Using LED Lights," IEEE Transactions on Consumer Electronics, 2004, 50, pp. 100-107.

[71] J. Grubor, S. C. J. Lee, K.-D. Langer, T. Koonen, and J.Walewski, "Wireless High-Speed Data Transmission with Phosphorescent White Light LEDs," in ECOC 2007, Berlin, Germany, 2007, pp. 1-2 [06.11]

[72] Sheu, J.K., Chang, S.J., Kuo, C.H., Su, Y.K., Wu, L.W., Lin, Y.C., Lai, W.C., Tsai, J.M., Chi, G.C., and Wu, R.K.: "White-Light Emission from Near UV InGaN-GaN LED Chip Precoated with Blue/Green/Red Phosphors", IEEE Photonics Technology Letters, 2003, 15, pp. 18-20

[73] Luxeon star data sheet. www.lumileds.com

[74] Jain, F.: "Optical Communications: Components and Systems" (Alpha science international ltd., 2000. 2000)

[75] Jungnickel, V., Pohl, V., Nonnig, S., and von Helmolt, C.: "A physical model of the wireless infrared communication channel", Ieee Journal on Selected Areas in Communications, 2002, 20, (3), pp. 631-640

[76] L. Zeng, D. C. O' Brien, H. Le-Minh, K. Lee, D. Jung and Y. Oh, "Improvement of Data Rate by Using Equalisation in an Indoor Visible Light Communication System", accepted for publication in IEEE International Conference on Circuits and Systems for Communications 2008 (IEEE ICCSC 2008), Shanghai, China, May 2008

[77] H. Le-Minh, D. C. O' Brien, G.E.Faulkner, L. Zeng, K. Lee, D. Jung and Y. Oh. "High-speed visible light communications using multiple-resonant equalization", IEEE Photonics Technology Letters, in print, April 2008. Proceedings-173-CSNDSP08 Authorized licensed use limited to: Kwangwoon University. Downloaded on December 28, 2008 at 20:46 from IEEE Xplore. Restrictions apply.

# 찾아보기

**감사의 글**

국문 : 본 연구는 2012년도 지식경제부의 재원으로 한국에너지기술평가원(KETEP)의 지원을 받아 수행한 연구 과제(No. 20124010203160)입니다.
영문 : This work was supported by the Human Resources Development program(No. 20124010203160) of the Korea Institute of Energy Technology Evaluation and Planning(KETEP) grant funded by the Korea government Ministry of Knowledge Economy.

정가 22,000원

LED 통신 시스템

2013년 1월 2일 초판 인쇄
2013년 1월 10일 초판 발행

저자와의 협의하에 인지생략

저 자 : 김 진 영 서 철 헌
발행자 : 우 명 찬 · 송 준
발행처 : 홍릉과학출판사
주 소 : ㊞ 142-885 서울시 강북구 인수동 455-60
등 록 : 1976년 10월 21일 제5-66호
전 화 : 999－2274~5, 996－8341, 903－7037
팩 스 : 905-6729
ISBN : 978-89-97570-81-2
hongpub@hongpub.co.kr

www.hongpub.co.kr